R-演算: 一种信念修正的逻辑

李 未 眭跃飞 著

科学出版社

北京

内 容 简 介

信念修正是人工智能的研究分支之一. 在哲学, 认知心理学和数据库更新等领域中, 很早就有对信念修正的讨论和研究. AGM公设在20世纪70年代末被提出来, 它是任何一个合理的信念修正算子应该满足的最基本条件. 本书第一作者李未院士在 20 世纪 80 年代中期提出 R-演算, 这是一个满足 AGM 公设, 非单调的, 并且类似于 Gentzen 推理系统的信念修正算子. 本书对 R-演算作多个视角的扩展, 将为研究生寻找研究方向和研究思路提供一定帮助.

本书可作为人工智能, 计算机科学理论和基础数学方向的研究者的参考用书.

图书在版编目(CIP)数据

R-演算: 一种信念修正的逻辑 /李未, 眭跃飞著. —北京: 科学出版社, 2021.4
ISBN 978-7-03-068583-4

Ⅰ.①R··· Ⅱ.①李··· ②眭··· Ⅲ.①算子演算 Ⅳ.①O177.6

中国版本图书馆 CIP 数据核字(2021) 第 065234 号

责任编辑: 魏英杰 / 责任校对: 郭瑞芝
责任印制: 吴兆东 / 封面设计: 陈　敬

科学出版社 出版
北京东黄城根北街 16 号
邮政编码: 100717
http://www.sciencep.com

北京虎彩文化传播有限公司 印刷
科学出版社发行　各地新华书店经销
*
2021 年 4 月第 一 版　开本: 720 × 1000　1/16
2021 年 4 月第一次印刷　印张: 15 1/4
字数: 305 000
定价: 138.00 元
(如有印装质量问题, 我社负责调换)

前　言

　　信念修正有两个研究方向: 一个研究方向是构建一个合理的信念修正算子应该满足的公设集合, 典型的例子有 AGM 公设 (用新信念 A 修正信念基 K 时应该满足的公设集合) 和 DP 公设 (用信念序列 $A_1, \cdots, A_n$ 反复修正信念基 K 时应该满足的公设集合); 另一个研究方向是给出一个具体的满足 AGM 公设和 DP 公设的修正算子.

　　R-演算 **R**- 是一个非单调的 Gentzen-型推导系统, 是一个满足 AGM 公设和 DP 公设的具体信念修正算子. 本书将对 R-演算做两种扩展:

　　(i) 从一阶逻辑扩展到命题逻辑, 描述逻辑, 模态逻辑, 逻辑程序等;

　　(ii) 从极小改变语义扩展到子集极小改变, 伪子公式极小改变, 推导极小改变. 同时, 证明相应的 R-演算关于这些极小改变的可靠性定理和完备性定理. 为了使 R-演算可计算, 我们给出逼近 R-演算. 该演算使用递归论中的有穷损坏优先方法. 此外, 本书将给出 R-演算在缺省理论, →-命题逻辑和语义网络中的应用.

　　本书的目的之一是通过展示一个简单想法 (最初的 R-演算) 如何发展成一系列复杂理论, 并融入其他理论 (例如缺省逻辑, →-命题逻辑和语义网络等) 的过程, 给出一种理论计算机科学的研究路径. 我们从原始的 R-演算中去除 Δ 为原子公式集合的条件, 将 **R** 发展为具有子集极小改变的 R-演算 **S**; 为了尽量保留被修正公式的子公式, 又将 **S** 发展为具有伪子公式极小改变的 R-演算 **T**. 我们还将 **T** 发展为具有推导极小改变的 R-演算 **U**, 以及其他不同逻辑和不同目的的各种 R-演算.

作　者

2019 年 9 月 2 日

目　　录

第一章 引 言

信念修正的发展是计算机科学和哲学的需要. 在计算机科学中, 数据库更新和由 Doyle[1] 提出的保真系统 (truth maintenance systems) 在处理不一致的数据时, 需要用到信念修正. 在哲学中, 信念逻辑的研究需要考虑人类的信念如何被更新和修正的问题.

1.1 信 念 修 正

信念修正是一个接受新的信息并更新旧的信念的过程.

更新: 改变旧的信念的操作.

修正: 将新信息加入旧信念的集合中并保持协调的过程.

信念修正要求 $K \circ A$ 在逻辑推理下是封闭的和协调的, 其中 K 是一个被修正的理论, 而 A 是一个用来修正 K 的公式. $K \circ A$ 要求将知识 A 加入 K 中, 得到 $K + A$, 并且删除 $K + A$ 中使 $K + A$ 不协调的知识, 以修正 $K + A$. 其中: 增加 $K + A$, 是将 A 加入 K 中; 删除 $K - A$, 是将 A 从 K 中删除; 修正 $K \circ A$, 是将 A 加入 K 中, 并删除 $K + A$ 中不协调的知识.

两个基本的修正类型是基于模型的修正和基于语法的修正.

Alchourrón 等 [2-4] 提出的 AGM 公设是一个修正算子应该满足的基本条件集合:

(A1) $K \circ A$ 是一个信念集合;

(A2) $A \in K \circ A$;

(A3) $K \circ A \subseteq K + A = \mathrm{Cn}(K \cup \{A\})$;

(A4) 如果 $\neg A \notin K$, 则 $K + A \subseteq K \circ A$;

(A5) $K \circ A = \mathrm{Cn}(\bot)$, 仅当 $\models \neg A$;

(A6) 如果 $\models A \leftrightarrow B$, 则 $K \circ A \equiv K \circ B$;

(A7) $K \circ (A \wedge B) \subseteq (K \circ A) + B$;

(A8) 如果 $\neg A \notin K \circ B$, 则 $(K \circ A) + B \subseteq K \circ (A \wedge B)$.

其中, $\mathrm{Cn}(K)$ 是 K 的理论闭包.

Darwiche 和 Pearl[5] 提出重复修正的公设:

(DP1) 如果 $A \models B$, 则 $(K \circ B) \circ A \equiv K \circ A$;

(DP2) 如果 $A \models \neg B$, 则 $(K \circ B) \circ A \equiv K \circ A$;

(DP3) 如果 $K \circ A \models B$, 则 $(K \circ B) \circ A \models B$;

(DP4) 如果 $K \circ A \not\models \neg B$, 则 $(K \circ B) \circ A \not\models \neg B$.

信念修正的基本原理 [6-8] 如下.

(P1) 协调性原理: 如果 A 是协调的, 则 $K \circ A$ 是协调的;

(P2) 成功原理: $A \in K \circ A$;

(P3) 极小改变原理: 假设 $K \cup \{A\}$ 是不协调的.

(P3.1) 关于集合的大小: 设 $K \circ A \equiv K' \cup \{A\}$, 则 $|K - K'|$ 是极小的, 即对任何 L, 如果 $K \circ A \subseteq L \subseteq K \cup \{A\}$, 则要么 L 是不协调的, 要么 $L = K \circ A$;

(P3.2) 关于推导, 根据 Levy 等式:

$$K \circ A \equiv (K - \neg A) \cup \{A\}$$

设 $K \circ A \equiv K' \cup \{A\}$, 对任何 L, 如果 $L \cup \{A\}$ 是协调的, 并且 $K \vdash L \vdash K'$, 则 $K' \vdash L$, 其中 $K - \neg A$ 是 K 关于 $\neg A$ 的一个缩减;

(P4) 假设被修正理论存在一个序关系, 那么在成功原理前提下, 重复的信念修正在修正断言上存在一个序关系. 从逻辑的观点, 我们对被修正理论应尽可能少地提出除结构性假设以外的认知论假设.

1.2　R-演算

李未院士 [9] 提出一个 Gentzen- 型推导系统 **R**, 称为 R-演算. R-演算将一个构件 $\Delta | \Gamma$ 归约为一个协调的理论 $\Delta \cup \Theta$, 其中 Θ 是 Γ 关于 Δ 的一个极小改变, 即 Γ 关于 Δ 的一个极大协调集合, 其中 Δ 是原子公式的集合, Γ 和 Θ 是一阶逻辑的协调理论. 因此, R-演算是一个具体的修正算子, 并且经证明, 它满足 AGM 公设.

R-演算由如下规则组成.

结构性规则

(缩减^L) $\Delta, A, A | \Gamma \Rightarrow \Delta, A | \Gamma$　　(缩减^R) $\Delta | A, A, \Gamma \Rightarrow \Delta | A, \Gamma$

(交换^L) $\Delta, A, B | \Gamma \Rightarrow \Delta, B, A | \Gamma$

R-公理

$$\Delta, A | \neg A, \Gamma \Rightarrow \Delta, A | \Gamma$$

R-削减规则

$$\frac{\Gamma_1, A \vdash B \quad A \mapsto_T B \quad \Gamma_2, B \vdash C \quad \Delta | C, \Gamma_2 \Rightarrow \Delta | \Gamma_2}{\Delta | \Gamma_1, A, \Gamma_2 \Rightarrow \Delta | \Gamma_1, \Gamma_2}$$

其中, $A \mapsto_T B$ 表示 A 是 $\Gamma_1, A \vdash B$ 的一个证明树中的必要前提.

R-逻辑规则

$$(R_1^\wedge) \quad \frac{\Delta|A,\Gamma \Rightarrow \Delta|\Gamma}{\Delta|A \wedge B,\Gamma \Rightarrow \Delta|\Gamma}$$

$$(R_2^\wedge) \quad \frac{\Delta|B,\Gamma \Rightarrow \Delta|\Gamma}{\Delta|A \wedge B,\Gamma \Rightarrow \Delta|\Gamma}$$

$$(R^\vee) \quad \frac{\begin{array}{c}\Delta|A,\Gamma \Rightarrow \Delta|\Gamma\\ \Delta|B,\Gamma \Rightarrow \Delta|\Gamma\end{array}}{\Delta|A \vee B,\Gamma \Rightarrow \Delta|\Gamma}$$

$$(R^\rightarrow) \quad \frac{\begin{array}{c}\Delta|\neg A,\Gamma \Rightarrow \Delta|\Gamma\\ \Delta|B,\Gamma \Rightarrow \Delta|\Gamma\end{array}}{\Delta|A \rightarrow B,\Gamma \Rightarrow \Delta|\Gamma}$$

$$(R^\forall) \quad \frac{\Delta|A(t),\Gamma \Rightarrow \Delta|\Gamma}{\Delta|\forall x A(x),\Gamma \Rightarrow \Delta|\Gamma}$$

$$(R^\exists) \quad \frac{\Delta|A(x),\Gamma \Rightarrow \Delta|\Gamma}{\Delta|\exists x A(x),\Gamma \Rightarrow \Delta|\Gamma}$$

其中, t 是一个项; x 是不自由出现在 Δ 和 Γ 中的一个变量.

R-演算中的推导规则对应一阶逻辑的 Gentzen 推导系统的推导规则 [10]. 在 Gentzen 推导系统中, 通过使用关于逻辑连接词和量词的左右规则, 一个矢列式 $\Gamma \Rightarrow \Delta$ 可以归约为原子矢列式 $\Gamma' \Rightarrow \Delta'$, 其中 $\Gamma' \Rightarrow \Delta'$ 是原子的. 如果 Γ' 和 Δ' 是原子公式的集合, 并且 $\Gamma' \Rightarrow \Delta'$ 是一个公理当且仅当 $\Gamma' \cap \Delta' \neq \varnothing$. 在 R-演算中, 通过逻辑符号 (一阶逻辑中为逻辑连接词和量词) 的规则, 一个构件 $\Delta|A,\Gamma$ 可以归约为文字构件 $\Delta|l,\Gamma$, 其中 $\Delta|l,\Gamma \Rightarrow \Delta,l|\Gamma$ 是一个公理当且仅当 $\Delta \not\vdash \neg l$; 否则, $\Delta|l,\Gamma \Rightarrow \Delta|\Gamma$ 是一个公理, 即 l 从理论 $\{l\} \cup \Gamma$ 中删除.

1.3 R-演算的扩展

本书将一阶逻辑的 R-演算扩展到命题逻辑, 描述逻辑, 模态逻辑和逻辑程序中, 并将集合包含极小改变 (极大协调公式子集) 扩展到伪子公式极小改变和基于推导的极小改变. 这样, 我们可以得到一系列 R-演算 $\mathbf{Y}^{\mathbf{X}}$, 并且证明 $\mathbf{Y}^{\mathbf{X}}$ 关于 $\mathbf{Y}$ 是可靠的和完备的, 其中:

(1) $\mathbf{X}$ 是一个逻辑, 如命题逻辑, 描述逻辑, 一阶逻辑, 模态逻辑, 逻辑程序等;

(2) $\mathbf{Y}$ 是集合包含极小改变, 伪子公式极小改变, 基于推导的极小改变.

对于命题逻辑, 存在这样的一个 R-演算 $\mathbf{S}$, 其中一个构件 $\Delta|\Gamma$ 可以归约为一

个理论 $\Delta \cup \Theta$(记为 $\vdash_\mathbf{S} \Delta|\Gamma \Rightarrow \Delta, \Theta$, 即 $\Delta|\Gamma \Rightarrow \Delta, \Theta$ 在 Gentzen 推导系统 $\mathbf{S}$ 中是可证的) 当且仅当 Θ 是 Γ 关于 Δ 的一个 $\subseteq$-极小改变 (记为 $\models_\mathbf{S} \Delta|\Gamma \Rightarrow \Delta, \Theta$, 可靠性定理和完备性定理), 即 Θ 是 Γ 的一个子理论, 它与 Δ 是极大的协调的 (maximal consistent)(不是极大协调的 (maximally consistent)), 即对任何理论 Ξ 使得 $\Theta \subset \Xi \subseteq \Gamma, \Xi$ 与 Δ 是不协调的. 因此, R-演算 $\mathbf{S}$ 关于 $\subseteq$-极小改变 [9,11,12] 是可靠的和完备的.

极小改变还有其他几种定义.

(1) $\preceq$-极小改变, 其中 $\preceq$ 是伪子公式关系, 如同子公式关系 (subformula relation)$\leqslant$, 其中一个公式 A 是一个公式 B 的伪子公式 (pseudo-subformula of B), 如果删除 B 中某些子公式可以得到 A;

(2) $\vdash$-极小改变, 其中一个理论 Θ 是 Γ 关于 Δ 的一个 $\vdash$-极小改变, 如果 Θ 与 Δ 是协调的, $\Gamma \vdash \Theta$, 并且对任何理论 Ξ 使得 $\Gamma \vdash \Xi \vdash \Theta$ 且 $\Theta \nvdash \Xi, \Xi$ 与 Δ 是不协调的. 因为推导关系 $\vdash$ 在所有理论的集合中是稠密的, 可能找不到这样的 $\vdash$-极小改变;

(3) $\vdash_\preceq$-极小改变, 其中一个理论 Θ 是 Γ 关于 Δ 的一个 $\vdash_\preceq$-极小改变 (记为 $\models_\mathbf{U} \Delta|\Gamma \Rightarrow \Delta, \Theta$), 如果 $\Theta \preceq \Gamma, \Delta$ 与 Θ 是协调的, 并且对任何理论 Ξ 使得 $\Theta \prec \Xi \preceq \Gamma$, 要么 $\Delta, \Xi \vdash \Theta$ 并且 $\Delta, \Theta \vdash \Xi$, 要么 Ξ 与 Δ 是不协调的.

相应地, 我们得到:

(1) R-演算 $\mathbf{T}$, 其中一个构件 $\Delta|\Gamma$ 可归约为一个理论 $\Delta \cup \Theta$(记为 $\vdash_\mathbf{T} \Delta|\Gamma \Rightarrow \Delta, \Theta$, 即 $\Delta|\Gamma \Rightarrow \Delta, \Theta$ 在 Gentzen 推导系统 $\mathbf{T}$ 中是可证的), 当且仅当 Θ 是 Γ 关于 Δ 的一个 $\preceq$-极小改变 (记为 $\models_\mathbf{T} \Delta|\Gamma \Rightarrow \Delta, \Theta$). 这就是 $\mathbf{T}$ 的可靠性定理和完备性定理;

(2) R-演算 $\mathbf{U}$, 其中一个构件 $\Delta|\Gamma$ 可归约为一个理论 $\Delta \cup \Theta$(记为 $\vdash_\mathbf{U} \Delta|\Gamma \Rightarrow \Delta, \Theta$, 即 $\Delta|\Gamma \Rightarrow \Delta, \Theta$ 在 Gentzen 推导系统 $\mathbf{U}$ 中是可证的), 当且仅当 Θ 是 Γ 关于 Δ 的一个 $\vdash_\preceq$-极小改变 (记为 $\models_\mathbf{U} \Delta|\Gamma \Rightarrow \Delta, \Theta$). 这就是 $\mathbf{U}$ 的可靠性定理和完备性定理.

相同的考虑可以用在描述逻辑 [13] 中, 这样我们就有相应的 R-演算 $\mathbf{S}^{DL}$ 和 $\mathbf{T}^{DL}$. 它们分别关于 $\subseteq$-极小改变和 $\preceq$-极小改变是可靠的和完备的. 需要注意的是, 这里的极小改变不是关于描述逻辑中断言的, 而是关于概念的. 例如, 一个概念集合 X 是概念集合 Y 关于概念集合 Z 的一个 $\subseteq$-极小改变. 具体地, 我们定义:

(1) $\subseteq$-极小改变, 其中对任何理论 Γ 和 Δ, 一个 Θ 是 Γ 关于 Δ 的一个 $\subseteq$-极小改变, 如果 $\Theta \subseteq \Gamma, \Theta$ 与 Δ 是协调的, 并且对任何理论 Ξ 使得 $\Theta \subset \Xi \subseteq \Gamma, \Xi$ 与 Δ 是不协调的. 相应地, 我们构造一个 R-演算 $\mathbf{S}^{DL}$, 使得 $\Delta|\Gamma$ 在 $\mathbf{S}^{DL}$ 中可归约为一个理论 $\Delta \cup \Theta$(记为 $\vdash_{\mathbf{S}^{DL}} \Delta|\Gamma \Rightarrow \Delta, \Theta$), 当且仅当 Θ 是 Γ 关于 Δ 的一个 $\subseteq$-极小改变 (记为 $\models_{\mathbf{S}^{DL}} \Delta|\Gamma \Rightarrow \Delta, \Theta$);

(2) $\preceq$-极小改变, 其中 $\preceq$ 是一个伪子概念关系, 既不同于描述逻辑中的子概念关系 $\sqsubseteq$, 也不同于次子概念 (para-subconcept) 关系 (对应于传统逻辑中的子公式关系). 一个概念 C 是另一个概念 D 的伪子概念, 如果通过删除 D 中若干个次子概念可以得到 C. Θ 是 Γ 关于 Δ 的一个 $\preceq$-极小改变 (记为 $\models_{\mathbf{T}^{\mathrm{DL}}} \Delta|\Gamma \Rightarrow \Delta, \Theta$), 如果 Θ 是与 Δ 协调的 Γ 的一个伪子理论, 使得对每个 Θ 中的断言 $C(a), C$ 是 Γ 中一个断言 $D(a)$ 的概念 D 的伪子概念 (记为 $\Theta \preceq \Gamma$), 并且对任何协调理论 Ξ 使得 $\Theta \prec \Xi \preceq \Gamma, \Xi$ 与 Δ 是不协调的. 相应地, 我们构造一个 R-演算 $\mathbf{T}^{\mathrm{DL}}$, 使得在 $\mathbf{T}^{\mathrm{DL}}$ 中, $\Delta|\Gamma$ 可归约为一个理论 $\Delta \cup \Theta$(记为 $\vdash_{\mathbf{T}^{\mathrm{DL}}} \Delta|\Gamma \Rightarrow \Delta, \Theta$), 当且仅当 Θ 是 Γ 关于 Δ 的一个 $\preceq$-极小改变.

对于命题模态逻辑 [14], 我们给出关于模态逻辑的 R-演算 $\mathbf{S}^{\mathrm{M}}$ 和 $\mathbf{T}^{\mathrm{M}}$, 它们分别关于模态逻辑的 $\sqsubseteq/\preceq$-极小改变是可靠的和完备的. 在 Hoare 逻辑 [15] 中, 一个程序是将一个状态变为另一个状态的模态词. 类似的, R-演算中的一个修正理论 Δ 将一个理论 Γ 变为另一个理论 Θ, 可表示为 $\Gamma[\Delta]\Theta$. 由此, 我们提出一个 Hoare- 型的模态逻辑 $\mathbf{H_R}$, 并且建立一个可能世界语义, 使得一个公式 $\Gamma[\Delta]\Theta$ 是 $\mathbf{H_R}$-可证的, 当且仅当 $\Delta|\Gamma \Rightarrow \Delta, \Theta$ 是 $\mathbf{S}$-可证的.

对于逻辑程序 [16,17], 也有 R-演算 $\mathbf{S}^{\mathrm{LP}}$ 和 $\mathbf{T}^{\mathrm{LP}}$, 它们分别关于 $\sqsubseteq/\preceq$-极小改变是可靠的和完备的.

1.4 逼近的 R-演算

上述讨论中使用的逻辑推导关系 $\vdash$ 是可判定的 [18]. 对于半可判定的逻辑, 当 A 与 Δ 协调时, 一个构件 $\Delta|A, \Gamma$ 可能归约不到一个原子或者文字的构件 $\Delta|l, \Gamma$, 因为 A 与 Δ 不协调是半可判定的, 而 A 与 Δ 协调是不可判定的. 对于这样的逻辑, R-演算只能当 A 与 Δ 不协调的时候去分解构件 $\Delta|A, \Gamma$ 为文字构件 $\Delta|l, \Gamma$, 并且对 A 与 Δ 协调的情况给出一个公理:

$$\frac{\Delta \nvdash \neg A}{\Delta|A, \Gamma \Rightarrow \Delta, A|\Gamma}$$

因此, 我们有如下关于一阶逻辑的 R-演算: 有 $\sqsubseteq/\preceq$-极小改变以及相应的 R-演算 $\mathbf{S}^{\mathrm{FOL}}$ 和 $\mathbf{T}^{\mathrm{FOL}}$, 使得 $\mathbf{S}^{\mathrm{FOL}}$ 和 $\mathbf{T}^{\mathrm{FOL}}$ 分别关于 $\sqsubseteq/\preceq$-极小改变是可靠的和完备的.

R-演算本质上是非单调的 [16]. 如果 $\Delta|A, \Gamma \Rightarrow \Delta, A|\Gamma$, 则 $\Delta, \neg A|A, \Gamma \Rightarrow \Delta, \neg A|\Gamma$. 我们将证明命题逻辑中的 $\nvdash$ 是非单调的, 并且建立一个可靠的和完备的 Gentzen 推理系统 $\mathbf{G_2}$. 我们发现每一个非单调逻辑均涉及关系 $\nvdash$, 其中 $\vdash$ 是单调的. 例如, 在缺省逻辑中, 给定一个缺省理论 (Δ, D), 一个协调的理论 E 是 (Δ, D) 的一个扩展, 如果 E 是极小的, 使 $E \supseteq \Delta$, 并且对每个缺省 $A \rightsquigarrow B \in D$(即 $\frac{A:B}{B} \in D$), $E \vdash A$ 且 $E \nvdash \neg B$ 蕴含 $E \vdash B$.

因为在一阶逻辑中 $\Delta \not\vdash \neg A$ 不是可判定的, 并且 $\Delta \vdash \neg A$ 在一阶逻辑中是半可判定的, 借助递归论中的有穷损害优先方法 (由 Friedberg[18] 和 Muchnik[19] 独立发现并用来解决递归可枚举集合的 Post 问题 [20]), 我们将给出一个逼近 R-演算, 使得 $\Delta|\Gamma$ 归约到 Δ,Θ 是一个具有有限次损害的可计算过程. 类似的讨论可以用到缺省逻辑的推理中, 其中由一个缺省理论 (Δ, D) 推出的公式 A 可以形式化为一个 Gentzen-型的推导系统 $\mathbf{D}$, 它关于扩展是可靠的和完备的, 即对任何扩展 E, 存在一个 D 的序关系 $\leqslant$ 使得 $(\Delta, D^{\leqslant})$ 在 $\mathbf{D}$ 中归约到 E, 并且如果 (Δ, D) 在 $\mathbf{D}$ 中归约到一个理论 E, 则 E 是 (Δ, D) 的一个扩展. 有穷损害优先方法将被应用于缺省逻辑, 计算一个缺省逻辑的扩展, 并且它是可以去计算出一个缺省逻辑的强扩展的 (strong extensions).

1.5   R-演算的应用

R-演算可以应用到 →-命题逻辑非单调逻辑中去. 我们将给出两个应用, 即缺省逻辑的 R-演算和语义继承网络的 R-演算.

因为缺省逻辑 [21] 中没有一个统一定义的推导关系 $\vdash$, 所以我们给出 R-演算 $\mathbf{S}^{D}, \mathbf{T}^{D}$ 以及 $\mathbf{U}^{D}$, 并推导出缺省逻辑的扩展, 其中三种 R-演算在 D 的一个序关系下, 可能会给出一个缺省逻辑 (Δ, D) 的不同扩展, 并且不同的扩展在实际应用中都拥有其直观的含义. 我们首先给出对于包含正规缺省的矢列式的 Gentzen 推导系统. 它们关于 $\subseteq / \preceq / \vdash_{\preceq}$-极小改变是可靠的和完备的. 例如, (Δ, D) 是一个缺省逻辑, 其中 Δ 表示有一个人 (记作 p), 并且这个人没有胳膊 (记作 $\neg q$); D 包含一个缺省 $\dfrac{p : q \wedge r}{q \wedge r}$, 表示一个人缺省有胳膊和腿, 其中 r 表示这个人有腿. 根据缺省逻辑, (Δ, D) 有一个扩展 $\{p, \neg q\}$, 即这个人没有胳膊. 事实上, 我们希望能推演出这是一个人 (p), 没有胳膊并且有腿. 形式地, 由 $p, \neg q, \dfrac{p : q \wedge r}{q \wedge r}$, 可缺省推出 r.

如果一个人没有胳膊, 那么默认这个人有腿. 在 $\mathbf{S}^{D}$ 中, 这个缺省理论有扩展 $\{p, \neg q\}$, 而在 $\mathbf{T}^{D}$ 中, 这个缺省理论有扩展 $\{p, \neg q, r\}$.

在给出语义继承网络的 R-演算之前, 我们先给出 →-命题逻辑. →-命题逻辑是将 → 不看作逻辑连接词的命题逻辑. 我们将给出 →-命题逻辑的 Gentzen 的推理系统和 R-演算 $\mathbf{S}^{\rightarrow}, \mathbf{T}^{\rightarrow}, \mathbf{U}^{\rightarrow}$.

对于语义继承网络 [22] 和如下形式的断言集合, 即

$$C \sqsubseteq D, \quad C \not\sqsubseteq D$$

我们有相应的 R-演算 $\mathbf{S}^{SN}$ 和 $\mathbf{T}^{SN}$, 使得对于任意的语义继承网络理论 Δ, Γ 和 Θ, $\Delta|\Gamma$ 在 $\mathbf{S}^{SN}$ 和 $\mathbf{T}^{SN}$ 中归约为 $\Delta \cup \Theta$ (分别记作 $\vdash_{\mathbf{S}_{SN}} \Delta|\Gamma \Rightarrow \Delta, \Theta, \vdash_{\mathbf{T}_{SN}} \Delta|\Gamma \Rightarrow \Delta, \Theta,$

当且仅当 Θ 是 Γ 关于 Δ 的一个 $\subseteq$ / $\preceq$-极小改变 (分别记作 $\models_{\mathbf{S}^{\mathrm{SN}}} \Delta|\Gamma \Rightarrow \Delta, \Theta, \models_{\mathbf{T}^{\mathrm{SN}}}$ $\Delta|\Gamma \Rightarrow \Delta, \Theta$). 在给出 R-演算 $\mathbf{S}^{\mathrm{SN}}$ 和 $\mathbf{T}^{\mathrm{SN}}$ 之前, 我们将给出一个语义继承网络的 Gentzen 推导系统 $\mathbf{G}_5$, 并证明在语义继承网络的语义中是可靠的和完备的.

我们相信, 对于一个拥有推导关系 $\vdash$ 的逻辑, 均存在一个关于某个极小改变可靠的和完备的 R-演算.

R-演算的不寻常扩展是一个逻辑的非逻辑方面. 在知识表示 [16] 中, 知识被划分为逻辑层面, 认知层面 (epistemological stratum), 本体层面, 概念层面和语言学层面. 目前的知识表示在本体层面, 即我们使用本体表示知识 (本体技术). 相应地, 存在一个逻辑叫描述逻辑以及信念修正 (目前的本体修正). 描述逻辑给出了本体推理的逻辑系统, 其中唯一的逻辑的 (就描述逻辑的语义而言) 和非逻辑的 (就一阶逻辑的语义而言) 符号是包含关系 $\sqsubseteq$. 作为一个逻辑符号, $\sqsubseteq$ 应当是设计一个 Gentzen 推导系统的重要成分. 因此, 在建立一个关于语义继承网络的 Gentzen 推导系统时, $\sqsubseteq$ 被看作是逻辑层面的. 对于本体修正, 应当有一些本体论层面的要求, 而不仅是逻辑层面的需求. 据此, 我们可以在概念层面和语言学层面考虑相应的逻辑和 R-演算, 其中 R-演算在语言学层面应当是我们日常生活中的信念修正.

我们使用标准的记号, 用 Δ, Γ, Θ 表示逻辑理论; A, B, C 表示命题逻辑和一阶逻辑等公式, 描述逻辑中的概念 (A 为原子概念, C, D, E 为复合概念); c, d 为常量符号; t, s 为项; $\Delta|\Gamma$ 是一个构件 (等价于 AGM 公设中的 $\Gamma \circ \Delta$). 在元语言中, 我们用 $\sim, \&, \mathrm{or}, \mathbf{A}, \mathbf{E}$, 而在逻辑语言中, 我们用 $\neg, \wedge, \vee, \forall, \exists$.

本书推理系统的名称如下.

$\mathbf{G}_1$: 命题逻辑的 Gentzen 推理系统.

$\mathbf{G}_2$: 非单调命题逻辑的 Gentzen 推理系统.

$\mathbf{G}_3$: 程序逻辑的 Gentzen 推理系统.

$\mathbf{G}_4$: →-命题逻辑的 Gentzen 推理系统.

$\mathbf{G}_5$: 语义网络的 Gentzen 推理系统.

$\mathbf{G}^{\mathrm{FOL}}$: 一阶逻辑的 Gentzen 推理系统.

$\mathbf{G}^{\mathrm{app}}$: 逼近的一阶逻辑 Gentzen 推理系统.

$\mathbf{G}^{\mathrm{DL}}$: 描述逻辑的 Gentzen 推理系统.

$\mathbf{H}_{\mathbf{R}}$: R-模态逻辑的推理系统.

参 考 文 献

[1] Doyle J. A truth maintenance system [J]. Artificial Intelligence, 1979, 12:231-272.

[2] Alchourrón C E, Gärdenfors P, Makinson D. On the logic of theory change: partial meet contraction and revision functions [J]. Journal of Symbolic Logic, 1985, 50: 510-530.

[3] Alchourrón C E, Makinson D. Hierarchies of regulation and their logic [M]//Hilpinen R. New Studies in Deontic Logic. Dordrecht: D. Reidel Publishing Company, 1981:125-148.

[4] Alchourrón C E, Makinson D. On the logic of theory change: contraction functions and their associated revision functions [J]. Theoria, 1982, 48:14-37.

[5] Darwiche A, Pearl J. On the logic of iterated belief revision [J]. Artificial Intelligence, 1997, 89:1-29.

[6] Bochman A. A foundational theory of belief and belief change [J]. Artificial Intelligence, 1999, 108:309-352.

[7] Dalal M. Investigations into a theory of knowledge base revision: preliminary report [C]// Proceedings of AAAI-88, 1988:475-479.

[8] Lang J, van der Torre L. From belief change to preference change [C]//Proceedings of the 18th European Conference on Artificial Intelligence, 2008:351-355.

[9] Li W. R-calculus: an inference system for belief revision [J]. The Computer Journal, 2007, 50: 378-390.

[10] Takeuti G. Proof Theory [M]. New York: Dover, 1977.

[11] Li W, Sui Y. The sound and complete R-calculi with respect to pseudo? revision and pre-revision [J]. International Journal of Intelligence Science, 2013, 3:110-117.

[12] Li W, Sui Y. The R-calculus and the finite injury priority method [J]. Journal of Computers, 2017, 12:127-134.

[13] Baader F, Calvanese D, McGuinness D L, et al. The Description Logic Handbook: Theory, Implementation, Applications [M]. Cambridge: Cambridge University Press, 2003.

[14] Fitting M, Mendelsohn R I. First Order Modal Logic [M]. New York: Kluwer, 1998.

[15] Hoare C A R. An axiomatic basis for computer programming [J]. Communications of the ACM, 1969, 12: 576-580.

[16] Ginsberg M L. Readings in Nonmonotonic Reasoning [M]. San Francisco: Morgan Kaufmann, 1987.

[17] Lloyd J W. Foundations of Logic Programming [M]. 2nd ed. New York: Springer, 1987.

[18] Friedberg R M. Two recursively enumerable sets of incomparable degrees of unsolvability [J]. Proceedings of National Academy of Scinces, 1957, 43:236-238.

[19] Muchnik A A. On the separability of recursively enumerable sets (in Russian) [J]. Doklady Akademii. Nauk SSSR, N.S., 1956, 109:29-32.

[20] Soare R I. Recursively Enumerable Sets and Degrees: A Study of Computable Functions and Computably Generated Sets [M]. New York: Springer, 1987.

[21] Reiter R. A logic for default reasoning [J]. Artificial Intelligence, 1980, 13: 81-132.

[22] Sowa J F. Semantic Networks[M]. San Mateo, CA: Morgan Kanfmann, 1992.

第二章 基 础 概 念

一个逻辑 [1] 是由一个逻辑语言, 语法和语义组成的. 逻辑语言规定可以在该逻辑中使用的符号, 并将这些符号分为两类: 逻辑的和非逻辑的, 其中逻辑符号是在所有逻辑语言中都使用的, 而非逻辑符号在不同的逻辑语言中可以是不同的. 逻辑的语法规定什么样的符号串是有意义的 (这样的符号串称为公式). 逻辑的语义规定一个公式在一个赋值 (或一个模型) 下的真假值.

在命题逻辑 [1] 中, 没有非逻辑符号, 因为命题变元和逻辑连接词是逻辑的. 因此, 命题逻辑只有一个逻辑语言.

在一阶逻辑 [1-3] 中, 逻辑连接词和量词是逻辑的, 而常量符号, 函数符号和关系符号是非逻辑的.

本章将给出命题逻辑, 一阶逻辑和描述逻辑 [4-7] 的基本定义和结论 [8-11].

2.1 命 题 逻 辑

命题逻辑的逻辑连接词有几种等价的选择:

$$\{\neg, \wedge\}, \quad \{\neg, \vee\}, \quad \{\neg, \rightarrow\}, \quad \{\neg, \wedge, \vee\}, \quad \{\neg, \wedge, \vee, \rightarrow, \leftrightarrow\}$$

我们选取 $\{\neg, \wedge, \vee\}$ 作为逻辑连接词, 而其他连接词定义为

$$A \rightarrow B = \neg A \vee B$$
$$A \leftrightarrow B = (A \rightarrow B) \wedge (B \rightarrow A) = (\neg A \vee B) \wedge (\neg B \vee A)$$

2.1.1 命题逻辑的语法和语义

命题逻辑的逻辑语言包含如下符号.

(1) 命题变元: $p_0, p_1, \cdots$;

(2) 逻辑连接词: $\neg, \wedge, \vee$.

一个符号串 A 是一个公式, 如果

$$A ::= p | \neg p | A_1 \wedge A_2 | A_1 \vee A_2$$

其中, p 或 $\neg p$ 称作文字 (literal). 我们假设 $\neg$ 只作用于文字.

命题逻辑的语义由一个赋值 v 给出, 其中 v 是从命题变元到 $\{0, 1\}$ 的函数.

给定一个赋值 v, 一个公式 A 在 v 中为真, 记为 $v \models A$, 如果

$$\begin{cases} v(p) = 1, & A = p \\ v(p) = 0, & A = \neg p \\ v \models A_1 \& v \models A_2, & A = A_1 \wedge A_2 \\ v \models A_1 \text{ or } v \models A_2, & A = A_1 \vee A_2 \end{cases}$$

一个矢列式 δ 是一个公式集合的序对 (Γ, Δ), 记为 $\Gamma \Rightarrow \Delta$, 其中 Γ, Δ 是公式集合. 矢列式 $\Gamma \Rightarrow \Delta$ 在赋值 v 下是满足的, 记为 $v \models_{\mathbf{G}_1} \Gamma \Rightarrow \Delta$, 如果 $v \models \Gamma$ 蕴含 $v \models \Delta$, 其中 $v \models \Gamma$, 如果对每个公式 $A \in \Delta, v \models A$; $v \models \Delta$, 如果对某个公式 $B \in \Delta, v \models B$. 矢列式 $\Gamma \Rightarrow \Delta$ 是永真的, 记为 $\models_{\mathbf{G}_1} \Gamma \Rightarrow \Delta$, 如果对任何赋值 $v, v \models_{\mathbf{G}_1} \Gamma \Rightarrow \Delta$.

2.1.2　Gentzen 推导系统 $\mathbf{G}_1$

Gentzen 推导系统 $\mathbf{G}_1$ 由如下公理和推导规则组成.

公理

$(\mathbf{A})$ $\dfrac{\text{incon}(\Gamma) \text{ or } \text{incon}(\Delta) \text{ or } \Gamma \cap \Delta \neq \varnothing}{\Gamma \Rightarrow \Delta}$

其中, Γ, Δ 是文字的集合; $\text{incon}(\Gamma)$ 表示 Γ 是不协调的, 即存在一个文字 l 使得 $l, \neg l \in \Gamma$.

$(\mathbf{A})$ 等价于以下公理.

$(\mathbf{A}_1)$ $\dfrac{\text{incon}(\Gamma)}{\Gamma \Rightarrow \Delta}$;

$(\mathbf{A}_2)$ $\dfrac{\text{incon}(\Delta)}{\Gamma \Rightarrow \Delta}$;

$(\mathbf{A}_3)$ $\dfrac{\Gamma \cap \Delta \neq \varnothing}{\Gamma \Rightarrow \Delta}$.

推导规则

$(\wedge_1^L)$ $\dfrac{\Gamma, A_1 \Rightarrow \Delta}{\Gamma, A_1 \wedge A_2 \Rightarrow \Delta}$ 　　 $(\wedge^R)$ $\dfrac{\Gamma \Rightarrow B_1, \Delta \quad \Gamma \Rightarrow B_2, \Delta}{\Gamma \Rightarrow B_1 \wedge B_2, \Delta}$

$(\wedge_2^L)$ $\dfrac{\Gamma, A_2 \Rightarrow \Delta}{\Gamma, A_1 \wedge A_2 \Rightarrow \Delta}$

$(\vee^L)$ $\dfrac{\Gamma, A_1 \Rightarrow \Delta \quad \Gamma, A_2 \Rightarrow \Delta}{\Gamma, A_1 \vee A_2 \Rightarrow \Delta}$ 　　 $(\vee_1^R)$ $\dfrac{\Gamma \Rightarrow B_1, \Delta}{\Gamma \Rightarrow B_1 \vee B_2, \Delta}$

$(\vee_2^R)$ $\dfrac{\Gamma \Rightarrow B_2, \Delta}{\Gamma \Rightarrow B_1 \vee B_2, \Delta}$

注释: 条件 incon(Γ) or incon(Δ) or $\Gamma \cap \Delta \neq \varnothing$ 等价于 incon($\Gamma \cup \neg\Delta$), 其中 $\neg\Delta = \{\neg B : B \in \Delta\}$.

定义 2.1.1 一个矢列式 $\Gamma \Rightarrow \Delta$ 是 $\mathbf{G}_1$-可证的, 记为 $\vdash_{\mathbf{G}_1} \Gamma \Rightarrow \Delta$. 如果存在一个矢列式序列 $\Gamma_1 \Rightarrow \Delta_1, \cdots, \Gamma_n \Rightarrow \Delta_n$ 使得 $\Gamma_n \Rightarrow \Delta_n = \Gamma \Rightarrow \Delta$, 并且对每个 $1 \leqslant i \leqslant n, \Gamma_i \Rightarrow \Delta_i$ 要么是一个公理, 要么由此前的矢列式通过一个推导规则得到.

2.1.3 可靠性定理和完备性定理

定理 2.1.1 (可靠性定理) 对任何矢列式 $\Gamma \Rightarrow \Delta$, 如果 $\vdash_{\mathbf{G}_1} \Gamma \Rightarrow \Delta$, 则 $\models_{\mathbf{G}_1} \Gamma \Rightarrow \Delta$.

证明 我们证明每个公理是永真的, 并且每个推导规则是保永真性的.

假设 incon(Γ) or incon(Δ) or $\Gamma \cap \Delta \neq \varnothing$, 其中 Γ, Δ 是文字的集合. 对任何赋值 v, 假设 $v \models \Gamma$. 如果 incon(Δ), 那么 $v \models \Delta$; 如果 $\Gamma \cap \Delta \neq \varnothing$, 则存在一个文字 l 使得 $l \in \Gamma \cap \Delta$, 并且由假设, $v \models \Gamma, v \models l$, 因此 $v \models \Delta$.

情况($\wedge_1^L$). 假设对任何赋值 $v, v \models \Gamma, A_1 \Rightarrow \Delta$, 则对任何赋值 v, 如果 $v \models \Gamma, A_1 \wedge A_2$, 则 $v \models \Gamma, A_1$, 并且由归纳假设, $v \models \Delta$. 类似地, 可以证明情况($\wedge_2^L$).

情况($\wedge^R$). 假设对任何赋值 $v, v \models \Gamma \Rightarrow B_1, \Delta$, 并且 $v \models \Gamma \Rightarrow B_2, \Delta$. 对任何赋值 v, 如果 $v \models \Gamma$, 则存在两种情况:

(i) $v \not\models B_1$ 或者 $v \not\models B_2$. 由归纳假设, $v \models \Delta$;

(ii) $v \models B_1$ 并且 $v \models B_2$. $v \models B_1 \wedge B_2$.

两种情况均蕴含 $v \models B_1 \wedge B_2, \Delta$.

情况($\vee^L$). 假设对任何赋值 $v, v \models \Gamma, A_1 \Rightarrow \Delta$, 并且 $v \models \Gamma, A_2 \Rightarrow \Delta$, 则对任何赋值 v, 如果 $v \models \Gamma, A_1 \vee A_2$, 则 $v \models \Gamma$, 并且 $v \models A_1 \vee A_2$, 则存在两种情况:

(i) $v \models A_1$. 由归纳假设, $v \models \Delta$;

(ii) $v \models A_2$. 由归纳假设, $v \models \Delta$.

情况($\vee_1^R$). 假设对任何赋值 $v, v \models \Gamma \Rightarrow B_1, \Delta$, 则对任何赋值 v, 如果 $v \models \Gamma$, 则由假设 $v \models B_1, \Delta$, 存在两种情况:

(i) $v \models B_1$. $v \models B_1 \vee B_2$, 因此 $v \models B_1 \vee B_2, \Delta$;

(ii) $v \models \Delta$. $v \models B_1 \vee B_2, \Delta$.

类似地, 可以证明情况($\vee_2^R$). $\qquad\qquad\square$

定理 2.1.2 (完备性定理) 对任何矢列式 $\Gamma \Rightarrow \Delta$, 如果 $\models_{\mathbf{G}_1} \Gamma \Rightarrow \Delta$, 则 $\vdash_{\mathbf{G}_1} \Gamma \Rightarrow \Delta$.

证明 给定一个矢列式 $\Gamma \Rightarrow \Delta$, 我们构造一颗树 T, 使得要么对 T 的每个枝 ξ, 存在 ξ 的叶节点上的一个矢列式 $\Gamma' \Rightarrow \Delta'$, 使 $\Gamma' \cap \Delta' \neq \varnothing$; 要么存在一个赋值 v, 使得 $v \not\models \Gamma \Rightarrow \Delta$.

树 T 构造如下.

(1) T 的根节点为 $\Gamma \Rightarrow \Delta$;

(2) 对节点 ξ, 如果 ξ 上的每个矢列式 $\Gamma' \Rightarrow \Delta', \Gamma'$ 和 Δ' 为文字的集合, 则该节点为一个叶节点;

(3) 否则, ξ 有以下直接子节点:

$$
\begin{cases}
\left[\begin{array}{l} \Gamma_1, A_1 \Rightarrow \Delta_1 \\ \Gamma_1, A_2 \Rightarrow \Delta_1 \end{array}\right., \quad \Gamma_1, A_1 \wedge A_2 \Rightarrow \Delta_1 \in \xi \\[4mm]
\begin{cases} \Gamma_1 \Rightarrow B_1, \Delta_1 \\ \Gamma_1 \Rightarrow B_2, \Delta_1 \end{cases}, \quad \Gamma_1 \Rightarrow B_1 \wedge B_2, \Delta_1 \in \xi \\[4mm]
\begin{cases} \Gamma_1, A_1 \Rightarrow \Delta_1 \\ \Gamma_1, A_2 \Rightarrow \Delta_1 \end{cases}, \quad \Gamma_1, A_1 \vee A_2 \Rightarrow \Delta_1 \in \xi \\[4mm]
\left[\begin{array}{l} \Gamma_1 \Rightarrow B_1, \Delta_1 \\ \Gamma_1 \Rightarrow B_2, \Delta_1 \end{array}\right., \quad \Gamma_1 \Rightarrow B_1 \vee B_2, \Delta_1 \in \xi
\end{cases}
$$

其中, $\left[\begin{array}{l} \delta_1 \\ \delta_2 \end{array}\right.$ 表示 δ_1 和 δ_2 在同一个子节点中; $\begin{cases} \delta_1 \\ \delta_2 \end{cases}$ 表示 δ_1 和 δ_2 在不同的子节点中 (余同).

定理 2.1.3　如果对 T 的每个枝 $\xi \subseteq T$, 存在一个矢列式 $\Gamma' \Rightarrow \Delta' \in \xi$ 为 $\mathbf{G}_1$ 的公理, 则 T 是 $\Gamma \Rightarrow \Delta$ 的一个证明树.

证明　由 T 的定义, T 是 $\Gamma \Rightarrow \Delta$ 的一个证明树. □

定理 2.1.4　如果存在一个枝 $\xi \subseteq T$, 使得每个矢列式 $\Gamma' \Rightarrow \Delta' \in \xi$ 均不是 $\mathbf{G}_1$ 的公理, 则存在一个赋值 v 使得 $v \not\models \Gamma \Rightarrow \Delta$.

证明　设 ξ 为 T 的枝, 使得每个矢列式 $\Gamma' \Rightarrow \Delta' \in \xi$ 不是 $\mathbf{G}_1$ 的公理.

定义公式集合 $\Theta^L = \bigcup_{\Gamma' \Rightarrow \Delta' \in \xi} \Gamma'$, $\Theta^R = \bigcup_{\Gamma' \Rightarrow \Delta' \in \xi} \Delta'$, 以及一个赋值 v: 对任何命题常量 $p, v(p) = 1$ 当且仅当 $p \in \Theta^L$.

对节点 $\Gamma' \Rightarrow \Delta' \in \xi$ 作归纳, 我们证明 $v(\Gamma') = 1$(即 $v \models \Gamma'$), 并且 $v(\Delta') = 0$(即 $v \not\models \Delta'$).

情况 1. $\Gamma' \Rightarrow \Delta' = \Gamma_2, A_1 \wedge A_2 \Rightarrow \Delta_2 \in \eta$, 则 $\Gamma' \Rightarrow \Delta'$ 有一个直接子节点 $\in \xi$ 包含矢列式 $\Gamma_2, A_1 \Rightarrow \Delta_2$ 并且 $\Gamma_2, A_2 \Rightarrow \Delta_2$. 由归纳假设, $v(\Gamma_2, A_1) = v(\Gamma_2, A_2) = 1$ 并且 $v(\Delta_2) = 0$, 即 $v(\Gamma_2, A_1 \wedge A_2) = 1$ 并且 $v(\Delta_2) = 0$.

情况 2. $\Gamma' \Rightarrow \Delta' = \Gamma_2 \Rightarrow B_1 \wedge B_2, \Delta_2 \in \eta$, 则 $\Gamma' \Rightarrow \Delta'$ 有一个直接子节点 $\in \xi$ 包含矢列式 $\Gamma_2 \Rightarrow B_i, \Delta_2$. 由归纳假设, $v(\Gamma_2) = 1$ 并且 $v(\Delta_2, B_i) = 0$. 因此, $v(\Gamma_2) = 1$ 并且 $v(\Delta_2, B_1 \wedge B_2) = 0$.

情况 3. $\Gamma' \Rightarrow \Delta' = \Gamma_2, A_1 \vee A_2 \Rightarrow \Delta_2 \in \eta$, 则 $\Gamma' \Rightarrow \Delta'$ 有一个直接子节点 $\in \xi$ 包含矢列式 $\Gamma_2, A_i \Rightarrow \Delta_2$. 由归纳假设, $v(\Gamma_2, A_i) = 1$ 并且 $v(\Delta_2) = 0$. 因此, $v(\Gamma_2, A_1 \vee A_2) = 1$ 并且 $v(\Delta_2) = 0$.

情况 4. $\Gamma' \Rightarrow \Delta' = \Gamma_2 \Rightarrow B_1 \vee B_2, \Delta_2 \in \eta$, 则 $\Gamma' \Rightarrow \Delta'$ 有一个直接子节点 $\in \xi$ 包含矢列式 $\Gamma_2 \Rightarrow B_1, \Delta_2$ 并且 $\Gamma_2 \Rightarrow B_2, \Delta_2$. 由归纳假设, $v(\Gamma_2) = 1$ 并且 $v(\Delta_2, B_1) = v(\Delta_2, B_2) = 0$. 因此, $v(\Gamma_2) = 1$ 并且 $v(\Delta_2, B_1 \vee B_2) = 0$. $\qquad\square$

2.2 一 阶 逻 辑

一阶逻辑的语法对象为项和公式, 其中一个项用来表示一个论域中的某个元素, 一个公式用来表示论域代数结构中的一个断言.

2.2.1 一阶逻辑的语法和语义

一阶逻辑的逻辑语言包含如下符号.

(1) 常量符号: $c_0, c_1, \cdots$;

(2) 变量符号: $x_0, x_1, \cdots$;

(3) 函数符号: $f_0, f_1, \cdots$;

(4) 谓词符号: $p_0, p_1, \cdots$;

(5) 逻辑连接词和量词: $\neg, \wedge, \vee, \forall, \exists$.

项 (term) 定义为

$$t ::= c \,|\, x \,|\, f(t_1, \cdots, t_n)$$

其中, f 是一个 n-元函数符号.

公式是如下形式的符号串:

$$A ::= p(t_1, \cdots, t_n) \,|\, \neg A_1 \,|\, A_1 \wedge A_2 \,|\, A_1 \vee A_2 \,|\, \forall x A_1(x) \,|\, \exists x A_1(x)$$

其中, p 是一个 n-元谓词符号, $p(t_1, \cdots, t_n)$ 称为原子公式, $p(t_1, \cdots, t_n)$ 和 $\neg p(t_1, \cdots, t_n)$ 称为文字.

一个模型 M 是一个序对 (U, I), 其中 U 是一个论域 (非空的集合), 而 I 是一个解释, 使得:

(1) 对任何常量符号 $c, I(c) \in U$;

(2) 对任何 n-元函数符号 $f, I(f) \in U^n \to U$;

(3) 对任何 n-元谓词符号 $p, I(p) \subseteq U^n$.

一个赋值 v 是变量到 U 的映射.

项的解释定义为对于任意的项 t, 有

$$
t^{I,v} = \begin{cases} I(c), & t = c \\ v(x), & t = x \\ I(f)(t_1^{I,v}, \cdots, t_n^{I,v}), & t = f(t_1, \cdots, t_n) \end{cases}
$$

公式的解释定义为对于任意的公式 A, A 在模型 M 和赋值 v 下是满足的, 记为 $M, v \models A$, 如果

$$
\begin{cases} (t_1^{I,v}, \cdots, t_n^{I,v}) \in I(p), & A = p(t_1, \cdots, t_n) \\ M, v \not\models A_1, & A = \neg A_1 \\ M, v \models A_1 \, \& \, M, v \models A_2, & A = A_1 \wedge A_2 \\ M, v \models A_1 \text{ or } M, v \models A_2, & A = A_1 \vee A_2 \\ \mathbf{A}a \in U(M, v(x/a) \models A_1(x)), & A = \forall x A_1(x) \\ \mathbf{E}a \in U(M, v(x/a) \models A_1(x)), & A = \exists x A_1(x) \end{cases}
$$

其中, $v(x/a)$ 是一个赋值, 使得对任何变元 y, 有

$$
v(x/a)(y) = \begin{cases} a, & y = x \\ v(y), & y \neq x \end{cases}
$$

一个公式 A 称为在 M 中是满足的, 记为 $M \models A$, 如果对任何赋值 $v, M, v \models A$; 公式 A 是永真的, 记为 $\models A$, 如果 A 在任何模型 M 中是满足的.

设 Γ, Δ 是公式集合, 一个矢列式 δ 是形为 $\Gamma \Rightarrow \Delta$ 的符号串. 我们称 δ 在 M 中是满足的, 记为 $M \models_{\mathbf{G}^{\mathrm{FOL}}} \Gamma \Rightarrow \Delta$, 如果对任何赋值 v, 有

$$
M, v \models \Gamma \text{ 蕴含 } M, v \models \Delta
$$

其中, $M, v \models \Gamma$, 如果对每个公式 $A \in \Gamma, M, v \models A$; $M, v \models \Delta$, 如果对某个公式 $B \in \Delta, M, v \models B$.

一个矢列式 $\Gamma \Rightarrow \Delta$ 是永真的, 记为 $\models_{\mathbf{G}^{\mathrm{FOL}}} \Gamma \Rightarrow \Delta$, 如果对任何模型 M, $M \models_{\mathbf{G}^{\mathrm{FOL}}} \Gamma \Rightarrow \Delta$.

一个矢列式 $\Gamma \Rightarrow \Delta$ 是原子的 (文字的), 如果每个 Γ 和 Δ 中的公式是原子的 (文字的).

2.2.2 Gentzen 推导系统 $\mathbf{G}^{\mathrm{FOL}}$

一阶逻辑的 Gentzen 推导系统 $\mathbf{G}^{\mathrm{FOL}}$ [12,13] 由如下公理和推导规则组成.

公理

$$\frac{\Gamma \cap \Delta \neq \varnothing}{\Gamma \Rightarrow \Delta}$$

其中, Γ, Δ 是原子公式的集合.

逻辑规则

$$(\neg^L)\ \frac{\Gamma \Rightarrow A, \Delta}{\Gamma, \neg A \Rightarrow \Delta} \qquad (\neg^R)\ \frac{\Gamma, B \Rightarrow \Delta}{\Gamma \Rightarrow \neg B, \Delta}$$

$$(\wedge_1^L)\ \frac{\Gamma, A_1 \Rightarrow \Delta}{\Gamma, A_1 \wedge A_2 \Rightarrow \Delta} \qquad (\wedge^R)\ \frac{\Gamma \Rightarrow B_1, \Delta \quad \Gamma \Rightarrow B_2, \Delta}{\Gamma \Rightarrow B_1 \wedge B_2, \Delta}$$

$$(\wedge_2^L)\ \frac{\Gamma, A_2 \Rightarrow \Delta}{\Gamma, A_1 \wedge A_2 \Rightarrow \Delta}$$

$$(\vee^L)\ \frac{\Gamma, A_1 \Rightarrow \Delta \quad \Gamma, A_2 \Rightarrow \Delta}{\Gamma, A_1 \vee A_2 \Rightarrow \Delta} \qquad (\vee_1^R)\ \frac{\Gamma \Rightarrow B_1, \Delta}{\Gamma \Rightarrow B_1 \vee B_2, \Delta}$$

$$(\vee_2^R)\ \frac{\Gamma \Rightarrow B_2, \Delta}{\Gamma \Rightarrow B_1 \vee B_2, \Delta}$$

$$(\forall^L)\ \frac{\Gamma, A(t) \Rightarrow \Delta}{\Gamma, \forall x A(x) \Rightarrow \Delta} \qquad (\forall^R)\ \frac{\Gamma \Rightarrow B(x), \Delta}{\Gamma \Rightarrow \forall x B(x), \Delta}$$

$$(\exists^L)\ \frac{\Gamma, A(x) \Rightarrow \Delta}{\Gamma, \exists x A(x) \Rightarrow \Delta} \qquad (\exists^R)\ \frac{\Gamma \Rightarrow B(t), \Delta}{\Gamma \Rightarrow \exists x B(x), \Delta}$$

其中, t 是一个项; x 为不出现在 Γ 和 Δ 中的变量.

定义 2.2.1 一个矢列式 $\Gamma \Rightarrow \Delta$ 是 $\mathbf{G}^{\mathrm{FOL}}$-可证的, 记为 $\vdash_{\mathbf{G}^{\mathrm{FOL}}} \Gamma \Rightarrow \Delta$, 如果存在一个矢列式序列 $\Gamma_1 \Rightarrow \Delta_1, \cdots, \Gamma_n \Rightarrow \Delta_n$ 使得 $\Gamma_n \Rightarrow \Delta_n = \Gamma \Rightarrow \Delta$, 并且对每个 $1 \leqslant i \leqslant n, \Gamma_i \Rightarrow \Delta_i$ 要么是一个公理, 要么是由此前的矢列式通过一个 $\mathbf{G}^{\mathrm{FOL}}$ 的推导规则得到的.

2.2.3 可靠性定理和完备性定理

定理 2.2.1 (可靠性定理) 对任何矢列式 $\Gamma \Rightarrow \Delta$, 如果 $\vdash_{\mathbf{G}^{\mathrm{FOL}}} \Gamma \Rightarrow \Delta$, 则 $\models_{\mathbf{G}^{\mathrm{FOL}}} \Gamma \Rightarrow \Delta$.

证明 我们证明每个公理是永真的, 并且每条推导规则是保真的.

固定一个模型 M.

对于公理, 假设 $\Gamma \cap \Delta \neq \varnothing$, 其中 Γ, Δ 是原子公式的集合. 对任何赋值 v, 假设 $M, v \models \Gamma$, 则存在一个原子公式 l 使得 $l \in \Gamma \cap \Delta$, 并且由假设, $M, v \models l$, 因此 $M, v \models \Delta$.

对于 $(\neg^L)$, 假设对任何赋值 $v, M, v \models \Gamma \Rightarrow A\Delta$. 为了证明对任何赋值 $v, M, v \models \Gamma, \neg A \Rightarrow \Delta$, 假设 $M, v \models \Gamma, \neg A$, 则 $M, v \models \Gamma$, 并且由归纳假设, 有 $M, v \models A, \Delta$. 因为 $M, v \models \neg A$, 即 $M, v \not\models A$, 所以 $M, v \models \Delta$. $(\neg^R)$ 的情况也类似.

对于逻辑连接词 $(\wedge)$ 和 $(\vee)$ 的证明与命题逻辑中的类似, 此处省略.

对于 $(\forall^L)$, 假设对任何赋值 $v, M, v \models \Gamma, A(t) \Rightarrow \Delta$. 为了证明对任何赋值 $v, M, v \models \Gamma, \forall x A(x) \Rightarrow \Delta$, 假设 $M, v \models \Gamma, \forall x A(x)$, 则对模型 M 的论域中的任意元素 $c, M, v(x/c) \models A(x)$. 令 $c = t^{I, v}$, 有

$$M, v(x/t^{I, v}) \models A(x)$$

即 $M, v \models A(t)$. 由归纳假设 $M, v \models \Gamma, A(t) \Rightarrow \Delta$, 我们得到 $M, v \models \Delta$.

对于 $(\forall^R)$, 假设对任何赋值 $v, M, v \models \Gamma \Rightarrow B(x), \Delta$. 为了证明对任何赋值 $v, M, v \models \Gamma \Rightarrow \forall x B(x), \Delta$, 假设 $M, v \models \Gamma$, 由归纳假设 $M, v \models B(x), \Delta$. 如果 $M, v \models \Delta$, 则 $M, v \models \forall x B(x), \Delta$; 否则, 假设 $M, v \models B(x)$. 因为 x 不在 Γ 和 Δ 中出现, 对于模型 M 的论域中的任意元素 $a, M, v(x/a) \models \Gamma$, 并且 $M, v(x/a) \models B(x)$. 所以, 我们得到 $M, v \models \forall x B(x)$.

规则 $(\exists^L)$ 和 $(\exists^R)$ 的情况类似.   □

定理 2.2.2 (完备性定理) 对任何矢列式 $\Gamma \Rightarrow \Delta$, 如果 $\models_{\mathbf{G}\text{FOL}} \Gamma \Rightarrow \Delta$, 则 $\vdash_{\mathbf{G}\text{FOL}} \Gamma \Rightarrow \Delta$.

证明 为简单起见, 我们假设逻辑语言中不含函数符号.

给定一个矢列式 $\Gamma \Rightarrow \Delta$, 我们构造一棵树 T, 使得要么对 T 的每个枝 ξ, ξ 的叶节点上存在一个矢列式 $\Gamma' \Rightarrow \Delta'$, 使得 $\Gamma' \cap \Delta' \neq \varnothing$; 要么存在一个模型 M 和一个赋值 v, 使得 $M, v \not\models \Gamma \Rightarrow \Delta$.

树 T 构造如下.

(1) T 的根节点为 $\Gamma \Rightarrow \Delta$;

(2) 对节点 ξ, 如果在 ξ 上的每个矢列式 $\Gamma' \Rightarrow \Delta'$ 是原子的, 并且没有在节点 $\eta \subseteq \xi$ 上的公式要求注释, 则该节点为一个叶节点, 其中在某个节点 $\eta \subseteq \xi$ 上的一个公式 $\forall x A_1(x)$ 或者 $\exists x B_1(x)$ 要求注释, 如果位于 η 和 ξ 之间的某个节点 ζ 出现一个常量 c 没有使用 $\forall x A_1(x)$ 或者 $\exists x B_1(x)$;

(3) 否则, ξ 有以下直接子节点:

$$\begin{cases} \begin{aligned} &\Gamma_1 \Rightarrow A, \Delta_1, \quad \Gamma_1, \neg A \Rightarrow \Delta_1 \in \xi \\ &\Gamma_1, B \Rightarrow \Delta_1, \quad \Gamma_1 \Rightarrow \neg B, \Delta_1 \in \xi \end{aligned} \\[2ex] \left[\begin{aligned} &\Gamma_1, A_1 \Rightarrow \Delta_1 \\ &\Gamma_1, A_2 \Rightarrow \Delta_1 \end{aligned} \right., \quad \Gamma_1, A_1 \wedge A_2 \Rightarrow \Delta_1 \in \xi \\[2ex] \left\{ \begin{aligned} &\Gamma_1 \Rightarrow B_1, \Delta_1 \\ &\Gamma_1 \Rightarrow B_2, \Delta_1 \end{aligned} \right., \quad \Gamma_1 \Rightarrow B_1 \wedge B_2, \Delta_1 \in \xi \\[2ex] \left\{ \begin{aligned} &\Gamma_1, A_1 \Rightarrow \Delta_1 \\ &\Gamma_1, A_2 \Rightarrow \Delta_1 \end{aligned} \right., \quad \Gamma_1, A_1 \vee A_2 \Rightarrow \Delta_1 \in \xi \\[2ex] \left[\begin{aligned} &\Gamma_1 \Rightarrow B_1, \Delta_1 \\ &\Gamma_1 \Rightarrow B_2, \Delta_1 \end{aligned} \right., \quad \Gamma_1 \Rightarrow B_1 \vee B_2, \Delta_1 \in \xi \\[2ex] \left[\begin{aligned} &\Gamma_1 \Rightarrow B_1(c), \Delta_1 \\ &c \text{ 不出现在当前的 } T \text{ 中} \end{aligned} \right., \quad \Gamma_1 \Rightarrow \forall x B_1(x), \Delta_1 \in \xi \\[2ex] \left[\begin{aligned} &\Gamma_1, A_1(c) \Rightarrow \Delta_1 \\ &c \text{ 不出现在当前的 } T \text{ 中} \end{aligned} \right., \quad \Gamma_1, \exists x A_1(x) \Rightarrow \Delta_1 \in \xi \end{cases}$$

并且

(i) 对每个 $\eta \ni \Gamma_2, \forall x A_1(x) \Rightarrow \Delta_2$ 在 $\xi \supseteq \eta$ 要求注释, 并且使得 c 没有使用 $\forall x A_1(x)$, 设 $\xi \ni \Gamma_1 \Rightarrow \Delta_1$ 有一个子节点包含矢列式 $\Gamma_1, A_1(c) \Rightarrow \Delta_1$, 并且我们称 c 使用了 $\forall x A_1(x)$;

(ii) 对每个 $\eta \ni \Gamma_2 \Rightarrow \exists x B_1(x), \Delta_2$ 在 $\xi \supseteq \eta$ 要求注释, 并且使得 c 没有使用 $\exists x B_1(x)$, 设 $\xi \ni \Gamma_1 \Rightarrow \Delta_1$ 有一个子节点包含矢列式 $\Gamma_1 \Rightarrow B_1(c), \Delta_1$, 并且我们称 c 使用了 $\exists x B_1(x)$.

引理 2.2.1 如果对 T 的每个枝 $\xi \subseteq T$, 存在一个矢列式 $\Gamma' \Rightarrow \Delta' \in \xi$ 为 $\mathbf{G}^{\text{FOL}}$ 的公理, 则 T 是 $\Gamma \Rightarrow \Delta$ 的一个证明树.

证明 由 T 的定义, T 是 $\Gamma \Rightarrow \Delta$ 的一个证明树. □

引理 2.2.2 如果存在一个枝 $\xi \subseteq T$, 使得每个矢列式 $\Gamma' \Rightarrow \Delta' \in \xi$ 均不是 $\mathbf{G}^{\text{FOL}}$ 的公理, 则存在一个模型 M 和一个赋值 v 使得 $M, v \not\models \Gamma \Rightarrow \Delta$.

证明 设 ξ 为 T 的枝, 使得每个矢列式 $\Gamma' \Rightarrow \Delta' \in \xi$ 不是 $\mathbf{G}^{\text{FOL}}$ 的公理.

定义公式集合 $\Theta^L = \bigcup_{\Gamma' \Rightarrow \Delta' \in \xi} \Gamma'$, $\Theta^R = \bigcup_{\Gamma' \Rightarrow \Delta' \in \xi} \Delta'$, 以及一个模型 $M = (U, I)$ 和赋值 v 如下.

(1) U 为所有出现在 T 中的常量符号的集合;

(2) 对每个常量符号 $c, I(c) = c$, 并且对每个 n-元谓词符号 p, 有

$$I(p) = \{(c_1, \cdots, c_n) : p(c_1, \cdots, c_n) \in \Theta^L\}$$

(3) $v(x) = c$, 其中 $c \in U$.

对节点 $\Gamma' \Rightarrow \Delta' \in \xi$ 作归纳, 我们证明 $v(\Gamma') = 1$(即 $M, v \models \Gamma'$), 并且 $v(\Delta') = 0$(即 $M, v \not\models \Delta'$).

情况 1. $\Gamma' \Rightarrow \Delta' = \Gamma_2, \neg A_1 \Rightarrow \Delta_2 \in \eta$, 则 $\Gamma' \Rightarrow \Delta'$ 有一个直接子节点 $\in \xi$ 包含矢列式 $\Gamma_2 \Rightarrow A_1, \Delta_2$. 由归纳假设, $v(\Gamma_2) = 1$ 并且 $v(\Delta_2, A_1) = 0$. 因此, $v(\Gamma_2, \neg A_1) = 1$ 并且 $v(\Delta_2) = 0$.

情况 2. $\Gamma' \Rightarrow \Delta' = \Gamma_2 \Rightarrow \neg B_1, \Delta_2 \in \eta$, 则 $\Gamma' \Rightarrow \Delta'$ 有一个直接子节点 $\in \xi$ 包含矢列式 $\Gamma_2, B_1 \Rightarrow \Delta_2$. 由归纳假设, $v(\Gamma_2, B_1) = 1$ 并且 $v(\Delta_2) = 0$. 因此, $v(\Gamma_2) = 1$ 并且 $v(\Delta_2, \neg B_1) = 0$.

情况 3. $\Gamma' \Rightarrow \Delta' = \Gamma_2, \forall x A_1(x) \Rightarrow \Delta_2 \in \eta$, 则对每个 $d \in U$, $\Gamma' \Rightarrow \Delta'$ 有一个子节点 $\in \xi$ 包含矢列式 $\Gamma_2', A_1(d) \Rightarrow \Delta_2'$. 由归纳假设, 对每个 $d \in U$, $v(\Gamma_2', A_1(d)) = 1$ 并且 $v(\Delta_2') = 0$. 因此, $v(\Gamma_2, \forall x A_1(x)) = 1$ 并且 $v(\Delta_2) = 0$.

情况 4. $\Gamma' \Rightarrow \Delta' = \Gamma_2 \Rightarrow \forall x B_1(x), \Delta_2 \in \eta$, 则 $\Gamma' \Rightarrow \Delta'$ 有一个直接子节点 $\in \xi$ 包含矢列式 $\Gamma_2 \Rightarrow B_1(c), \Delta_2$. 由归纳假设, $v(\Gamma_2) = 1$ 并且 $v(\Delta_2, B_1(c)) = 0$. 因此, $v(\Gamma_2) = 1$ 并且 $v(\Delta_2, \forall x B_1(x)) = 0$.

情况 5. $\Gamma' \Rightarrow \Delta' = \Gamma_2, \exists x A_1(x) \Rightarrow \Delta_2 \in \eta$, 则 $\Gamma' \Rightarrow \Delta'$ 有一个子节点 $\in \xi$ 包含矢列式 $\Gamma_2', A_1(c) \Rightarrow \Delta_2'$. 由归纳假设, $v(\Gamma_2, A_1(c)) = 1$ 并且 $v(\Delta_2) = 0$. 因此, $v(\Gamma_2, \exists x A_1(x)) = 1$ 并且 $v(\Delta_2) = 0$.

情况 6. $\Gamma' \Rightarrow \Delta' = \Gamma_2 \Rightarrow \exists x B_1(x), \Delta_2 \in \eta$, 则对每个 $d \in U$, $\Gamma' \Rightarrow \Delta'$ 有一个直接子节点 $\in \xi$ 包含矢列式 $\Gamma_2' \Rightarrow B_1(d), \Delta_2'$. 由归纳假设, $v(\Gamma_2') = 1$ 并且 $v(\Delta_2', B_1(d)) = 0$. 因此, $v(\Gamma_2) = 1$ 并且 $v(\Delta_2, \exists x B_1(x)) = 0$.

关于逻辑连接词的验证类似于定理 2.1.2.   □

2.3 描述逻辑

描述逻辑是形式化概念的逻辑. 相应地, 一阶逻辑是形式化断言的逻辑. 描述逻辑的构造子和连接词有多种选择, 因此产生不同的描述逻辑. 我们考虑以下描述逻辑.

2.3.1 描述逻辑的语法和语义

描述逻辑的逻辑语言包括如下符号.

(1) 常量符号: $c_0, c_1, \cdots$;

(2) 原子概念符号: $A_0, A_1, \cdots$;

(3) 角色符号: $R_0, R_1, \cdots$;

(4) 概念构造子: $\neg, \sqcap, \sqcup, \exists, \forall$;

(5) 子概念关系: $\sqsubseteq$.

概念定义为

$$C ::= A|\neg A|C_1 \sqcap C_2|C_1 \sqcup C_2|\exists R.C|\forall R.C$$

原始断言定义为

$$\theta ::= C(c)|R(c,d)$$

其中, $R(c,d)$ 和 $A(c)$ 被称为原子的.

断言定义为

$$\varphi ::= \theta|C \sqsubseteq D$$

一个模型 M 是一个序对 (U, I), 其中 U 是一个论域, 并且 I 是一个解释, 使得:

(1) 对任何常量符号 $c, I(c) \in U$;

(2) 对任何原子概念符号 $A, I(A) \subseteq U$;

(3) 对任何角色 $R, I(R) \subseteq U^2$.

概念 C 的解释 C^I 是 U 的一个子集, 使得:

$$C^I = \begin{cases} I(A), & C = A \\ U - I(A), & C = \neg A \\ C_1^I \cap C_2^I, & C = C_1 \sqcap C_2 \\ C_1^I \cup C_2^I, & C = C_1 \sqcup C_2 \\ \{a \in U : \mathbf{E}b((a,b) \in I(R)\&a \in C^I)\}, & C = \exists R.C \\ \{a \in U : \mathbf{A}b((a,b) \in I(R) \Rightarrow a \in C^I)\}, & C = \forall R.C \end{cases}$$

一个断言 φ 在 M 中是满足的, 记为 $M \models \varphi$ 或者 $I \models \varphi$, 如果

$$\begin{cases} I(c) \in C^I, & \varphi = C(c) \\ (I(c), I(d)) \in I(R), & \varphi = R(c,d) \\ C^I \subseteq D^I, & \varphi = C \sqsubseteq D \end{cases}$$

一个矢列式是形为 $\Gamma \Rightarrow \Delta$ 的符号串, 其中 Γ, Δ 是断言的集合.

给定一个解释 I, 我们称 I 满足 $\Gamma \Rightarrow \Delta$, 记为 $I \models_{\mathbf{G}^{\text{DL}}} \Gamma \Rightarrow \Delta$, 如果 $I \models \Gamma$ 蕴含 $I \models \Delta$, 其中 $I \models \Gamma$, 如果对于每一个断言 $\varphi \in \Gamma, I \models \varphi$; $I \models \Delta$, 如果对于某个断言 $\psi \in \Delta, I \models \psi$.

一个矢列式 $\Gamma \Rightarrow \Delta$ 是永真的, 记为 $\models_{\mathbf{G}^{\mathrm{DL}}} \Gamma \Rightarrow \Delta$, 如果对任何解释 I, $I \models_{\mathbf{G}^{\mathrm{DL}}}$ $\Gamma \Rightarrow \Delta$.

下面, 我们只考虑断言 $C(a), R(a,b)$, 而将 $C \sqsubseteq D$ 留到第十二章讨论.

2.3.2　Gentzen 推导系统 $\mathbf{G}^{\mathrm{DL}}$

Gentzen 推导系统 $\mathbf{G}^{\mathrm{DL}}$ 由如下公理和推导规则组成. 设 Δ, Γ 是原始断言的集合.

公理

$$\Gamma, R(a,b) \Rightarrow R(a,b), \Delta$$
$$\Gamma, A(a) \Rightarrow A(a), \Delta$$

等价地, 有

$$\frac{\Gamma \cap \Delta \neq \varnothing}{\Gamma \Rightarrow \Delta}$$

其中, Γ, Δ 是原子断言的集合.

对原始断言的推导规则

$$(\neg^L)\ \frac{\Gamma \Rightarrow A(a), \Delta}{\Gamma, \neg A(a) \Rightarrow \Delta} \qquad (\neg^R)\ \frac{\Gamma, A(a) \Rightarrow \Delta}{\Gamma \Rightarrow \neg A(a), \Delta}$$

$$(\sqcap_L^1)\ \frac{\Gamma, C_1(a) \Rightarrow \Delta}{\Gamma, (C_1 \sqcap C_2)(a) \Rightarrow \Delta} \qquad (\sqcap_R)\ \frac{\Gamma \Rightarrow D_1(a), \Delta \quad \Gamma \Rightarrow D_2(a), \Delta}{\Gamma \Rightarrow (D_1 \sqcap D_2)(a), \Delta}$$

$$(\sqcap_L^2)\ \frac{\Gamma, C_2(a) \Rightarrow \Delta}{\Gamma, (C_1 \sqcap C_2)(a) \Rightarrow \Delta}$$

$$(\sqcup_L)\ \frac{\Gamma, C_1(a) \Rightarrow \Delta \quad \Gamma, C_2(a) \Rightarrow \Delta}{\Gamma, (C_1 \sqcup C_2)(a) \Rightarrow \Delta} \qquad (\sqcup_R^1)\ \frac{\Gamma \Rightarrow D_1(a), \Delta}{\Gamma, \Rightarrow (D_1 \sqcup D_2)(a), \Delta}$$

$$(\sqcup_R^2)\ \frac{\Gamma \Rightarrow D_2(a), \Delta}{\Gamma, \Rightarrow (D_1 \sqcup D_2)(a), \Delta}$$

$$(\forall_L)\ \frac{\Gamma \vdash R(a,d) \quad \Gamma, C(d) \Rightarrow \Delta}{\Gamma, (\forall R.C)(a) \Rightarrow \Delta} \qquad (\forall_R)\ \frac{R(a,c) \in \Gamma \quad \Gamma \Rightarrow D(c), \Delta}{\Gamma \Rightarrow (\forall R.D)(a), \Delta}$$

$$(\exists_L)\ \frac{R(a,c) \in \Gamma \quad \Gamma, C(c) \Rightarrow \Delta}{\Gamma, (\exists R.C)(a) \Rightarrow \Delta} \qquad (\exists_R)\ \frac{\Gamma \vdash R(a,d) \quad \Gamma \Rightarrow D(d), \Delta}{\Gamma \Rightarrow (\exists R.D)(a), \Delta}$$

其中, d 是一个常量符号; c 是一个新的常量符号, 即 c 没有出现在 Γ 和 Δ 中; $R(a,c) \in \Gamma$ 表示 $R(a,c)$ 被枚举进 Γ; $\Gamma \vdash R(a,d)$ 表示 $R(a,d)$ 已经在 Γ 中.

这里的 c, d 分别对应于一阶逻辑中的 x, t.

定义 2.3.1 一个矢列式 $\Gamma \Rightarrow \Delta$ 是 $\mathbf{G}^{\mathrm{DL}}$-可证的, 记为 $\vdash_{\mathbf{G}^{\mathrm{DL}}} \Gamma \Rightarrow \Delta$, 如果存在一个矢列式序列 $\Gamma_1 \Rightarrow \Delta_1, \cdots, \Gamma_n \Rightarrow \Delta_n$ 使得 $\Gamma_n \Rightarrow \Delta_n = \Gamma \Rightarrow \Delta$, 并且对每个 $1 \leqslant i \leqslant n, \Gamma_i \Rightarrow \Delta_i$, 要么是一个公理, 要么是由此前的矢列式通过一个推导规则得到的.

例如, 如下矢列式序列是 $\mathbf{G}^{\mathrm{DL}}$ 的一个证明.

$$C(c) \Rightarrow C(c)$$

$$\Gamma \vdash R(a,c) \Rightarrow \neg C(c), C(c)$$

$$R(a,c) \in \Gamma \Rightarrow \neg C(c), (\exists R.C)(a)$$

$$\Rightarrow (\forall R.\neg C)(a), (\exists R.C)(a)$$

定理 2.3.1 (可靠性定理) 对任何矢列式 $\Gamma \Rightarrow \Delta$, 如果 $\vdash_{\mathbf{G}^{\mathrm{DL}}} \Gamma \Rightarrow \Delta$, 则 $\models_{\mathbf{G}^{\mathrm{DL}}}$ $\Gamma \Rightarrow \Delta$.

证明 我们证明每个公理是永真的, 并且每个推导规则是保永真性的.

为验证公理的永真性, 任给一个解释 (U, I), 显然有

$$I \models \Gamma, C(a) \text{ 蕴含 } I \models C(a), \Delta$$

$$I \models \Gamma, R(a,b) \text{ 蕴含 } I \models R(a,b), \Delta$$

为验证 $(\neg^L)$ 的保永真性, 假设对任何解释 $I, I \models \Gamma$ 蕴含 $I \models C(a), \Delta$. 对任何解释 I, 假设 $I \models \Gamma, \neg C(a)$, 则由归纳假设, $I \models C(a), \Delta$. 因为 $I \models \neg C(a)$, 所以 $I \models \Delta$.

为验证 $(\sqcap_L^1)$ 的保永真性, 假设对任何解释 $I, I \models \Gamma, C_1(a)$ 蕴含 $I \models \Delta$. 对任何解释 I, 假设 $I \models \Gamma, (C_1 \sqcap C_2)(a)$, 则 $a^I \in C_1^I \cap C_2^I$, 因此 $a^I \in C_1^I$, 即 $I \models C_1(a)$. 因此, $I \models \Gamma, C_1(a)$, 并且由归纳假设, $I \models \Delta$.

为验证 $(\sqcup_L)$ 的保永真性, 假设对任何解释 I, 有

$$I \models \Gamma, C_1(a) \text{ 蕴含 } I \models \Delta$$

$$I \models \Gamma, C_2(a) \text{ 蕴含 } I \models \Delta$$

对任何解释 I, 假设 $I \models \Gamma, (C_1 \sqcup C_2)(a)$, 则要么 $a^I \in C_1^I$, 要么 $a^I \in C_2^I$. 无论哪一种情况, 由归纳假设, $I \models \Delta$.

为验证 $(\forall_L)$ 的保永真性, 假设对任何解释 I, 有

$$\Gamma \vdash R(a, d)$$

$$I \models C(d) \text{ 蕴含 } I \models \Delta$$

对任何解释 I, 如果 $I \models \Gamma, (\forall R.C)(a)$, 则对任何 d, 若 $\Gamma \vdash R(a,d)$, 则 $I \models C(d)$. 由归纳假设, $I \models \Delta$.

为验证 $(\forall_R)$ 的保永真性, 假设对任何解释 $I, I \models \Gamma$ 蕴含 $R(a,c) \in \Gamma$, 并且 $I \models D(c), \Delta$. 对任何解释 I, 如果 $I \models \Gamma$, 则由归纳假设, $R(a,c) \in \Gamma$, 并且要么 $I \models \Delta$, 要么 $I \models D(c)$. 如果 $I \models \Delta$, 则 $I \models (\forall R.D)(a), \Delta$; 否则, $I \models D(c)$. 因为 c 不出现在 Γ 和 Δ 中, 对任何常量符号 d 使得 $R(a,d) \in \Gamma, I \models C(d)$, 即 $I \models (\forall R.D)(a)$. 因此, $I \models (\forall R.D)(a), \Delta$.

为验证 $(\exists_L)$ 的保永真性, 假设对任何解释 I, $I \models \Gamma, C(c)$ 和 $R(a,c) \in \Gamma$ 蕴含 $I \models \Delta$. 对任何解释 I, 如果 $I \models \Gamma, (\exists R.C)(a)$, 则存在一个常量符号 d 使得 $\Gamma \vdash R(a,d)$, 并且 $I \models \Gamma, C(d)$. 因此, $I \models \Delta$.

为验证 $(\exists_R)$ 的保永真性, 假设对任何解释 I, $I \models \Gamma$ 蕴含 $\Delta \vdash R(a,d)$ 和 $I \models C(d), \Delta$. 对任何解释 I, 如果 $I \models \Gamma$, 则由归纳假设, $\Delta \vdash R(a,d)$ 蕴含 $I \models C(d), \Delta$. 如果 $I \models \Delta$, 则 $I \models (\exists R.D)(a), \Delta$; 否则, $\Delta \vdash R(a,d)$, 并且 $I \models D(d)$, 即 $I \models (\exists R.D)(a)$. 因此, $I \models (\exists R.D)(a), \Delta$.

原始断言的其他推导规则类似.   □

2.3.3　完备性定理

定理 2.3.2 (完备性定理)　对任何矢列式 $\Gamma \Rightarrow \Delta$, 如果 $\models_{\mathbf{G}^{DL}} \Gamma \Rightarrow \Delta$, 则 $\vdash_{\mathbf{G}^{DL}} \Gamma \Rightarrow \Delta$.

证明　为简单起见, 我们假设逻辑语言中不含函数符号.

给定一个矢列式 $\Gamma \Rightarrow \Delta$, 我们构造一棵树 T, 使得要么对 T 的每个枝 ξ, 存在 ξ 叶节点上的一个矢列式 $\Gamma' \Rightarrow \Delta'$, 使得 $\Gamma' \cap \Delta' \neq \varnothing$; 要么存在一个解释 I 使得 $I \not\models \Gamma \Rightarrow \Delta$.

树 T 构造如下.

(1) T 的根节点为 $\Gamma \Rightarrow \Delta$;

(2) 对节点 ξ, 如果在 ξ 上的每个矢列式 $\Gamma' \Rightarrow \Delta'$, Γ' 和 Δ' 为原子断言的集合, 并且没有在节点 $\eta \subseteq \xi$ 上的断言要求注释, 则该节点为一个叶节点, 其中在某个节点 $\eta \subseteq \xi$ 上的一个断言 $(\forall R.C_1)(a)$ 或者 $(\exists R.D_1)(a)$ 要求注释, 如果位于 η 和 ξ 之间的某个节点 ζ 出现一个常量 c 使得 $R(a,c) \in \Gamma$, 并且 c 没有使用于 $(\forall R.C_1)(a)$ 或者 $(\exists R.D_1)(a)$;

(3) 否则, ξ 有以下直接子节点:

$$\begin{cases}
\Gamma_1 \Rightarrow A(a), \Delta_1, \quad \Gamma_1, \neg A(a) \Rightarrow \Delta_1 \in \xi \\[2pt]
\Gamma_1, A(a) \Rightarrow \Delta_1, \quad \Gamma_1 \Rightarrow \neg A(a), \Delta_1 \in \xi \\[6pt]
\left[\begin{array}{l} \Gamma_1, C_1(a) \Rightarrow \Delta_1 \\ \Gamma_1, C_2(a) \Rightarrow \Delta_1 \end{array}\right., \quad \Gamma_1, (C_1 \sqcap C_2)(a) \Rightarrow \Delta_1 \in \xi \\[10pt]
\left\{\begin{array}{l} \Gamma_1 \Rightarrow D_1(a), \Delta_1 \\ \Gamma_1 \Rightarrow D_2(a), \Delta_1 \end{array}\right., \quad \Gamma_1 \Rightarrow (D_1 \sqcap D_2)(a), \Delta_1 \in \xi \\[10pt]
\left\{\begin{array}{l} \Gamma_1, C_1(a) \Rightarrow \Delta_1 \\ \Gamma_1, C_2(a) \Rightarrow \Delta_1 \end{array}\right., \quad \Gamma_1, (C_1 \sqcup C_2)(a) \Rightarrow \Delta_1 \in \xi \\[10pt]
\left[\begin{array}{l} \Gamma_1 \Rightarrow D_1(a), \Delta_1 \\ \Gamma_1 \Rightarrow D_2(a), \Delta_1 \end{array}\right., \quad \Gamma_1 \Rightarrow (D_1 \sqcup D_2)(a), \Delta_1 \in \xi \\[10pt]
\left[\begin{array}{l} R(a,c) \in \Gamma_1 \\ \Gamma_1 \Rightarrow D_1(c), \Delta_1 \\ c \text{ 不出现在当前的 } T \text{ 中} \end{array}\right., \quad \Gamma_1 \Rightarrow (\forall R.D_1)(a), \Delta_1 \in \xi \\[14pt]
\left[\begin{array}{l} R(a,c) \in \Gamma_1 \\ \Gamma_1, C_1(c) \Rightarrow \Delta_1 \\ c \text{ 不出现在当前的 } T \text{ 中} \end{array}\right., \quad \Gamma_1, (\exists R.C_1)(a) \Rightarrow \Delta_1 \in \xi
\end{cases}$$

并且

(i) 对每个 $\eta \ni \Gamma_2, (\forall R.C_1)(a) \Rightarrow \Delta_2$ 在 $\xi \supseteq \eta$ 要求注释, 使得 $\Gamma_2 \vdash R(a,c)$ 并且 c 没有使用 $(\forall R.C_1)(a)$, 设 $\xi \ni \Gamma_1 \Rightarrow \Delta_1$ 有一个子节点包含矢列式 $\Gamma_1, C_1(c) \Rightarrow \Delta_1$, 并且我们称 c 使用了 $(\forall R.C_1)(a)$;

(ii) 对每个 $\eta \ni \Gamma_2 \Rightarrow (\exists R.D_1)(a), \Delta_2$ 在 $\xi \supseteq \eta$ 要求注视, 使得 $\Gamma_2 \vdash R(a,c)$ 并且 c 没有使用 $(\exists R.D_1)(a)$, 设 $\xi \ni \Gamma_1 \Rightarrow \Delta_1$ 有一个子节点包含矢列式 $\Gamma_1 \Rightarrow D_1(c), \Delta_1$, 并且我们称 c 使用了 $(\exists R.D_1)(a)$.

定理 2.3.3 如果对 T 的每个枝 $\xi \subseteq T$, 存在一个矢列式 $\Gamma' \Rightarrow \Delta' \in \xi$ 为 $\mathbf{G}^{\mathrm{DL}}$ 的公理, 则 T 是 $\Gamma \Rightarrow \Delta$ 的一个证明树.

证明 由 T 的定义, T 是 $\Gamma \Rightarrow \Delta$ 的一个证明树. □

定理 2.3.4 如果存在一个枝 $\xi \subseteq T$, 使得每个矢列式 $\Gamma' \Rightarrow \Delta' \in \xi$ 均不是 $\mathbf{G}^{\mathrm{DL}}$ 的公理, 则存在一个解释 I 使得 $I \not\models \Gamma \Rightarrow \Delta$.

证明 设 ξ 为 T 的枝, 使得每个矢列式 $\Gamma' \Rightarrow \Delta' \in \xi$ 不是 $\mathbf{G}^{\mathrm{DL}}$ 的公理.
定义公式集合:
$$\Theta^L = \bigcup\nolimits_{\Gamma' \Rightarrow \Delta' \in \xi} \Gamma'$$
$$\Theta^R = \bigcup\nolimits_{\Gamma' \Rightarrow \Delta' \in \xi} \Delta'$$

同时, 定义一个解释 I:

(1) U 为所有出现在 ξ 中的常量符号的集合;

(2) 对每个常量符号 c, $I(c) = c$, 并且对每个关系符号 R, 有

$$I(R) = \{(a, c) : R(a, c) \in \Theta^L\}$$

并且对每个原子概念符号 A, 有

$$I(A) = \{c : A(c) \in \Theta^L\}$$

对节点 $\Gamma' \Rightarrow \Delta' \in \xi$ 作归纳, 我们证明 $I(\Gamma') = 1$(即 $I \models \Gamma'$), 并且 $I(\Delta') = 0$(即 $I \not\models \Delta'$).

情况 1. $\Gamma' \Rightarrow \Delta' = \Gamma_2, (\neg C_1)(a) \Rightarrow \Delta_2 \in \eta$, 则 $\Gamma' \Rightarrow \Delta'$ 有一个直接子节点 $\in \xi$ 包含矢列式 $\Gamma_2 \Rightarrow C_1(a), \Delta_2$. 由归纳假设, $I(\Gamma_2) = 1$, 并且 $I(\Delta_2, C_1(a)) = 0$. 因此, $I(\Gamma_2, \neg C_1(a)) = 1$, 并且 $I(\Delta_2) = 0$.

情况 2. $\Gamma' \Rightarrow \Delta' = \Gamma_2 \Rightarrow \neg D_1(a), \Delta_2 \in \eta$, 则 $\Gamma' \Rightarrow \Delta'$ 有一个直接子节点 $\in \xi$ 包含矢列式 $\Gamma_2, D_1(a) \Rightarrow \Delta_2$. 由归纳假设, $I(\Gamma_2, D_1(a)) = 1$, 并且 $I(\Delta_2) = 0$. 因此, $I(\Gamma_2) = 1$, 并且 $I(\Delta_2, \neg D_1(a)) = 0$.

情况 3. $\Gamma' \Rightarrow \Delta' = \Gamma_2, (\forall R.C_1)(a) \Rightarrow \Delta_2 \in \eta$, 则对每个 $d \in U$ 使得 $R(a, d)$ 出现在 η 上, $\Gamma' \Rightarrow \Delta'$ 有一个子节点 $\in \xi$ 包含矢列式 $\Gamma_2', C_1(d) \Rightarrow \Delta_2'$. 由归纳假设, 对每个 $d \in U$ 使得 $R(a, d) \in \Theta^L$, $I(\Gamma_2', C_1(d)) = 1$, 并且 $I(\Delta_2') = 0$. 因此, $I(\Gamma_2, (\forall R.C_1)(a)) = 1$, 并且 $I(\Delta_2) = 0$.

情况 4. $\Gamma' \Rightarrow \Delta' = \Gamma_2 \Rightarrow (\forall R.D_1)(a), \Delta_2 \in \eta$, 则 $\Gamma' \Rightarrow \Delta'$ 有一个直接子节点 $\in \xi$ 包含矢列式 $\Gamma_2 \Rightarrow D_1(c), \Delta_2$, 并且 $R(a, c) \in \Theta^L$. 由归纳假设, $I(\Gamma_2) = 1$, 并且 $I(\Delta_2, D_1(c)) = 0$. 因此, $I(\Gamma_2) = 1$, 并且 $I(\Delta_2, (\forall R.D_1)(a)) = 0$.

情况 5. $\Gamma' \Rightarrow \Delta' = \Gamma_2, (\exists R.C_1)(a) \Rightarrow \Delta_2 \in \eta$, 则 $\Gamma' \Rightarrow \Delta'$ 有一个子节点 $\in \xi$ 包含矢列式 $\Gamma_2', C_1(c) \Rightarrow \Delta_2'$, 并且 $R(a, c) \in \Theta^L$. 由归纳假设, $I(\Gamma_2, C_1(c)) = 1$, 并且 $I(\Delta_2) = 0$. 因此, $I(\Gamma_2, (\exists R.C_1)(a)) = 1$, 并且 $I(\Delta_2) = 0$.

情况 6. $\Gamma' \Rightarrow \Delta' = \Gamma_2 \Rightarrow (\exists R.D_1)(a), \Delta_2 \in \eta$, 则对每个 $d \in U$ 使得 $R(a, d)$ 出现在 η 上, $\Gamma' \Rightarrow \Delta'$ 有一个直接子节点 $\in \xi$ 包含矢列式 $\Gamma_2' \Rightarrow D_1(d), \Delta_2'$. 由归纳假设, $I(\Gamma_2') = 1$, 并且对每个 $d \in U$ 使得 $R(a, d)$ 出现在 η 上, $I(\Delta_2', D_1(d)) = 0$. 因此, $I(\Gamma_2) = 1$, 并且 $I(\Delta_2, (\exists R.D_1)(a)) = 0$.

其他情况类似.   □

参 考 文 献

[1] Ebbinghaus H, Flum J, Thomas W. Mathematical Logic [M]. 2nd ed. New York: Springer, 1994.

[2] Barwise J. An introduction to first-order logic [J]. Studies in Logic and the Foundations of Mathematics, 1977, 90: 5-46.

[3] Li W. Mathematical Logic, Foundations for Information Science [M]. Basel: Birkhäuser, 2010.

[4] Baader F, Calvanese D, McGuinness D L, et al. The Description Logic Handbook: Theory, Implementation, Applications [M]. Cambridge: Cambridge University Press, 2003.

[5] Baader F, Horrocks I, Sattler U. Chapter 3: description logics [M]// van Harmelen F, Lifschitz V, Porter B. Handbook of Knowledge Representation. Amsterdam: Elsevier, 2007: 135-180.

[6] Hofmann M. Proof-theoretic approach to description logic [C]//Proceedings of LICS, 2005: 229-237.

[7] Rademaker A. A Proof Theory for Description Logics [M]. New York: Springer, 2012.

[8] Fensel D, van Harmelen F, Horrocks I, et al. OIL: an ontology infrastructure for the semantic web [J]. IEEE Intelligent Systems, 2001, 16(2):38-45.

[9] van Harmelen F, Lifschitz V, Porter B. Handbook of Knowledge Representation [M]. Amsterdam: Elsevier, 2008.

[10] Horrocks I, Sattler U. Ontology reasoning in the SHOQ(D) description logic [C]// Proceedings of the Seventeenth International Joint Conference on Artificial Intelligence, 2001: 199-204.

[11] Horrocks I, Patel-Schneider P F, van Harmelen F. From SHIQ and RDF to OWL: the making of a web ontology language [J]. Journal of Web Semantics, 2003, 1:7-26.

第三章 命题逻辑的 R-演算

AGM 公设 [1] 是一个修正算子应该满足的一系列条件, 而 R-演算 [2] 是一个满足 AGM 公设的修正算子.

R-演算 [2] 是一个 Gentzen-型的推导系统, 将一个不协调的一阶理论 $\Gamma \cup \Delta$ 推导出一个协调的一阶理论 $\Gamma' \cup \Delta$, 其中 $\Gamma' \cup \Delta$ 应该为 $\Gamma \cup \Delta$ 的一个极大协调子理论 (等价地, 称为 Γ 关于 Δ 的极小改变), 其中 $\Delta|\Gamma$ 称为一个 R-构件, Γ 是一个协调的公式集合, 并且 Δ 是一个文字的协调集合. 可以证明, 如果 $\Delta|\Gamma \Rightarrow \Delta|\Gamma'$ 是可推导的, 并且 $\Delta|\Gamma'$ 是一个 R-终止, 即不存在 R-规则将 $\Delta|\Gamma'$ 归约为另一个 R-构件 $\Delta|\Gamma''$, 则 $\Delta \cup \Gamma'$ 是 Γ 关于 Δ 的一个约简 (contraction).

AGM 公设是用一个公式 φ 去修正一个理论 K, 使得如果 $K \circ \varphi \Rightarrow K'$, 则 K' 是一个包含 φ 的 $K \cup \varphi$ 极大协调子集 [3-5]. R-演算是用一个理论 Δ 去修正一个公式 A, 使得如果 A 是与 Δ 协调的, 则 $\Delta|A \Rightarrow \Delta, A$; 否则, $\Delta|A \Rightarrow \Delta$.

$\subseteq$-极小改变是关于集合包含关系的 [6-8], 即如果 $\Delta|\Gamma \Rightarrow \Delta, \Theta$ 在 R-演算中是可证的, 则 Θ 是 Γ 关于 Δ 的极小改变, 即

(i) $\Delta \cup \Theta$ 是协调的;

(ii) $\Theta \subseteq \Gamma$;

(iii) 对任何 Θ' 满足 $\Theta \subset \Theta' \subseteq \Gamma, \Theta' \cup \Delta$ 是不协调的.

相应地, 我们有以下 R-演算的推导规则:

$$\frac{\Delta|A_1, \Gamma \Rightarrow \Delta|\Gamma \text{ or } \Delta, A_1|A_2, \Gamma \Rightarrow \Delta, A_1|\Gamma}{\Delta|A_1 \wedge A_2, \Gamma \Rightarrow \Delta|\Gamma}$$

这表示, 如果 A_1 和 Δ 是不协调的, 或者 A_2 和 $\Delta \cup \{A_1\}$ 是不协调的, 则 $A_1 \wedge A_2$ 从理论 $\{A_1 \wedge A_2\} \cup \Gamma$ 中被 Δ 修正了, 尽管 $\Delta \cup \{A_1\}$ 可能是协调的.

由传统的信念修正, 我们用理论 Δ 去修正理论 Γ, 将 Γ(或者 Γ 的封闭理论 $\text{Th}(\Gamma)$) 中可以由 Δ 推出其否定的公式删掉, 使得 Γ 中剩余的部分与 Δ 协调. 为使结果 $\Delta|\Gamma$ 为 Γ 关于 Δ 的极小改变, 一个 Γ 的线性序 (良序) 对应一个 Γ 关于 Δ 的极小改变.

一个问题是, AGM 公设基于所在逻辑的推导系统, 并且 R-演算也是. 为了用 Δ 修正 Γ, 我们首先需要判断 $\Gamma \cup \Delta$ 是否是不协调的, 如果是, 用 Δ 修正 Γ; 否则, 设 $\Delta|\Gamma$ 为 $\Delta \cup \Gamma$. 我们试图将 $\Gamma \cup \Delta$ 是否是不协调的判断归约为对某些 $\Delta \vdash l$ 的判断, 其中 l 为文字 (命题变元或者命题变元的否定).

一个使 $\Delta|A$ 协调的简单办法是, 如果 Δ 与 A 是不协调的, 则设 $\Delta|A \Rightarrow \Delta$. 这个条件看起来有点强. 例如, 用 p 来修正 $\neg p \wedge q$, 一个简单的修正为 p. 为确保极小改变, $\{p,q\}$ 为一个更好的结果, 因为 $\{q\}$ 是 $\{\neg p \wedge q\}$ 关于 $\{p\}$ 的一个极小改变, 或理论 $\{q\}$ 为理论 $\{\neg p, q\}$ 关于 $\{q\}$ 的一个极小改变, 使得 $\{q\}$ 与 $\{p\}$ 是协调的.

传统的信念修正只考虑关于集合包含的极小改变. 我们将给出一个 R-演算 $\mathbf{T}$, 通过消除 Γ 中与 Δ 不协调的文字或者子公式, 将一个构件 $\Delta|\Gamma$ 归约为协调理论 Δ, Θ, 使得 Δ, Θ 是协调的; Θ 是 Γ 的伪子理论 (pseudo-subtheory, 记为 $\Theta \preceq \Gamma$), 即每个 Θ 中的公式是 Γ 中的某个公式 A 的伪子公式; Θ 是一个伪子公式极小改变, 即对任何 Ξ 使得 $\Theta \prec \Xi \preceq \Gamma$, Δ 与 Ξ 是不协调的.

此外, 还有一个极小改变是 $\vdash_{\preceq}$-极小改变, 我们将给出一个 R-演算 $\mathbf{U}$, 用来将一个构件 $\Delta|\Gamma$, 通过删除 Γ 中与 Δ 不协调的文字或者子公式, 归约为一个协调理论 Δ, Θ, 使得 Δ, Θ 是协调的; Θ 是 Γ 的伪子理论; Θ 是一个 $\vdash_{\preceq}$-极小改变, 即对任何 Ξ 满足 $\Theta \prec \Xi \preceq \Gamma$, 要么 $\Delta, \Xi \vdash \Theta$, 并且 $\Delta, \Theta \vdash \Xi$, 要么 Δ 与 Ξ 不协调.

由于推导关系 $\vdash$ 在命题逻辑中是可判定的, 而在一阶逻辑中是不可判定的, 因此我们先考虑命题逻辑的 R-演算.

应当注意到 R-演算与传统逻辑之间的差别, 我们将公式 A 看作第一类对象, 而关于推导关系的断言 $\Delta \vdash \neg A$ 为第二类对象. 在传统逻辑中, 只有第一类对象是语法的对象, 而形为 $\Gamma \vdash \neg A$ 的断言是元语言对象. 在 R-演算中, $\Gamma \vdash \neg A$ 是第二类的语法对象, 而 R-演算的推导规则是关于第二类对象的推导规则. 换言之, R-演算是基于 $\Gamma \vdash \neg A$ 来归约 $\Delta|\Gamma$ 为一个协调理论 Δ, Θ.

在命题逻辑中, 协调性具有如下性质.

(1) $\Delta \cup \{A_1 \wedge A_2\}$ 是协调的当且仅当 $\Delta \cup \{A_1\}$ 和 $\Delta \cup \{A_1, A_2\}$ 是协调的. 相应地, $\Delta \cup \{A_1 \wedge A_2\}$ 是不协调的当且仅当 $\Delta \cup \{A_1\}$ 或者 $\Delta \cup \{A_1, A_2\}$ 是不协调的;

(2) $\Delta \cup \{A_1 \vee A_2\}$ 是协调的当且仅当 $\Delta \cup \{A_1\}$ 或者 $\Delta \cup \{A_2\}$ 是协调的. 相应地, $\Delta \cup \{A_1 \vee A_2\}$ 是不协调的当且仅当 $\Delta \cup \{A_1\}$ 并且 $\Delta \cup \{A_2\}$ 是不协调的.

3.1 极 小 改 变

一个理论 Θ(一个公式集合) 是极大协调的, 如果 Θ 是协调的, 并且对每个公式 A, 要么 $\Theta \vdash A$, 要么 $\Theta \vdash \neg A$. 因此, 如果 Θ 是极大协调的, 则对任何公式 A 满足 $\Theta \nvdash A, \Theta \cup \{A\}$ 是不协调的.

在命题逻辑中, 在一个赋值 v 下为真的公式集合 $\{A : v(A) = 1\}$ 是极大协调的; 反过来, 对任何极大协调公式集合 Θ, 存在一个赋值 v, 使得 $\{A : v(A) = 1\} = \Theta$. 基于此, 命题逻辑的完备性定理得以证明.

如果 Θ 是 Γ 关于 Δ 的 $\subseteq$-极小改变, 则对任何公式 $A \in \Gamma$, $\Theta \cup \Delta \nvdash A$ 蕴含

$\Theta \cup \Delta \vdash \neg A$. 因此, 我们也称 Θ 为 Γ 关于 Δ 的 $\subseteq$-极大协调集合 (maximal consistent set).

存在三种极小改变: 基于理论之间的集合包含关系 $\subseteq$ 的 $\subseteq$-极小改变; 基于理论之间的伪子公式关系 $\preceq$ 的 $\preceq$-极小改变; 基于理论之间关于伪子公式关系 $\preceq$ 的推导关系 $\vdash$ 的 $\vdash_{\preceq}$-极小改变.

3.1.1　$\subseteq$-极小改变

定义 3.1.1　给定任何协调理论 Γ 和 Δ, Θ 是 Γ 关于 Δ 的 $\subseteq$-极小改变, 记为 $\models_s \Delta|\Gamma \Rightarrow \Delta, \Theta$, 如果 $\Theta \subseteq \Gamma$, Θ 与 Δ 是协调的, 并且对任何公式集合 Ξ 满足 $\Theta \subset \Xi \subseteq \Gamma$, 则 Ξ 与 Δ 是不协调的.

命题 3.1.1　设 Θ 是 Γ 关于 Δ 的一个 $\subseteq$-极小改变, 则对任何公式 $A \in \Gamma$, 要么 $\Delta, \Theta \vdash A$, 要么 $\Delta, \Theta \vdash \neg A$; 反之, 如果 Θ 是极小的使得 $\Gamma \supseteq \Theta$, Θ 与 Δ 是协调的, 并且对任何公式 $A \in \Gamma$, 要么 $\Delta, \Theta \vdash A$, 要么 $\Delta, \Theta \vdash \neg A$, 则 Θ 是 Γ 关于 Δ 的一个 $\subseteq$-极小改变. □

Γ 关于 Δ 的一个 $\subseteq$-极小改变 Θ 的计算过程. 设 $\Gamma = \{A_0, A_1, \cdots\}$ 是一个按良序 $<$ 排列的集合, 即假设 $A_0 < A_1 < A_2 < \cdots$, 定义

$$\Theta_0 = \varnothing$$
$$\Theta_{n+1} = \begin{cases} \Theta_n \cup \{A_n\}, & \Delta, \Theta_n \nvdash \neg A_n \\ \Theta_n, & \text{其他} \end{cases}$$
$$\Theta = \bigcup_n \Theta_n$$

则 Θ 是 Γ 关于 Δ 的一个 $\subseteq$-极小改变, 记为 $\Theta = \sigma(\Gamma^<, \Delta)$.

命题 3.1.2　$\Theta = \sigma(\Gamma^<, \Delta)$ 是 Γ 关于 Δ 的一个 $\subseteq$-极小改变.

证明　对任何公式 $A \in \Gamma - \Theta$, 由定义, 存在一个自然数 n 使得 $A_n = A$, 并且根据归纳假设, $\Delta, \Theta_n \vdash \neg A_n$, 而由 $\vdash$ 的单调性, $\Delta, \Theta \vdash \neg A_n$, 即 $\Delta, \Theta \vdash \neg A$. □

反过来, 我们有如下命题.

命题 3.1.3　给定 Γ 关于 Δ 的一个 $\subseteq$-极小改变 Θ, 存在一个 Γ 上的序 $<$, 使得:

$$\Theta = \sigma(\Gamma^<, \Delta)$$

证明　给定 Γ 关于 Δ 的一个 $\subseteq$-极小改变 Θ, 以及 Θ 上的任意序关系 $<_1$ 和 $\Gamma - \Theta$ 上的任意序关系 $<_2$, 定义 Γ 上的序关系 $<$ 使得对任何公式 $A, B \in \Gamma$, 有

$$A < B \text{ 当且仅当} \begin{cases} A <_1 B, & A, B \in \Theta \\ A <_2 B, & A, B \in \Gamma - \Theta \\ \top, & A \in \Theta \text{ 并且 } B \in \Gamma - \Theta \end{cases}$$

其中, $\top$ 表示为真. 可以简单地证明 $\Theta = \sigma(\Gamma^<, \Delta)$. □

3.1.2 伪子公式与 $\preceq$-极小改变

子公式是传统逻辑中的一个基本概念.

定义 3.1.2 给定一个公式 A, 一个公式 B 是 A 的一个子公式, 记为 $B \leqslant A$, 如果要么 $A = B$, 要么

(i) 如果 $A = \neg A_1$, 则 $B \leqslant A_1$;

(ii) 如果 $A = A_1 \vee A_2$ 或者 $A_1 \wedge A_2$, 则要么 $B \leqslant A_1$, 要么 $B \leqslant A_2$.

例如, 设 $A = (p \vee q) \wedge (r \vee s)$, 则 $p \vee q, r \vee s \leqslant A$, 并且 $p \wedge r, q \wedge r, p \wedge (r \vee s) \not\leqslant A$.

定义 3.1.3 给定一个公式 $A[B_1, \cdots, B_n]$, 其中 $[B_1]$ 是 B_1 在 A 中的一个出现, 一个公式 $B = A[\lambda, \cdots, \lambda] = A[B_1/\lambda, \cdots, B_n/\lambda]$, 其中 B_i 的出现被空公式 λ 替换, 称为 A 的一个伪子公式, 记为 $B \preceq A$.

例如, 设 $A = (p \vee q) \wedge (r \vee s)$, 则 $p \vee q, r \vee s, p \wedge r, q \wedge r, p \wedge (r \vee s) \preceq A$.

命题 3.1.4 对任何公式 A_1, A_2, B_1, 以及 B_2:

(i) $B_1 \leqslant A_1$ 蕴含 $B_1 \leqslant A_1 \vee A_2$, 并且 $B_1 \leqslant A_1 \wedge A_2$;

(ii) $B_1 \preceq A_1$ 和 $B_2 \preceq A_2$ 蕴含 $\neg B_1 \preceq \neg A_1, B_1 \vee B_2 \preceq A_1 \vee A_2$, 以及 $B_1 \wedge B_2 \preceq A_1 \wedge A_2$. □

命题 3.1.5 对任何公式 A 和 B, 如果 $B \leqslant A$, 则 $B \preceq A$.

证明 对公式 A 的结构作归纳即得. □

命题 3.1.6 $\leqslant$ 和 $\preceq$ 是所有公式集合上的偏序. □

给定一个公式 A, 设 $P(A)$ 是 A 的所有伪子公式的集合, 每个 $B \in P(A)$ 由一个集合 $\tau(B) = \{[p_1], \cdots, [p_n]\}$ 确定, 其中 $[p_i]$ 是 p_i 在 A 中的一个出现, 使得:

$$B = A([p_1]/\lambda, \cdots, [p_n]/\lambda)$$

给定任何公式 $B_1, B_2 \in P(A)$, 定义

$$B_1 \otimes B_2 = \max\{B : B \preceq B_1, B \preceq B_2\}$$
$$B_1 \oplus B_2 = \min\{B : B \succeq B_1, B \succeq B_2\}$$

命题 3.1.7 对任何伪子公式 $B_1, B_2 \in P(A), B_1 \otimes B_2$ 和 $B_1 \oplus B_2$ 存在. □

设 $\mathbf{P}(A) = (P(A), \otimes, \oplus, A, \lambda)$ 是一个格, 具有最大元素 A 和最小元素 λ.

命题 3.1.8 对任何伪子公式 $B_1, B_2 \in P(A), B_1 \preceq B_2$ 当且仅当 $\tau(B_1) \supseteq \tau(B_2)$, 而且

$$\tau(B_1 \otimes B_2) = \tau(B_1) \cup \tau(B_2)$$
$$\tau(B_1 \oplus B_2) = \tau(B_1) \cap \tau(B_2)$$

□

定义 3.1.4 一个理论 Θ 是 Γ 关于 Δ 的一个 $\preceq$-极小改变, 记为 $\models_{\mathbf{T}} \Delta|\Gamma \Rightarrow \Delta, \Theta$, 如果

(i) $\Theta \preceq \Gamma$, 即对每个公式 $A \in \Theta$, 存在一个公式 $B \in \Gamma$ 使得 $A \preceq B$;

(ii) $\Theta \cup \Delta$ 是协调的;

(iii) 对任何理论 Ξ 满足 $\Theta \prec \Xi \preceq \Gamma, \Xi \cup \Delta$ 是不协调的.

3.1.3 ⊢≼-极小改变

在给出 ⊢≼-极小改变之前, 我们首先给出如下定义.

定义 3.1.5　给定理论 Γ, Δ 和 Θ, Θ 是 Γ 关于 Δ 的一个 ⊢-极小改变, 记为 $\models_{U'} \Gamma|\Delta \Rightarrow \Delta, \Theta$, 如果

(i) $\Gamma \vdash \Theta$;

(ii) $\Theta \cup \Delta$ 是协调的;

(iii) 对任何理论 Ξ 满足 $\Gamma \vdash \Xi \vdash \Theta$ 和 $\Theta \nvdash \Xi, \Xi \cup \Delta$ 是不协调的.

所有理论的集合在推导关系 ⊢ 下组成的格是稠密的, 即对任何理论 Γ_1, Γ_2, 如果 $\Gamma_1 \vdash \Gamma_2$, 并且 $\Gamma_2 \nvdash \Gamma_1$, 则存在一个理论 Γ 使得 $\Gamma_1 \vdash \Gamma \vdash \Gamma_2$, 并且 $\Gamma_2 \nvdash \Gamma \nvdash \Gamma_1$. 因此, 我们可能找不到 Γ 关于 Δ 的一个 ⊢-极小改变.

我们考虑如下 ⊢≼-极小改变.

定义 3.1.6　给定理论 Γ, Δ 和 Θ, Θ 是 Γ 关于 Δ 的一个 ⊢≼-极小改变, 记为 $\models_U \Gamma|\Delta \Rightarrow \Delta, \Theta$, 如果

(i) $\Theta \cup \Delta$ 是协调的;

(ii) $\Theta \preceq \Gamma$;

(iii) 对任何理论 Ξ 满足 $\Gamma \succeq \Xi \succ \Theta$, 要么 $\Delta, \Xi \vdash \Theta$ 并且 $\Delta, \Theta \vdash \Xi$, 要么 $\Xi \cup \Delta$ 是不协调的.

3.2　R-演算 S

在这一节, 我们给出一个 Gentzen-型的基于 ⊆-极小改变的 R-演算 S, 使得对任何协调理论 Γ, Δ 和 $\Theta, \Delta|\Gamma \Rightarrow \Theta, \Delta$ 是 S-可证的, 当且仅当 Θ 是 Γ 关于 Δ 的一个 ⊆-极小改变.

3.2.1　关于单个公式 A 的 R-演算 S

关于单个公式 A 的 R-演算 S 由如下公理和推导规则组成.

公理

$$(S^{\mathbf{A}}) \ \frac{\Delta \nvdash \neg l}{\Delta|l \Rightarrow \Delta, l} \quad (S_{\mathbf{A}}) \ \frac{\Delta \vdash \neg l}{\Delta|l \Rightarrow \Delta}$$

推导规则

$$(S^\wedge) \quad \frac{\begin{array}{c}\Delta|A_1 \Rightarrow \Delta, A_1\\ \Delta, A_1|A_2 \Rightarrow \Delta, A_1, A_2\end{array}}{\Delta|A_1 \wedge A_2 \Rightarrow \Delta, A_1 \wedge A_2} \qquad (S^1_\wedge) \quad \frac{\Delta|A_1 \Rightarrow \Delta}{\Delta|A_1 \wedge A_2 \Rightarrow \Delta}$$

$$(S^2_\wedge) \quad \frac{\Delta, A_1|A_2 \Rightarrow \Delta, A_1}{\Delta|A_1 \wedge A_2 \Rightarrow \Delta}$$

$$(S^\vee_1) \quad \frac{\Delta|A_1 \Rightarrow \Delta, A_1}{\Delta|A_1 \vee A_2 \Rightarrow \Delta, A_1 \vee A_2} \qquad (S_\vee) \quad \frac{\Delta|A_1 \Rightarrow \Delta \quad \Delta|A_2 \Rightarrow \Delta}{\Delta|A_1 \vee A_2 \Rightarrow \Delta}$$

$$(S^\vee_2) \quad \frac{\Delta|A_2 \Rightarrow \Delta, A_2}{\Delta|A_1 \vee A_2 \Rightarrow \Delta, A_1 \vee A_2}$$

其中, 左边的规则是添加规则, 即将 Γ 中的一个公式放入 Θ 中; 右边的规则是删除规则.

定义 3.2.1 $\Delta|A \Rightarrow \Delta, C$ 是 **S**-可证的, 记为 $\vdash_S \Delta|A \Rightarrow \Delta, C$, 如果存在一个断言序列 $S_1, \cdots, S_m$, 使得:

$$S_1 = \Delta|A \Rightarrow \Delta|A'_1$$
$$\cdots\cdots$$
$$S_m = \Delta|A_m \Rightarrow \Delta, C$$

并且对每个 $i < m, S_{i+1}$ 是一个公理或是由前面的断言通过 **S** 中的一个推导规则得到的.

定理 3.2.1(可靠性定理) 对任何协调公式集合 Δ 和公式 A, 如果 $\Delta|A \Rightarrow \Delta, A$ 是 **S**-可证的, 则 $\Delta \cup \{A\}$ 是协调的, 即

$$\vdash_S \Delta|A \Rightarrow \Delta, A \text{ 蕴含 } \models_S \Delta|A \Rightarrow \Delta, A$$

并且如果 $\Delta|A \Rightarrow \Delta$ 是 **S**-可证的, 则 $\Delta \cup \{A\}$ 是不协调的, 即

$$\vdash_S \Delta|A \Rightarrow \Delta \text{ 蕴含 } \models_S \Delta|A \Rightarrow \Delta$$

证明 我们对公式 A 的结构作归纳, 证明该定理.

假设 $\Delta|A \Rightarrow \Delta, A$ 是 **S**-可证的.

(1) 如果 $A = l$, 则 $\Delta \not\vdash \neg A$, 并且 $\Delta \cup \{A\}$ 是协调的;

(2) 如果 $A = A_1 \wedge A_2$, 则 $\Delta|A_1 \Rightarrow \Delta, A_1$ 和 $\Delta, A_1|A_2 \Rightarrow \Delta, A_1, A_2$ 是 **S**-可证的. 由归纳假设, $\Delta \cup \{A_1\}$ 和 $\Delta \cup \{A_1, A_2\}$ 是协调的, 因此 $\Delta \cup \{A_1 \wedge A_2\}$ 是协调的;

(3) 如果 $A = A_1 \vee A_2$, 则要么 $\Delta|A_1 \Rightarrow \Delta, A_1$, 要么 $\Delta|A_2 \Rightarrow \Delta, A_2$ 是 **S**-可证的. 由归纳假设, $\Delta \cup \{A_1\}$ 或者 $\Delta \cup \{A_2\}$ 是协调的, 因此 $\Delta \cup \{A_1 \vee A_2\}$ 是协调的.

假设 $\Delta|A \Rightarrow \Delta$ 是 **S**-可证的.

(1) 如果 $A = l$, 则 $\Delta \vdash \neg A$, 并且 $\Delta \cup \{A\}$ 是不协调的;

(2) 如果 $A = A_1 \wedge A_2$, 则 $\Delta|A_1 \Rightarrow \Delta$ 或者 $\Delta, A_1|A_2 \Rightarrow \Delta, A_1$ 是 **S**-可证的. 由归纳假设, $\Delta \cup \{A_1\}$ 或者 $\Delta \cup \{A_1, A_2\}$ 是不协调的, 因此 $\Delta \cup \{A_1 \wedge A_2\}$ 是不协调的;

(3) 如果 $A = A_1 \vee A_2$, 则 $\Delta|A_1 \Rightarrow \Delta$ 和 $\Delta|A_2 \Rightarrow \Delta$ 是 **S**-可证的. 由归纳假设, $\Delta \cup \{A_1\}$ 和 $\Delta \cup \{A_2\}$ 是不协调的, 因此 $\Delta \cup \{A_1 \vee A_2\}$ 是不协调的.   □

定理 3.2.2(完备性定理)   对任何协调公式集合 Δ 和公式 A, 如果 $\Delta \cup \{A\}$ 是协调的, 则 $\Delta|A \Rightarrow \Delta, A$ 是 **S**-可证的, 即

$$\models_{\mathbf{S}} \Delta|A \Rightarrow \Delta, A \text{ 蕴含 } \vdash_{\mathbf{S}} \Delta|A \Rightarrow \Delta, A$$

并且如果 $\Delta \cup \{A\}$ 是不协调的, 则 $\Delta|A \Rightarrow \Delta$ 是 **S**-可证的, 即

$$\models_{\mathbf{S}} \Delta|A \Rightarrow \Delta \text{ 蕴含 } \vdash_{\mathbf{S}} \Delta|A \Rightarrow \Delta$$

证明   我们对公式 A 的结构作归纳, 证明该定理.

假设 $\Delta \cup \{A\}$ 是协调的.

(1) 如果 $A = l$, 则 $\Delta \not\vdash \neg A$, 并且由 $(S^{\mathbf{A}})$, $\Delta|A \Rightarrow \Delta, l$ 是 **S**-可证的;

(2) 如果 $A = A_1 \wedge A_2$, 则 $\Delta \cup \{A_1\}$ 和 $\Delta \cup \{A_1, A_2\}$ 是协调的. 由归纳假设, $\Delta|A_1 \Rightarrow \Delta, A_1$ 和 $\Delta, A_1|A_2 \Rightarrow \Delta, A_1, A_2$ 是 **S**-可证的. 由 $(S^\wedge)$, $\Delta|A_1 \wedge A_2 \Rightarrow \Delta, A_1 \wedge A_2$ 是 **S**-可证的;

(3) 如果 $A = A_1 \vee A_2$, 则 $\Delta \cup \{A_1\}$ 或者 $\Delta \cup \{A_2\}$ 是协调的. 由归纳假设, $\Delta|A_1 \Rightarrow \Delta, A_1$ 或者 $\Delta|A_2 \Rightarrow \Delta, A_2$ 是 **S**-可证的. 由 $(S_1^\vee)$ 或者 $(S_2^\vee)$, $\Delta|A_1 \vee A_2 \Rightarrow \Delta, A_1 \vee A_2$ 是 **S**-可证的.

假设 $\Delta \cup \{A\}$ 是不协调的.

(1) 如果 $A = l$, 则 $\Delta \vdash \neg A$, 并且由 $(S_{\mathbf{A}})$, $\Delta|A \Rightarrow \Delta$ 是 **S**-可证的;

(2) 如果 $A = A_1 \wedge A_2$, 则 $\Delta \cup \{A_1\}$ 或者 $\Delta \cup \{A_1, A_2\}$ 是不协调的. 由归纳假设, 要么 $\Delta|A_1 \Rightarrow \Delta$ 是 **S**-可证的, 要么 $\Delta, A_1|A_2 \Rightarrow \Delta, A_1|$ 是 **S**-可证的. 由 $(S_\wedge^1)$ 或者 $(S_\wedge^2)$, $\Delta|A_1 \wedge A_2 \Rightarrow \Delta$ 是 **S**-可证的;

(3) 如果 $A = A_1 \vee A_2$, 则 $\Delta \cup \{A_1\}$ 和 $\Delta \cup \{A_2\}$ 是不协调的. 由归纳假设, $\Delta|A_1 \Rightarrow \Delta$ 和 $\Delta|A_2 \Rightarrow \Delta$ 是 **S**-可证的. 由 $(S_\vee)$, $\Delta|A_1 \vee A_2 \Rightarrow \Delta$ 是 **S**-可证的.   □

由此, 我们得到以下推论.

推论 3.2.1   不存在公式 A, 使得:

$$\vdash_{\mathbf{S}} \Delta|A \Rightarrow \Delta$$

$$\vdash_{\mathbf{S}} \Delta|A \Rightarrow \Delta, A$$

注释: 关于协调性和非协调性, 我们有如下可靠和完备的推理系统.

$$(\mathbf{A}^+)\ \frac{\Delta \not\vdash \neg l}{\mathrm{con}(\Delta, l)} \qquad\qquad (\mathbf{A}^-)\ \frac{\Delta \vdash \neg l}{\mathrm{incon}(\Delta, l)}$$

$$(\wedge^+)\ \frac{\mathrm{con}(\Delta, A_1)\quad \mathrm{con}(\Delta \cup \{A_1\}, A_2)}{\mathrm{con}(\Delta, A_1 \wedge A_2)} \qquad (\wedge_1^-)\ \frac{\mathrm{incon}(\Delta, A_1)}{\mathrm{incon}(\Delta, A_1 \wedge A_2)}$$

$$(\wedge_2^-)\ \frac{\mathrm{incon}(\Delta \cup \{A_1\}, A_2)}{\mathrm{incon}(\Delta, A_1 \wedge A_2)}$$

$$(\vee_1^+)\ \frac{\mathrm{con}(\Delta, A_1)}{\mathrm{con}(\Delta, A_1 \vee A_2)} \qquad\qquad (\vee^-)\ \frac{\mathrm{incon}(\Delta, A_1)\quad \mathrm{incon}(\Delta, A_2)}{\mathrm{incon}(\Delta, A_1 \vee A_2)}$$

$$(\vee_2^+)\ \frac{\mathrm{con}(\Delta, A_2)}{\mathrm{con}(\Delta, A_1 \vee A_2)} \qquad\qquad \square$$

3.2.2 关于理论 Γ 的 R-演算 S

设 $\Gamma = (A_1, \cdots, A_n)$ 为带一个序关系 $<$ 的集合 $\{A_1, \cdots, A_n\}$, 使得 $A_1 < A_2 < \cdots < A_n$. 定义

$$\Delta | \Gamma = (\cdots ((\Delta | A_1) | A_2) \cdots) | A_n$$

关于理论 Γ 的 R-演算 S 由如下公理和推导规则组成.

公理

$$(S^{\mathbf{A}})\ \frac{\Delta \not\vdash \neg l}{\Delta | l, \Gamma \Rightarrow \Delta, l | \Gamma} \qquad\qquad (S_{\mathbf{A}})\ \frac{\Delta \vdash \neg l}{\Delta | l, \Gamma \Rightarrow \Delta | \Gamma}$$

推导规则

$$(S^\wedge)\ \frac{\begin{array}{c}\Delta | A_1, \Gamma \Rightarrow \Delta, A_1 | \Gamma \\ \Delta, A_1 | A_2, \Gamma \Rightarrow \Delta, A_1, A_2 | \Gamma\end{array}}{\Delta | A_1 \wedge A_2, \Gamma \Rightarrow \Delta, A_1 \wedge A_2 | \Gamma} \qquad (S_\wedge^1)\ \frac{\Delta | A_1, \Gamma \Rightarrow \Delta | \Gamma}{\Delta | A_1 \wedge A_2, \Gamma \Rightarrow \Delta | \Gamma}$$

$$(S_\wedge^2)\ \frac{\Delta, A_1 | A_2, \Gamma \Rightarrow \Delta, A_1 | \Gamma}{\Delta | A_1 \wedge A_2, \Gamma \Rightarrow \Delta | \Gamma}$$

$$(S_1^\vee)\ \frac{\Delta | A_1, \Gamma \Rightarrow \Delta, A_1 | \Gamma}{\Delta | A_1 \vee A_2, \Gamma \Rightarrow \Delta, A_1 \vee A_2 | \Gamma}$$

$$(S_2^\vee)\ \frac{\Delta | A_2, \Gamma \Rightarrow \Delta, A_2 | \Gamma}{\Delta | A_1 \vee A_2, \Gamma \Rightarrow \Delta, A_1 \vee A_2 | \Gamma} \qquad (S_\vee)\ \frac{\begin{array}{c}\Delta | A_1, \Gamma \Rightarrow \Delta | \Gamma \\ \Delta | A_2, \Gamma \Rightarrow \Delta | \Gamma\end{array}}{\Delta | A_1 \vee A_2, \Gamma \Rightarrow \Delta | \Gamma}$$

定义 3.2.2 $\Delta | \Gamma \Rightarrow \Delta, \Theta$ 是 S-可证的, 记为 $\vdash_{\mathbf{S}} \Delta | \Gamma \Rightarrow \Delta, \Theta$, 如果存在一个断言序列 $S_1, \cdots, S_m$, 使得:

$$S_1 = \Delta | \Gamma \Rightarrow \Delta_1 | \Gamma_1$$

$$\cdots\cdots$$

$$S_m = \Delta_{m-1} | \Gamma_{m-1} \Rightarrow \Delta, \Theta$$

并且对每个 $i < m, S_{i+1}$ 是一条公理或是由前面的断言通过一个 **S** 的推导规则得到的.

定理 3.2.3 (可靠性定理)   对任何协调公式集合 Θ, Δ 和有限协调公式集合 Γ, 如果 $\Delta|\Gamma \Rightarrow \Delta, \Theta$ 是 **S**-可证的, 则 Θ 是 Γ 关于 Δ 的一个 $\subseteq$-极小改变, 即

$$\vdash_{\mathbf{S}} \Delta|\Gamma \Rightarrow \Delta, \Theta \text{ 蕴含 } \models_{\mathbf{S}} \Delta|\Gamma \Rightarrow \Delta, \Theta$$

证明   我们对 n 作归纳来证明定理.

假设 $\Delta|\Gamma \Rightarrow \Delta, \Theta$ 是 **S**-可证的.

设 $n = 1$, 则要么 $\Theta = A_1$, 要么 $\Theta = \lambda$. 如果 $\Theta = A_1$, 则 $\Delta \cup \{A_1\}$ 是协调的, 并且 Θ 是 A_1 关于 Δ 的一个 $\subseteq$-极小改变; 否则, $\Delta \cup \{A_1\}$ 是不协调的, 并且 $\Theta = \lambda$ 是 A_1 关于 Δ 的一个 $\subseteq$-极小改变.

假设定理对 n 是成立的, 即如果 $\Delta|\Gamma \Rightarrow \Delta, \Theta$, 则 Θ 是 Γ 关于 Δ 的一个 $\subseteq$-极小改变, 其中 $\Gamma = (A_1, \cdots, A_n)$.

设 $\Gamma' = (\Gamma, A_{n+1}) = (A_1, \cdots, A_{n+1})$. 如果 $\Delta|\Gamma' \Rightarrow \Delta, \Theta'$ 是可证的, 则 $\Delta|\Gamma \Rightarrow \Delta, \Theta$ 和 $\Delta, \Theta|A_{n+1} \Rightarrow \Delta, \Theta'$ 是可证的. 由 $n = 1$ 的情况和归纳假设, Θ' 是 A_{n+1} 关于 $\Delta \cup \Theta$ 的一个 $\subseteq$-极小改变, 并且 Θ 是 Γ 关于 Δ 的一个 $\subseteq$-极小改变. 因此, Θ' 是 Γ' 关于 Δ 的一个 $\subseteq$-极小改变.   □

定理 3.2.4 (完备性定理)   对任何协调公式集合 Θ, Δ 和有限的协调公式集合 Γ, 如果 Θ 是 Γ 关于 Δ 的一个 $\subseteq$-极小改变, 则 $\Delta|\Gamma \Rightarrow \Delta, \Theta$ 是 **S**-可证的, 即

$$\models_{\mathbf{S}} \Delta|\Gamma \Rightarrow \Delta, \Theta \text{ 蕴含 } \vdash_{\mathbf{S}} \Delta|\Gamma \Rightarrow \Delta, \Theta$$

证明   假设 Θ 是 Γ 关于 Δ 的一个 $\subseteq$-极小改变, 则存在一个 Γ 上的序关系 $<$ 使得 $\Gamma = (A_1, A_2, \cdots, A_n)$, 其中 $A_1 < A_2 < \cdots < A_n$, 并且 Θ 是 Γ 的极大子集使得 $\Delta \cup \Theta$ 是协调的.

我们对 n 作归纳来证明定理.

设 $n = 1$. 根据可靠性定理, 如果 $\Theta = \{A_1\}$, 则 $\Delta|A_1 \Rightarrow \Delta, A_1$ 是 **S**-可证的, 并且如果 $\Theta = \varnothing$, 则 $\Delta|A_1 \Rightarrow \Delta$ 是 **S**-可证的.

假设定理对 n 是成立的, 即如果 Θ 是 Γ 关于 Δ 的一个 $\subseteq$-极小改变, 则 $\Delta|\Gamma \Rightarrow \Delta, \Theta$ 是 **S**-可证的.

设 $\Gamma' = (\Gamma, A_{n+1}) = (A_1, \cdots, A_{n+1})$, 并且 Θ' 是 Γ' 关于 Δ 的一个 $\subseteq$-极小改变, 则 Θ' 是 A_{n+1} 关于 $\Delta \cup \Theta$ 的一个 $\subseteq$-极小改变, 并且 $\Delta, \Theta|A_{n+1} \Rightarrow \Delta, \Theta'$ 是 **S**-可证的. 由归纳假设, $\Delta|\Gamma \Rightarrow \Delta, \Theta$ 是 **S**-可证的, 并且 $\Delta|\Gamma' \Rightarrow \Delta, \Theta|A_{n+1}$ 是 **S**-可证的, 因此 $\Delta|\Gamma' \Rightarrow \Delta, \Theta'$ 是 **S**-可证的.   □

例 3.2.1 设 $\Delta = \{p, q\}$ 并且 $A = \neg p \wedge \neg q \wedge r$, 则我们有如下推导, 即

$$p, q | \neg p \Rightarrow p, q$$

$$p, q | \neg p \wedge \neg q \wedge r \Rightarrow p, q$$

因此

$$\vdash_{\mathbf{S}} p, q | \neg p \wedge \neg q \wedge r \Rightarrow p, q$$

3.2.3 关于 ⊆-极小改变的 AGM 公设 $\mathbf{A}^\subseteq$

关于 ⊆-极小改变的 AGM 公设 $\mathbf{A}^\subseteq$:

(1) Success: $\Delta \subseteq \Delta | \Gamma$;

(2) Inclusion: $\Delta | \Gamma \subseteq \Gamma \cup \Delta$;

(3) Sacuity: $\mathrm{con}(\Delta, \Gamma) \Rightarrow \Delta | \Gamma \vdash\dashv \Delta, \Gamma$;

(4) Extensionality: $\mathrm{con}(\Delta) \Rightarrow \mathrm{con}(\Delta | \Gamma)$;

(5) Extensionality: $\Delta \vdash\dashv \Delta' \Rightarrow \Delta | \Gamma = \Delta' | \Gamma$, 其中 $\Delta \vdash\dashv \Delta'$ 表示 $\Delta \vdash \Delta'$ 和 $\Delta' \vdash \Delta$;

(6) Superexpansion: $(\Delta_1 \cup \Delta_2) || \Gamma \subseteq \Delta_1 || \Gamma$, 其中 $\Delta || \Gamma = \Delta | \Gamma - \Delta$;

(7) Subexpansion: $\mathrm{con}(\Delta_1 | \Gamma, \Delta_2) \Rightarrow (\Delta_1 | \Gamma), \Delta_2 \vdash\dashv (\Delta_1 \cup \Delta_2) | \Gamma$;

(8) ⊆-极小改变: $\Delta || \Gamma \subset \Theta \subseteq \Gamma \Rightarrow \mathrm{incon}(\Delta, \Theta)$;

(9) Closure: $\Delta || \Gamma \subseteq \Theta \subseteq \Gamma \Rightarrow \Delta | \Gamma = \Delta | \Theta$.

假设 $\Delta | \Gamma \Rightarrow \Delta, \Theta$, 关于 ⊆-极小改变的 AGM 公设的另一个形式 $\mathbf{A}_\subseteq$:

(1) Success: $\Theta \subseteq \Gamma$;

(2) Inclusion: λ;

(3) Vacuity: $\mathrm{con}(\Delta, \Gamma) \Rightarrow \Theta \vdash\dashv \Gamma$;

(4) Extensionality: $\mathrm{con}(\Delta) \Rightarrow \mathrm{con}(\Delta, \Theta)$;

(5) Extensionality: $\Delta \vdash\dashv \Delta' \Rightarrow \Theta = \Theta'$;

(6) Superexpansion: $\Theta_{12} \subseteq \Theta_1$, 其中 $\Delta_1 | \Gamma \Rightarrow \Delta_1, \Theta_1$, 并且 $\Delta_1, \Delta_2 | \Gamma \Rightarrow \Delta_1, \Delta_2, \Theta_{12}$;

(7) Subexpansion: $\mathrm{con}(\Delta_1 \cup \Delta, \Delta_2) \Rightarrow \Theta_1 \vdash\dashv \Theta_{12}$;

(8) ⊆-极小改变: $\Theta \subset \Xi \subseteq \Gamma \Rightarrow \mathrm{incon}(\Delta, \Xi)$;

(9) Closure: $\Theta \subseteq \Xi \subseteq \Gamma \Rightarrow \Delta | \Xi = \Delta, \Theta$.

定理 3.2.5 Θ 满足 $\mathbf{A}^\subseteq$ 当且仅当 Θ 是 Γ 关于 Δ 的一个 ⊆-极小改变.

证明 假设 Θ 满足 $\mathbf{A}^\subseteq$, 则

(1) 由 Success, $\Theta \subseteq \Gamma$;

(2) 由 Extensionality, $\Delta \cup \Theta$ 是协调的;

(3) 如果 $\Theta \neq \Gamma$, 则由 Vacuity, Γ, Δ 是不协调的;

(4) 由 $\subseteq$-极小改变, 对任何公式 $A \in \Gamma - \Delta, \Theta \cup \{A\} \cup \Delta$ 是不协调的.

因此, Θ 是 Γ 关于 Δ 的一个 $\subseteq$-极小改变.

假设 Θ 是 Γ 关于 Δ 的一个 $\subseteq$-极小改变, 则存在一个序关系 $\leqslant$ 使得 $\Theta = \Theta^{\leqslant}$. 我们有

(i) Success: $\Theta^{\leqslant} \subseteq \Gamma$;

(ii) Vacuity: $\mathrm{con}(\Delta, \Gamma) \Rightarrow \Theta \vdash\dashv \Gamma$;

(iii) Extensionality: $\mathrm{con}(\Delta) \Rightarrow \mathrm{con}(\Delta, \Theta)$;

(iv) Extensionality: $\Delta \vdash\dashv \Delta' \Rightarrow \Theta^{\leqslant} \vdash\dashv \Theta', \leqslant$, 因为计算 $\Theta^{\leqslant}$ 依赖 $\Theta_{i-1} \vdash \neg A_i$ 是否成立, 并且 $\Theta_{i-1} \vdash \neg A_i$ 当且仅当 $\Theta'_{i-1} \vdash \neg A_i$, 其中

$$
\Theta'_0 = \Delta'
$$
$$
\Theta'_i = \begin{cases} \Theta'_{i-1} - \{A_i\}, & \Delta, \Theta'_{i-1} \vdash \neg A_i \\ \Theta'_{i-1}, & \text{其他} \end{cases}
$$

(v) 我们有 2 个计算: 一个是 Θ_1 的计算, 即

$$
\Theta^1_0 = \varnothing
$$
$$
\Theta^1_i = \begin{cases} \Theta^1_{i-1} - \{A_i\}, & \Delta_1, \Theta^1_{i-1} \vdash \neg A_i \\ \Theta^1_{i-1}, & \text{其他} \end{cases}
$$

并且 $\Theta_1 = \Theta^1_n$; 另一个是 Θ_{12} 的计算, 即

$$
\Theta^{12}_0 = \varnothing
$$
$$
\Theta^{12}_i = \begin{cases} \Theta^{12}_{i-1} - \{A_i\}, & \Delta_1, \Delta_2, \Theta^{12}_{i-1} \vdash \neg A_i \\ \Theta^{12}_{i-1}, & \text{其他} \end{cases}
$$

并且 $\Theta_{12} = \Theta_n$. 由对 $i \leqslant n$ 的归纳, 我们能够证明 $\Theta^{12}_i \cap \Gamma \subseteq \Theta^1_i \cap \Gamma$, 因此 $\Theta_{12} \subseteq \Theta_1$.

(vi) Subexpansion: 假设 $\mathrm{con}(\Theta_1 \cup \Delta_1, \Delta_2)$, i_0 是最小的使得 $\Theta^1_{i_0} = \Theta^1_n = \Theta^1 \cup \Delta_1$, 则 $\Theta^1_{i_0} \nvdash \neg A_{i_0}$, 并且由于 $\mathrm{con}(\Theta_1 \cup \Delta_1, \Delta_2)$, $\Theta^1_{i_0} \cup \Delta_2 \nvdash \neg A_{i_0}$, 因此如果 j_0 是最大的 j 使得 $\Theta^{12}_j \nvdash \neg A_j$, 则 $j_0 \leqslant i_0$, 即 $\Theta_{12} \supseteq \Theta_2$. 由于 Superexpansion, $\Theta_{12} \subseteq \Theta_2$, 因此 $\Theta_{12} = \Theta_1$.

(vii) 由定理 3.2.3, 我们有 $\subseteq$-极小改变.

(viii) 由 $\subseteq$-极小改变的定义, 我们有 Closure.　　　　　　　　　　　　　□

3.3　R-演算 T

在这一节, 我们给出一个 R-演算 T. 它关于 $\preceq$-极小改变是可靠的和完备的, 即对任何协调理论 Γ, Δ 以及 $\Theta, \Delta | \Gamma \Rightarrow \Delta, \Theta$ 是 T-可证的当且仅当 Θ 是 Γ 关于 Δ 的一个 $\preceq$-极小改变.

S 中的规则 $(S_\wedge)$ 可能会消除 Γ 中过多的信息. 例如:

$$\vdash_{\mathbf{S}} \neg 有手|有手 \wedge 有腿 \Rightarrow \neg 有手$$

直观上, 应当有

$$\neg 有手|有手 \wedge 有腿 \Rightarrow \neg 有手, 有腿$$

在 **T** 中也有以上推导, 即

$$\vdash_{\mathbf{S}} \neg p|p \wedge q \Rightarrow \neg p$$
$$\vdash_{\mathbf{T}} \neg p|p \wedge q \Rightarrow \neg p, q$$

3.3.1 关于单个公式 A 的 R-演算 T

单个公式 A 的 R-演算 **T** 可由如下公理和推导规则组成.

公理

$$(T^{\mathbf{A}}) \frac{\Delta \nvdash \neg A}{\Delta|A \Rightarrow \Delta, A} \quad (T_{\mathbf{A}}) \frac{\Delta \vdash \neg l}{\Delta|l \Rightarrow \Delta}$$

推导规则

$$(T^\wedge) \frac{\begin{array}{c}\Delta|A_1 \Rightarrow \Delta, C_1 \\ \Delta, C_1|A_2 \Rightarrow \Delta, C_1, C_2\end{array}}{\Delta|A_1 \wedge A_2 \Rightarrow \Delta, C_1 \wedge C_2} \quad (T_1^\vee) \frac{\Delta|A_1 \Rightarrow \Delta, C_1 \neq \lambda}{\Delta|A_1 \vee A_2 \Rightarrow \Delta, C_1 \vee A_2}$$

$$(T_2^\vee) \frac{\begin{array}{c}\Delta|A_1 \Rightarrow \Delta \\ \Delta|A_2 \Rightarrow \Delta, C_2 \neq \lambda\end{array}}{\Delta|A_1 \vee A_2 \Rightarrow \Delta, A_1 \vee C_2}$$

$$(T_3^\vee) \frac{\Delta|A_1 \Rightarrow \Delta \quad \Delta|A_2 \Rightarrow \Delta}{\Delta|A_1 \vee A_2 \Rightarrow \Delta}$$

我们假设 C 是协调的, 则

$$\lambda \vee C \equiv C \vee \lambda \equiv C; \quad \lambda \wedge C \equiv C \wedge \lambda \equiv C, \quad \Delta, \lambda \equiv \Delta$$

如果 C 是不协调的, 则

$$\lambda \vee C \equiv C \vee \lambda \equiv \lambda; \quad \lambda \wedge C \equiv C \wedge \lambda \equiv \lambda$$

定义 3.3.1 $\Delta|A \Rightarrow \Delta, C$ 是 **T**-可证的, 记为 $\vdash_{\mathbf{T}} \Delta|A \Rightarrow \Delta, C$, 如果存在一个断言序列 $S_1, \cdots, S_m$, 使得:

$$S_1 = \Delta|A \Rightarrow \Delta|A_1'$$
$$\cdots\cdots$$
$$S_m = \Delta|A_m \Rightarrow \Delta, \subset$$

并且对每个 $i < m, S_{i+1}$ 是一条公理或是由此前的断言通过一个 **T** 中的推导规则得到的.

规则 $(T^\wedge)$ 说明修正依赖 A_1 中子公式的次序, 即如果 $\Delta|A_1 \wedge A_2 \Rightarrow \Delta, C$, 并且 $\Delta|A_2 \wedge A_1 \Rightarrow \Delta, C'$ 是 **T**-可证的, 则可能出现这样的情况: $C \not\vdash C'$, 并且 $C' \not\vdash C$; 也可能出现这样的情况: $\Delta, C \not\vdash C'$, 并且 $\Delta, C' \not\vdash C$. 例如, 我们有如下推理.

$$\neg p \vee \neg q|p \Rightarrow \neg p \vee \neg q, p$$

$$\neg p \vee \neg q, p|q \Rightarrow \neg p \vee \neg q, p$$

$$\neg p \vee \neg q|p \wedge q \Rightarrow \neg p \vee \neg q, p \equiv p \wedge \neg q$$

$$\neg p \vee \neg q|q \Rightarrow \neg p \vee \neg q, q$$

$$\neg p \vee \neg q, q|p \Rightarrow \neg p \vee \neg q, q$$

$$\neg p \vee \neg q|q \wedge p \Rightarrow \neg p \vee \neg q, q \equiv \neg p \wedge q$$

因此, $\neg p \vee \neg q, p \not\vdash q$, 并且 $\neg p \vee \neg q, q \not\vdash p$.

我们定义公式之间的一个关系 $\simeq$.

(i) 对任何公式 $A, A \simeq A$;

(ii) 如果 $A_1 \simeq A_1'$ 并且 $A_2 \simeq A_2'$, 则 $A_1 \vee A_2 \simeq A_2' \vee A_1'$ 并且 $A_1 \wedge A_2 \simeq A_2' \wedge A_1'$.

命题 3.3.1   对任意公式 A 和 B, 如果 $A \simeq B$, 则 $A \vdash\dashv B$.

定理 3.3.1   对任何协调公式集合 Δ 和公式 A, 存在一个公式 C 使得 $C \preceq A$, 并且 $\Delta|A \Rightarrow \Delta, C$ 是 **T**-可证的.

证明   我们对公式 A 的结构作归纳来证明定理.

情况 $A = l$. 如果 $\Delta \vdash \neg l$, 则设 $C = \lambda$; 如果 $\Delta \not\vdash \neg l$, 则设 $C = l$. 由 $(T^\mathbf{A})$ 和 $(T_\mathbf{A})$, $\Delta|A \Rightarrow \Delta, C$ 是 **T**-可证的.

情况 $A = A_1 \wedge A_2$. 由归纳假设, 存在公式 $C_1 \preceq A_1, C_2 \preceq A_2$ 使得 $\Delta|A_1 \Rightarrow \Delta, C_1$ 以及 $\Delta, C_1|A_2 \Rightarrow \Delta, C_2$ 是 **T**-可证的. 由 $(T^\wedge)$, $\Delta|A_1 \wedge A_2 \Rightarrow \Delta, C_1 \wedge C_2$ 是 **T**-可证的.

情况 $A = A_1 \vee A_2$. 由归纳假设, 存在公式 $C_1 \preceq A_1$ 和 $C_2 \preceq A_2$ 使得 $\Delta|A_1 \Rightarrow \Delta, C_1$ 和 $\Delta|A_2 \Rightarrow \Delta, C_2$ 是 **T**-可证的. 如果 $C_1 \neq \lambda$, 则由 $(T_1^\vee), \vdash_\mathbf{T} \Delta|A_1 \vee A_2 \Rightarrow \Delta, C_1 \vee A_2$; 如果 $C_1 = \lambda$, 并且 $C_2 \neq \lambda$, 则由 $(T_2^\vee), \vdash_\mathbf{T} \Delta|A_1 \vee A_2 \Rightarrow A_1 \vee C_2$; 如果 $C_1 = C_2 = \lambda$, 则由 $(T_3^\vee), \vdash_\mathbf{T} \Delta|A_1 \vee A_2 \Rightarrow \Delta$. 设

$$C = \begin{cases} C_1 \vee A_2, & C_1 \neq \lambda \\ A_1 \vee C_2, & C_1 = \lambda \neq C_2 \\ \lambda, & 其他 \end{cases}$$

并且 $\vdash_\mathbf{T} \Delta|A_1 \vee A_2 \Rightarrow \Delta, C$. $\square$

引理 3.3.1   如果 Θ 是 Γ 关于 Δ 的一个 $\preceq$-极小改变, 并且 Θ' 是 A_{n+1} 关于 $\Delta \cup \Theta$ 的一个 $\preceq$-极小改变, 则 Θ' 是 $\Gamma \cup \{A_{n+1}\}$ 关于 Δ 的一个 $\preceq$-极小改变.

证明 假设 Θ 是 Γ 关于 Δ 的一个 $\preceq$-极小改变, 并且 Θ' 是 A_{n+1} 关于 $\Delta \cup \Theta$ 的一个 $\preceq$-极小改变, 则由极小改变的定义, Θ' 是 $\Gamma \cup \{A_{n+1}\}$ 关于 Δ 的一个 $\preceq$-极小改变. □

引理 3.3.2 如果 C_1 是 A_1 关于 Δ 的一个 $\preceq$-极小改变, 并且 C_2 是 A_2 关于 $\Delta \cup \{C_1\}$ 的一个 $\preceq$-极小改变, 则 $C_1 \wedge C_2$ 是 $A_1 \wedge A_2$ 关于 Δ 的一个 $\preceq$-极小改变.

证明 假设 C_1 是 A_1 关于 Δ 的一个 $\preceq$-极小改变, 并且 C_2 是 A_2 关于 $\Delta \cup \{C_1\}$ 的一个 $\preceq$-极小改变, 则 $C_1 \wedge C_2 \preceq A_1 \wedge A_2$, 并且 $\Delta \cup \{C_1 \wedge C_2\}$ 是协调的.

对任何 B 满足 $C_1 \wedge C_2 \prec B \preceq A_1 \wedge A_2$, 存在公式 B_1, B_2 使得 $B = B_1 \wedge B_2$,
并且
$$C_1 \preceq B_1 \preceq A_1,$$
$$C_2 \preceq B_2 \preceq A_2.$$

如果 $C_1 \prec B_1$, 则 $\Delta \cup \{B_1\}$ 是不协调的, 因此 $\Delta \cup \{B_1 \wedge B_2\}$ 也是不协调的; 否则, $C_2 \prec B_2$, 则 $\Delta \cup \{C_1, B_2\}$ 是不协调的, 因此 $\Delta \cup \{B_1 \wedge B_2\}$ 也是不协调的. □

引理 3.3.3 如果 C_1 和 C_2 分别是 A_1 和 A_2 关于 Δ 的 $\preceq$-极小改变, 则 C' 是 $A_1 \vee A_2$ 关于 Δ 的一个 $\preceq$-极小改变, 其中

$$C' = \begin{cases} C_1 \vee A_2, & C_1 \neq \lambda \\ A_1 \vee C_2, & C_1 = \lambda \text{ 且 } C_2 \neq \lambda \\ \lambda, & C_1 = C_2 = \lambda \end{cases}$$

证明 显然有 $C' \preceq A_1 \vee A_2$, 并且 $\Delta \cup \{C'\}$ 是协调的.

对任何 B 满足 $C' \prec B \preceq A_1 \vee A_2$, 存在公式 B_1, B_2, 使得:

$$B = B_1 \vee B_2$$
$$C_1' \preceq B_1 \preceq A_1$$
$$C_2' \preceq B_2 \preceq A_2$$

并且要么 $C_1' \prec B_1$, 要么 $C_2' \prec B_2$, 其中 C_1' 为 C_1 或者 A_1, 并且 C_2' 为 C_2 或者 A_2.

如果 $C_1' \prec B_1$, 则 $C_1' = C_1, C_2' = A_2$, 由归纳假设, $\Delta \cup \{B_1\}$ 是不协调的, 因此 $\Delta \cup \{B_1 \vee A_2\}$ 也是不协调的; 如果 $C_2' \prec B_2$, 则 $C_2' = C_2, C_1' = A_1$, 由归纳假设, $\Delta \cup \{B_2\}$ 是不协调的, 因此 $\Delta \cup \{A_1 \vee B_2\}$ 是不协调的. □

定理 3.3.2 (可靠性定理) 对任何公式集合 Δ 和公式 A, B, 如果 $\Delta | A \Rightarrow \Delta, B$ 是 **T**-可证的, 则 B 是 A 关于 Δ 的一个 $\preceq$-极小改变, 即

$$\vdash_{\mathbf{T}} \Delta | A \Rightarrow \Delta, B \text{ 蕴含 } \models_{\mathbf{T}} \Delta | A \Rightarrow \Delta, B$$

证明 我们对公式 A 的结构作归纳来证明定理.

情况 $A = l$. 要么 $\Delta | l \Rightarrow \Delta, l$, 要么 $\Delta | l \Rightarrow \Delta$ 是 **T**-可证的, 即要么 $B = l$, 要么 $B = \lambda$ 是 A 关于 Δ 的一个 $\preceq$-极小改变.

情况 $A = A_1 \wedge A_2$. 如果 $\Delta|A_1 \Rightarrow \Delta, C_1$ 是 $\mathbf{T}$-可证的, 并且 $\Delta, C_1|A_2 \Rightarrow \Delta, C_1, C_2$ 是 $\mathbf{T}$-可证的, 则 C_1 是 A_1 关于 Δ 的一个 $\preceq$-极小改变, 并且 C_2 是 A_2 关于 $\Delta \cup \{C_1\}$ 的一个 $\preceq$-极小改变. 由引理 3.3.2, $C_1 \wedge C_2$ 是 $A_1 \wedge A_2$ 关于 Δ 的一个 $\preceq$-极小改变.

情况 $A = A_1 \vee A_2$. 存在 C_1' 和 C_2' 使得 $\Delta|A_1 \Rightarrow \Delta, C_1'$ 和 $\Delta|A_2 \Rightarrow \Delta, C_2'$ 是 $\mathbf{T}$-可证的, 并且

$$C = \begin{cases} C_1' \vee A_2, & C_1' \neq \lambda \\ A_1 \vee C_2', & C_1' = \lambda \text{ 且 } C_2' \neq \lambda \\ \lambda, & C_1' = C_2' = \lambda \end{cases}$$

由归纳假设, C_1' 和 C_2' 分别为 A_1 和 A_2 关于 Δ 的 $\preceq$-极小改变, 因此 $\Delta|A_1 \vee A_2 \Rightarrow \Delta, C$ 是 $\mathbf{T}$-可证的, 由引理 3.3.3, C 是 $A_1 \vee A_2$ 关于 Δ 的一个 $\preceq$-极小改变. □

定理 3.3.3(完备性定理)　对任何公式集合 Δ 和公式 A, B, 如果 B 是 A 关于 Δ 的一个 $\preceq$-极小改变, 则存在一个公式 A' 使得 $A \simeq A'$, 并且 $\Delta|A' \Rightarrow B$ 是 $\mathbf{T}$-可证的, 即

$$\models_{\mathbf{T}} \Delta|A \Rightarrow \Delta, B \text{ 蕴含 } \vdash_{\mathbf{T}} \Delta|A' \Rightarrow \Delta, B$$

证明　设 $C \preceq A$ 是 A 关于 Δ 的一个 $\preceq$-极小改变.

情况 $A = l$. $C = \lambda$(如果 Δ, A 是不协调的) 或者 $C = A$(如果 Δ, A 是协调的), 并且 $\Delta, A \Rightarrow \Delta, C$ 是 $\mathbf{T}$-可证的.

情况 $A = A_1 \wedge A_2$. 存在公式 C_1 和 C_2 使得 $C = C_1 \wedge C_2$, 并且 C_1 与 C_2 分别是 A_1 和 A_2 关于 Δ 和 $\Delta \cup \{C_1\}$ 的 $\preceq$-极小改变. 因此, $C_1 \wedge C_2$ 是 $A_1 \wedge A_2$ 关于 Δ 的一个 $\preceq$-极小改变. 由归纳假设, $\Delta|A_1 \Rightarrow \Delta, C_1$ 和 $\Delta, C_1|A_2 \Rightarrow \Delta, C_1, C_2$ 是 $\mathbf{T}$-可证的, 因此 $\Delta|A_1 \wedge A_2 \Rightarrow \Delta, C_1 \wedge C_2$ 是 $\mathbf{T}$-可证的.

情况 $A = A_1 \vee A_2$. 存在公式 C_1 和 C_2 使得 $C = C'$, 并且 C_1 和 C_2 分别是 A_1 和 A_2 关于 Δ 的 $\preceq$-极小改变, 其中

$$C' = \begin{cases} C_1 \vee A_2, & C_1 \neq \lambda \\ A_1 \vee C_2, & C_1 = \lambda \text{ 且 } C_2 \neq \lambda \\ \lambda, & C_1 = C_2 = \lambda \end{cases}$$

则 C' 是 $A_1 \vee A_2$ 关于 Δ 的一个 $\preceq$-极小改变. 由归纳假设, 要么 $\Delta|A_1 \Rightarrow \Delta, C_1$, 要么 $\Delta|A_2 \Rightarrow \Delta, C_2$, 要么 $\Delta|A_1 \Rightarrow \Delta$ 和 $\Delta|A_2 \Rightarrow \Delta$ 是 $\mathbf{T}$-可证的, 因此 $\Delta|A_1 \vee A_2 \Rightarrow \Delta, C'$ 是 $\mathbf{T}$-可证的, 其中如果 $C_1 \neq \lambda$, 则 $\Delta|A_1 \vee A_2 \Rightarrow \Delta, C_1 \vee A_2$ 是 $\mathbf{T}$-可证的; 如果 $C_1 = \lambda$, 并且 $C_2 \neq \lambda$, 则 $\Delta|A_1 \vee A_2 \Rightarrow \Delta, A_1 \vee C_2$ 是 $\mathbf{T}$-可证的; 如果 $C_1 = \lambda$, 并且 $C_2 = \lambda$, 则 $\Delta|A_1 \vee A_2 \Rightarrow \Delta$ 是 $\mathbf{T}$-可证的. □

3.3.2　关于理论 Γ 的 R-演算 $\mathbf{T}$

设 $\Gamma = (A_1, A_2, \cdots, A_n)$, 定义 $\Delta|\Gamma = (\cdots((\Delta|A_1)|A_2)\cdots)|A_n$.

理论 Γ 的 R-演算 **T** 由如下公理和推导规则组成.

公理

$$(T^{\mathbf{A}}) \quad \frac{\Delta \nvdash \neg A}{\Delta | A, \Gamma \Rightarrow \Delta, A | \Gamma} \qquad (T_{\mathbf{A}}) \quad \frac{\Delta \vdash \neg l}{\Delta | l, \Gamma \Rightarrow \Delta | \Gamma}$$

推导规则

$$(T^{\wedge}) \quad \frac{\begin{array}{c} \Delta | A_1, \Gamma \Rightarrow \Delta, C_1 | \Gamma \\ \Delta, C_1 | A_2, \Gamma \Rightarrow \Delta, C_1, C_2 | \Gamma \end{array}}{\Delta | A_1 \wedge A_2, \Gamma \Rightarrow \Delta, C_1 \wedge C_2 | \Gamma}$$

$$(T_1^{\vee}) \quad \frac{\Delta | A_1, \Gamma \Rightarrow \Delta, C_1 | \Gamma \quad C_1 \neq \lambda}{\Delta | A_1 \vee A_2, \Gamma \Rightarrow \Delta, C_1 \vee A_2 | \Gamma}$$

$$(T_2^{\vee}) \quad \frac{\begin{array}{c} \Delta | A_1, \Gamma \Rightarrow \Delta | \Gamma \\ \Delta | A_2, \Gamma \Rightarrow \Delta, C_2 | \Gamma \\ C_2 \neq \lambda \end{array}}{\Delta | A_1 \vee A_2, \Gamma \Rightarrow \Delta, A_1 \vee C_2 | \Gamma}$$

$$(T_3^{\vee}) \quad \frac{\Delta | A_1, \Gamma \Rightarrow \Delta | \Gamma \quad \Delta | A_2, \Gamma \Rightarrow \Delta | \Gamma}{\Delta | A_1 \vee A_2, \Gamma \Rightarrow \Delta | \Gamma}$$

定理 3.3.4 (可靠性定理) 对任何公式集合 Θ, Δ 和有限的公式集合 Γ, 如果 $\Delta | \Gamma \Rightarrow \Delta, \Theta$ 是 **T**-可证的, 则 Θ 是 Γ 关于 Δ 的一个 $\preceq$-极小改变, 即

$$\vdash_{\mathbf{T}} \Delta | \Gamma \Rightarrow \Delta, \Theta \text{ 蕴含 } \models_{\mathbf{T}} \Delta | \Gamma \Rightarrow \Delta, \Theta$$

证明 我们对 n 作归纳来证明定理.

假设 $\Delta | \Gamma \Rightarrow \Delta, \Theta$ 是 **T**-可证的.

设 $n = 1$, 由定理 3.3.2, 存在某个 C 使得 $\Theta = C$ 是 A 关于 Δ 的一个 $\preceq$-极小改变.

假设定理对 n 是成立的, 即如果 $\Delta | \Gamma \Rightarrow \Delta, \Theta$ 是可证的, 则 Θ 是 Γ 关于 Δ 的一个 $\preceq$-极小改变, 其中 $\Gamma = (A_1, A_2, \cdots, A_n)$.

设 $\Gamma' = (\Gamma, A_{n+1}) = (A_1, A_2, \cdots, A_{n+1})$. 如果 $\Delta | \Gamma' \Rightarrow \Delta, \Theta'$ 是可证的, 则存在一个 Θ 使得 $\Delta | \Gamma \Rightarrow \Delta, \Theta$ 和 $\Delta, \Theta | A_{n+1} \Rightarrow \Delta, \Theta'$ 是可证的. 由 $n = 1$ 的情况和归纳假设, Θ' 是 A_{n+1} 关于 $\Delta \cup \Theta$ 的一个 $\preceq$-极小改变, 而且 Θ 是 Γ 关于 Δ 的一个 $\preceq$-极小改变. 因此, Θ' 为 Γ' 关于 Δ 的一个 $\preceq$-极小改变. $\qquad \square$

定理 3.3.5 (完备性定理) 对任何公式集合 Θ, Δ 以及 Γ, 如果 Θ 是 Γ 关于 Δ 的一个 $\preceq$-极小改变, 则 $\Delta | \Gamma \Rightarrow \Delta, \Theta$ 是 **T**-可证的, 即

$$\models_{\mathbf{T}} \Delta | \Gamma \Rightarrow \Delta, \Theta \text{ 蕴含 } \vdash_{\mathbf{T}} \Delta | \Gamma \Rightarrow \Delta, \Theta$$

证明 假设 Θ 是 Γ 关于 Δ 的一个 $\preceq$-极小改变, 则存在一个 Γ 上的序关系 $<$ 使得 $\Gamma = (A_1, A_2, \cdots, A_n)$, 其中 $A_1 < A_2 < \cdots < A_n$, 并且 Θ 是 Γ 关于 Δ 的一个 $\preceq$-极小改变.

我们对 n 作归纳来证明定理.

设 $n = 1$, 由定理 3.3.3, 存在一个理论 Θ 使得 $\Delta | A_1 \Rightarrow \Delta, \Theta$ 是可证的.

假设定理对 n 是成立的, 即如果 Θ 是 Γ 关于 Δ 的一个 $\preceq$-极小改变, 则 $\Delta | \Gamma \Rightarrow \Delta, \Theta$ 是可证的.

设 $\Gamma' = (\Gamma, A_{n+1}) = (A_1, A_2, \cdots, A_{n+1})$, 并且 Θ' 是 Γ' 关于 Δ 的一个 $\preceq$-极小改变, 则 Θ' 是 A_{n+1} 关于 $\Delta \cup \Theta$ 的一个 $\preceq$-极小改变, 并且 $\Delta, \Theta | A_{n+1} \Rightarrow \Delta, \Theta'$ 是可证的. 由归纳假设, $\Delta | \Gamma \Rightarrow \Delta, \Theta$ 是可证的, 并且 $\Delta | \Gamma' \Rightarrow \Delta, \Theta | A_{n+1}$, 因此 $\Delta | \Gamma' \Rightarrow \Delta, \Theta'$ 是可证的. □

例 3.3.1   设 $\Delta = \{p, q\}$, 并且 $A = \neg p \wedge \neg q \wedge r$, 则我们有如下推导.

$$p, q | \neg p \Rightarrow p, q$$
$$p, q | \neg p \wedge \neg q \wedge r \Rightarrow p, q | \neg q \wedge r$$
$$p, q | \neg q \Rightarrow p, q$$
$$p, q | \neg q \wedge r \Rightarrow p, q | r \Rightarrow p, q, r$$

因此

$$\vdash_{\mathbf{T}} p, q | \neg p \wedge \neg q \wedge r \Rightarrow p, q, r$$

3.4   R-演算 U

由于推导关系 $\vdash$ 在所有命题理论集合上是稠密的, 因此不存在 $\vdash$-极小改变. 我们考虑一个具有与 $\vdash$-极小改变尽可能接近的 R-演算, 即关于 $\vdash_{\preceq}$-极小改变的 R-演算.

即使对于 $\vdash_{\preceq}$-极小改变, 我们仍然不能找到可靠的和完备的 R-演算, 使得对任何理论 Γ, Δ 以及 $\Theta, \Delta | \Gamma \Rightarrow \Delta, \Theta$ 是可证的当且仅当 Θ 是 Γ 关于 Δ 的一个 $\vdash_{\preceq}$-极小改变. 我们要求 Γ 是一个合取范式的公式集合. 我们给出一个 R-演算 U, 它关于 $\vdash_{\preceq}$-极小改变是可靠的和完备的.

在 S 中, 我们有如下推导, 即

$$\neg p, \neg r | (p \vee q) \wedge (r \vee s) \Rightarrow \neg p, \neg r, (p \vee q) \wedge (r \vee s)$$

它等价于 $\neg p, \neg r, q \wedge s$. 而在 U 中, 我们可直接推导出:

$$\neg p, \neg r | (p \vee q) \wedge (r \vee s) \Rightarrow \neg p, \neg r, q \wedge s$$

3.4.1 关于单个公式的 R-演算 U

单个公式 A 的 R-演算 **U** 由如下公理和推导规则组成.

公理

$$(U^{\mathbf{A}}) \ \frac{\Delta \nvdash \neg l}{\Delta | l \Rightarrow \Delta, l} \quad (U_{\mathbf{A}}) \ \frac{\Delta \vdash \neg l}{\Delta | l \Rightarrow \Delta, \lambda}$$

推导规则

$$(U^{\wedge}) \ \frac{\begin{array}{c} \Delta | A_1 \Rightarrow \Delta, C_1 \\ \Delta, C_1 | A_2 \Rightarrow \Delta, C_1, C_2 \end{array}}{\Delta | A_1 \wedge A_2 \Rightarrow \Delta, C_1 \wedge C_2} \quad (U^{\vee}) \ \frac{\begin{array}{c} \Delta | A_1 \Rightarrow \Delta, C_1 \\ \Delta | A_2 \Rightarrow \Delta, C_2 \end{array}}{\Delta | A_1 \vee A_2 \Rightarrow \Delta, C_1 \vee C_2}$$

其中, 如果 C 是协调的, 则 $\lambda \vee C \equiv C \vee \lambda \equiv C, \lambda \wedge C \equiv C \wedge \lambda \equiv C, \quad \Delta, \lambda \equiv \Delta$; 如果 C 是不协调的, 则 $\lambda \vee C \equiv C \vee \lambda \equiv \lambda, \lambda \wedge C \equiv C \wedge \lambda \equiv \lambda$.

例 3.4.1 设 $\Delta = \{\neg p\}$ 和 $A = (p \vee r) \wedge (p \vee s)$, 我们有如下推导.

$$\neg p | p \Rightarrow \neg p, \lambda$$
$$\neg p | r \Rightarrow \neg p, r$$
$$\neg p | p \vee r \Rightarrow \neg p, r \vee \lambda \equiv \neg p, r$$
$$\neg p, r | p \Rightarrow \neg p, r, \lambda$$
$$\neg p, r | s \Rightarrow \neg p, r, s$$
$$\neg p, r | p \vee s \Rightarrow \neg p, r, \lambda \vee s \equiv \neg p, r, s$$
$$\neg p | (p \vee r) \wedge (p \vee s) \Rightarrow \neg p, r | p \vee s$$
$$\Rightarrow \neg p, r, s \equiv \neg p, r \wedge s$$

等价地有

$$\neg p | p \Rightarrow \neg p, \lambda$$
$$\neg p | r \wedge s \Rightarrow (\neg p | r) | s$$
$$\Rightarrow (\neg p, r) | s$$
$$\Rightarrow \neg p, r, s \equiv \neg p, r \wedge s$$
$$\neg p | (p \vee r) \wedge (p \vee s) \Rightarrow \neg p | p \vee (r \wedge s)$$
$$\Rightarrow \neg p, \lambda \vee (r \wedge s) \equiv \neg p, r \wedge s$$

定理 3.4.1 对任何协调公式集合 Δ 和合取范式的公式 A, 存在一个公式 C 使得:

(i) $\Delta|A \Rightarrow \Delta, C$ 是 **U**-可证的;

(ii) $C \preceq A$;

(iii) $\Delta \cup \{C\}$ 是协调的, 并且对任何公式 D 满足 $C \prec D \preceq A$, 要么 $\Delta, C \vdash D$ 且 $\Delta, D \vdash C$, 要么 $\Delta \cup \{D\}$ 是不协调的.

证明　我们对公式 A 的结构作归纳来证明定理.

情况$A = l$. 由假设, 如果 Δ, l 是协调的, 则 $\vdash_{\mathbf{U}} \Delta|l \Rightarrow \Delta, l$, 并且设 $C = l$; 如果 Δ, l 是不协调的, 则 $\Delta \vdash \neg l$, 并且由 $(U_{\mathbf{A}}), \vdash_{\mathbf{U}} \Delta|l \Rightarrow \Delta$, 设 $C = \lambda$, 则 C 满足 (ii) 和 (iii).

情况$A = A_1 \wedge A_2$. 由归纳假设, 存在公式 C_1 和 C_2 使得:

$$\vdash_{\mathbf{U}} \Delta|A_1 \Rightarrow \Delta, C_1$$
$$\vdash_{\mathbf{U}} \Delta, C_1|A_2 \Rightarrow \Delta, C_1, C_2$$

由 $(U^\wedge), \vdash_{\mathbf{U}} \Delta|A_1 \wedge A_2 \Rightarrow \Delta, C_1 \wedge C_2$, 并且设 $C = C_1 \wedge C_2$, 则 C 满足 (iii). 因为对任何公式 D 满足 $C \prec D \preceq A_1 \wedge A_2$, 存在公式 D_1, D_2, 使得:

$$C_1 \preceq D_1, \quad C_2 \preceq D_2$$

由归纳假设, 要么 $\Delta, C_1 \vdash D_1$; $\quad \Delta, D_1 \vdash C_1$ $\Delta, C_2 \vdash D_2$; $\quad \Delta, D_2 \vdash C_2$ 要么 $\Delta \cup D_1$ 或者 $\Delta \cup D_2$ 是不协调的. 因此, 有

$$\Delta, C_1 \wedge C_2 \vdash D_1 \wedge D_2$$
$$\Delta, D_1 \wedge D_2 \vdash C_1 \wedge C_2$$

或者 $\Delta \cup \{D_1 \wedge D_2\}$ 是不协调的.

情况$A = A_1 \vee A_2$. 由假设, A_1 和 A_2 分别是文字集合 A_1' 和 A_2' 的析取. 由归纳假设, 存在公式 C_1, C_2, 使得:

$$\vdash_{\mathbf{U}} \Delta|A_1 \Rightarrow \Delta, C_1$$
$$\vdash_{\mathbf{U}} \Delta|A_2 \Rightarrow \Delta, C_2$$

由 $(U^\vee), \vdash_{\mathbf{U}} \Delta|A_1 \vee A_2 \Rightarrow \Delta, C_1 \vee C_2$. 为了证明 $C_1 \vee C_2$ 满足 (iii), 对任何公式 D 满足 $C_1 \vee C_2 \prec D \preceq A_1 \vee A_2$, 存在公式 D_1, D_2, 使得:

$$C_1 \preceq D_1 \preceq A_1$$
$$C_2 \preceq D_2 \preceq A_2$$

并且

$$C_1' \subseteq D_1' \subseteq A_1'$$
$$C_2' \subseteq D_2' \subseteq A_2'$$

并且要么

$$\Delta, C_1 \vdash D_1; \quad \Delta, D_1 \vdash C_1$$
$$\Delta, C_2 \vdash D_2; \quad \Delta, D_2 \vdash C_2$$

要么 $\Delta \cup \{D_1\}$ 和 $\Delta \cup \{D_2\}$ 是不协调的. 由于

$$\Delta \vdash \neg(\bigwedge_{l \in D_1' - C_1'} l)$$
$$\Delta \vdash \neg(\bigwedge_{l \in D_2' - C_2'} l)$$

因此

$$\Delta, C_1 \vee C_2 \vdash D_1 \vee D_2$$
$$\Delta, D_1 \vee D_2 \vdash C_1 \vee C_2 \qquad\qquad\qquad \square$$

定理 3.4.2 假设 $\Delta|A \Rightarrow \Delta, C$ 是 **U**-可证的. 如果 A 与 Δ 是协调的, 则 $\Delta, A \vdash C$, 并且 $\Delta, C \vdash A$.

证明 假设 $\Delta|A \Rightarrow \Delta, C$ 是 **U**-可证的. 我们对公式 A 的结构作归纳来证明定理.

情况 $A = l$. 由 $(U^{\mathbf{A}})$, $C = l$, 并且 $\Delta, l \vdash l$.

情况 $A = A_1 \wedge A_2$. 由归纳假设, 存在公式 C_1 和 C_2, 使得:

$$\vdash_{\mathbf{U}} \Delta|A_1 \Rightarrow \Delta, C_1$$
$$\vdash_{\mathbf{U}} \Delta|A_2 \Rightarrow \Delta, C_2$$

并且 $C = C_1 \wedge C_2$. 因为 A 与 Δ 是协调的, 当且仅当 A_1 和 A_2 分别与 Δ 和 $\Delta \cup \{C_1\}$ 是协调的, 则有

$$\Delta, A_1 \vdash C_1; \quad \Delta, C_1 \vdash A_1$$
$$\Delta, C_1, A_2 \vdash C_2; \quad \Delta, C_1, C_2 \vdash A_2$$

因此

$$\Delta, A_1 \wedge A_2 \vdash C_1 \wedge C_2$$
$$\Delta, C_1 \wedge C_2 \vdash A_1 \wedge A_2$$

即

$$\Delta, A \vdash C; \quad \Delta, C \vdash A$$

情况 $A = A_1 \vee A_2$. 因为 A 与 Δ 是协调的, 当且仅当要么 A_1 与 Δ 是协调的, 要么 A_2 与 Δ 是协调的. 这里有 2 种情况.

(i) 假设 A_1 与 Δ 是协调的, 并且 A_2 与 Δ 是不协调的. 由归纳假设, 存在公式 C_1 使得 $C_1 \preceq A_1$ 是文字的析取, 并且

$$\vdash_{\mathbf{U}} \Delta|A_1 \Rightarrow \Delta, C_1$$
$$\vdash_{\mathbf{U}} \Delta|A_2 \Rightarrow \Delta$$

并且 $C = C_1$. 我们有

$$\Delta, A_1 \vdash C_1; \quad \Delta, C_1 \vdash A_1$$

因此

$$\Delta, A_1 \vee A_2 \vdash C_1$$
$$\Delta, C_1 \vdash A_1 \vee A_2$$

即

$$\Delta, A \vdash C; \quad \Delta, C \vdash A$$

(ii) 假设 A_1 与 Δ 是协调的, 并且 A_2 与 Δ 是协调的. 由归纳假设, 存在公式 C_1 和 C_2 使得 $C_1 \preceq A_1$ 和 $C_2 \preceq A_2$ 是文字的析取, 并且

$$\vdash_{\mathbf{U}} \Delta | A_1 \Rightarrow \Delta, C_1$$
$$\vdash_{\mathbf{U}} \Delta | A_2 \Rightarrow \Delta, C_2$$

并且 $C = C_1 \vee C_2$. 我们有

$$\Delta, A_1 \vdash C_1; \quad \Delta, C_1 \vdash A_1$$
$$\Delta, A_2 \vdash C_2; \quad \Delta, C_2 \vdash A_2$$

因此

$$\Delta, A_1 \vee A_2 \vdash C_1 \vee C_2$$
$$\Delta, C_1 \vee C_2 \vdash A_1 \vee A_2$$

即

$$\Delta, A \vdash C; \quad \Delta, C \vdash A \qquad\qquad \square$$

定理 3.4.3   假设 $\Delta | A \Rightarrow \Delta, C$ 是 **U**-可证的, 则 C 是 A 关于 Δ 的一个 $\vdash_{\preceq}$-极小改变.

证明   假设 $\Delta | A \Rightarrow \Delta, C$ 是 **U**-可证的. 我们对 A 的结构作归纳来证明定理.

情况$A = l$. 如果 $C = l$, 则根据 $(U^{\mathbf{A}})$, $\Delta \cup \{l\}$ 是协调的, 并且 l 是 l 关于 Δ 的一个 $\vdash_{\preceq}$-极小改变; 如果 $C = \lambda$, 则根据 $(U_{\mathbf{A}})$, $\Delta \cup \{l\}$ 是协调的, 并且 λ 是 l 关于 Δ 的一个 $\vdash_{\preceq}$-极小改变.

情况$A = A_1 \wedge A_2$. 存在公式 C_1 和 C_2, 使得:

$$\vdash_{\mathbf{U}} \Delta | A_1 \Rightarrow \Delta, C_1$$
$$\vdash_{\mathbf{U}} \Delta, C_1 | A_2 \Rightarrow \Delta, C_1, C_2$$

并且 $C = C_1 \wedge C_2$. 由归纳假设,C_1 是 A_1 关于 Δ 的一个 $\vdash_{\preceq}$-极小改变,C_2 是 A_2 关于 $\Delta \cup \{C_1\}$ 的一个 $\vdash_{\preceq}$-极小改变. 因此, C 是 $A_1 \wedge A_2$ 关于 Δ 的一个 $\vdash_{\preceq}$-极小改变.

对于任意公式 D 满足 $C \prec D \preceq A_1 \wedge A_2$, 存在公式 D_1 和 D_2 使得 $C_1 \preceq D_1 \preceq A_1$ 和 $C_2 \preceq D_2 \preceq A_2$, 并且要么

$$\Delta, C_1 \vdash D_1; \quad \Delta, D_1 \vdash C_1$$
$$\Delta, C_2 \vdash D_2; \quad \Delta, D_2 \vdash C_2$$

要么 $\Delta \cup \{D_1\}$ 或 $\Delta \cup \{D_2\}$ 是不协调的. 因此, 要么

$$\Delta, C_1 \wedge C_2 \vdash D_1 \wedge D_2; \quad \Delta, D_1 \wedge D_2 \vdash C_1 \wedge C_2$$

要么 $\Delta \cup \{D_1 \wedge D_2\}$ 是不协调的.

情况$A = A_1 \vee A_2$. 根据对公式结构的假设, A_1 和 A_2 是文字的析取. 存在公式 C_1 和 C_2 使得 C_1 和 C_2 是文字的析取, 并且

$$\vdash_{\mathbf{U}} \Delta | A_1 \Rightarrow \Delta, C_1$$
$$\vdash_{\mathbf{U}} \Delta | A_2 \Rightarrow \Delta, C_2$$

并且 $C = C_1 \vee C_2$. 由归纳假设, C_1 是 A_1 关于 Δ 的一个 $\vdash_{\preceq}$-极小改变, C_2 是 A_2 关于 Δ 的一个 $\vdash_{\preceq}$-极小改变. 因此, C 是 $A_1 \vee A_2$ 关于 Δ 的一个 $\vdash_{\preceq}$-极小改变.

对于任意公式 D 满足 $C \prec D \preceq A_1 \vee A_2$, 存在公式 D_1, D_2 使得 $C_1 \preceq D_1 \preceq A_1, C_2 \preceq D_2 \preceq A_2$. 这里有 3 种情况.

(i) $\Delta \cup \{D_1\}$ 和 $\Delta \cup \{D_2\}$ 是不协调的, 则 $\Delta \cup \{D_1 \vee D_2\}$ 是不协调的.

(ii) $\Delta \cup \{D_1\}$ 是协调的且 $\Delta \cup \{D_2\}$ 是不协调的, 则由归纳假设, 有

$$\Delta, C_1 \vdash D_1; \quad \Delta, D_1 \vdash C_1$$

$\Delta \cup \{D_1\}$ 或 $\Delta \cup \{D_2\}$ 是不协调的. 由于 $\Delta \vdash \neg D_2$, 因此, 要么

$$\Delta, C_1 \vee C_2 \vdash D_1 \vee D_2$$
$$\Delta, D_1 \vee D_2 \vdash C_1 \vee C_2$$

要么 $\Delta \cup \{D_1 \vee D_2\}$ 是不协调的.

(ii) $\Delta \cup \{D_1\}$ 和 $\Delta \cup \{D_2\}$ 是协调的, 则由归纳假设, 有

$$\Delta, C_1 \vdash D_1; \quad \Delta, D_1 \vdash C_1$$
$$\Delta, C_2 \vdash D_2; \quad \Delta, D_2 \vdash C_2$$

因此

$$\Delta, C_1 \vee C_2 \vdash D_1 \vee D_2; \quad \Delta, D_1 \vee D_2 \vdash C_1 \vee C_2$$

因为对于文字 $l \in D_i - C_i, \Delta \vdash \neg l$. $\qquad\square$

因此, 我们有如下推论.

推论 3.4.1   **U** 关于 ⊢$_\preceq$-极小改变是可靠的和完备的.   □

注意: C 依赖 A 的合取子的次序. 例如:

$$p|(\neg p \vee q) \wedge (\neg q \vee r) \wedge \neg r \Rightarrow p, q|(\neg q \vee r) \wedge \neg r$$

$$\Rightarrow p, q, r|\neg r$$

$$\Rightarrow p, q, r$$

而

$$p|\neg r \wedge (\neg q \vee r) \wedge (\neg p \vee q) \Rightarrow p, \neg r|(\neg q \vee r) \wedge (\neg p \vee q)$$

$$\Rightarrow p, \neg r, \neg q|\neg p \vee q$$

$$\Rightarrow p, \neg r, \neg q$$

3.4.2   关于理论 Γ 的 R-演算 U

⊢$_\preceq$-极小改变的 R-演算 **U** 可由如下公理和推导规则组成.

公理

$$(U^{\mathbf{A}}) \quad \frac{\Delta \not\vdash \neg l}{\Delta|l, \Gamma \Rightarrow \Delta, l|\Gamma} \qquad (U_{\mathbf{A}}) \quad \frac{\Delta \vdash \neg l}{\Delta|l, \Gamma \Rightarrow \Delta|\Gamma}$$

推导规则

$$(U^{\wedge}) \quad \frac{\Delta|A_1, \Gamma \Rightarrow \Delta, C_1|\Gamma}{\Delta|A_1 \wedge A_2, \Gamma \Rightarrow \Delta, C_1|A_2, \Gamma}$$

$$(U^{\vee}) \quad \frac{\Delta|A_1, \Gamma \Rightarrow \Delta, C_1|\Gamma \quad \Delta|A_2, \Gamma \Rightarrow \Delta, C_2|\Gamma}{\Delta|A_1 \vee A_2, \Gamma \Rightarrow \Delta, C_1 \vee C_2|\Gamma}$$

定义 3.4.1 $\Delta|\Gamma \Rightarrow \Delta, \Theta$ 是 **U**-可证的, 记为 ⊢$_{\mathbf{U}}$ $\Delta|\Gamma \Rightarrow \Delta, \Theta$, 如果存在一个断言序列 $\{S_1, S_2, \cdots, S_m\}$, 使得:

$$S_1 = \Delta|\Gamma \Rightarrow \Delta_1|\Gamma_1$$

$$\cdots\cdots$$

$$S_m = \Delta_{m-1}|\Gamma_{m-1} \Rightarrow \Delta_m|\Gamma_m = \Delta, \Theta$$

并且对每个 $i < m, S_{i+1}$ 是一条公理或是由此前的断言通过 **U** 的一个推导规则得到的.

定理 3.4.4 (可靠性定理)   对任何协调的公式集合 Θ, Δ 和有限的协调公式集合 Γ, 如果 $\Delta|\Gamma \Rightarrow \Delta, \Theta$ 是 **U**-可证的, 则 Θ 是 Γ 关于 Δ 的一个 ⊢$_\preceq$-极小改变, 即

$$⊢_{\mathbf{U}} \Delta|\Gamma \Rightarrow \Delta, \Theta \text{ 蕴含 } \models_{\mathbf{U}} \Delta|\Gamma \Rightarrow \Delta, \Theta$$

□

定理 3.4.5(完备性定理) 对任何协调的公式集合 Θ, Δ 和有限的协调公式集合 Γ, 如果 Θ 是 Γ 关于 Δ 的一个 $\vdash_{\preceq}$-极小改变, 则 $\Delta|\Gamma \Rightarrow \Delta, \Theta$ 是 **U**-可证的, 即

$$\models_{\mathbf{U}} \Delta|\Gamma \Rightarrow \Delta, \Theta \ \text{蕴含} \ \vdash_{\mathbf{U}} \Delta|\Gamma \Rightarrow \Delta, \Theta \qquad\qquad \square$$

例 3.4.2 设 $\Delta = \{p, q\}$, 并且 $A = \neg p \wedge (\neg q \vee r)$, 则我们有如下推导, 即

$$p, q|\neg p \wedge (\neg q \vee r) \Rightarrow p, q|\neg q \vee r$$

$$p, q|\neg q \vee r \Rightarrow p, q, r$$

因此

$$\vdash_{\mathbf{U}} p, q|\neg p \wedge (\neg q \vee r) \Rightarrow p, q, r \qquad\qquad \square$$

其中, $p, q, r \vdash \neg q \vee r$; $p, q, \neg q \vee r \vdash r$.

例 3.4.3 设 $\Delta = \{p, q\}$, 并且 $A = \neg p \vee (\neg q \wedge r)$, 则我们有如下推导, 即

$$p, q|\neg p \vee (\neg q \wedge r) \Rightarrow p, q|\neg q \wedge r$$

$$\Rightarrow p, q, r$$

但是

$$p, q, r \not\vdash \neg q \wedge r$$

因此, 我们要求 A 是一个合取范式. $\square$

参 考 文 献

[1] Alchourrón C E, Gärdenfors P, Makinson D. On the logic of theory change: partial meet contraction and revision functions [J]. Journal of Symbolic Logic, 1985, 50: 510-530.

[2] Li W. R-calculus: an inference system for belief revision [J]. The Computer Journal, 2007, 50: 378-390.

[3] Katsuno H, Mendelzon A O. Propositional knowledge base revision and minimal change [J]. Artificial Intelligence, 1991, 52: 263-294.

[4] Hansson S O. Ten philosophical problems in belief revision [J]. Journal of Logic and Computation, 2003, 13: 37-49.

[5] Herzig A, Rifi O. Propositional belief base update and minimal change [J]. Artificial Intelligence, 1999, 115: 107-138.

[6] Li W, Sui Y. A sound and complete R-calculi with respect to contraction and minimal change [J]. Frontiers Computers Science, 2014, 8: 184-191.

[7] Li W, Sui Y. The sound and complete R-calculi with respect to pseudo-revision and pre-revision [J]. International Journal of Intelligence Science, 2013, 3: 110-117.

[8] Rott H, Williams M A. Frontiers of Belief Revision [M]. Dordrecht: Kluwer, 2001.

第四章 描述逻辑的 R-演算

一个概念 α 是一个序对 (X,Y), 其中 X 称为 α 的内涵, 是性质的集合; Y 称为 α 的外延, 是元素的集合, 并且它们满足 Galois 连接 (Galois Connection):

X 是所有 Y 中每一个元素都满足的性质的集合,

并且

Y 是所有满足 X 中每一条性质的元素的集合.

经典逻辑是对推导形式化, 而描述逻辑是对概念形式化 [1,2]. 推导和概念是普通逻辑的两个主要组成部分.

描述逻辑是这样一类逻辑:

(1) 逻辑符号包含概念构造子, 如 $\neg, \sqcup, \sqcap, \forall$; 概念间的包含关系符号 $\sqsubseteq$.

(2) 非逻辑符号包含原子概念符号, 角色符号和个体常量符号.

我们只考虑一个描述逻辑的 R-演算, 其逻辑语言在 2.3 节给出.

描述逻辑的 R-演算是介于命题逻辑的 R-演算与一阶逻辑之间的 R-演算, 因为描述逻辑的推导复杂性是介于两者之间的. 概念构造子 $\forall R.C$ 在一阶逻辑中的等价形式是带守卫 (guarded) 的一阶逻辑公式, 而带守卫的一阶逻辑中的推导关系是可判定的 [3,4]. 因此, 对于描述逻辑的 R-演算, 我们可以将一个断言 $C(a)$ 分解为一个原子断言 $A(a)$ 和两个推导规则, 其中一个推导规则对应 $C(a)$ 与 Δ 协调的情况, 另一个推导规则对应 $C(a)$ 与 Δ 不协调的情况, A 是一个原子概念.

在描述逻辑中依然存在 $\sqsubseteq$-极小改变, $\preceq$-极小改变, $\vdash$-极小改变, 以及相应的 R-演算 $\mathbf{S}^{\mathrm{DL}}$ 和 $\mathbf{T}^{\mathrm{DL}}$, 它们分别关于 $\sqsubseteq$-极小改变和 $\preceq$-极小改变是可靠的和完备的, 其中 $\preceq$ 是概念间的伪子概念关系, 它既不是概念间的子概念关系, 也不是次子概念 (para-subconcept) 关系 [4-6].

在描述逻辑中, 协调性具有以下性质.

(1) $\Delta \cup \{(\forall R.C)(a)\}$ 是协调的当且仅当对每个常量符号 c 使得 $\Delta \vdash R(a,c), \Delta \cup \{C(c)\}$ 是协调的; 相应地, $\Delta \cup \{(\forall R.C)(a)\}$ 是不协调的, 当且仅当对某个常量符号 $d, \Delta \ni R(a,d), \Delta \cup \{C(d)\}$ 是不协调的;

(2) $\Delta \cup \{(\exists R.C)(a)\}$ 是协调的当且仅当对某个常量符号 $d, \Delta \ni R(a,d), \Delta \cup \{C(d)\}$ 是协调的; 相应地, $\Delta \cup \{(\exists R.C)(a)\}$ 是不协调的当且仅当对每个常量符号 c 使得 $\Delta \vdash R(a,c), \Delta \cup \{C(c)\}$ 是不协调的.

为了方便讨论, 我们假设 $C ::= A|\neg A|C_1 \sqcap C_2|C_1 \sqcup C_2|\forall R.C|\exists R.C$.

4.1 关于 ⊆-极小改变的 R-演算 $\mathbf{S}^{\mathrm{DL}}$

平行于命题逻辑的 R-演算 $\mathbf{S}$, 描述逻辑中的 R-演算 $\mathbf{S}^{\mathrm{DL}}$ 关于 ⊆-极小改变是可靠的和完备的.

如果 $C(a)$ 与 Δ 是协调的, 我们记作 $\models_{\mathbf{S}^{\mathrm{DL}}} \Delta|C(a) \Rightarrow \Delta, C(a)$; 如果 $C(a)$ 与 Δ 是不协调的, 我们记作 $\models_{\mathbf{S}^{\mathrm{DL}}} \Delta|C(a) \Rightarrow \Delta$. 对于一个断言集合 Γ, 我们记

$$\models_{\mathbf{S}^{\mathrm{DL}}} \Delta|\Gamma \Rightarrow \Delta, \Theta$$

表示理论 Θ 是 Γ 关于 Δ 的一个 ⊆-极小改变.

4.1.1 关于单个断言的 R-演算 $\mathbf{S}^{\mathrm{DL}}$

R-演算 $\mathbf{S}^{\mathrm{DL}}$ 的规则是组合规则, 它们将规则前提中的子断言 (如 $C_1(a), C_2(a)$) 组合为规则结论中的一个复杂断言 (如 $(C_1 \sqcap C_2)(a)$).

单个断言 $C(a)$ 的 R-演算 $\mathbf{S}^{\mathrm{DL}}$ 可由以下公理和推导规则组成.

公理

$$(S^{\mathbf{A}}) \frac{\Delta \nvdash \neg A(a)}{\Delta|A(a) \Rightarrow \Delta, A(a)} \quad (S_{\mathbf{A}}) \frac{\Delta \vdash \neg A(a)}{\Delta|A(a) \Rightarrow \Delta}$$

推导规则

$$(S^{\neg}) \frac{\Delta \nvdash A(a)}{\Delta|\neg A(a) \Rightarrow \Delta, \neg A(a)} \quad (S_{\neg}) \frac{\Delta \vdash A(a)}{\Delta|\neg A(a) \Rightarrow \Delta}$$

$$(S^{\sqcap}) \frac{\begin{array}{c}\Delta|C_1(a) \Rightarrow \Delta, C(a)\\ \Delta, C_1(a)|C_2(a) \Rightarrow \Delta, C_1(a), C_2(a)\end{array}}{\Delta|(C_1 \sqcap C_2)(a) \Rightarrow \Delta, (C_1 \sqcap C_2)(a)} \quad (S_{\sqcap}^1) \frac{\Delta|C_1(a) \Rightarrow \Delta}{\Delta|(C_1 \sqcap C_2)(a) \Rightarrow \Delta}$$

$$(S_{\sqcap}^2) \frac{\Delta, C_1(a)|C_2(a) \Rightarrow \Delta, C_1(a)}{\Delta|(C_1 \sqcap C_2)(a) \Rightarrow \Delta}$$

$$(S_1^{\sqcup}) \frac{\Delta|C_1(a) \Rightarrow \Delta, C_1(a)}{\Delta|(C_1 \sqcup C_2)(a) \Rightarrow \Delta, (C_1 \sqcup C_2)(a)} \quad (S_{\sqcup}) \frac{\begin{array}{c}\Delta|C_1(a) \Rightarrow \Delta\\ \Delta|C_2(a) \Rightarrow \Delta\end{array}}{\Delta|(C_1 \sqcup C_2)(a) \Rightarrow \Delta}$$

$$(S_2^{\sqcup}) \frac{\Delta|C_2(a) \Rightarrow \Delta, C_2(a)}{\Delta|(C_1 \sqcup C_2)(a) \Rightarrow \Delta, (C_1 \sqcup C_2)(a)}$$

$$(S^{\forall}) \frac{R(a,c) \in \Delta \quad \Delta|C(c) \Rightarrow \Delta, C(c)}{\Delta|(\forall R.C)(a) \Rightarrow \Delta, (\forall R.C)(a)} \quad (S_{\forall}) \frac{\Delta \vdash R(a,d) \quad \Delta|C(d) \Rightarrow \Delta}{\Delta|(\forall R.C)(a) \Rightarrow \Delta}$$

$$(S^{\exists}) \frac{\Delta \vdash R(a,d) \quad \Delta|C(d) \Rightarrow \Delta, C(d)}{\Delta|(\exists R.C)(a) \Rightarrow \Delta, (\exists R.C)(a)} \quad (S_{\exists}) \frac{R(a,c) \in \Delta \quad \Delta|C(c) \Rightarrow \Delta}{\Delta|(\exists R.C)(a) \Rightarrow \Delta}$$

其中, d 是一个常量; c 是新常量, 即 c 不在 Δ 中出现.

由于 Δ 无法与 $R(a,d)$ 矛盾, 因此 Δ 是否与 $(\forall R.C)(a)$ 矛盾依赖 Δ 是否含有 $R(a,d)$ 且 Δ 是否与 $C(d)$ 矛盾; Δ 是否与 $(\exists R.C)(a)$ 矛盾依赖每个 c, 使得 $R(a,c) \in \Delta$, Δ 是否与 $C(c)$ 矛盾.　　　　　　　　　□

定义 4.1.1　$\Delta|C(a) \Rightarrow \Delta, C^i(a)$ 是 $\mathbf{S}^{\mathrm{DL}}$-可证的, 记作 $\vdash_{\mathbf{S}^{\mathrm{DL}}} \Delta|C(a) \Rightarrow \Delta, C^i(a)$, 如果存在一个断言序列 $\{\theta_1, \cdots, \theta_m\}$, 使得:

$$\theta_1 = \Delta|C_1(a) \Rightarrow \Delta|C_2(a)$$
$$\cdots\cdots$$
$$\theta_m = \Delta|C_m(a) \Rightarrow \Delta, C^i(a)$$

并且对于每一个 $j < m, \Delta|C_j(a) \Rightarrow \Delta|C_{j+1}(a)$ 由一条公理或之前的断言通过某条推导规则得到, 其中 $i \in \{0,1\}, C^1(a) = C(a)$ 且 $C^0(a) = \lambda$, 是一个空串.

直观地, 按照 $C(a)$ 的结构, 根据 $\mathbf{S}^{\mathrm{DL}}$ 中的推导规则, 我们将 $C(a)$ 分解为文字.

例 4.1.1　设

$$\Delta = \{(\exists R.(A_1 \sqcap A_2))(a), (\exists R.(A_3 \sqcap A_4)(a)\}$$
$$C(a) = (\forall R.((\neg A_1 \sqcap \neg A_3) \sqcup (\neg A_2 \sqcap \neg A_4)))(a)$$

我们有以下推导, 即

$$\Delta \vdash R(a, d_1), (A_1 \sqcap A_2)(d_1)$$
$$\Delta|(\neg A_1 \sqcap \neg A_3)(d_1) \Rightarrow \Delta$$
$$\Delta|(\neg A_2 \sqcap \neg A_4)(d_1) \Rightarrow \Delta$$
$$\Delta|((\neg A_1 \sqcap \neg A_3) \sqcup (\neg A_2 \sqcap \neg A_4))(d_1) \Rightarrow \Delta$$
$$\Delta|C(a) \Rightarrow \Delta$$

定理 4.1.1(可靠性定理)　对于任意的协调理论 Δ 和断言 $C(a)$, 如果 $\vdash_{\mathbf{S}^{\mathrm{DL}}}$ $\Delta|C(a) \Rightarrow \Delta, C^i(a)$, 那么, 如果 $i = 0$, 则 $\Delta \cup \{C(a)\}$ 是不协调的, 即

$$\vdash_{\mathbf{S}^{\mathrm{DL}}} \Delta|C(a) \Rightarrow \Delta \text{ 蕴含 } \models_{\mathbf{S}^{\mathrm{DL}}} \Delta|C(a) \Rightarrow \Delta$$

否则, $\Delta \cup \{C(a)\}$ 是协调的, 即

$$\vdash_{\mathbf{S}^{\mathrm{DL}}} \Delta|C(a) \Rightarrow \Delta, C(a) \text{ 蕴含 } \models_{\mathbf{S}^{\mathrm{DL}}} \Delta|C(a) \Rightarrow \Delta, C(a)$$

证明　假设 $\Delta|C(a) \Rightarrow \Delta, C^i(a)$ 是可证的. 我们对 C 的结构作归纳来证明定理.

情况$C(a) = B(a)$, 其中 $B ::= A|\neg A$. $\vdash_{\mathbf{S}^{\mathrm{DL}}} \Delta|B(a) \Rightarrow \Delta, B^i(a)$ 仅当

$$\begin{cases} \Delta \vdash \neg B(a), & i = 0 \\ \Delta \nvdash \neg B(a), & i = 1 \end{cases}$$

即

$$\begin{cases} \mathrm{incon}(\Delta, B(a)), & i = 0 \\ \mathrm{con}(\Delta, B(a)), & i = 1 \end{cases}$$

情况 $C(a) = (C_1 \sqcap C_2)(a)$. 如果 $\vdash_{\mathbf{S}^{\mathrm{DL}}} \Delta | (C_1 \sqcap C_2)(a) \Rightarrow \Delta, (C_1 \sqcap C_2)(a)$, 则

$$\vdash_{\mathbf{S}^{\mathrm{DL}}} \Delta | C_1(a) \Rightarrow \Delta, C_1(a)$$
$$\vdash_{\mathbf{S}^{\mathrm{DL}}} \Delta, C_1(a) | C_2(a) \Rightarrow \Delta, C_1(a), C_2(a)$$

由归纳假设, $\Delta \cup \{C_1(a)\}$ 和 $\Delta \cup \{C_1(a), C_2(a)\}$ 是协调的, 因此 $\Delta \cup \{(C_1 \sqcap C_2)(a)\}$ 是协调的.

如果 $\vdash_{\mathbf{S}^{\mathrm{DL}}} \Delta | (C_1 \sqcap C_2)(a) \Rightarrow \Delta$, 则要么

$$\vdash_{\mathbf{S}^{\mathrm{DL}}} \Delta | C_1(a) \Rightarrow \Delta$$

要么

$$\vdash_{\mathbf{S}^{\mathrm{DL}}} \Delta, C_1(a) | C_2(a) \Rightarrow \Delta, C_1(a)$$

由归纳假设, 要么 $\Delta \cup \{C_1(a)\}$ 是不协调的, 要么 $\Delta \cup \{C_1(a), C_2(a)\}$ 是不协调的. 这蕴含 $\Delta \cup \{(C_1 \sqcap C_2)(a)\}$ 是不协调的.

情况 $C(a) = (C_1 \sqcup C_2)(a)$. 如果 $\vdash_{\mathbf{S}^{\mathrm{DL}}} \Delta | (C_1 \sqcup C_2)(a) \Rightarrow \Delta, (C_1 \sqcup C_2)(a)$, 则要么 $\vdash_{\mathbf{S}^{\mathrm{DL}}} \Delta | C_1(a) \Rightarrow \Delta, C_1(a)$, 要么 $\vdash_{\mathbf{S}^{\mathrm{DL}}} \Delta | C_2(a) \Rightarrow \Delta, C_2(a)$. 由归纳假设, 要么 $\Delta \cup \{C_1(a)\}$ 是协调的, 要么 $\Delta \cup \{C_2(a)\}$ 是协调的. 这蕴含 $\Delta \cup \{(C_1 \sqcup C_2)(a)\}$ 是协调的.

如果 $\vdash_{\mathbf{S}^{\mathrm{DL}}} \Delta | (C_1 \sqcup C_2)(a) \Rightarrow \Delta$, 则 $\vdash_{\mathbf{S}^{\mathrm{DL}}} \Delta | C_1(a) \Rightarrow \Delta$ 且 $\vdash_{\mathbf{S}^{\mathrm{DL}}} \Delta | C_2(a) \Rightarrow \Delta$. 由归纳假设, $\Delta \cup \{C_1(a)\}$ 是不协调的, 且 $\Delta \cup \{C_2(a)\}$ 是不协调的. 这蕴含 $\Delta \cup \{(C_1 \sqcup C_2)(a)\}$ 是不协调的.

情况 $C(a) = (\forall R.C_1)(a)$. 如果 $\vdash_{\mathbf{S}^{\mathrm{DL}}} \Delta | (\forall R.C_1)(a) \Rightarrow \Delta, (\forall R.C_1)(a)$, 则对任何常量 c 使得 $R(a, c) \in \Delta$, $\vdash_{\mathbf{S}^{\mathrm{DL}}} \Delta | C_1(c) \Rightarrow \Delta, C(c)$. 由归纳假设, $\Delta \cup \{C_1(c)\}$ 是协调的, 因此 $\Delta \cup \{(\forall R.C_1)(a)\}$ 是协调的.

如果 $\vdash_{\mathbf{S}^{\mathrm{DL}}} \Delta | (\forall R.C_1)(a) \Rightarrow \Delta$, 则对某个常量 d 使得 $\Delta \vdash R(a, d)$ $\vdash_{\mathbf{S}^{\mathrm{DL}}} \Delta | C_1(d) \Rightarrow \Delta$. 由归纳假设, $\Delta \cup \{C_1(d)\}$ 是不协调的, 因此 $\Delta \cup \{(\forall R.C_1)(a)\}$ 是不协调的.

情况 $C(a) = (\exists R.C_1)(a)$. 如果 $\vdash_{\mathbf{S}^{\mathrm{DL}}} \Delta | (\exists R.C_1)(a) \Rightarrow \Delta, (\exists R.C_1)(a)$, 则对某个常量 d 使得 $\Delta \vdash R(a, d)$, $\vdash_{\mathbf{S}^{\mathrm{DL}}} \Delta | C_1(d) \Rightarrow \Delta, C_1(d)$. 由归纳假设, $\Delta \cup \{C_1(d)\}$ 是协调的, 因此 $\Delta \cup \{(\exists R.C_1)(a)\}$ 是协调的.

如果 $\vdash_{\mathbf{S}^{\mathrm{DL}}} \Delta | (\exists R.C_1)(a) \Rightarrow \Delta$, 则对任何常量 c 使得 $R(a, c) \in \Delta$, $\vdash_{\mathbf{S}^{\mathrm{DL}}} \Delta | C_1(c) \Rightarrow \Delta$. 由归纳假设, $\Delta \cup \{C_1(c)\}$ 是不协调的, 因此 $\Delta \cup \{(\exists R.C_1)(a)\}$ 是不协调的. $\square$

定理 4.1.2(完备性定理)   对于任意的协调理论 Δ 和断言 $C(a)$, 如果 $\Delta \cup \{C(a)\}$ 是协调的, 则 $\Delta | C(a) \Rightarrow \Delta, C(a)$ 是 $\mathbf{S}^{\mathrm{DL}}$ 可证的, 即

$$\models_{\mathbf{S}^{\mathrm{DL}}} \Delta | C(a) \Rightarrow \Delta, C(a) \text{ 蕴含 } \vdash_{\mathbf{S}^{\mathrm{DL}}} \Delta | C(a) \Rightarrow \Delta, C(a)$$

如果 $\Delta \cup \{C(a)\}$ 是不协调的, 则 $\Delta | C(a) \Rightarrow \Delta$ 是 $\mathbf{S}^{\mathrm{DL}}$ 可证的, 即

$$\models_{\mathbf{S}^{\mathrm{DL}}} \Delta | C(a) \Rightarrow \Delta \text{ 蕴含 } \vdash_{\mathbf{S}^{\mathrm{DL}}} \Delta | C(a) \Rightarrow \Delta$$

证明   我们对 C 的结构作归纳来证明定理.

情况 $C(a) = B(a)$, 其中 $B ::= A | \neg A$. 如果 $\Delta \cup \{B(a)\}$ 是协调的, 则 $\Delta \not\vdash \neg B(a)$, 根据 $(S^{\mathbf{A}})$ 和 $(S^{\neg})$, 有

$$\vdash_{\mathbf{S}^{\mathrm{DL}}} \Delta | B(a) \Rightarrow \Delta, B(a)$$

如果 $\Delta \cup \{B(a)\}$ 是不协调的, 则 $\Delta \vdash \neg B(a)$, 根据 $(S_{\mathbf{A}})$ 和 $(S_{\neg})$, 有

$$\vdash_{\mathbf{S}^{\mathrm{DL}}} \Delta | B(a) \Rightarrow \Delta$$

情况 $C(a) = (C_1 \sqcap C_2)(a)$. 如果 $\Delta \cup \{(C_1 \sqcap C_2)(a)\}$ 是协调的, 则 $\Delta \cup \{C_1(a)\}$ 和 $\Delta \cup \{C_1(a), C_2(a)\}$ 是协调的. 由归纳假设, 有

$$\vdash_{\mathbf{S}^{\mathrm{DL}}} \Delta | C_1(a) \Rightarrow \Delta, C_1(a)$$
$$\vdash_{\mathbf{S}^{\mathrm{DL}}} \Delta, C_1(a) | C_2(a) \Rightarrow \Delta, C_1(a), C_2(a)$$

根据 $(S^{\sqcap})$, 有 $\vdash_{\mathbf{S}^{\mathrm{DL}}} \Delta | (C_1 \sqcap C_2)(a) \Rightarrow \Delta, (C_1 \sqcap C_2)(a)$.

如果 $\Delta \cup \{(C_1 \sqcap C_2)(a)\}$ 是不协调的, 则要么 $\Delta \cup \{C_1(a)\}$, 要么 $\Delta \cup \{C_1(a)\} \cup \{C_2(a)\}$ 是不协调的. 由归纳假设, 要么 $\vdash_{\mathbf{S}^{\mathrm{DL}}} \Delta | C_1(a) \Rightarrow \Delta$, 要么 $\vdash_{\mathbf{S}^{\mathrm{DL}}} \Delta, C_1(a) | C_2(a) \Rightarrow \Delta, C_1(a)$. 由 $(S_{\sqcap}^1)$ 或 $(S_{\sqcap}^2)$, 得到 $\vdash_{\mathbf{S}^{\mathrm{DL}}} \Delta | (C_1 \sqcap C_2)(a) \Rightarrow \Delta$.

情况 $C(a) = (C_1 \sqcup C_2)(a)$. 如果 $\Delta \cup \{(C_1 \sqcup C_2)(a)\}$ 是协调的, 则要么 $\Delta \cup \{C_1(a)\}$, 要么 $\Delta \cup \{C_2(a)\}$ 是协调的. 由归纳假设, 要么

$$\vdash_{\mathbf{S}^{\mathrm{DL}}} \Delta | C_1(a) \Rightarrow \Delta, C_1(a)$$

要么

$$\vdash_{\mathbf{S}^{\mathrm{DL}}} \Delta | C_2(a) \Rightarrow \Delta, C_2(a)$$

由 $(S_1^{\sqcap})$ 或 $(S_2^{\sqcap})$, 得到 $\vdash_{\mathbf{S}^{\mathrm{DL}}} \Delta | (C_1 \sqcup C_2)(a) \Rightarrow \Delta, (C_1 \sqcup C_2)(a)$.

如果 $\Delta \cup \{(C_1 \sqcup C_2)(a)\}$ 是不协调的, 则 $\Delta \cup \{C_1(a)\}$ 和 $\Delta \cup \{C_2(a)\}$ 是不协调的. 由归纳假设, 有

$$\vdash_{\mathbf{S}^{\mathrm{DL}}} \Delta | C_1(a) \Rightarrow \Delta$$
$$\vdash_{\mathbf{S}^{\mathrm{DL}}} \Delta | C_2(a) \Rightarrow \Delta$$

由 $(S_\sqcup)$, 得到 $\vdash_{\mathbf{S}^{DL}} \Delta|(C_1 \sqcup C_2)(a) \Rightarrow \Delta$.

情况 $C(a) = (\forall R.C_1)(a)$. 如果 $\Delta \cup \{(\forall R.C_1)(a)\}$ 是协调的, 则对任何常量符号 c 使得 $R(a,c) \in \Delta$, $\Delta \cup \{C_1(c)\}$ 是协调的. 由归纳假设, 有

$$\vdash_{\mathbf{S}^{DL}} \Delta|C_1(c) \Rightarrow \Delta, C_1(c)$$

由 $(S^\forall)$, 得到 $\vdash_{\mathbf{S}^{DL}} \Delta|(\forall R.C_1)(a) \Rightarrow \Delta, (\forall R.C_1)(a)$.

如果 $\Delta \cup \{(\forall R.C_1)(a)\}$ 是不协调的, 则存在一个常量符号 d 使得 $\Delta \vdash R(a,d)$, 并且 $\Delta \cup \{C_1(d)\}$ 是不协调的. 由归纳假设, $\vdash_{\mathbf{S}^{DL}} \Delta|C_1(d) \Rightarrow \Delta$. 由 $(S_\forall)$, 得到:

$$\vdash_{\mathbf{S}^{DL}} \Delta|(\forall R.C_1)(a) \Rightarrow \Delta$$

情况 $C(a) = (\exists R.C_1)(a)$. 如果 $\Delta \cup \{(\exists R.C_1)(a)\}$ 是协调的, 则存在一个常量符号 d 使得 $\Delta \vdash R(a,d)$ 并且 $\Delta \cup \{C_1(d)\}$ 是协调的. 由归纳假设, 有

$$\vdash_{\mathbf{S}^{DL}} \Delta|C_1(d) \Rightarrow \Delta, C_1(d)$$

由 $(S^\exists)$, 得到 $\vdash_{\mathbf{S}^{DL}} \Delta|(\exists R.C_1)(a) \Rightarrow \Delta, (\exists R.C_1)(a)$.

如果 $\Delta \cup \{(\exists R.C_1)(a)\}$ 是不协调的, 则对任何常量符号 c 使得 $R(a,c) \in \Delta$, $\Delta \cup \{C_1(c)\}$ 是不协调的. 由归纳假设, $\vdash_{\mathbf{S}^{DL}} \Delta|C_1(c) \Rightarrow \Delta$. 由 $(S_\exists)$, 得到 $\vdash_{\mathbf{S}^{DL}} \Delta|(\exists R.C_1)(c) \Rightarrow \Delta$. $\square$

注释: 关于协调性和非协调性, 我们有如下可靠和完备的推理系统.

$$(\mathbf{A}^+) \frac{\Delta \nvdash \neg A(a)}{\mathrm{con}(\Delta, A(a))} \qquad (\mathbf{A}^-) \frac{\Delta \vdash \neg A(a)}{\mathrm{incon}(\Delta, A(a))}$$

$$(\neg^+) \frac{\Delta \nvdash A(a)}{\mathrm{con}(\Delta, \neg A(a))} \qquad (\neg^-) \frac{\Delta \vdash A(a)}{\mathrm{incon}(\Delta, \neg A(a))}$$

$$(\sqcap^+) \frac{\mathrm{con}(\Delta, C_1(a)) \quad \mathrm{con}(\Delta \cup \{C_1(a)\}, C_2(a))}{\mathrm{con}(\Delta, (C_1 \sqcap C_2)(a))} \qquad (\sqcap_1^-) \frac{\mathrm{incon}(\Delta, C_1(a))}{\mathrm{incon}(\Delta, (C_1 \sqcap C_2)(a))}$$

$$(\sqcap_2^-) \frac{\mathrm{incon}(\Delta \cup \{C_1(a)\}, C_2(a))}{\mathrm{incon}(\Delta, (C_1 \sqcap C_2)(a))}$$

$$(\sqcup_1^+) \frac{\mathrm{con}(\Delta, C_1(a))}{\mathrm{con}(\Delta, (C_1 \sqcup C_2)(a))} \qquad (\sqcup^-) \frac{\mathrm{incon}(\Delta, C_1(a)) \quad \mathrm{incon}(\Delta, C_2(a))}{\mathrm{incon}(\Delta, (C_1 \sqcup C_2)(a))}$$

$$(\sqcup_2^+) \frac{\mathrm{con}(\Delta, C_2(a))}{\mathrm{con}(\Delta, (C_1 \sqcup C_2)(a))}$$

$$(\forall^+)\ \frac{R(a,c)\in\Delta\ \mathrm{con}(\Delta,C_1(c))}{\mathrm{con}(\Delta,(\forall R.C_1)(a))}\qquad(\forall^-)\ \frac{\Delta\vdash R(a,d)\ \mathrm{incon}(\Delta,C_1(d))}{\mathrm{incon}(\Delta,(\forall R.C_1)(a))}$$

$$(\exists^+)\ \frac{\Delta\vdash R(a,d)\ \mathrm{con}(\Delta,C_1(d))}{\mathrm{con}(\Delta,(\exists R.C_1)(a))}\qquad(\exists^-)\ \frac{R(a,c)\in\Delta\ \mathrm{incon}(\Delta,C_1(c))}{\mathrm{incon}(\Delta,(\exists R.C_1)(a))}\qquad\square$$

4.1.2　关于理论的 R-演算 $\mathbf{S}^{\mathrm{DL}}$

设 $\Gamma=\{C_1(a),\cdots,C_n(a)\}$ 是一个有限的协调断言集合. 定义

$$\Delta|\Gamma=(\cdots((\Delta|C_1(a))|C_2(a))|\cdots)|C_n(a)$$

单个断言 $C(a)$ 的 R-演算 $\mathbf{S}^{\mathrm{DL}}$ 由如下公理和推导规则组成.

公理

$$(S^{\mathbf{A}})\ \frac{\Delta\nvdash\neg A(a)}{\Delta|A(a),\Gamma\Rightarrow\Delta,A(a)|\Gamma}\qquad(S_{\mathbf{A}})\ \frac{\Delta\vdash\neg A(a)}{\Delta|A(a),\Gamma\Rightarrow\Delta|\Gamma}$$

推导规则

$$(S^{\neg})\ \frac{\Delta\nvdash A(a)|\Gamma}{\Delta|\neg A(a),\Gamma\Rightarrow\Delta,\neg A(a)|\Gamma}\qquad(S_{\neg})\ \frac{\Delta\vdash A(a)|\Gamma}{\Delta|\neg A(a),\Gamma\Rightarrow\Delta|\Gamma}$$

$$(S^{\sqcap})\ \frac{\begin{array}{c}\Delta|C_1(a),\Gamma\Rightarrow\Delta,C_1(a)|\Gamma\\ \Delta,C_1(a)|C_2(a),\Gamma\Rightarrow\Delta,C_1(a),C_2(a)|\Gamma\end{array}}{\Delta|(C_1\sqcap C_2)(a),\Gamma\Rightarrow\Delta,(C_1\sqcap C_2)(a)|\Gamma}\qquad(S_{\sqcap}^1)\ \frac{\Delta|C_1(a),\Gamma\Rightarrow\Delta|\Gamma}{\Delta|(C_1\sqcap C_2)(a),\Gamma\Rightarrow\Delta|\Gamma}$$

$$(S_{\sqcap}^2)\ \frac{\Delta,C_1(a)|C_2(a),\Gamma\Rightarrow\Delta,C_1(a)|\Gamma}{\Delta|(C_1\sqcap C_2)(a),\Gamma\Rightarrow\Delta|\Gamma}$$

$$(S_1^{\sqcup})\ \frac{\Delta|C_1(a),\Gamma\Rightarrow\Delta,C_1(a)|\Gamma}{\Delta|(C_1\sqcup C_2)(a),\Gamma\Rightarrow\Delta,(C_1\sqcup C_2)(a)|\Gamma}\qquad(S_{\sqcup})\ \frac{\begin{array}{c}\Delta|C_1(a),\Gamma\Rightarrow\Delta|\Gamma\\ \Delta|C_2(a),\Gamma\Rightarrow\Delta|\Gamma\end{array}}{\Delta|(C_1\sqcup C_2)(a),\Gamma\Rightarrow\Delta|\Gamma}$$

$$(S_2^{\sqcup})\ \frac{\Delta|C_2(a),\Gamma\Rightarrow\Delta,C_2(a)|\Gamma}{\Delta|(C_1\sqcup C_2)(a),\Gamma\Rightarrow\Delta,(C_1\sqcup C_2)(a)|\Gamma}$$

$$(S^{\forall})\ \frac{R(a,c)\in\Delta\ \ \Delta|C(c),\Gamma\Rightarrow\Delta,C(c)|\Gamma}{\Delta|(\forall R.C)(a),\Gamma\Rightarrow\Delta,(\forall R.C)(a)|\Gamma}\qquad(S_{\forall})\ \frac{\Delta\vdash R(a,d)\ \ \Delta|C(d),\Gamma\Rightarrow\Delta|\Gamma}{\Delta|(\forall R.C)(a),\Gamma\Rightarrow\Delta|\Gamma}$$

$$(S^{\exists})\ \frac{\Delta\vdash R(a,d)\ \ \Delta|C(d),\Gamma\Rightarrow\Delta,C(d)|\Gamma}{\Delta|(\exists R.C)(a),\Gamma\Rightarrow\Delta,(\exists R.C)(a)|\Gamma}\qquad(S_{\exists})\ \frac{R(a,c)\in\Delta\ \ \Delta|C(c),\Gamma\Rightarrow\Delta|\Gamma}{\Delta|(\exists R.C)(a),\Gamma\Rightarrow\Delta|\Gamma}$$

其中, d 是一个常量; c 是新常量, 即 c 不在 Δ 中出现.

相应地我们有如下定理.

定理 4.1.3　对任何协调理论 Δ,Γ 以及 Θ, 如果 $\Delta|\Gamma\Rightarrow\Delta,\Theta$ 是 $\mathbf{S}^{\mathrm{DL}}$-可证的, 则 Θ 是 Γ 关于 Δ 的一个 $\subseteq$-极小改变, 即

$$\vdash_{\mathbf{S}^{\mathrm{DL}}}\Delta|\Gamma\Rightarrow\Delta,\Theta\ \text{蕴含}\ \models_{\mathbf{S}^{\mathrm{DL}}}\Delta|\Gamma\Rightarrow\Delta,\Theta$$

$\square$

定理 4.1.4 对任意协调理论 Δ,Γ 和任意的 Γ 关于 Δ 的 $\subseteq$-极小改变 $\Theta,\Delta|\Gamma \Rightarrow \Theta$ 是 $\mathbf{S}^{DL}$ 可证的, 即

$$\models_{\mathbf{S}^{DL}} \Delta|\Gamma \Rightarrow \Theta \text{ 蕴含 } \vdash_{\mathbf{S}^{DL}} \Delta|\Gamma \Rightarrow \Theta \qquad \square$$

例 4.1.2 设 $\Delta = \{R(a,b),C_1(b)\}$, 并且 $C(a) = (\forall R.(\neg C_1 \sqcap \neg C_2 \sqcap C_3))(a)$, 则我们有如下推导, 即

$$\Delta|(\neg C_1 \sqcap \neg C_2 \sqcap C_3)(b) \Rightarrow \Delta$$
$$\Delta|(\forall R.(\neg C_1 \sqcap \neg C_2 \sqcap C_3))(a) \Rightarrow \Delta$$

因此

$$\vdash_{\mathbf{S}^{DL}} \Delta|(\forall R.(\neg C_1 \sqcap \neg C_2 \sqcap C_3))(a) \Rightarrow \Delta \qquad \square$$

4.2 关于 $\preceq$-极小改变的 R-演算 $\mathbf{T}^{DL}$

对应于子公式和伪子公式, 描述逻辑中有概念的次子概念 (para-subconcepts) 和伪子概念 (pseudo-subconcepts). 由此, 我们给出一个关于 $\preceq$-极小改变是可靠的和完备的 R-演算 $\mathbf{T}^{DL}$.

4.2.1 伪子概念和 $\preceq$-极小改变

在描述逻辑中, 一个概念 C 是另一个概念 D 的子概念, 记为 $C \sqsubseteq D$, 如果对任何解释 $I,C^I \subseteq D^I$ 成立.

次子概念对应于传统逻辑中的子公式.

定义 4.2.1 给定一个概念 C, 概念 D 是 C 的一个次子概念, 记为 $D \leqslant C$, 如果要么 $C = D$, 要么

(i) 如果 $C = \neg C_1$, 则 $D \leqslant C_1$;

(ii) 如果 $C = C_1 \sqcap C_2$ 或者 $C_1 \sqcup C_2$, 则要么 $D \leqslant C_1$, 要么 $D \leqslant C_2$;

(iii) 如果 $C = \forall R.C_1$ 或者 $\exists R.C_1$, 则 $D \leqslant C_1$.

例如, 设 $C = (A_1 \sqcup A_2) \sqcap (A_3 \sqcup A_4)$, 则 $A_1 \sqcup A_2, A_3 \sqcup A_4 \leqslant C$, 并且 $A_1 \sqcap A_3, A_2 \sqcap A_4, A_1 \sqcap (A_3 \sqcup A_4) \not\leqslant C$.

定义 4.2.2 给定一个概念 $C[D_1,\cdots,D_n]$, 其中 $[D_1]$ 是 D_1 在 C 中的一个出现, 一个概念 $D = C[\lambda,\cdots,\lambda] = C[D_1/\lambda,\cdots,D_n/\lambda]$, 其中 D_i 的出现被空概念 λ 替换, 称为 C 的一个伪子概念, 记为 $D \preceq C$.

例如, 设 $C = (A_1 \sqcup A_2) \sqcap (A_3 \sqcup A_4)$, 则 $A_1 \sqcup A_2, A_3 \sqcup A_4, A_1 \sqcap A_3, A_2 \sqcap A_3, A_1 \sqcap (A_3 \sqcup A_4) \preceq C$.

命题 4.2.1　对任何概念 C_1, C_2, D_1, 以及 D_2:

(i) $D_1 \leqslant C_1$ 蕴含 $D_1 \leqslant C_1 \sqcup C_2$, 并且 $D_1 \leqslant C_1 \sqcap C_2$;

(ii) $D_1 \preceq C_1$ 并且 $D_2 \preceq C_2$ 蕴含 $\neg D_1 \preceq \neg C_1, D_1 \sqcup D_2 \preceq C_1 \sqcup C_2$ 和 $D_1 \sqcap D_2 \preceq C_1 \sqcap C_2$;

(iii) $D_1 \preceq C_1$ 蕴含 $\forall R.D_1 \preceq \forall R.C_1$ 和 $\exists R.D_1 \preceq \exists R.C_1$.　　□

命题 4.2.2　对任何概念 C 和 D, 如果 $D \leqslant C$, 则 $D \preceq C$.

证明　对 C 的结构作归纳直接得出.　　□

命题 4.2.3　$\leqslant$ 和 $\preceq$ 是所有概念集合上的偏序.　　□

给定一个概念 C, 设 $P(C)$ 是 C 的所有伪子概念的集合. 每个 $D \in P(C)$ 是由集合 $\tau(D) = \{[A_1], \cdots, [A_n]\}$ 确定的, 其中每一个 $[A_i]$ 是 A_i 在 C 中的一个出现, 使得:

$$D = C([A_1]/\lambda, \cdots, [A_n]/\lambda)$$

给定任何 $D_1, D_2 \in P(C)$, 定义 $D_1 \curlywedge D_2 = \max\{D : D \preceq D_1, D \preceq D_2\}, D_1 \curlyvee D_2 = \min\{D : D \succeq D_1, D \succeq D_2\}$.

命题 4.2.4　对任何伪子概念 $D_1, D_2 \in P(C)$, $D_1 \curlywedge D_2$ 和 $D_1 \curlyvee D_2$ 存在.　　□

设 $\mathbf{P}(C) = (P(C), \curlywedge, \curlyvee, C, \lambda)$ 是一个格, 其最大元素为 C, 最小元素为 λ.

命题 4.2.5　对任何伪子概念 $D_1, D_2 \in P(C)$, $D_1 \preceq D_2$ 当且仅当 $\tau(D_1) \supseteq \tau(D_2)$. 此外, 有

$$\tau(D_1 \curlywedge D_2) = \tau(D_1) \cup \tau(D_2)$$
$$\tau(D_1 \curlyvee D_2) = \tau(D_1) \cap \tau(D_2)$$

□

定义 4.2.3　一个理论 Θ 是 Γ 关于 Δ 的一个 $\preceq^{\mathrm{DL}}$-极小改变, 记为 $\models_{\mathbf{T}^{\mathrm{DL}}} \Delta | \Gamma \Rightarrow \Delta, \Theta$, 如果

(i) $\Theta \preceq \Gamma$, 即对每个断言 $C(a) \in \Theta$, 存在一个概念 D 使得 $C \preceq D$ 并且 $D(a) \in \Gamma$;

(ii) $\Theta \cup \Delta$ 是协调的;

(iii) 对任何理论 Ξ 满足 $\Theta \prec \Xi \preceq \Gamma, \Xi \cup \Delta$ 是不协调的.

4.2.2　关于单个断言的 R-演算 $\mathbf{T}^{\mathrm{DL}}$

单个断言 $C(a)$ 的 R-演算 $\mathbf{T}^{\mathrm{DL}}$ 可由如下公理和推导规则组成.

公理

$$(T^{\mathbf{A}})\ \frac{\Delta \nvdash \neg C(a)}{\Delta | C(a) \Rightarrow \Delta, C(a)} \qquad (T_{\mathbf{A}})\ \frac{\Delta \vdash \neg B(a)}{\Delta | B(a) \Rightarrow \Delta}$$

推导规则

$$(T^{\wedge}) \quad \frac{\Delta|C_1(a) \Rightarrow \Delta, D_1(a)}{\Delta|(C_1 \sqcap C_2)(a) \Rightarrow \Delta, D_1(a)|C_2(a)}$$

$$(T_1^{\vee}) \quad \frac{\Delta|C_1(a) \Rightarrow \Delta, D_1(a) \quad D_1 \neq \perp}{\Delta|(C_1 \sqcup C_2)(a) \Rightarrow \Delta, (D_1 \sqcup C_2)(a)}$$

$$(T_2^{\vee}) \quad \frac{\Delta|C_1(a) \Rightarrow \Delta \quad \Delta|C_2(a) \Rightarrow \Delta, D_2(a) \quad D_2 \neq \perp}{\Delta|(C_1 \sqcup C_2)(a) \Rightarrow \Delta, (C_1 \sqcup D_2)(a)}$$

$$(T_3^{\vee}) \quad \frac{\Delta|C_1(a) \Rightarrow \Delta \quad \Delta|C_2(a) \Rightarrow \Delta}{\Delta|(C_1 \sqcup C_2)(a) \Rightarrow \Delta}$$

$$(T^{\forall}) \quad \frac{\Delta \vdash R(a,d) \quad \Delta|C_1(d) \Rightarrow \Delta, D_1(d)}{\Delta|(\forall R.C_1)(a) \Rightarrow \Delta|(\forall R.D_1)(a)}$$

$$(T^{\exists}) \quad \frac{R(a,c) \in \Delta \quad \Delta|C_1(c) \Rightarrow \Delta, D_1(c)}{\Delta|(\exists R.C_1)(a) \Rightarrow \Delta, (\exists R.D_1)(a)}$$

其中, d 是一个常量符号; c 是一个不出现在 Δ 中的新常量符号.

为了理解规则 $(T^{\forall})$, 假设存在常量符号 $d_1, d_2, \cdots, d_n$ 和 C 的伪子概念 D_1, $D_2, \cdots, D_n$ 使得 $R(a, d_1), \cdots, R(a, d_n) \in \Delta$, 并且

$$\vdash_{\mathbf{T}^{\mathrm{DL}}} \Delta|C(d_1) \Rightarrow \Delta, D_1(d_1), \mathrm{incon}(\Delta, (\forall R.C)(a))$$
$$\vdash_{\mathbf{T}^{\mathrm{DL}}} \Delta|D_1(d_2) \Rightarrow \Delta, D_2(d_2), \mathrm{incon}(\Delta, (\forall R.D_1)(a))$$
$$\cdots \cdots$$
$$\vdash_{\mathbf{T}^{\mathrm{DL}}} \Delta|D_{n-1}(d_n) \Rightarrow \Delta, D_n(d_n), \mathrm{con}(\Delta, (\forall R.D_n)(a)).$$

则我们有

$$\vdash_{\mathbf{T}^{\mathrm{DL}}} \Delta|(\forall R.C)(a) \Rightarrow \Delta, (\forall R.D)(a)$$

定义 4.2.4 $\Delta|C(a) \Rightarrow \Delta, D(a)$ 是 $\mathbf{T}^{\mathrm{DL}}$-可证的, 记为 $\vdash_{\mathbf{T}^{\mathrm{DL}}} \Delta|C(a) \Rightarrow \Delta, D(a)$, 如果存在一个断言序列 $\theta_1, \theta_2, \cdots, \theta_m$, 使得:

$$\theta_1 = \Delta|C_1(a) \Rightarrow \Delta|C_2(a)$$
$$\cdots \cdots$$
$$\theta_m = \Delta|C_m(a) \Rightarrow \Delta, D(a)$$

并且对每个 $j < m, \Delta|C_j(a) \Rightarrow \Delta|C_{j+1}(a)$ 是一条公理或由此前的断言通过一个推导规则得到.

定理 4.2.1 (可靠性定理) 对任何断言集合 Δ 和断言 $C(a), D(a)$:

$$\vdash_{\mathbf{T}^{\mathrm{DL}}} \Delta|C(a) \Rightarrow \Delta, D(a) \ \text{蕴含} \ \models_{\mathbf{T}^{\mathrm{DL}}} \Delta|C(a) \Rightarrow \Delta, D(a)$$

证明　我们对 C 的结构作归纳来证明定理.

假设 $\vdash_{\mathbf{T}^{DL}} \Delta | C(a) \Rightarrow \Delta, D(a)$.

情况 $C = B$. 由 $(T^{\mathbf{A}})$ 和 $(T_{\mathbf{A}})$, 有

$$D(a) = \begin{cases} A(a), & C = A \text{ 且 } \Delta \not\vdash \neg A(a) \\ \neg A(a), & C = \neg A \text{ 且 } \Delta \not\vdash A(a) \\ \lambda, & \text{其他} \end{cases}$$

显然 $D(a)$ 是 $C(a)$ 关于 Δ 的一个 $\preceq^{DL}$-极小改变.

情况 $C = C_1 \sqcap C_2$. 由 $(T^{\wedge})$, 有

$$\vdash_{\mathbf{T}^{DL}} \Delta | C_1(a) \Rightarrow \Delta, D_1(a)$$
$$\vdash_{\mathbf{T}^{DL}} \Delta, C_1(a) | C_2(a) \Rightarrow \Delta, D_1(a), D_2(a)$$

由归纳假设, $D_1(a)$ 是 $C_1(a)$ 关于 Δ 的一个 $\preceq^{DL}$-极小改变, 并且 $D_2(a)$ 是 $C_2(a)$ 关于 $\Delta \cup \{C_1(a)\}$ 的一个 $\preceq^{DL}$-极小改变. 因此, $(D_1 \sqcap D_2)(a)$ 是 $(C_1 \sqcap C_2)(a)$ 关于 Δ 的一个 $\preceq^{DL}$-极小改变.

情况 $C = C_1 \sqcup C_2$.

(i) 如果 $\vdash_{\mathbf{T}^{DL}} \Delta | C_1(a) \Rightarrow \Delta, D_1(a)$, 并且 $D_1 \neq \bot$, 则由 $(\vee_1^T)$, $\vdash_{\mathbf{T}^{DL}} \Delta | (C_1 \sqcup C_2)(a) \Rightarrow \Delta, (D_1 \sqcup C_2)(a)$. 由归纳假设, $D_1(a)$ 是 $C_1(a)$ 关于 Δ 的一个 $\preceq^{DL}$-极小改变, 并且 $(D_1 \sqcup C_2)(a)$ 是 $(C_1 \sqcup C_2)(a)$ 关于 Δ 的一个 $\preceq^{DL}$-极小改变;

(ii) 如果

$$\vdash_{\mathbf{T}^{DL}} \Delta | C_1(a) \Rightarrow \Delta, D_1(a), D_1 = \bot$$
$$\vdash_{\mathbf{T}^{DL}} \Delta | C_2(a) \Rightarrow \Delta, D_2(a), D_2 \neq \bot$$

则由 $(\vee_2^T)$, $\vdash_{\mathbf{T}^{DL}} \Delta | (C_1 \sqcup C_2)(a) \Rightarrow \Delta, (C_1 \sqcup D_2)(a)$. 由归纳假设, $D_2(a)$ 是 $C_2(a)$ 关于 Δ 的一个 $\preceq^{DL}$-极小改变, 并且 $(C_1 \sqcup D_2)(a)$ 是 $(C_1 \sqcup C_2)(a)$ 关于 Δ 的一个 $\preceq^{DL}$-极小改变;

(iii) 如果

$$\vdash_{\mathbf{T}^{DL}} \Delta | C_1(a) \Rightarrow \Delta, D_1(a)$$
$$\vdash_{\mathbf{T}^{DL}} \Delta | C_2(a) \Rightarrow \Delta, D_2(a)$$
$$D_1 = D_2 = \bot$$

则由 $(\vee_3^T)$, $\vdash_{\mathbf{T}^{DL}} \Delta | (C_1 \sqcup C_2)(a) \Rightarrow \Delta, \lambda$. 由归纳假设, λ 是 $C_1(a)$ 关于 Δ 的一个 $\preceq^{DL}$-极小改变, 也是 $C_2(a)$ 关于 Δ 的一个 $\preceq^{DL}$-极小改变. 因此, λ 是 $(C_1 \sqcup C_2)(a)$ 关于 Δ 的一个 $\preceq^{DL}$-极小改变.

情况 $C = \forall R.C_1$. 由 $(T^\forall)$, 存在常量 $d_1, d_2, \cdots, d_n$ 和概念 $C_2, C_3, \cdots, C_n, C$ 使得 $\Delta \vdash R(a, d_1), \cdots, \Delta \vdash R(a, d_n)$, 并且

$$\Delta | C_1(d_1) \Rightarrow \Delta | C_2(d_1), \mathrm{incon}(\Delta, (\forall R.C_1)(a))$$
$$\Delta | C_2(d_2) \Rightarrow \Delta | C_3(d_2), \mathrm{incon}(\Delta, (\forall R.C_2)(a))$$
$$\cdots\cdots$$
$$\frac{\Delta | C_n(d_n) \Rightarrow \Delta, D(d_n), \mathrm{con}(\Delta, (\forall R.D)(a))}{\Delta | (\forall R.C_1)(a) \Rightarrow \Delta, (\forall R.D)(a)}$$

由归纳假设, 对每个 $i \leqslant n, C_{i+1}(d_i)$ 是 $C_i(d_i)$ 关于 Δ 的 $\preceq$-极小改变, 其中 $C_{n+1} = D$. 因此, 对任何概念 E 满足 $\forall R.D \prec E \preceq \forall R.C_1$, 存在概念 E' 和 $i \leqslant n$ 使得 $E = \forall R.E'$, 并且 $C_{i+1}(d_i) \prec E'(d_i) \preceq C_i(d_i)$. 由归纳假设, Δ 与 $E'(d_{i+1})$ 和 $(\forall R.E')(a)$ 是不协调的.

情况 $C = \exists R.C_1$. 由 $(T^\exists)$, 存在新的常量 c 和概念 D_1 使得 $R(a, c) \in \Delta$, 并且

$$\frac{\Delta | C_1(c) \Rightarrow \Delta | D_1(c)}{\Delta | (\exists R.C_1)(a) \Rightarrow \Delta, (\exists R.D_1)(a)}$$

由归纳假设, $D_1(c)$ 是 $C_1(c)$ 关于 Δ 的 $\preceq$-极小改变. $(\exists R.D_1)(a)$ 是 $(\exists R.C_1)(a)$ 关于 Δ 的 $\preceq$-极小改变, 因为对任何概念 E 满足 $\exists R.C \prec E \preceq \exists R.C_1$, 存在概念 E' 使得 $E = \exists R.E'$ 并且 $D_1(c) \prec E'(c) \preceq C_1(c)$. 由归纳假设, Δ 与 $E'(c)$ 和 $(\exists R.E')(a)$ 是不协调的. $\qquad\square$

定理 4.2.2(完备性定理) 对任何理论 Δ 和断言 $C(a), D(a)$:

$$\models_{\mathbf{T}^{\mathrm{DL}}} \Delta | C(a) \Rightarrow \Delta, D(a) \text{ 蕴含 } \vdash_{\mathbf{T}^{\mathrm{DL}}} \Delta | C(a) \Rightarrow \Delta, D(a)$$

证明 我们对 C 的结构作归纳来证明定理.

假设 $\models_{\mathbf{T}^{\mathrm{DL}}} \Delta | C(a) \Rightarrow \Delta, D(a)$.

情况 $C = B$. 由 $\preceq^{\mathrm{DL}}$-极小改变的定义, 有

$$D(a) = \begin{cases} A(a), & C = A \text{ 并且 } \Delta \not\vdash \neg A(a) \\ \neg A(a), & C = \neg A \text{ 并且 } \Delta \not\vdash A(a) \\ \lambda, & \text{其他} \end{cases}$$

并且由 $(T^{\mathbf{A}})$ 和 $(T_{\mathbf{A}})$, 有

$$\vdash_{\mathbf{T}^{\mathrm{DL}}} \Delta | B(a) \Rightarrow \Delta, D(a)$$

情况 $C = C_1 \sqcap C_2$. 存在断言 $D_1(a)$ 和 $D_2(a)$ 使得 $D_1(a)$ 是 $C_1(a)$ 关于 Δ 的一个 $\preceq^{\mathrm{DL}}$-极小改变, 而 $D_2(a)$ 是 $C_2(a)$ 关于 $\Delta \cup \{D_1(a)\}$ 的一个 $\preceq^{\mathrm{DL}}$-极小改变.

由归纳假设, 有

$$\vdash_{\mathbf{T}^{DL}} \Delta | C_1(a) \Rightarrow \Delta, D_1(a)$$
$$\vdash_{\mathbf{T}^{DL}} \Delta, C_1(a) | C_2(a) \Rightarrow \Delta, C_1(a), D_2(a)$$

并且由 $(T^\wedge)$, 有

$$\vdash_{\mathbf{T}^{DL}} \Delta | (C_1 \sqcap C_2)(a) \Rightarrow \Delta, (D_1 \sqcap D_2)(a)$$

.

情况 $C = C_1 \sqcup C_2$.

(i) 存在一个断言 $D_1(a) \neq \lambda$ 使得 $D_1(a)$ 是 $C_1(a)$ 关于 Δ 的一个 $\preceq^{DL}$-极小改变, 使得 $(D_1 \sqcup C_2)$ 是 $(C_1 \sqcup C_2)(a)$ 关于 Δ 的一个 $\preceq^{DL}$-极小改变;

(ii) 存在一个断言 $D_2(a) \neq \lambda$ 使得 $D_2(a)$ 是 $C_2(a)$ 关于 Δ 的一个 $\preceq^{DL}$-极小改变, 使得 $(C_1 \sqcup D_2)$ 是 $(C_1 \sqcup C_2)(a)$ 关于 Δ 的一个 $\preceq^{DL}$-极小改变;

(iii) λ 是 $(C_1 \sqcup C_2)(a)$ 关于 Δ 的一个 $\preceq^{DL}$-极小改变.

由归纳假设, 有以下式子之一, 即

$$\vdash_{\mathbf{T}^{DL}} \Delta | C_1(a) \Rightarrow \Delta, D_1(a), D_1 \neq \perp$$
$$\vdash_{\mathbf{T}^{DL}} \Delta | C_2(a) \Rightarrow \Delta, D_2(a), D_2 \neq \perp$$
$$\begin{cases} \vdash_{\mathbf{T}^{DL}} \Delta | C_1(a) \Rightarrow \Delta, \lambda \\ \vdash_{\mathbf{T}^{DL}} \Delta | C_2(a) \Rightarrow \Delta, \lambda \end{cases}$$

并且由 $(T_1^\vee), (T_2^\vee)$ 和 $(T_3^\vee)$ 之一, 得到:

$$\vdash_{\mathbf{T}^{DL}} \Delta | (C_1 \sqcup C_2)(a) \Rightarrow \Delta, (D_1 \sqcup D_2)(a)$$

情况 $C = \forall R.C_1$. 存在概念 $D_1, D_2, \cdots, D_n, D$ 和常量 $d_1 = a, \cdots, d_n$ 使得 $D(d_n)$ 是 $D_n(d_n)$ 关于 Δ 的一个 $\preceq^{DL}$-极小改变, 并且对每个 $i \leqslant n+1, D_i(d_i)$ 是 $D_{i-1}(d_i)$ 关于 Δ 的一个 $\preceq^{DL}$-极小改变. 由归纳假设, 我们有以下式子, 即

$$\vdash_{\mathbf{T}^{DL}} \Delta | D_{i-1}(d_i) \Rightarrow \Delta, D_i(d_i)$$
$$\vdash_{\mathbf{T}^{DL}} \Delta | (\forall R.D_{i-1})(a) \Rightarrow \Delta | (\forall R.D_i)(a)$$

其中, $D_0 = C_1$, 并且由 $(T^\forall)$, 得到:

$$\vdash_{\mathbf{T}^{DL}} \Delta | (\forall R.C_1)(a) \Rightarrow \Delta, (\forall R.D_1)(a)$$

情况 $C = \exists R.C_1$. 存在概念 D_1 和常量 c 使得 $R(a,c) \in \Delta$, 并且 $D_1(c)$ 是 $C_1(c)$ 关于 Δ 的一个 $\preceq^{DL}$-极小改变. 由归纳假设, 有

$$\vdash_{\mathbf{T}^{DL}} \Delta | C_1(c) \Rightarrow \Delta, D_1(c)$$

并且由 $(T^\exists)$, 得到:

$$\vdash_{\mathbf{T}^{DL}} \Delta | (\exists R.C_1)(a) \Rightarrow \Delta, (\exists R.D_1)(a) \qquad \square$$

4.2.3 关于理论的 R-演算 $\mathbf{T}^{\mathrm{DL}}$

断言集合 Γ 的 R-演算 $\mathbf{T}^{\mathrm{DL}}$ 由如下公理和推导规则组成.

公理

$$(T^{\mathbf{A}}) \ \frac{\Delta \nvdash \neg C(a)}{\Delta|C(a), \Gamma \Rightarrow \Delta, C(a)|\Gamma} \qquad (T_{\mathbf{A}}) \ \frac{\Delta \vdash \neg A(a)}{\Delta|A(a), \Gamma \Rightarrow \Delta|\Gamma}$$

推导规则

$$(T^{\wedge}) \ \frac{\begin{array}{c} \Delta|C_1(a), \Gamma \Rightarrow \Delta, D_1(a)|\Gamma \\ \Delta, D_1(a)|C_2(a), \Gamma \Rightarrow \Delta, D_1(a), D_2(a)|\Gamma \end{array}}{\Delta|(C_1 \sqcap C_2)(a), \Gamma \Rightarrow \Delta, (D_1 \sqcap D_2)(a)|\Gamma}$$

$$(T_1^{\vee}) \ \frac{\Delta|C_1(a), \Gamma \Rightarrow \Delta, D_1(a)|\Gamma \quad D_1 \neq \bot}{\Delta|(C_1 \sqcup C_2)(a), \Gamma \Rightarrow \Delta, (D_1 \sqcup C_2)(a)|\Gamma}$$

$$(T_2^{\vee}) \ \frac{\Delta|C_1(a), \Gamma \Rightarrow \Delta|\Gamma \quad \Delta|C_2(a), \Gamma \Rightarrow \Delta, D_2(a)|\Gamma \quad D_2 \neq \bot}{\Delta|(C_1 \sqcup C_2)(a), \Gamma \Rightarrow \Delta, (C_1 \sqcup D_2)(a)|\Gamma}$$

$$(T_3^{\vee}) \ \frac{\Delta|C_1(a), \Gamma \Rightarrow \Delta|\Gamma \quad \Delta|C_2(a), \Gamma \Rightarrow \Delta|\Gamma}{\Delta|(C_1 \sqcup C_2)(a), \Gamma \Rightarrow \Delta|\Gamma}$$

$$(T^{\forall}) \ \frac{\Delta \vdash R(a,d) \quad \Delta|C_1(d), \Gamma \Rightarrow \Delta, D_1(d)|\Gamma}{\Delta|(\forall R.C_1)(a), \Gamma \Rightarrow \Delta|(\forall R.D_1)(a), \Gamma}$$

$$(T^{\exists}) \ \frac{R(a,c) \in \Delta \quad \Delta|C_1(c), \Gamma \Rightarrow \Delta, D_1(c)|\Gamma}{\Delta|(\exists R.C_1)(a), \Gamma \Rightarrow \Delta, (\exists R.D_1)(a)|\Gamma}$$

其中, d 是一个常量; c 是一个新的常量.

定义 4.2.5 $\Delta|\Gamma \Rightarrow \Delta, \Theta$ 是 $\mathbf{T}^{\mathrm{DL}}$-可证的, 记为 $\vdash_{\mathbf{T}^{\mathrm{DL}}} \Delta|\Gamma \Rightarrow \Delta, \Theta$, 如果存在一个断言序列 $S_1, S_2, \cdots, S_m$, 使得:

$$S_1 = \Delta|\Gamma \Rightarrow \Delta_1|\Gamma_1$$
$$\cdots \cdots$$
$$S_m = \Delta_{m-1}|\Gamma_{m-1} \Rightarrow \Delta, \Theta$$

并且对每个 $i < m, S_{i+1}$ 是一条公理或由此前的断言通过 $\mathbf{T}^{\mathrm{DL}}$ 中的一个推导规则得到.

定理 4.2.3(可靠性定理) 对任何断言集合 Θ, Δ 和有限断言集合 Γ, 如果 $\Delta|\Gamma \Rightarrow \Delta, \Theta$ 是 $\mathbf{T}^{\mathrm{DL}}$-可证的, 则 Θ 是 Γ 关于 Δ 的一个 $\preceq^{\mathrm{DL}}$-极小改变, 即

$$\vdash_{\mathbf{T}^{\mathrm{DL}}} \Delta|\Gamma \Rightarrow \Delta, \Theta \ \text{蕴含} \ \vDash_{\mathbf{T}^{\mathrm{DL}}} \Delta|\Gamma \Rightarrow \Delta, \Theta \qquad \square$$

定理 4.2.4(完备性定理)　对任何断言集合 Θ, Δ 和有限断言集合 Γ, 如果 Θ 是 Γ 关于 Δ 的一个 $\preceq^{\mathrm{DL}}$-极小改变, 则 $\Delta|\Gamma \Rightarrow \Delta, \Theta$ 是 $\mathbf{T}^{\mathrm{DL}}$-可证的, 即

$$\models_{\mathbf{T}^{\mathrm{DL}}} \Delta|\Gamma \Rightarrow \Delta, \Theta \text{ 蕴含 } \vdash_{\mathbf{T}^{\mathrm{DL}}} \Delta|\Gamma \Rightarrow \Delta, \Theta \qquad \Box$$

例 4.2.1　设 $\Delta = \{R(a,b_1), R(a,b_2), C_1(b_1), C_2(b_2)\}$, 并且 $C(a) = (\forall R.(\neg C_1 \sqcap \neg C_2 \sqcap C_3))(a)$, 则我们有如下推导:

$$\Delta|(\neg C_1 \sqcap \neg C_2 \sqcap C_3)(b_1) \Rightarrow \Delta, (\neg C_2 \sqcap C_3)(b_1)$$
$$\Delta|(\neg C_2 \sqcap C_3)(b_2) \Rightarrow \Delta, C_3(b_2)$$
$$\Delta|(\forall R.(\neg C_1 \sqcap \neg C_2 \sqcap C_3))(a) \Rightarrow \Delta, (\forall R.C_3)(a)$$

因此

$$\vdash_{\mathbf{T}^{\mathrm{DL}}} \Delta|(\forall R.(\neg C_1 \sqcap \neg C_2 \sqcap C_3))(a) \Rightarrow \Delta, (\forall R.C_3)(a)$$

对任何概念 E 使得 $(\forall R.C_3)(a) \prec E \preceq (\forall R.(\neg C_1 \sqcap \neg C_2 \sqcap C_3))(a)$, E 有三种可能的选择, 即

$$(\forall R.(\neg C_1 \sqcap C_3))(a)$$
$$(\forall R.(\neg C_2 \sqcap C_3))(a)$$
$$(\forall R.(\neg C_1 \sqcap \neg C_2 \sqcap C_3))(a)$$

则 E 与 Δ 是不协调的, 因为下面的断言分别与 Δ 是不协调的, 即

$$(\neg C_1 \sqcap C_3)(b_1)$$
$$(\neg C_2 \sqcap C_3)(b_2)$$
$$(\neg C_1 \sqcap \neg C_2 \sqcap C_3)(b_1) \qquad \Box$$

4.3　讨论关于 $\vdash_{\preceq}$-极小改变的 R-演算 $\mathbf{U}^{\mathrm{DL}}$

类似于命题逻辑关于 $\vdash_{\preceq}$-极小改变的 R-演算 $\mathbf{U}$, 我们可以定义下面的概念, 并试图给出关于 $\vdash_{\preceq}$-极小改变的 R-演算 $\mathbf{U}^{\mathrm{DL}}$.

定义 4.3.1　一个断言 $D(a)$ 是 $C(a)$ 关于 Δ 的一个 $\vdash_{\preceq}^{\mathrm{DL}}$-极小改变, 记为 $\models_{\mathbf{U}^{\mathrm{DL}}} \Delta|C(a) \Rightarrow \Delta, D(a)$, 如果

(i) $D(a) \preceq C(a)$, 即 $D \preceq C$;

(ii) $D(a)$ 与 Δ 是协调的;

(iii) 对任何断言 $E(a)$ 满足 $D \preceq E \preceq C$, 要么 $\Delta, D(a) \vdash E(a)$, 并且 $\Delta, E(a) \vdash D(a)$, 要么 $\Delta \cup \{E(a)\}$ 是不协调的.

定义 4.3.2   一个理论 Θ 是 Γ 关于 Δ 的一个 $\vdash_{\preceq}^{DL}$-极小改变, 记为 $\models_{\mathbf{U}^{DL}}$ $\Delta|\Gamma \Rightarrow \Delta, \Theta$, 如果

(i) $\Theta \preceq \Gamma$, 即对每个断言 $C(a) \in \Theta$, 存在一个断言 $D(a) \in \Gamma$ 使得 $C \preceq D$;

(ii) $\Theta \cup \Delta$ 是协调的;

(iii) 对任何理论 Ξ 满足 $\Theta \preceq \Xi \preceq \Gamma$, 要么 $\Delta, \Theta \vdash \Xi$, 并且 $\Delta, \Xi \vdash \Theta$, 要么 $\Xi \cup \Delta$ 是不协调的.

对于 $\vdash_{\preceq}^{DL}$-极小改变, 我们不够证明: 对于任意的理论 Γ, Δ 和 $\Theta, \Delta|\Gamma \Rightarrow \Delta, \Theta$ 是 $\mathbf{U}$-可证的当且仅当 Θ 是 Γ 关于 Δ 的一个 $\vdash_{\preceq}^{DL}$-极小改变, 即使我们要求断言集合满足断言中的概念是量词前缀的标准形式, 其中没有量词的概念是一个合取范式.

单个断言 $C(a)$ 的 R-演算 $\mathbf{U}^{DL}$ 应该由如下公理和推导规则组成.

公理

$$(U^{\mathbf{A}})\ \frac{\Delta \nvdash \neg B(a)}{\Delta|B(a) \Rightarrow \Delta, B(a)} \qquad (U_{\mathbf{A}})\ \frac{\Delta \vdash \neg B(a)}{\Delta|B(a) \Rightarrow \Delta}$$

推导规则

$$(U^{\wedge})\ \frac{\Delta|C_1(a) \Rightarrow \Delta, D_1(a)}{\Delta|(C_1 \sqcap C_2)(a) \Rightarrow \Delta, D_1(a)|C_2(a)}$$

$$(U^{\vee})\ \frac{\Delta|C_1(a) \Rightarrow \Delta, D_1(a) \quad \Delta|C_2(a) \Rightarrow \Delta, D_2(a)}{\Delta|(C_1 \sqcup C_2)(a) \Rightarrow \Delta, (D_1 \sqcup C_2)(a)}$$

$$(U^{\forall})\ \frac{\Delta \vdash R(a,d) \quad \Delta|C_1(d) \Rightarrow \Delta, D_1(d)}{\Delta|(\forall R.C_1)(a) \Rightarrow \Delta|(\forall R.D_1)(a)}$$

$$(U^{\exists})\ \frac{R(a,c) \in \Delta \quad \Delta|C_1(c) \Rightarrow \Delta, D_1(c)}{\Delta|(\exists R.C_1)(a) \Rightarrow \Delta, (\exists R.D_1)(a)}$$

其中, d 是一个常量; c 是一个新的常量.

下面的例子说明这样给出的演算不具有可靠性.

设 $\Delta = \{R(a,d_1), R(a,d_2), \neg A_1(d_1), \neg A_2(d_2)\}$, 则我们有如下推导, 即

$$\Delta|(A \sqcup A_1 \sqcup A_2)(d_1) \Rightarrow \Delta, (A \sqcup A_2)(d_1)$$
$$\Delta|\forall R.(A \sqcup A_1 \sqcup A_2)(a) \Rightarrow \Delta|\forall R.(A \sqcup A_2)(a)$$
$$\Delta|(A \sqcup A_2)(d_2) \Rightarrow \Delta, A(d_2)$$
$$\Delta|\forall R.(A \sqcup A_2)(a) \Rightarrow \Delta, (\forall R.A)(a)$$
$$\Delta|\forall R.(A \sqcup A_1 \sqcup A_2)(a) \Rightarrow \Delta, (\forall R.A)(a)$$

并且

$$\Delta, \forall R.(A \sqcup A_2)(a) \nvdash (\forall R.A)(a)$$

尽管 $\Delta, \forall R.(A \sqcup A_2)(a)$ 是协调的且 $(\forall R.A)(a) \prec \forall R.(A \sqcup A_2)(a) \preceq \forall R.(A \sqcup A_1 \sqcup A_2)(a)$.

我们不知道是否具有关于 $\vdash_{\preceq}$-极小改变的可靠和完备的 R-演算 $\mathbf{U}^{\mathrm{DL}}$.

参 考 文 献

[1] Baader F, Calvanese D, McGuinness D L, et al. The Description Logic Handbook: Theory, Implementation, Applications [M]. Cambridge: Cambridge University Press, 2003.

[2] Baader F, Horrocks I, Sattler U. Chapter 3: description logics [M]// van Harmelen F, Lifschitz V, Porter B. Handbook of Knowledge Representation. Amsterdam: Elsevier, 2007: 135-180.

[3] Grädel E, Kolaitis P, Vardi M. On the decision problem for two-variable first-order logic [J]. Bulletin of Symbolic Logic, 1997, 3:53-69.

[4] Fensel D, van Harmelen F, Horrocks I, et al. OIL: an ontology infrastructure for the semantic web [J]. IEEE Intelligent Systems, 2001,16:38-45.

[5] Horrocks I. Ontologies and the semantic web [J]. Communications of the ACM, 2008, 51:58-67.

[6] Horrocks I, Sattler U. Ontology reasoning in the SHOQ(D) Description Logic [C]// Proceedings of the Seventeenth International Joint Conference on Artificial Intelligence, 2001: 199-204.

第五章 命题模态逻辑的 R-演算

在本章, 我们给出命题模态逻辑 [1,2] 的 R-演算 $\mathbf{S^M}$ 和 $\mathbf{T^M}$, 它们分别关于 $\subseteq$-极小改变和 $\preceq$-极小改变是可靠的和完备的.

命题模态逻辑可翻译为带守卫的一阶逻辑 [3], 所以是可判定的. 因此, 命题模态逻辑的 R-演算类似于描述逻辑的 R-演算.

在命题模态逻辑中, 协调性具体如下性质.

(1) $\Delta \cup \{a : \Box A\}$ 是协调的当且仅当对每个常量符号 c 使得 $\Delta \ni R(a, c), \Delta \cup \{c : A\}$ 是协调的. 相应地, $\Delta \cup \{a : \Box A\}$ 是不协调的当且仅当对某个常量符号 $d, \Delta \vdash R(a, d), \Delta \cup \{d : A\}$ 是不协调的;

(2) $\Delta \cup \{a : \Diamond A\}$ 是协调的当且仅当对某个常量符号 $d, \Delta \vdash R(a, d), \Delta \cup \{d : A\}$ 是协调的. 相应地, $\Delta \cup \{a : \Diamond A\}$ 是不协调的当且仅当对每个常量符号 c 使得 $\Delta \ni R(a, c), \Delta \cup \{c : A\}$ 是不协调的.

我们还将考虑 R-演算的模态逻辑. 正如在 Hoare 逻辑中, 一个程序被看作一个模态词, 它将一个状态改变为另一个状态, 而 R-演算可以表示为一个模态逻辑. 我们将用于修正的理论 Δ 看作一个模态词, 将被修正的理论 Γ 看作前提条件, 使得 $\Delta | \Gamma \Rightarrow \Theta, \Delta$ 表示为一个模态逻辑中的公式 $\Gamma[\Delta]\Theta$.

5.1 命题模态逻辑 PML

PML 的逻辑语言包含如下符号.

(1) 命题符号: $p_0, p_1, \cdots$;

(2) 逻辑连接词: $\neg, \wedge, \vee$;

(3) 模态词: $\Box, \Diamond$.

公式定义如下:

$$A ::= p | \neg A_1 | A_1 \wedge A_2 | A_1 \vee A_2 | \Box A_1 | \Diamond A_1$$

一个框架 F 是一个序对 (W, R), 其中 W 是可能世界的集合, $R \subseteq W^2$ 是 W 上的二元关系, 称为可达关系.

一个模型 M 是一个序对 (F, v), 其中 F 是一个框架, v 是一个赋值, 使得对任何命题符号 p 和可能世界 $w \in W, v(p, w) \in \{0, 1\}$.

一个公式 A 在可能世界 w 中是满足的, 记为 $M, w \models A$, 如果

$$
\begin{cases}
v(p, w) = 1, \quad A = p \\[2mm]
M, w \not\models A_1, \quad A = \neg A_1 \\[2mm]
M, w \models A_1 \ \& \ M, w \models A_2, \quad A = A_1 \wedge A_2 \\[2mm]
M, w \models A_1 \ \text{or} \ M, w \models A_2, \quad A = A_1 \vee A_2 \\[2mm]
\mathbf{A} w' \in W((w, w') \in R \Rightarrow M, w' \models A_1), \quad A = \Box A_1 \\[2mm]
\mathbf{E} w' \in W((w, w') \in R \& M, w' \models A_1), \quad A = \Diamond A_1
\end{cases}
$$

一个公式 A 在 M 中是满足的, 记为 $M \models A$, 如果对任何可能世界 $w \in W, M, w \models A$; 并且 A 是永真的, 记为 $\models A$, 如果 A 在任何模型 M 中均是满足的.

设 a 是标记可能世界的符号. 给定一个公式 A, 我们用 $a : A$ 表示公式 A 在 a 标记的可能世界中为真. 给定一个模型 M, 设 f 是一个从标记符号到可能世界集合 W 的映射. 这时, $M, w \models a : A$ 当且仅当 $M, f(a) \models A$.

设 Γ, Δ 是带标记的公式集合. 一个矢列式 $\Gamma \Rightarrow \Delta$ 在 M 中被满足, 记为 $M \models \Gamma \Rightarrow \Delta$, 如果对任何可能世界 w, 有

$$
M, w \models \Gamma \ \text{蕴含} \ M, w \models \Delta
$$

其中, $M, w \models \Gamma$, 如果对每个公式 $A \in \Gamma, M, w \models A$; $M, w \models \Delta$, 如果对某个公式 $B \in \Delta, M, w \models B$.

一个矢列式 $\Gamma \Rightarrow \Delta$ 是永真的, 记为 $\models_{\mathbf{M}} \Gamma \Rightarrow \Delta$, 如果对任何模型 $M, M \models \Gamma \Rightarrow \Delta$.

Gentzen 推导系统 $\mathbf{G^M}$ 由如下公理和推导规则组成.

公理

$$
(\mathbf{A}) \ \frac{\Gamma \cap \Delta \neq \varnothing}{\Gamma \vdash \Delta}
$$

其中, Γ, Δ 是原子断言 $a : p$ 的集合.

推导规则

$$(\neg^L) \frac{\Gamma \Rightarrow a : A, \Delta}{\Gamma, a : \neg A \Rightarrow \Delta} \qquad (\neg^R) \frac{\Gamma, a : A \Rightarrow \Delta}{\Gamma \Rightarrow a : \neg A, \Delta}$$

$$(\wedge_1^L) \frac{\Gamma, a : A_1 \Rightarrow \Delta}{\Gamma, a : A_1 \wedge A_2 \Rightarrow \Delta} \qquad (\wedge^R) \frac{\Gamma \Rightarrow a : B_1, \Delta \quad \Gamma \Rightarrow a : B_2, \Delta}{\Gamma \Rightarrow a : B_1 \wedge B_2, \Delta}$$

$$(\wedge_2^L) \frac{\Gamma, a : A_2 \Rightarrow \Delta}{\Gamma, a : A_1 \wedge A_2 \Rightarrow \Delta}$$

$$(\vee^L) \frac{\Gamma, a : A_1 \Rightarrow \Delta \quad \Gamma, a : A_2 \Rightarrow \Delta}{\Gamma, a : A_1 \vee A_2 \Rightarrow \Delta} \qquad (\vee_1^R) \frac{\Gamma \Rightarrow a : B_1, \Delta}{\Gamma \Rightarrow a : B_1 \vee B_2, \Delta}$$

$$(\vee_2^R) \frac{\Gamma \Rightarrow a : B_2, \Delta}{\Gamma \Rightarrow a : B_1 \vee B_2, \Delta}$$

$$(\Box^L) \frac{\Gamma \vdash R(a,d) \quad \Gamma, R(a,d) \Rightarrow \Delta}{\Gamma, a : \Box A \Rightarrow \Delta} \qquad (\Box^R) \frac{R(a,c) \in \Gamma \quad \Gamma \Rightarrow c : B, \Delta}{\Gamma \Rightarrow a : \Box B, \Delta}$$

$$(\Diamond^L) \frac{R(a,c) \in \Gamma \quad \Gamma, c : A \Rightarrow \Delta}{\Gamma, a : \Diamond A \Rightarrow \Delta} \qquad (\Diamond^R) \frac{\Gamma \vdash R(a,d) \quad \Gamma \Rightarrow d : B, \Delta}{\Gamma \Rightarrow a : \Diamond B, \Delta}$$

其中, c 是一个新的可能世界符号; d 是一个可能世界符号; $R(a,c) \in \Gamma$ 表示 $R(a,c)$ 被枚举进 Γ; $\Gamma \vdash R(a,c)$ 表示 $R(a,c)$ 属于集合 Γ.

定义 5.1.1 一个矢列式 $\Gamma \Rightarrow \Delta$ 是 $\mathbf{G^M}$-可证的, 记为 $\vdash_{\mathbf{G^M}} \Gamma \Rightarrow \Delta$. 如果存在一个矢列式序列 $\Gamma_1 \Rightarrow \Delta_1, \cdots, \Gamma_n \Rightarrow \Delta_n$ 使得 $\Gamma_n \Rightarrow \Delta_n = \Gamma \Rightarrow \Delta$, 并且对每个 $1 \leqslant i \leqslant n, \Gamma_i \Rightarrow \Delta_i$ 要么是一个公理, 要么是由此前的矢列式通过一个 $\mathbf{G^M}$ 的推导规则得到的.

我们有如下定理.

定理 5.1.1(可靠性定理) 对任何矢列式 $\Gamma \Rightarrow \Delta$, $\vdash_{\mathbf{M}} \Gamma \Rightarrow \Delta$ 蕴含 $\models_{\mathbf{M}} \Gamma \Rightarrow \Delta$.

证明 我们证明每一条公理都是永真的, 且每一个推导规则都是保永真的.

给定一个模型 $M = (F, v)$ 和一个可能世界 w. 假设存在一个从标记到可能世界的满射函数 f 使得 $R(a,b)$ 为真, 当且仅当 $(f(a), f(b)) \in R$.

对于公理 (**A**), 假设 $a : p \in \Gamma \cap \Delta \neq \varnothing$ 并且 $M, w \models \Gamma, a : p$, 即 $M, f(a) \models p$, 因此 $M, w \models a : p, \Delta$.

对于 $(\neg^L)$, 假设 $M, w \models \Gamma \Rightarrow a : A, \Delta$. 为了证明 $M, w \models \Gamma, a : \neg A \Rightarrow \Delta$, 假设 $M, w \models \Gamma, a : \neg A$, 则 $M, w \models \Gamma$, 且由归纳假设, 有 $M, w \models a : A, \Delta$. 因为 $M, w \models a : \neg A$, 则 $M, w \not\models a : A$. $M, w \models \Delta$. $(\neg^R)$ 的情况类似.

对于 $(\wedge)$ 和 $(\vee)$, 证明与命题逻辑中的类似, 这里省略.

对于 $(\Box^L)$, 假设 $\Gamma \vdash R(a, d)$, 并且 $M, w \models \Gamma, d : A \Rightarrow \Delta$. 为了证明 $M, w \models \Gamma, a : \Box A(x) \Rightarrow \Delta$, 假设 $M, w \models \Gamma, a : \Box A$, 则对于任意标记 b 满足 $(f(a), f(b)) \in R, M, f(b) \models A$. 因此, 对于任意的可能世界 w' 满足 $(w, w') \in R$, 存在 a, d 使得 $f(a) = w, f(d) = w'$, 并且 $M, w' \models A$, 即 $M, w \models d : A$. 由归纳假设, 我们有 $M, w \models \Delta$.

对于 $(\Box^R)$, 假设 $R(a, c) \in \Gamma$, 并且 $M, w \models \Gamma \Rightarrow c : A, \Delta$. 为了证明 $M, w \models \Gamma \Rightarrow a : \Box A, \Delta$, 假设 $M, w \models \Gamma$. 由归纳假设, $M, w \models c : A, \Delta$. 如果 $M, w \models \Delta$, 则 $M, w \models a : \Box A, \Delta$; 否则, 对任何标记 $c, M, w \models c : A$. 由于 c 是一个新的标记, 对于任意的 w' 使得 $(f(a), w') \in R, M, w' \models c : A$, 因此 $M, w \models \Box A$, 即 $M, w \models a : \Box A, \Delta$.

对于 $(\Diamond^L)$, 假设 $R(a, c) \in \Gamma$, 并且 $M, w \models \Gamma, c : A \Rightarrow \Delta$. 为了证明 $M, w \models \Gamma, a : \Diamond A \Rightarrow \Delta$, 假设 $M, w \models \Gamma, a : \Diamond A$, 则存在一个标记 c 使得 $(f(a), f(c)) \in R, M, f(c) \models A$, 即 $M, w \models c : A$. 由归纳假设, 我们得到 $M, w \models \Delta$.

对于 $(\Diamond^R)$, 假设 $\Gamma \vdash R(a, d)$, 并且 $M, w \models \Gamma \Rightarrow d : A, \Delta$. 为了证明 $M, w \models \Gamma \Rightarrow a : \Diamond A, \Delta$, 假设 $M, w \models \Gamma$. 由假设, $\Gamma \vdash R(a, d)$, 并且 $M, w \models d : A, \Delta$. 如果 $M, w \models \Delta$, 则 $M, w \models a : \Diamond A, \Delta$; 否则, $\Gamma \vdash R(a, d)$, 并且 $M, w \models d : A$, 即 $M, w \models a : \Diamond A$, 因此 $M, w \models a : \Diamond A, \Delta$. $\qquad\Box$

定理 5.1.2 (完备性定理)　对任何矢列式 $\Gamma \Rightarrow \Delta$, $\models_{\mathbf{M}} \Gamma \Rightarrow \Delta$ 蕴含 $\vdash_{\mathbf{M}} \Gamma \Rightarrow \Delta$.

证明　给定一个矢列式 $\Gamma \Rightarrow \Delta$, 我们将构造一颗树 T, 要么对 T 的每个枝 ξ, 存在 ξ 的叶节点上的一个矢列式 $\Gamma' \Rightarrow \Delta'$, 使得 $\Gamma' \cap \Delta' \neq \varnothing$; 要么存在一个模型 M 使得 $M \not\models \Gamma \Rightarrow \Delta$.

树 T 构造如下.

(1) T 的根节点为 $\Gamma \Rightarrow \Delta$;

(2) 对节点 ξ, 如果在 ξ 上的每个矢列式 $\Gamma' \Rightarrow \Delta'$ 为原子的, 并且没有在任何节点 $\eta \subseteq \xi$ 上的公式要求注释, 则该节点为一个叶节点, 其中一个公式 $\Box A_1$ 或者 $\Diamond B_1$ 在某个节点 $\eta \subseteq \xi$ 要求注释, 如果在某个介于 η 和 ξ 之间的节点 ζ 上出现一个还没有于 $\Box A_1$ 或者 $\Diamond B_1$ 的可能世界符号 c;

(3) 否则, ξ 有以下直接子节点:

$$\begin{cases} \Gamma_1 \Rightarrow a : A, \Delta_1, \quad \Gamma_1, a : \neg A \Rightarrow \Delta_1 \in \xi \\ \Gamma_1, a : B \Rightarrow \Delta_1, \quad \Gamma_1 \Rightarrow a : \neg B, \Delta_1 \in \xi \\[6pt] \left[\begin{matrix} \Gamma_1, a : A_1 \Rightarrow \Delta_1 \\ \Gamma_1, a : A_2 \Rightarrow \Delta_1 \end{matrix}, \quad \Gamma_1, a : A_1 \wedge A_2 \Rightarrow \Delta_1 \in \xi \right. \\[6pt] \left\{ \begin{matrix} \Gamma_1 \Rightarrow a : B_1, \Delta_1 \\ \Gamma_1 \Rightarrow a : B_2, \Delta_1 \end{matrix}, \quad \Gamma_1 \Rightarrow a : B_1 \wedge B_2, \Delta_1 \in \xi \right. \\[6pt] \left\{ \begin{matrix} \Gamma_1, a : A_1 \Rightarrow \Delta_1 \\ \Gamma_1, a : A_2 \Rightarrow \Delta_1 \end{matrix}, \quad \Gamma_1, a : A_1 \vee A_2 \Rightarrow \Delta_1 \in \xi \right. \\[6pt] \left[\begin{matrix} \Gamma_1 \Rightarrow a : B_1, \Delta_1 \\ \Gamma_1 \Rightarrow a : B_2, \Delta_1 \end{matrix}, \quad \Gamma_1 \Rightarrow a : B_1 \vee B_2, \Delta_1 \in \xi \right. \\[6pt] \left[\begin{matrix} R(a,c) \in \Gamma_1 \\ \Gamma_1 \Rightarrow c : B_1, \Delta_1 \\ c\ \text{不出现在当前的}\ T\ \text{中} \end{matrix}, \quad \Gamma_1 \Rightarrow a : \Box B_1, \Delta_1 \in \xi \right. \\[6pt] \left[\begin{matrix} R(a,c) \in \Gamma_1 \\ \Gamma_1, c : A_1 \Rightarrow \Delta_1 \\ c\ \text{不出现在当前的}\ T\ \text{中} \end{matrix}, \quad \Gamma_1, a : \Diamond A_1 \Rightarrow \Delta_1 \in \xi, \right. \end{cases}$$

并且

(i) 对每个 $\eta \ni \Gamma_2, a : \Box A_1 \Rightarrow \Delta_2$ 在 $\xi \supseteq \eta$ 要求注释使得 $\Gamma_2 \vdash R(a,c)$, 并且 c 没有用于 $a : \Box A_1$, 设 $\xi \ni \Gamma_1 \Rightarrow \Delta_1$ 有一个子节点包含矢列式 $\Gamma_1, c : A_1 \Rightarrow \Delta_1$, 我们称 c 使用了 $a : \Box A_1$;

(ii) 对每个 $\eta \ni \Gamma_2 \Rightarrow a : \Diamond B_1, \Delta_2$ 在 $\xi \supseteq \eta$ 要求注释使得 $\Gamma_2 \vdash R(a,c)$, 并且 c 没有用于 $a : \Diamond B_1$, 设 $\xi \ni \Gamma_1 \Rightarrow \Delta_1$ 有一个子节点包含矢列式 $\Gamma_1 \Rightarrow c : B_1, \Delta_1$, 我们称 c 使用了 $a : \Diamond B_1$.

定理 5.1.3 如果对 T 的每个枝 $\xi \subseteq T$, 存在一个矢列式 $\Gamma' \Rightarrow \Delta' \in \xi$ 为 $\mathbf{G}^{\mathbf{M}}$ 的公理, 则 T 是 $\Gamma \Rightarrow \Delta$ 的一个证明树.

证明 由 T 的定义, T 是 $\Gamma \Rightarrow \Delta$ 的一个证明树.

定理 5.1.4 如果存在一个枝 $\xi \subseteq T$, 使得每个矢列式 $\Gamma' \Rightarrow \Delta' \in \xi$ 均不是 $\mathbf{G}^{\mathbf{M}}$ 的公理, 则存在一个模型 M 使得 $M \not\models \Gamma \Rightarrow \Delta$.

证明 设 ξ 为 T 的枝, 使得每个矢列式 $\Gamma' \Rightarrow \Delta' \in \xi$ 不是 $\mathbf{G}^{\mathbf{M}}$ 的公理.

定义公式集合 $\Theta^L = \bigcup_{\Gamma' \Rightarrow \Delta' \in \xi} \Gamma', \Theta^R = \bigcup_{\Gamma' \Rightarrow \Delta' \in \xi} \Delta'$, 以及一个模型 $\mathbf{M} = (W, R, v)$ 如下.

(1) U 为所有出现在 ξ 中的可能世界符号的集合;

(2) $R = \{(a, c) : R(a, c) \in \Theta^L\}$;

(3) 对每个可能世界符号 c 和命题变量 p:

$$v(p) = \{c : (c : p) \in \Theta^L\}$$

对节点 $\Gamma' \Rightarrow \Delta' \in \xi$ 作归纳, 我们证明 $v(\Gamma') = 1$(即 $\mathbf{M}, v \models \Gamma'$) 并且 $v(\Delta') = 0$(即 $\mathbf{M}, v \not\models \Delta'$).

情况 1. $\Gamma' \Rightarrow \Delta' = \Gamma_2, a : \neg A_1 \Rightarrow \Delta_2 \in \eta$, 则 $\Gamma' \Rightarrow \Delta'$ 有一个直接子节点 $\in \xi$ 包含矢列式 $\Gamma_2 \Rightarrow a : A_1, \Delta_2$. 由归纳假设, $v(\Gamma_2) = 1$, 并且 $v(\Delta_2, a : A_1) = 0$. 因此, $v(\Gamma_2, a : \neg A_1) = 1$, 并且 $v(\Delta_2) = 0$.

情况 2. $\Gamma' \Rightarrow \Delta' = \Gamma_2 \Rightarrow a : \neg B_1, \Delta_2 \in \eta$, 则 $\Gamma' \Rightarrow \Delta'$ 有一个直接子节点 $\in \xi$ 包含矢列式 $\Gamma_2, a : B_1 \Rightarrow \Delta_2$. 由归纳假设, $v(\Gamma_2, a : B_1) = 1$, 并且 $v(\Delta_2) = 0$. 因此, $v(\Gamma_2) = 1$, 并且 $v(\Delta_2, \neg a : B_1) = 0$.

情况 3. $\Gamma' \Rightarrow \Delta' = \Gamma_2, a : \Box A_1 \Rightarrow \Delta_2 \in \eta$, 则对每个 $d \in U$, 使得 $R(a, d) \in \Theta^L$ $\Gamma' \Rightarrow \Delta'$ 有一个子节点 $\in \xi$ 包含矢列式 $\Gamma'_2, d : A_1 \Rightarrow \Delta'_2$. 由归纳假设, 对每个 $d \in U$ 使得 $R(a, d) \in \Theta^L$, $v(\Gamma'_2, d : A_1) = 1$, 并且 $v(\Delta'_2) = 0$. 因此, $v(\Gamma_2, a : \Box A_1) = 1$, 并且 $v(\Delta_2) = 0$.

情况 4. $\Gamma' \Rightarrow \Delta' = \Gamma_2 \Rightarrow a : \Box B_1, \Delta_2 \in \eta$, 则 $\Gamma' \Rightarrow \Delta'$ 有一个直接子节点 $\in \xi$ 包含矢列式 $\Gamma_2 \Rightarrow c : B_1, \Delta_2$. 由归纳假设, $v(\Gamma_2) = 1$, 并且 $v(\Delta_2, c : B_1) = 0$. 因此, $v(\Gamma_2) = 1$, 并且 $v(\Delta_2, a : \Box B_1) = 0$.

情况 5. $\Gamma' \Rightarrow \Delta' = \Gamma_2, a : \Diamond A_1 \Rightarrow \Delta_2 \in \eta$, 则 $\Gamma' \Rightarrow \Delta'$ 有一个子节点 $\in \xi$ 包含矢列式 $\Gamma'_2, c : A_1 \Rightarrow \Delta'_2$. 由归纳假设, $v(\Gamma_2, c : A_1) = 1$, 并且 $v(\Delta_2) = 0$. 因此, $v(\Gamma_2, a : \Diamond A_1) = 1$, 并且 $v(\Delta_2) = 0$.

情况 6. $\Gamma' \Rightarrow \Delta' = \Gamma_2 \Rightarrow a : \Diamond B_1, \Delta_2 \in \eta$, 则对每个 $d \in U$ 使得 $R(a, d) \in \Theta^L$ $\Gamma' \Rightarrow \Delta'$ 有一个直接子节点 $\in \xi$ 包含矢列式 $\Gamma'_2 \Rightarrow a : B_1, \Delta'_2$. 由归纳假设, $v(\Gamma'_2) = 1$, 并且对每个 $d \in U$ 使得 $R(a, d) \in \Theta^L$, $v(\Delta'_2, d : B_1) = 0$. 因此, $v(\Gamma_2) = 1$, 并且 $v(\Delta_2, a : \Diamond B_1) = 0$.

其他情况类似. $\qquad\qquad\qquad\qquad\qquad\qquad\qquad\qquad\qquad\qquad\qquad\qquad\quad \Box$

5.2　关于 $\subseteq$-极小改变的 R-演算 $\mathbf{S^M}$

定义 5.2.1　给定模态逻辑的两个协调理论 Δ 和 Γ, 一个理论 Θ 是 Γ 关于 Δ 的一个 $\subseteq$-极小改变, 记为 $\models_\mathbf{M} \Delta | \Gamma \Rightarrow \Delta, \Theta$, 如果 Θ 与 Δ 是协调的; $\Theta \subseteq \Gamma$, 并且对任何理论 Ξ 满足 $\Theta \subset \Xi \subseteq \Gamma, \Xi$ 与 Δ 是不协调的.

R-演算 $\mathbf{S^M}$ 由如下公理和推导规则组成.

公理

$$(M^+) \quad \frac{\Delta \not\vdash a : \neg l}{\Delta | a : l \Rightarrow \Delta, a : l} \qquad (M^-) \quad \frac{\Delta \vdash a : \neg l}{\Delta | a : l \Rightarrow \Delta}$$

推导规则

$$(M^\wedge) \quad \frac{\begin{array}{c} \Delta | a : A_1 \Rightarrow \Delta, a : A_1 \\ \Delta, a : A_1 | a : A_2 \Rightarrow \Delta, a : A_1, a : A_2 \end{array}}{\Delta | a : A_1 \wedge A_2 \Rightarrow \Delta, a : A_1 \wedge A_2}$$

$$(M^1_\wedge) \quad \frac{\Delta | a : A_1 \Rightarrow \Delta}{\Delta | a : A_1 \wedge A_2 \Rightarrow \Delta}$$

$$(M^2_\wedge) \quad \frac{\Delta, a : A_1 | a : A_2 \Rightarrow \Delta, a : A_1}{\Delta | a : A_1 \wedge A_2 \Rightarrow \Delta}$$

$$(M^\vee_1) \quad \frac{\Delta | a : A_1 \Rightarrow \Delta, a : A_1}{\Delta | a : A_1 \vee A_2 \Rightarrow \Delta, a : A_1 \vee A_2}$$

$$(M^\vee_2) \quad \frac{\Delta | a : A_2 \Rightarrow \Delta, a : A_2}{\Delta | a : A_1 \vee A_2 \Rightarrow \Delta, a : A_1 \vee A_2}$$

$$(M_\vee) \quad \frac{\begin{array}{c} \Delta | a : A_1 \Rightarrow \Delta \\ \Delta | a : A_2 \Rightarrow \Delta \end{array}}{\Delta | a : A_1 \vee A_2 \Rightarrow \Delta}$$

$$(M^\square) \quad \frac{\begin{array}{c} R(a, c) \in \Delta \\ \Delta | c : A \Rightarrow \Delta, c : A \end{array}}{\Delta | a : \square A \Rightarrow \Delta, a : \square A}$$

$$(M_\square) \quad \frac{\begin{array}{c} \Delta \vdash R(a, d) \\ \Delta | d : A \Rightarrow \Delta \end{array}}{\Delta | a : \square A \Rightarrow \Delta}$$

$$(M^\Diamond) \quad \frac{\begin{array}{c} \Delta \vdash R(a, d) \\ \Delta | d : A \Rightarrow \Delta, d : A \end{array}}{\Delta | a : \Diamond A \Rightarrow \Delta, a : \Diamond A}$$

$$(M_\Diamond) \quad \frac{\begin{array}{c} R(a, c) \in \Delta \\ \Delta | c : A \Rightarrow \Delta \end{array}}{\Delta | a : \Diamond A \Rightarrow \Delta}$$

其中, c 是一个新的可能世界标记; d 是一个可能世界标记.

定义 5.2.2 $\Delta | a : A \Rightarrow \Delta, a : C$ 是 $\mathbf{S^M}$-可证的, 记为 $\vdash_{\mathbf{S^M}} \Delta | a : A \Rightarrow \Delta, a : C$, 如果存在一个断言序列 $\{S_1, S_2, \cdots, S_m\}$, 使得:

$$S_1 = \Delta|a : A_1 \Rightarrow \Delta|a : A_1'$$
$$\cdots\cdots$$
$$S_m = \Delta|a : A_m \Rightarrow \Delta, a : A_m'$$
$$A_1 = A$$
$$A_m' = C$$

并且对每个 $i < m, S_{i+1}$ 要么是一个公理, 要么是此前的断言通过一个 $\mathbf{S^M}$ 推导规则得到的.

定理 5.2.1(完备性定理)   对任何协调公式集合 Δ 和公式 $a : A$, 如果 $\Delta \cup \{a : A\}$ 是协调的, 则 $\Delta|a : A \Rightarrow \Delta, a : A$ 是 $\mathbf{S^M}$-可证的, 即

$$\models_{\mathbf{S^M}} \Delta|a : A \Rightarrow \Delta, a : A \text{ 蕴含 } \vdash_{\mathbf{S^M}} \Delta|a : A \Rightarrow \Delta, a : A$$

并且如果 $\Delta \cup \{a : A\}$ 是不协调的, 则 $\Delta|a : A \Rightarrow \Delta$ 是 $\mathbf{S^M}$-可证的, 即

$$\models_{\mathbf{S^M}} \Delta|a : A \Rightarrow \Delta \text{ 蕴含 } \vdash_{\mathbf{S^M}} \Delta|a : A \Rightarrow \Delta$$

证明   我们对公式 A 的结构作归纳来证明定理.

假设 $\Delta \cup \{a : A\}$ 是协调的.

情况$A = l$. $\Delta \not\vdash a : \neg l$, 并且由 $(M^+), \Delta|a : l \Rightarrow \Delta, a : l$ 是可证的.

情况$A = A_1 \wedge A_2$. $\Delta \cup \{a : A_1\}$ 和 $\Delta \cup \{a : A_1, a : A_2\}$ 是协调的, 由归纳假设, 有

$$\vdash_{\mathbf{S^M}} \Delta|a : A_1 \Rightarrow \Delta, a : A_1$$
$$\vdash_{\mathbf{S^M}} \Delta, a : A_1|a : A_2 \Rightarrow \Delta, a : A_1, a : A_2$$

并且由 $(M^\wedge), \Delta|a : A_1 \wedge A_2 \Rightarrow \Delta, a : A_1 \wedge A_2$ 是可证的.

情况$A = A_1 \vee A_2$. 要么 $\Delta \cup \{a : A_1\}$, 要么 $\Delta \cup \{a : A_2\}$ 是协调的, 由归纳假设, 要么 $\Delta|a : A_1 \Rightarrow \Delta, a : A_1$, 要么 $\Delta|a : A_2 \Rightarrow \Delta, a : A_2$ 是可证的. 由 $(M_1^\vee)$ 或者 $(M_2^\vee), \Delta|a : A_1 \vee A_2 \Rightarrow \Delta, a : A_1 \vee A_2$ 是可证的.

情况$A = \Box A_1$. 对任何可能世界符号 c 使得 $\Delta \ni R(a, c), \Delta \cup \{c : A_1\}$ 是协调的, 由归纳假设, 有

$$\vdash_{\mathbf{S^M}} \Delta|c : A_1 \Rightarrow \Delta, c : A_1$$

并且由 $(M^\Box), \vdash_{\mathbf{S^M}} \Delta|a : \Box A_1 \Rightarrow \Delta, a : \Box A_1$.

情况$A = \Diamond A_1$. 存在一个标记 d 使得 $\Delta \vdash R(a, d)$, 并且 $\Delta \cup \{d : A_1\}$ 是协调的, 由归纳假设, 有

$$\vdash_{\mathbf{S^M}} \Delta|d : A_1 \Rightarrow \Delta, d : A_1$$

并且由 $(M^\Diamond), \vdash_{\mathbf{S^M}} \Delta|a : \Diamond A_1 \Rightarrow \Delta, a : \Diamond A_1$.

类似地, 可以证明 $\Delta \cup \{A\}$ 是不协调的情况. $\Box$

定理 5.2.2(可靠性定理) 对任何协调公式集合 Δ, 公式 A 以及任意标记 a, 如果 $\vdash_{S^M} \Delta|a:A \Rightarrow \Delta, a:A$, 则 $\Delta \cup \{a:A\}$ 是协调的, 即

$$\vdash_{S^M} \Delta|a:A \Rightarrow \Delta, a:A \text{ 蕴含 } \models_{S^M} \Delta|a:A \Rightarrow \Delta, a:A$$

如果 $\vdash_{S^M} \Delta|a:A \Rightarrow \Delta$, 则 $\Delta \cup \{a:A\}$ 是不协调的, 即

$$\vdash_{S^M} \Delta|a:A \Rightarrow \Delta \text{ 蕴含 } \models_{S^M} \Delta|a:A \Rightarrow \Delta$$

证明 假设 $\Delta|A \Rightarrow \Delta$ 是可证的. 我们对 A 的结构作归纳来证明 $\Delta \cup \{a:A\}$ 是不协调的.

情况 $A = l$. 由 (M^-), $\Delta \vdash a:\neg l$, 因此 $\Delta \cup \{a:l\}$ 是不协调的.

情况 $A = A_1 \wedge A_2$. 由 $(M^1_\wedge)$ 和 $(M^2_\wedge)$, 要么 $\vdash_{S^M} \Delta|a:A_1 \Rightarrow \Delta$, 要么 $\vdash_{S^M} \Delta a:A_1|a:A_2 \Rightarrow \Delta, a:A_1$. 由归纳假设, 要么 $\Delta \cup \{a:A_1\}$, 要么 $\Delta \cup \{a:A_1, a:A_2\}$ 是不协调的, 因此 $\Delta \cup \{a:A_1 \wedge A_2\}$ 是不协调的.

情况 $A = A_1 \vee A_2$. 由 $(M_\vee)$, 要么 $\vdash_{S^M} \Delta|a:A_1 \Rightarrow \Delta$, 要么 $\vdash_{S^M} \Delta|a:A_2 \Rightarrow \Delta$. 由归纳假设, $\Delta \cup \{a:A_1\}$ 和 $\Delta \cup \{a:A_2\}$ 是不协调的, 因此 $\Delta \cup \{a:A_1 \vee A_2\}$ 是不协调的.

情况 $A = \Box A_1$. 由 $(M_\Box)$, 存在一个标记 d 使得 $\Delta \vdash R(a,d)$, 并且 $\vdash_{S^M} \Delta|d:A_1 \Rightarrow \Delta$. 由归纳假设, $\Delta \cup \{d:A_1\}$ 是不协调的, 因此 $\Delta \cup \{a:\Box A_1\}$ 是不协调的.

情况 $A = \Diamond A_1$. 由 $(M_\Diamond)$, 存在一个新的标记 c 使得 $R(a,c) \in \Delta$, 并且 $\vdash_{S^M} \Delta|c:A_1 \Rightarrow \Delta$. 由归纳假设, $\Delta \cup \{c:A_1\}$ 是不协调的, 因此 $\Delta \cup \{a:\Diamond A_1\}$ 是不协调的.

类似地可以证明 $\Delta|A \Rightarrow \Delta, A$ 是可证的情况. □

注释: 关于协调性和非协调性, 我们有如下可靠的和完备的推理系统.

$(\mathbf{A}^+)\ \dfrac{\Delta \nvdash a:\neg p}{\mathrm{con}(\Delta, a:p)}$ $\qquad$ $(\mathbf{A}^-)\ \dfrac{\Delta \vdash a:\neg p}{\mathrm{incon}(\Delta, a:p)}$

$(\wedge^+)\ \dfrac{\mathrm{con}(\Delta, a:A_1)\quad \mathrm{con}(\Delta \cup \{a:A_1\}, a:A_2)}{\mathrm{con}(\Delta, a:(A_1 \wedge A_2))}$

$(\wedge^-_1)\ \dfrac{\mathrm{incon}(\Delta, a:A_1)}{\mathrm{incon}(\Delta, a:(A_1 \wedge A_2))}$

$(\wedge^-_2)\ \dfrac{\mathrm{incon}(\Delta \cup \{a:A_1\}, a:A_2)}{\mathrm{incon}(\Delta, a:(A_1 \wedge A_2))}$

$(\vee^+_1)\ \dfrac{\mathrm{con}(\Delta, a:A_1)}{\mathrm{con}(\Delta, a:(A_1 \vee A_2))}$

$(\vee^+_2)\ \dfrac{\mathrm{con}(\Delta, a:A_2)}{\mathrm{con}(\Delta, a:(A_1 \vee A_2))}$

$(\vee^-)\ \dfrac{\mathrm{incon}(\Delta, a:A_1)\quad \mathrm{incon}(\Delta, a:A_2)}{\mathrm{incon}(\Delta, a:(A_1 \vee A_2))}$

$(\Box^+)\ \dfrac{R(a,c) \in \Delta\quad \mathrm{con}(\Delta, c:A_1)}{\mathrm{con}(\Delta, a:\Box A_1)}$

$(\Box^-)\ \dfrac{\Delta \vdash R(a,d)\quad \mathrm{incon}(\Delta, d:A_1)}{\mathrm{incon}(\Delta, a:\Box A_1)}$

$(\Diamond^+)\ \dfrac{\Delta \vdash R(a,d)\quad \mathrm{con}(\Delta, d:A_1)}{\mathrm{con}(\Delta, a:\Diamond A_1)}$

$(\Diamond^-)\ \dfrac{R(a,c) \in \Delta\quad \mathrm{incon}(\Delta, c:A_1)}{\mathrm{incon}(\Delta, a:\Diamond A_1)}$ □

设 $\Gamma = (A_1, A_2, \cdots, A_n)$, 定义 $\Delta|\Gamma = (\cdots((\Delta|A_1)|A_2)\cdots)|A_n$. 理论的 R-演算 $\mathbf{S^M}$ 可由如下公理和推导规则组成.

公理

$$(M^+) \ \frac{\Delta \not\vdash a : \neg l}{\Delta|a : l, \Gamma \Rightarrow \Delta, a : l|\Gamma} \quad (M^-) \ \frac{\Delta \vdash a : \neg l}{\Delta|a : l, \Gamma \Rightarrow \Delta|\Gamma}$$

推导规则

$$(M^\wedge) \ \frac{\begin{array}{c} \Delta|a : A_1, \Gamma \Rightarrow \Delta, a : A_1|\Gamma \\ \Delta, a : A_1|a : A_2, \Gamma \Rightarrow \Delta, a : A_1, a : A_2|\Gamma \end{array}}{\Delta|a : A_1 \wedge A_2, \Gamma \Rightarrow \Delta, a : A_1 \wedge A_2|\Gamma}$$

$$(M^1_\wedge) \ \frac{\Delta|a : A_1, \Gamma \Rightarrow \Delta|\Gamma}{\Delta|a : A_1 \wedge A_2, \Gamma \Rightarrow \Delta|\Gamma}$$

$$(M^2_\wedge) \ \frac{\Delta, a : A_1|a : A_2, \Gamma \Rightarrow \Delta, a : A_1|\Gamma}{\Delta|a : A_1 \wedge A_2, \Gamma \Rightarrow \Delta|\Gamma}$$

$$(M^\vee_1) \ \frac{\Delta|a : A_1, \Gamma \Rightarrow \Delta, a : A_1|\Gamma}{\Delta|a : A_1 \vee A_2, \Gamma \Rightarrow \Delta, a : A_1 \vee A_2|\Gamma}$$

$$(M^\vee_2) \ \frac{\Delta|a : A_2, \Gamma \Rightarrow \Delta, a : A_2|\Gamma}{\Delta|a : A_1 \vee A_2, \Gamma \Rightarrow \Delta, a : A_1 \vee A_2|\Gamma}$$

$$(M_\vee) \ \frac{\begin{array}{c} \Delta|a : A_1, \Gamma \Rightarrow \Delta|\Gamma \\ \Delta|a : A_2, \Gamma \Rightarrow \Delta|\Gamma \end{array}}{\Delta|a : A_1 \vee A_2, \Gamma \Rightarrow \Delta|\Gamma}$$

$$(M^\square) \ \frac{\begin{array}{c} R(a,c) \in \Delta \\ \Delta|c : A, \Gamma \Rightarrow \Delta, c : A|\Gamma \end{array}}{\Delta|a : \square A, \Gamma \Rightarrow \Delta, a : \square A|\Gamma}$$

$$(M_\square) \ \frac{\begin{array}{c} \Delta \vdash R(a,d) \\ \Delta|d : A, \Gamma \Rightarrow \Delta|\Gamma \end{array}}{\Delta|a : \square A, \Gamma \Rightarrow \Delta|\Gamma}$$

$$(M^\diamond) \ \frac{\begin{array}{c} \Delta \vdash R(a,d) \\ \Delta|d : A, \Gamma \Rightarrow \Delta, d : A|\Gamma \end{array}}{\Delta|a : \diamond A, \Gamma \Rightarrow \Delta, a : \diamond A|\Gamma}$$

$$(M_\diamond) \ \frac{\begin{array}{c} R(a,c) \in \Delta \\ \Delta|c : A, \Gamma \Rightarrow \Delta|\Gamma \end{array}}{\Delta|a : \diamond A, \Gamma \Rightarrow \Delta|\Gamma}$$

其中, c 是一个新可能世界标记; d 是一个可能世界标记.

定义 5.2.3 $\Delta|\Gamma \Rightarrow \Theta$ 是 $\mathbf{S}^M$-可证的, 记为 $\vdash_{\mathbf{S}M} \Delta|\Gamma \Rightarrow \Delta, \Theta$, 如果存在一个断言序列 $\{S_1, S_2, \cdots, S_m\}$, 使得:

$$S_1 = \Delta|\Gamma \Rightarrow \Delta_1|\Gamma_1$$
$$\cdots\cdots$$
$$S_m = \Delta_{m-1}|\Gamma_{m-1} \Rightarrow \Delta_m|\Gamma_m = \Delta, \Theta$$

并且对每个 $i < m, S_{i+1}$, 要么是一个公理, 要么是此前的断言通过 $\mathbf{S}^M$ 的推导规则得到的.

定理 5.2.3(可靠性定理) 对任何协调公式集合 Θ, Δ 和任意有限的协调公式集合 Γ, 如果 $\vdash_{\mathbf{S}M} \Delta|\Gamma \Rightarrow \Delta, \Theta$, 则 Θ 是 Γ 关于 Δ 的一个 $\subseteq$-极小改变. □

定理 5.2.4(完备性定理) 对任何协调公式集合 Θ, Δ 和任意有限的协调公式集合 Γ, 如果 Θ 是 Γ 关于 Δ 的一个 $\subseteq$-极小改变, 则 $\vdash_{\mathbf{S}M} \Delta|\Gamma \Rightarrow \Delta, \Theta$. □

例 5.2.1 设 $\Delta = \{R(a,b), b : A_1\}$, 并且 $a : A = a : \Box(\neg A_1 \wedge \neg A_2 \wedge A_3)$, 则我们有如下推导, 即

$$\Delta|b : \neg A_1 \wedge \neg A_2 \wedge A_3 \Rightarrow \Delta$$
$$\Delta|a : \Box(\neg A_1 \wedge \neg A_2 \wedge A_3) \Rightarrow \Delta$$

因此

$$\vdash_{\mathbf{S}M} \Delta|a : \Box(\neg A_1 \wedge \neg A_2 \wedge A_3) \Rightarrow \Delta$$

5.3 关于 ⪯-极小改变的 R-演算 $\mathbf{T}^M$

给定理论 Δ 和 Γ, 如果对一个理论 Θ 有 $\Theta \preceq \Gamma$; Θ 与 Δ 是协调的, 并且对任何理论 Ξ 满足 $\Theta \prec \Xi \preceq \Gamma, \Xi$ 与 Δ 是不协调的, 则 Θ 是 Γ 关于 Δ 的一个 ⪯-极小改变, 记为 $\models_{\mathbf{T}M} \Delta|\Gamma \Rightarrow \Delta, \Theta$.

⪯-极小改变的推导系统 $\mathbf{T}^M$ 由如下公理和推导规则组成.

公理

$$(M^{\mathrm{con}}) \frac{\Delta \nvdash a : \neg A}{\Delta|a : A, \Gamma \Rightarrow \Delta, a : A|\Gamma} \quad (M^{\neg}) \frac{\Delta \vdash a : \neg l}{\Delta|a : l, \Gamma \Rightarrow \Delta, \lambda|\Gamma}$$

推导规则

$$(M^{\wedge}) \frac{\Delta|a : A_1, \Gamma \Rightarrow \Delta, a : C_1|\Gamma}{\Delta|a : A_1 \wedge A_2, \Gamma \Rightarrow \Delta, a : C_1|a : A_2, \Gamma}$$

$$(M_1^\vee) \quad \frac{\begin{array}{l} \Delta|a:A_1,\Gamma \Rightarrow \Delta, a:C_1|\Gamma \\ a:C_1 \neq \lambda \end{array}}{\Delta|a:A_1 \vee A_2 \Rightarrow \Delta, a:C_1 \vee A_2}$$

$$(M_2^\vee) \quad \frac{\begin{array}{l} \Delta|a:A_1,\Gamma \Rightarrow \Delta|\Gamma \\ \Delta|a:A_2,\Gamma \Rightarrow \Delta, a:C_2|\Gamma \\ a:C_2 \neq \lambda \end{array}}{\Delta|a:A_1 \vee A_2,\Gamma \Rightarrow \Delta, a:A_1 \vee C_2|\Gamma}$$

$$(M_3^\vee) \quad \frac{\begin{array}{l} \Delta|a:A_1,\Gamma \Rightarrow \Delta, \lambda|\Gamma \\ \Delta|a:A_2,\Gamma \Rightarrow \Delta, \lambda|\Gamma \end{array}}{\Delta|a:A_1 \vee A_2,\Gamma \Rightarrow \Delta, \lambda|\Gamma}$$

$$(M^\square) \quad \frac{\begin{array}{l} \Delta \vdash R(a,d) \\ \Delta|d:A_1,\Gamma \Rightarrow \Delta|d:C_1,\Gamma \end{array}}{\Delta|a:\square A_1,\Gamma \Rightarrow \Delta|a:\square C_1,\Gamma}$$

$$(M^\Diamond) \quad \frac{\begin{array}{l} R(a,c) \in \Delta \\ \Delta|c:A_1,\Gamma \Rightarrow \Delta, c:C_1|\Gamma \end{array}}{\Delta|a:\Diamond A_1,\Gamma \Rightarrow \Delta, a:\Diamond C_1|\Gamma}$$

其中, 如果 C 是协调的, 则 $\lambda \vee C \equiv C \vee \lambda \equiv C$, $\lambda \wedge C \equiv C \wedge \lambda \equiv C$, $\Delta, \lambda \equiv \Delta$; 如果 C 是不协调的, 则 $\lambda \vee C \equiv C \vee \lambda \equiv \lambda$, $\lambda \wedge C \equiv C \wedge \lambda \equiv \lambda$; 并且 d 是一个可能世界标记; c 是一个新的可能世界标记, 不出现在 Δ, Γ 中.

定义 5.3.1　$\Delta|a:A \Rightarrow \Delta, a:C$ 在 $\mathbf{T^M}$ 中是可证明的, 记为 $\vdash_{\mathbf{T^M}} \Delta|a:A \Rightarrow \Delta, a:C$, 如果存在一个断言序列 $\theta_1, \theta_2, \cdots, \theta_m$, 使得:

$$\theta_1 = \Delta|a:A \Rightarrow \Delta|a:A_2$$
$$\cdots\cdots$$
$$\theta_m = \Delta|a:A_m \Rightarrow \Delta, a:C$$

并且对每个 $j \leqslant m, \Delta|a:A_j \Rightarrow \Delta|a:A_{j+1}$ 要么是一个公理, 要么可以由前面的断言通过一个 $\mathbf{T^M}$ 的推导规则得出.

定理 5.3.1 (可靠性定理)　对任何断言集合 Δ 和断言 $a:A, a:C$:

$$\vdash_{\mathbf{T^M}} \Delta|a:A \Rightarrow \Delta, a:C \text{ 蕴含 } \models_{\mathbf{T^M}} \Delta|a:A \Rightarrow \Delta, a:C$$

证明　我们对公式 A 的结构作归纳来证明定理.

假设 $\vdash_{\mathbf{T^M}} \Delta|a:A \Rightarrow \Delta, a:C$.

情况 $A = l$, 其中 $l ::= p|\neg p$. 由 $(M^{\mathbf{A}})$ 和 $(M_{\mathbf{A}})$, 有

$$a : C = \begin{cases} a : l, & A = l \text{ 并且 } \Delta \not\vdash \neg a : l \\ a : \neg l, & A = \neg l \text{ 并且 } \Delta \not\vdash a : l \\ \lambda, & \text{其他} \end{cases}$$

显然 $a : C$ 是 $a : A$ 关于 Δ 的一个 $\preceq^{\mathbf{M}}$-极小改变.

情况 $A = A_1 \wedge A_2$. 由 $(M^{\wedge})$, 有

$$\vdash_{\mathbf{T^M}} \Delta|a : A_1 \Rightarrow \Delta, a : C_1$$
$$\vdash_{\mathbf{T^M}} \Delta, a : C_1|a : A_2 \Rightarrow \Delta, a : C_1, a : C_2$$

由归纳假设, $a : C_1$ 是 $a : A_1$ 关于 Δ 的一个 $\preceq^{\mathbf{M}}$-极小改变, 并且 $a : C_2$ 是 $a : A_2$ 关于 $\Delta \cup \{a : C_1\}$ 的一个 $\preceq^{\mathbf{M}}$-极小改变. 因此, $a : C_1 \wedge C_2$ 是 $a : A_1 \wedge A_2$ 关于 Δ 的一个 $\preceq^{\mathbf{M}}$-极小改变.

情况 $A = A_1 \vee A_2$. 存在以下 3 种情况.

(i) 如果 $\vdash_{\mathbf{T^M}} \Delta|a : A_1 \Rightarrow \Delta, a : C_1$, 并且 $C_1 \neq \bot$, 则由 $(M_1^{\vee})$, $\vdash_{\mathbf{T^M}} \Delta|a : A_1 \vee A_2 \Rightarrow \Delta, a : C_1 \vee A_2$. 由归纳假设, $a : C_1$ 是 $a : A_1$ 关于 Δ 的一个 $\preceq^{\mathbf{M}}$-极小改变, 并且 $a : C_1 \vee A_2$ 是 $a : A_1 \vee A_2$ 关于 Δ 的一个 $\preceq^{\mathbf{M}}$-极小改变;

(ii) 如果

$$\vdash_{\mathbf{T^M}} \Delta|a : A_1 \Rightarrow \Delta, a : C_1, C_1 = \lambda$$
$$\vdash_{\mathbf{T^M}} \Delta|a : A_2 \Rightarrow \Delta, a : C_2, C_2 \neq \lambda$$

则由 $(M_2^{\vee})$, $\vdash_{\mathbf{T^M}} \Delta|a : A_1 \vee A_2 \Rightarrow \Delta, a : A_1 \vee C_2$. 由归纳假设, $a : C_2$ 是 $a : A_2$ 关于 Δ 的一个 $\preceq^{\mathbf{M}}$-极小改变, 并且 $a : A_1 \vee C_2$ 是 $a : A_1 \vee A_2$ 关于 Δ 的一个 $\preceq^{\mathbf{M}}$-极小改变;

(iii) 如果

$$\vdash_{\mathbf{T^M}} \Delta|a : A_1 \Rightarrow \Delta, a : C_1$$
$$\vdash_{\mathbf{T^M}} \Delta|a : A_2 \Rightarrow \Delta, a : C_2$$
$$C_1 = C_2 = \lambda$$

则由 $(M_3^{\vee})$, $\vdash_{\mathbf{T^M}} \Delta|a : A_1 \vee A_2 \Rightarrow \Delta, \lambda$. 由归纳假设, λ 是 $a : A_1$ 和 $a : A_2$ 关于 Δ 的一个 $\preceq^{\mathbf{M}}$-极小改变. 因此, λ 是 $a : A_1 \vee A_2$ 关于 Δ 的一个 $\preceq^{\mathbf{M}}$-极小改变.

情况 $A = a : \square A_1$. 由 $(M^{\square})$, 存在标记 $d_1, d_2, \cdots, d_n$ 和公式 $A_2, A_3, \cdots, A_n, C$ 使得 $R(a, d_1), R(a, d_2), \cdots, R(a, d_n) \in \Delta$, 并且

$$\Delta|d_1 : A_1 \Rightarrow \Delta|d_1 : A_2, \text{incon}(\Delta, a : \Box A_1)$$

$$\Delta|d_2 : A_2 \Rightarrow \Delta|d_2 : A_3, \text{incon}(\Delta, a : \Box A_2)$$

$$\cdots\cdots$$

$$\frac{\Delta|d_n : A_n \Rightarrow \Delta|d_n : C, \text{con}(\Delta, a : \Box C)}{\Delta|a : \Box A_1 \Rightarrow \Delta, a : \Box C}$$

由归纳假设, 对任何 $i \leqslant n+1, d_i : A_i$ 是 $d_i : A_{i-1}$ 关于 Δ 的一个 $\preceq^{\mathbf{M}}$-极小改变, 其中 $A_{n+1} = C$. 因此, 对任何公式 E 使得 $a : \Box C \prec E \preceq a : \Box A_1$, 存在一个公式 E' 和 $i \leqslant n-1$ 使得 $E = a : \Box E'$, 并且 $d_{i+1} : A_i \prec d_{i+1} : E' \preceq d_{i+1} : A_{i-1}$. 由归纳假设, Δ 与 $d_{i+1} : E'$ 和 $a : \Box E'$ 是不协调的.

情况 $A = a : \Diamond A_1$. 由 $(M^{\Diamond})$, 存在新标记 c 和公式 C_1 使得 $R(a, c) \in \Delta$, 并且

$$\frac{\Delta|c : A_1 \Rightarrow \Delta|c : C_1}{\Delta|a : \Diamond A_1 \Rightarrow \Delta, a : \Diamond C_1}$$

由归纳假设, $c : C_1$ 是 $c : A_1$ 关于 Δ 的一个 $\preceq^{\mathbf{M}}$-极小改变. 因此, $a : \Diamond C_1$ 是 $a : \Diamond A_1$ 关于 Δ 的一个 $\preceq^{\mathbf{M}}$-极小改变. 对任何公式 E 使得 $a : \Diamond C_1 \prec E \preceq a : \Diamond A_1$, 存在一个公式 E' 使得 $E = a : \Diamond E'$ 且 $c : A_1 \prec c : E' \preceq c : A_1$. 由归纳假设, Δ 与 $c : E'$ 和 $a : \Diamond E'$ 是不协调的. □

定理 5.3.2 (完备性定理)　对任何断言集合 Δ 和断言 $a : A, a : C$:

$$\models_{\mathbf{TM}} \Delta|a : A \Rightarrow \Delta, a : C \text{ 蕴含 } \vdash_{\mathbf{TM}} \Delta|a : A \Rightarrow \Delta, a : C$$

证明　我们对公式 A 的结构作归纳来证明定理. 假设 $\models_{\mathbf{TM}} \Delta|a : A \Rightarrow \Delta, a : C$. 情况 $A = l$, 其中 $l ::= p|\neg p$. 由 $\preceq^{\mathbf{M}}$-极小改变的定义, 有

$$a : C = \begin{cases} a : l, & A = l \text{ 并且 } \Delta \nvdash \neg a : l \\ \lambda, & \text{其他} \end{cases}$$

且由 $(M^{\mathbf{A}})$ 和 $(M_{\mathbf{A}})$, 我们得到:

$$\vdash_{\mathbf{TM}} \Delta|a : l \Rightarrow \Delta, a : C$$

情况 $A = A_1 \wedge A_2$. 存在公式 $a : C_1$ 和 $a : C_2$ 使得 $a : C_1$ 是 $a : A_1$ 关于 Δ 的一个 $\preceq^{\mathbf{M}}$-极小改变, 并且 $a : C_2$ 是 $a : A_2$ 关于 $\Delta \cup \{a : C_1\}$ 的一个 $\preceq^{\mathbf{M}}$-极小改变. 由归纳假设, 我们有

$$\vdash_{\mathbf{TM}} \Delta|a : A_1 \Rightarrow \Delta, a : C_1$$

$$\vdash_{\mathbf{TM}} \Delta, a : A_1|a : A_2 \Rightarrow \Delta, a : A_1, a : A_2$$

且由 $(M^\wedge)$, 我们得到:

$$\vdash_{\mathbf{T^M}} \Delta | a : A_1 \wedge A_2 \Rightarrow \Delta, a : C_1 \wedge C_2$$

情况 $A = A_1 \vee A_2$.

(i) 存在一个公式 $a : C_1 \neq \lambda$ 使得 $a : C_1$ 是 $a : A_1$ 关于 Δ 的一个 $\preceq^{\mathbf{M}}$-极小改变, 因此 $a : C_1 \vee A_2$ 是 $a : A_1 \vee A_2$ 关于 Δ 的一个 $\preceq^{\mathbf{M}}$-极小改变;

(ii) 存在一个公式 $a : C_2 \neq \lambda$ 使得 $a : C_2$ 是 $a : A_2$ 关于 Δ 的一个 $\preceq^{\mathbf{M}}$-极小改变, 因此 $a : A_1 \vee C_2$ 是 $a : A_1 \vee A_2$ 关于 Δ 的一个 $\preceq^{\mathbf{M}}$-极小改变;

(iii) λ 是 $a : A_1 \vee A_2$ 关于 Δ 的一个 $\preceq^{\mathbf{M}}$-极小改变.

由归纳假设, 我们得到以下 3 个式中的一个:

$$\vdash_{\mathbf{T^M}} \Delta | a : A_1 \Rightarrow \Delta, a : C_1, C_1 \neq \lambda$$
$$\vdash_{\mathbf{T^M}} \Delta | a : A_2 \Rightarrow \Delta, a : C_2, C_1 = \lambda, C_2 \neq \lambda$$
$$\vdash_{\mathbf{T^M}} \Delta | a : A_1 \Rightarrow \Delta, \lambda \& \quad \vdash_{\mathbf{T^M}} \Delta | A_2 \Rightarrow \Delta, \lambda$$

且由 $(M_1^\vee), (M_2^\vee)$ 和 $(M_3^\vee)$ 的一个, 我们得到:

$$\vdash_{\mathbf{T^M}} \Delta | a : A_1 \vee A_2 \Rightarrow \Delta, a : C_1 \vee C_2$$

情况 $A = a : \Box A_1$. 存在公式 $C_1, \cdots, C_n, C$ 和标记 $d_1 = a, \cdots, d_n$, 使得:

(i) $R(a, d_1), \cdots, R(a, d_n) \in \Delta$;

(ii) $d_n : C$ 是 $d_n : A_n$ 关于 Δ 的一个 $\preceq^{\mathbf{M}}$-极小改变;

(iii) 对任何 $i \leqslant n, d_i : C_i$ 是 $d_i : C_{i-1}$ 关于 Δ 的一个 $\preceq^{\mathbf{M}}$-极小改变.

由归纳假设, 我们得到:

$$\vdash_{\mathbf{T^M}} \Delta | d_i : C_{i-1} \Rightarrow \Delta, d_i : C_i$$
$$\vdash_{\mathbf{T^M}} \Delta | a : \Box C_{i-1} \Rightarrow \Delta | a : \Box C_i$$

并且由 $(M^\Box)$, 我们得到:

$$\vdash_{\mathbf{T^M}} \Delta | a : \Box A_1 \Rightarrow \Delta, a : \Box C$$

情况 $A = a : \Diamond A_1$. 存在公式 C_1 和新标记 c, 使得:

(i) $\Delta \vdash R(a, c)$;

(ii) $c : C_1$ 是 $c : A_1$ 关于 Δ 的一个 $\preceq^{\mathbf{M}}$-极小改变.

因为如果 $a : \Diamond C_1$ 是 $a : \Diamond A_1$ 关于 Δ 的一个 $\preceq^{\mathbf{M}}$-极小改变, 则 $c : C_1$ 是 $c : A_1$ 关于 Δ 的一个 $\preceq^{\mathbf{M}}$-极小改变. 由归纳假设, 我们得到:

$$\vdash_{\mathbf{T^M}} \Delta | c : A_1 \Rightarrow \Delta, c : C_1$$

并且由 $(M^\diamond)$, 我们得到:

$$\vdash_{\mathbf{TM}} \Delta|a : \diamond A_1 \Rightarrow \Delta, a : \diamond C_1$$

$\square$

例 5.3.1 设 $\Delta = \{R(a, b_1), R(a, b_2), b_1 : A_1, b_2 : A_2\}$ 且 $A = \square(\neg A_1 \wedge \neg A_2 \wedge A_3)$. 我们有如下推导, 即

$$\Delta|b_1 : (\neg A_1 \wedge \neg A_2 \wedge A_3) \Rightarrow \Delta, b_1 : (\neg A_2 \wedge A_3)$$
$$\Delta|b_2 : (\neg A_2 \wedge A_3) \Rightarrow \Delta, b_2 : A_3$$
$$\Delta|a : \square(\neg A_1 \wedge \neg A_2 \wedge A_3) \Rightarrow \Delta, a : \square A_3$$

因此

$$\vdash_{\mathbf{TM}} \Delta|a : \square(\neg A_1 \wedge \neg A_2 \wedge A_3) \Rightarrow \Delta, a : \square A_3$$

5.4　R-演算的模态逻辑

Hoare 逻辑 [4] 是一个程序的逻辑, 其断言是一个三元组的形式 $\{A\}S\{B\}$, 其中 A, B 是一阶逻辑中的公式, S 是该一阶逻辑语言上的一个程序. 我们可以证明该逻辑的可靠性定理和相对完备性定理 [5,6].

将 Δ 看作一个程序, 将 Γ, Θ 看作公式, 可以将 $\Delta|\Gamma \Rightarrow \Delta, \Theta$ 表示为 $\Gamma[\Delta]\Theta$, 是一个 Hoare 逻辑型的断言, 其中 $[\Delta]$ 是一个模态词. 我们将给出命题模态逻辑 R-演算 $\mathbf{S}^{\mathbf{M}}$ 的一个 Hoare-型逻辑 $\mathbf{H_R}$, 使得 $\mathbf{H_R}$ 关于 R-演算 $\mathbf{S}$ 是可靠的和完备的. 具体地, 对任何公式集合 Δ 和公式 A, Δ 是与 A 协调的, 当且仅当 $A[\Delta]A$ 是 $\mathbf{H_R}$ 可证的; Δ 与 A 是不协调的, 当且仅当 $A[\Delta]\neg A$ 是 $\mathbf{H_R}$ 可证的.

该逻辑的语义是可能世界语义. 一个模型 M 是一个序对 (W, R), 其中 W 是所有指派 (可能世界) 的集合, 且对每一个公式 $\Delta, R_\Delta \subseteq W^2$ 是关于模态词 $[\Delta]$ 的可达关系, 使得对于任意可能世界 w 和 w', w' 是由 w 通过 R_Δ 可达的, 即 $(w, w') \in R_\Delta$, 当且仅当 w' 是 Δ 的一个模型, 即 $w' \models \Delta$. 相应的, 我们定义形式断言的永真性, 即

$$[A[\Delta]B], [A\langle\Delta\rangle B], \langle A[\Delta]B\rangle, \langle A\langle\Delta\rangle B\rangle$$

其中, $\langle\Delta\rangle$ 是 $[\Delta]$ 的对偶模态.

下面证明 $\mathbf{H_R}$ 的可靠性定理和完备性定理.

(1) 可靠性定理. 如果 $\vdash A[\Delta]A$, 则 $\langle A\langle\Delta\rangle A\rangle$ 是永真的; 如果 $\vdash A[\Delta]\neg A$, 则 $[A[\Delta]\neg A]$ 是永真的, 其中模态词 $\langle\cdot\rangle$ 提升为作用在断言 $A\langle\Delta\rangle B$ 上得到的一个新断言 $\langle A\langle\Delta\rangle B\rangle$;

(2) 完备性定理. 如果 $\langle A\langle\Delta\rangle B\rangle$ 是永真的, 则 $\vdash A[\Delta]A$; 如果 $[A[\Delta]\neg A]$ 是永真的, 则 $\vdash A[\Delta]\neg A$, 其中模态词 $[\cdot]$ 提升为作用在断言 $A[\Delta]B$ 上得到的一个新断言 $[A[\Delta]B]$.

信念修正 [3,4] 可以看作一个模态逻辑, 其信息改变的动态认知逻辑 [5]. 信念修正与动态逻辑的差别在于信念修正是改变理论, 而动态逻辑是改变状态, 从而间接地改变理论. 在 Hoare 逻辑中, 一个程序改变状态通常表示为三元组 $\{A\}S\{B\}$, 其中 A 是程序 S 的前提条件, B 是程序 S 的后继结果. 对 Peano 算术的标准模型, 我们知道 S 的行为可以表示为一个公式, 但对于 Peano 算术的非标准模型是不可以的. 这导致逻辑研究程序的困难性, 以及现在只有 Hoare 逻辑的相对完备性定理, 而没有完备性定理 [6].

R-演算的模态逻辑只有一个模型 $\mathbf{M} = (W, R)$, 其中 W 是所有赋值的集合, R 唯一地由 Δ 所确定. 因此, 可靠性定理和完备性定理均相对于该唯一模型.

5.4.1 R-模态逻辑

设逻辑语言包含如下符号.

(1) 命题变元: $p_0, p_1, \cdots$;

(2) 逻辑连接词: $\neg, \wedge, \vee$;

(3) 模态符号: $[\cdot], \langle\cdot\rangle$.

公式 A 定义为

$$A ::= p | \neg p | A_1 \wedge A_2 | A_1 \vee A_2$$

模态词定义为

$$[\Delta] | \langle\Delta\rangle$$

断言 Φ 定义为

$$\Phi ::= A[\Delta]B | A\langle\Delta\rangle B | [A[\Delta]B] | [A\langle\Delta\rangle B] | \langle A[\Delta]B\rangle | \langle A\langle\Delta\rangle B\rangle$$

其中, Δ 是公式 A 的集合.

一个模型 $\mathbf{M} = (W, R)$ 是一个序对, 其中 W 是所有赋值 (可能世界) 的集合, 并且对每个公式集合 $\Delta, R_\Delta \subseteq W^2$ 是模态词 $[\Delta]$ 和 $\langle\Delta\rangle$ 的一个可达关系 R_Δ, 其中 $R_\Delta = \{(w, w') : w' \models \Delta\}$.

给定一个可能世界 $w \in W$, 如果

$$\begin{cases} w(p) = 1, & A = p \\ w(p) = 0, & A = \neg p \\ w \models A_1 \;\&\; w \models A_2, & A = A_1 \wedge A_2 \\ w \models A_1 \text{ or } w \models A_2, & A = A_1 \vee A_2 \end{cases}$$

则称 A 在可能世界 w 上是满足的, 记为 $w \models A$. 如果

$$\begin{cases} w \models A \Rightarrow \mathbf{A}w'((w,w') \in R_\Delta \Rightarrow w' \models B), & \Phi = A[\Delta]B \\ w \models A \ \& \ \mathbf{E}w'((w,w') \in R_\Delta \ \& \ w' \models B), & \Phi = A\langle\Delta\rangle B \end{cases}$$

则称断言 Φ 在可能世界 w 上是满足的, 记为 $w \models \Phi$.

定义 $\mathbf{M} \models [A[\Delta]B]$, 如果对任何 w, $w \models A$ 蕴含对任何 w' 满足 $(w,w') \in R_\Delta$, $w \models B$.

定义 $\mathbf{M} \models [A\langle\Delta\rangle B]$, 如果对任何 w, $w \models A$ 蕴含对某个 w' 满足 $(w,w') \in R_\Delta$, $w \models B$.

定义 $\mathbf{M} \models \langle A[\Delta]B\rangle$, 如果存在 w 使得 $w \models A$, 并且对任何 w' 满足 $(w,w') \in R_\Delta$, $w \models B$.

定义 $\mathbf{M} \models \langle A\langle\Delta\rangle B\rangle$, 如果存在 w 使得 $w \models A$, 并且对某个 w' 使得 $(w,w') \in R_\Delta$, $w \models B$.

5.4.2　Gentzen 推导系统 $\mathbf{H_R}$

一个简单的推导系统 $\mathbf{H_R}$ 由如下 2 个公理组成:

$$(\mathbf{A}^+) \ \frac{\Delta \not\vdash \neg A}{A[\Delta]A} \quad (\mathbf{A}^-) \ \frac{\Delta \vdash \neg A}{A[\Delta]\neg A}$$

公理可以分解为如下公理和推导规则.

公理

$$(HR^{\mathbf{A}}) \ \frac{\Delta \not\vdash \neg l}{l[\Delta]l} \quad (HR_{\mathbf{A}}) \ \frac{\Delta \vdash \neg l}{l[\Delta]\neg l}$$

推导规则

$$(HR^{\wedge}) \ \frac{A_1[\Delta]A_1 \quad A_2[\Delta, A_1]A_2}{A_1 \wedge A_2[\Delta]A_1 \wedge A_2} \quad (HR_\wedge^1) \ \frac{A_1[\Delta]\neg A_1}{A_1 \wedge A_2[\Delta]\neg(A_1 \wedge A_2)}$$

$$(HR_\wedge^2) \ \frac{A_2[\Delta, A_1]\neg A_2}{A_1 \wedge A_2[\Delta]\neg(A_1 \wedge A_2)}$$

$$(HR_1^{\vee}) \ \frac{A_1[\Delta]A_1}{A_1 \vee A_2[\Delta]A_1 \vee A_2} \quad (HR_\vee) \ \frac{A_1[\Delta]\neg A_1 \quad A_2[\Delta]\neg A_2}{A_1 \vee A_2[\Delta]\neg(A_1 \vee A_2)}$$

$$(HR_2^{\vee}) \ \frac{A_2[\Delta]A_2}{A_1 \vee A_2[\Delta]A_1 \vee A_2}$$

定义 5.4.1　一个断言 $A[\Delta]B$ 是 $\mathbf{H_R}$-可证的, 记为 $\vdash A[\Delta]B$, 如果存在一个断言序列 $\Phi_1, \Phi_2, \cdots, \Phi_n$ 使得对每个 $i \leqslant n$, Φ_i 要么是一个公理, 要么是由此前的断言通过 $\mathbf{H_R}$ 中的一个推导规则得到的.

引理 5.4.1   如果 $\vdash A[\Delta]\neg A$, 则 Δ, A 是不协调的, 并且如果 $\vdash A[\Delta]A$, 则 Δ, A 是协调的.

证明   假设 $\vdash A[\Delta]\neg A$, 我们对 $\vdash A[\Delta]\neg A$ 的证明长度作归纳来证明 Δ, A 是不协调的.

(1) 如果最后用到的推导规则为 $(HR^\neg)$, 则 $A = l, \Delta \vdash \neg l$, 并且 Δ, l 是不协调的;

(2) 如果最后用到的推导规则为 $(HR_1^\wedge)$, 则 $\vdash A_1[\Delta]\neg A_1$. 由归纳假设, Δ, A_1 是不协调的, 因此 $\Delta, A_1 \wedge A_2$ 是不协调的;

如果最后用到的推导规则为 $(HR^\vee)$, 则 $\vdash A_1[\Delta]\neg A_1$, 并且 $\vdash A_2[\Delta]\neg A_2$. 由归纳假设, Δ, A_1 和 Δ, A_2 均是不协调的, 因此 $\Delta, A_1 \vee A_2$ 是不协调的.

类似可以证明情况 $\vdash A[\Delta]A$.   □

引理 5.4.2   如果 Δ, A 是不协调的, 则 $\mathbf{M} \models [A[\Delta]\neg A]$; 如果 Δ, A 是协调的, 则 $\mathbf{M} \models \langle A\langle\Delta\rangle A\rangle$.

证明   假设 Δ, A 是不协调的, 则对任何 $w \in W$, $w \models A$ 当且仅当 $w \not\models \Delta$. 因此, 对任何 $w \in W$, 如果 $w \models A$, 则对任何可能世界 w' 使得 $(w, w') \in R_\Delta, w' \models \Delta$, 并且 $w' \models \neg A$, 即 $w \models A[\Delta]\neg A$, 即 $\mathbf{M} \models [A[\Delta]\neg A]$.

假设 Δ, A 是协调的, 则存在一个可能世界 $w \in W$ 使得 $w \models \Delta$, 并且 $w \models A$, 因此 $(w, w) \in R_\Delta$. 因此, $w \models A\langle\Delta\rangle A$, 并且 $\mathbf{M} \models \langle A\langle\Delta\rangle A\rangle$.   □

定理 5.4.1   如果 $\vdash A[\Delta]A$, 则 $\mathbf{M} \models \langle A\langle\Delta\rangle A\rangle$; 如果 $\vdash A[\Delta]\neg A$, 则 $\mathbf{M} \models [A[\Delta]A]$.

证明   由引理 5.4.1, 如果 $\vdash A[\Delta]\neg A$, 则 Δ, A 是不协调的, 并且由引理 5.4.2, $\mathbf{M} \models [A[\Delta]\neg A]$; 如果 $\vdash A[\Delta]A$, 则 Δ, A 是协调的, 并且由引理 5.4.2, $\mathbf{M} \models \langle A\langle\Delta\rangle A\rangle$.   □

引理 5.4.3   如果 $\mathbf{M} \models \langle A\langle\Delta\rangle A\rangle$, 则 Δ, A 是协调的; 如果 $\mathbf{M} \models [A[\Delta]\neg A]$, 则 Δ, A 是不协调的.

证明   假设 $\mathbf{M} \models \langle A\langle\Delta\rangle A\rangle$, 由定义, 存在一个可能世界 w 使得 $w \models A\langle\Delta\rangle A$, 即存在一个可能世界 w' 使得 $w \models A, (w, w') \in R_\Delta$, 并且 $w' \models A$. 由 R_Δ 的定义, $w' \models \Delta$, 并且 Δ, A 是协调的.

假设 $\mathbf{M} \models [A[\Delta]\neg A]$, 由定义, 对任何可能世界 w, 如果 $w \models A$, 则对任何 $w' \in W$ 满足 $(w, w') \in R_\Delta, w' \models \neg A$, 即对任何可能世界 $w, (w, w) \notin R_\Delta$, 即 Δ, A 是不协调的.   □

引理 5.4.4   如果 Δ, A 是协调的, 则 $\vdash A[\Delta]A$; 如果 Δ, A 是不协调的, 则 $\vdash A[\Delta]\neg A$.

证明   假设 Δ, A 是不协调的. 我们对 A 的结构作归纳来证明 $\vdash A[\Delta]\neg A$.

如果 $A = l$, 则 $\Delta \vdash \neg l$, 并且由 $(HR^\neg), \vdash l[\Delta]\neg l$.

如果 $A = A_1 \wedge A_2$, 则要么 Δ, A_1 是不协调的, 要么 $\Delta \cup \{A_1\}, A_2$ 是不协调的. 如果 Δ, A_1 是不协调的, 则由归纳假设, $\vdash A_1[\Delta]\neg A_1$, 并且由 $(HR_1^\wedge)$, $\vdash A_1 \wedge A_2[\Delta]\neg(A_1 \wedge A_2)$; 如果 $\Delta \cup \{A_1\}, A_2$ 是不协调的, 则由归纳假设, $\vdash A_2[\Delta, A_1]\neg A_2$, 并且由 $(HR_2^\wedge)$, $\vdash A_1 \wedge A_2[\Delta]\neg(A_1 \wedge A_2)$.

如果 $A = A_1 \vee A_2$, 则 Δ, A_1 和 Δ, A_2 是不协调的. 由归纳假设, $\vdash A_1[\Delta]\neg A_1$, $\vdash A_2[\Delta]\neg A_2$. 由 $(HR^\vee)$, $\vdash A_1 \vee A_2[\Delta]\neg(A_1 \vee A_2)$.

类似证明假设 Δ, A 是协调的情况. □

定理 5.4.2(完备性定理)　如果 $\mathbf{M} \models \langle A\langle\Delta\rangle A\rangle$, 则 $\vdash A[\Delta]A$; 如果 $\mathbf{M} \models [A[\Delta]\neg A]$, 则 $\vdash A[\Delta]\neg A$.

证明　假设 $\mathbf{M} \models \langle A\langle\Delta\rangle A\rangle$, 则 Δ, A 是协调的, 并且由引理 5.4.4, $\vdash A[\Delta]A$.

假设 $\mathbf{M} \models [A[\Delta]\neg A]$, 则 Δ, A 是不协调的, 并且由引理 5.4.4, $\vdash A[\Delta]\neg A$. □

定理 5.4.3　对任意公式集合 Δ 和公式 A, 要么 $\mathbf{M} \models \langle A\langle\Delta\rangle A\rangle$, 要么 $\mathbf{M} \models [A[\Delta]\neg A]$.

证明　对任意公式集合 Δ 和公式 A, Δ, A, 要么是协调的, 要么是不协调的. 由引理 5.4.2, 要么 $\mathbf{M} \models \langle A\langle\Delta\rangle A\rangle$, 要么 $\mathbf{M} \models [A[\Delta]\neg A]$. □

参 考 文 献

[1] Cresswell M J. Modal logic [M]//Goble L. The Blackwell Guide to Philosophical Logic. Cambridge: Basil Blackwell, 2001: 136-158.

[2] Fitting M, Mendelsohn R I. First Order Modal Logic [M]. Dordrecht: Kluwer, 1998.

[3] Hughes G E, Cresswell M J. A New Introduction to Modal Logic [M]. London: Routledge, 1996.

[4] Hoare C A R. An axiomatic basis for computer programming [J]. Communications of the ACM, 1969, 12:576-580.

[5] Floyd R W. Assigning meanings to programs [C]//Proceedings of the American Mathematical Society Symposia on Applied Mathematics, 1967,19:19-31.

[6] Apt K R. Ten years of Hoare's logic: a survey-part 1 [J]. ACM Transactions on Programming Languages and Systems, 1981, 3:431-483.

第六章　逻辑程序的 R-演算

在一阶逻辑中, 通过如下等价公式对:

$\neg\forall x A(x)$	$\exists x \neg A(x)$
$\neg\exists x A(x)$	$\forall x \neg A(x)$
$\forall x A(x) \vee B$	$\forall x(A(x) \vee B)$
$\forall x A(x) \wedge B$	$\forall x(A(x) \wedge B)$
$\exists x A(x) \vee B$	$\exists x(A(x) \vee B)$
$\exists x A(x) \wedge B$	$\exists x(A(x) \wedge B)$
$\forall x A(x) \wedge \forall x B(x)$	$\forall x(A(x) \wedge B(x))$
$\exists x A(x) \vee \exists x B(x)$	$\exists x, y(A(x) \vee B(y))$
$\forall x A(x)$	$\forall y A(y)$
$\exists x A(x)$	$\exists y A(y)$

一个公式可以转换为一个等价的量词范式. 再由 Skolem 化, 一个量词范式的公式可以转换为一个等价的全称量词范式的公式, 其中不含量词的公式是一个合取范式的. 因此, 一个一阶逻辑的公式等价于一个逻辑程序的理论 [1-3].

在逻辑程序中, 子句分为 Horn 的, 正析取的和析取的. 这样不同类的逻辑程序具有不同的推理复杂性, 其中 Horn 逻辑程序有多项式时间复杂性的推理.

本章将给出逻辑程序的 R-演算 $\mathbf{S}^{\mathrm{LP}}$ 和 $\mathbf{T}^{\mathrm{LP}}$, 它们分别关于 $\subseteq$ / $\preceq$-极小改变是可靠的和完备的 [4,5].

6.1　逻 辑 程 序

逻辑程序的逻辑语言是一阶逻辑的逻辑语言 L. 文字, 子句和理论是逻辑程序中的基本概念, 分别定义如下.

定义 6.1.1　一个**文字** l 是一个原子 p 或者一个原子的否定 $\neg p$. 一个**子句**(clause) $c = l_1 \vee \cdots \vee l_n$ (记为 $c = l_1; \cdots; l_n$) 是文字的一个析取. 一个**理论**(theory) $t = c_1 \wedge \cdots \wedge c_m$ (记为 $t = c_1, \cdots, c_m$) 是子句的一个合取, 可以记为

$$l ::= p | \neg p$$
$$c ::= l | l \vee c = l | l; c$$
$$t ::= c | c \wedge t = c | c, t$$

语言 L 上的Herbrand 域(Herbrand universe) 是 L 中所有基项的集合, 记为 U. HB_L 表示 L 中所有基原子公式的集合, 称为Herbrand 基(Herbrand base).

定义 6.1.2   一个逻辑程序 Π 的 Herbrand 解释是 HB_L 的一个子集. 一个 Herbrand 解释 I 是逻辑程序 Π 的一个Herbrand 模型, 如果每个 Π 中的子句在解释 I 下是满足的.

设 $t(x_1, \cdots, x_n)$ 是一个理论, 其中变量 $x_1, x_2, \cdots, x_n$ 出现在 t 中.

一个模型 M 是 HB_L 的一个子集. 一个理论 t 在模型 M 中是满足的, 记为 $M \models t$, 如果

$$\begin{cases} l \in M, \quad t = l \\ M \models l \text{ 或者 } M \models c, \quad t = l; c \\ M \models c \& M \models t', \quad t = c, t' \\ \mathbf{A} a_1, \cdots, a_n \in U(M \models t'(x_1/a_1, \cdots, x_n/a_n)), \quad t = t'(x_1, \cdots, x_n) \end{cases}$$

一个理论 t 是永真的, 记为 $\models t$, 如果 t 在任何模型中是满足的.

一个矢列式是形为 $t \Rightarrow t'$ 的符号串, 其中 t, t' 是理论. 这个矢列式在 M 中是满足的, 记为 $M \models t \Rightarrow t'$, 如果 $M \models t$ 蕴含 $M \models t'$. 矢列式 $t \Rightarrow t'$ 是永真的, 记为 $\models t \Rightarrow t'$, 如果 $t \Rightarrow t'$ 在任何模型 M 中是满足的.

6.1.1   理论的 Gentzen 推理系统 $\mathbf{G}_3$

理论的 Gentzen 推理系统 $\mathbf{G}_3$ 由如下公理和推导规则组成.

公理

$$(\mathbf{A}) \quad \frac{t' \subseteq t}{t \Rightarrow t'}$$

其中, t, t' 为基文字的集合, 即 $t = l_1, \cdots, l_n$.

推导规则

$$({}^L_{,i}) \; \frac{c_i \Rightarrow t'}{c_1, \cdots, c_n \Rightarrow t'}(i \leqslant n) \quad ({}_{,}R) \; \frac{t \Rightarrow c_1 \quad \cdots \quad t \Rightarrow c_n}{t \Rightarrow c_1, \cdots, c_n}$$

$$({}_{;}L) \; \frac{l_1 \Rightarrow t' \quad \cdots \quad l_m \Rightarrow t'}{l_1; \cdots; l_m \Rightarrow t'} \quad ({}^R_{;j}) \; \frac{t \Rightarrow l_j}{t \Rightarrow l_1; \cdots; l_m}(j \leqslant m)$$

$$(\forall^L) \; \frac{t(b) \Rightarrow t'}{t(x) \Rightarrow t'} \quad (\forall^R) \; \frac{t \Rightarrow t'(a)}{t \Rightarrow t'(x)}$$

其中, b 是基项; a 是不出现在 t 和 t' 中的基项符号.

定义 6.1.3   一个矢列式 $t \Rightarrow t'$ 是可证的, 记为 $\vdash t \Rightarrow t'$, 如果存在一个矢列式序列 $t_1 \Rightarrow t'_1, \cdots, t_n \Rightarrow t'_n$ 使得 $t_n \Rightarrow t'_n = t \Rightarrow t'$, 并且对每个 $1 \leqslant i \leqslant n, t_i \Rightarrow t'_i$ 是一个公理或者是由前面的矢列式通过某个 $\mathbf{G}_3$ 推导规则得到的.

定理 6.1.1(可靠性定理) 对任何矢列式 $t \Rightarrow t'$,$\vdash t \Rightarrow t'$ 蕴含 $\models t \Rightarrow t'$.

证明 我们验证每个公理是永真的,并且每个推导规则是保永真的.

假设 $t' \subseteq t$,对任何模型 M,$M \models t$ 蕴含 $t \subseteq M$,因此 $t' \subseteq t \subseteq M$,即 $M \models t'$.

假设对任何模型 M,$M \models c_i \Rightarrow t'$. 对任何模型 M,假设 $M \models c_1, c_2, \cdots, c_n$,则 $M \models c_i$,并且由归纳假设,$M \models t'$.

假设对任何模型 M,有

$$M \models t \Rightarrow c_1$$
$$M \models t \Rightarrow c_2$$
$$\cdots\cdots$$
$$M \models t \Rightarrow c_n$$

对任何模型 M,假设 $M \models t$. 由归纳假设,$M \models c_1, M \models c_2, \cdots, M \models c_n$,即 $M \models c_1, \cdots, c_n$.

假设对任何模型 M,有

$$M \models l_1 \Rightarrow t'$$
$$M \models l_2 \Rightarrow t'$$
$$\cdots\cdots$$
$$M \models l_m \Rightarrow t'$$

对任何模型 M,假设 $M \models l_1; \cdots; l_m$,则存在一个 $i \leqslant m$ 使得 $M \models l_i$. 由归纳假设,$M \models t'$.

假设对任何模型 M,$M \models t \Rightarrow l_i$. 对任何模型 M,假设 $M \models t$. 由归纳假设,$M \models l_i$ 且 $M \models l_1; \cdots; l_m$.

假设对任何模型 M,$M \models t(b) \Rightarrow t'$. 对任何模型 M,假设 $M \models t(x)$,则对任何常量符号 $b \in U$,$M \models t(b)$. 由归纳假设,$M \models t'$.

假设对任何模型 M,$M \models t \Rightarrow t'(a)$,其中 a 不出现在 t 和 t' 中. 对任何模型 M,假设 $M \models t$,则对任何常量符号 $b \in U$,$M(x/b) \models t$. 由归纳假设,$M(x/b) \models t'(x)$,即 $M \models t'(b)$. 因此,$M \models t'(x)$. □

6.1.2 完备性定理

定理 6.1.2(完备性定理) 对任何矢列式 $t \Rightarrow t'$,$\models t \Rightarrow t'$ 蕴含 $\vdash t \Rightarrow t'$.

证明 给定一个矢列式 $t \Rightarrow t'$,我们构造一棵树 T,要么对 T 的每棵树枝 ξ,存在一个矢列式 $t_1 \Rightarrow t_1'$ 使得 $t_1 \Rightarrow t_1'$ 是一个公理,因此 T 是 $t \Rightarrow t'$ 的一棵证明树;要么存在一个模型 M 使得 $\mathbf{M} \not\models t \Rightarrow t'$.

T 构造如下.

(1) T 的树根为 $t \Rightarrow t'$;

(2) 对一个节点 ξ, 如果 ξ 的每个矢列式 $t_1 \Rightarrow t_1'$ 是文字的, 即 t_1, t_1' 为文字的集合, 并且没有在节点 $\eta \subseteq \xi$ 上的公式要求注视, 则该节点为一个叶节点, 其中在某个节点 $\eta \subseteq \xi$ 上的一个公式 $t_1(x)$ 要求注释, 如果位于 η 和 ξ 之间的某个节点 ζ 出现一个常量 c 没有使用 $t_1(x)$;

(3) 否则, ξ 有包含下面矢列式的子节点:

$$\begin{cases} \begin{bmatrix} c_1 \Rightarrow t_1' \\ \cdots\cdots \\ c_n \Rightarrow t_1' \end{bmatrix}, \quad c_1, \cdots, c_n \Rightarrow t_1' \in \xi \\[4pt] \begin{cases} t_1 \Rightarrow c_1 \\ \cdots\cdots \\ t_1 \Rightarrow c_n \end{cases}, \quad t_1 \Rightarrow c_1, \cdots, c_n \in \xi \\[4pt] \begin{cases} l_1 \Rightarrow t_1' \\ \cdots\cdots \\ l_m \Rightarrow t_1' \end{cases}, \quad l_1, \cdots, l_m \Rightarrow t_1' \in \xi \\[4pt] \begin{bmatrix} t_1 \Rightarrow l_1 \\ \cdots\cdots \\ t_1 \Rightarrow l_m \end{bmatrix}, \quad t_1 \Rightarrow l_1, \cdots, l_m \in \xi \\[4pt] \begin{bmatrix} t_1 \Rightarrow t_1'(a), \\ a \text{ 不出现在当前的 } T \text{ 中} \end{bmatrix}, \quad t_1 \Rightarrow t_1'(x) \in \xi \end{cases}$$

并且对每个 $\eta \ni \Gamma_2, t_1(x) \Rightarrow \Delta_2$ 在 $\xi \supseteq \eta$ 要求注释, 并且使得 c 没有使用 $t_1(x)$, 设 $\xi \ni \Gamma_1 \Rightarrow \Delta_1$ 有一个子节点包含矢列式 $\Gamma_1, t_1(c) \Rightarrow \Delta_1$, 我们称 c 使用了 $t_1(x)$.

引理 6.1.1　如果对 T 的每个树枝 $\xi \subseteq T$, 存在一个矢列式 $t_1 \Rightarrow t_1' \in \xi$ 是 $\mathbf{G}_3$ 的一个公理, 则 T 是 $t \Rightarrow t'$ 的一棵证明树.

证明　由 T 的定义, T 是 $t \Rightarrow t'$ 的一棵证明树.　　　　　□

引理 6.1.2　如果存在一棵树枝 $\xi \subseteq T$ 使得每个矢列式 $t_1 \Rightarrow t_1' \in \xi$ 不是 $\mathbf{G}_3$ 的公理, 则存在一个模型 M 使得 $M \not\models t \Rightarrow t'$.

证明　设 ξ 是 T 的一棵树枝使得每个矢列式 $t_1 \Rightarrow t_1' \in \xi$ 不是 $\mathbf{G}_3$ 的公理.

定义一个模型 M, 使得:

$$M = \{p : p \in t_0 \text{ 或者 } \neg p \in t_0'\}$$

其中, $t_0 \Rightarrow t_0'$ 是在 ξ 的叶节点上的矢列式.

我们对 ξ 的节点 η 作归纳证明对每个 η 上的矢列式 $t_1 \Rightarrow t_1', M \models t_1$, 并且 $M \not\models t_1'$.

情况 1. $t_1 \Rightarrow t_1' = c_1, \cdots, c_n \Rightarrow t_1' \in \eta$. $t_1 \Rightarrow t_1'$ 有一个直接子节点 $\in \xi$ 包含矢列式 $c_1 \Rightarrow t_1', c_2 \Rightarrow t_1', \cdots, c_n \Rightarrow t_1'$. 由归纳假设, $M \models c_1, M \models c_2, \cdots, M \models c_n$, 即 $M \models c_1, \cdots, c_n$, 并且 $M \not\models t_1'$.

情况 2. $t_1 \Rightarrow t_1' = t_1 \Rightarrow c_1, \cdots, c_n \in \eta$. $t_1 \Rightarrow t_1'$ 有一个直接子节点 $\in \xi$ 包含矢列式 $t_1 \Rightarrow c_i$, 对某个 $i \leqslant n$. 由归纳假设, $M \models t_1$, $M \not\models c_i$, 并且 $M \not\models c_1, \cdots, c_n$.

情况 3. $t_1 \Rightarrow t_1' = l_1; \cdots; l_m \Rightarrow t_1' \in \eta$. $t_1 \Rightarrow t_1'$ 有一个直接子节点 $\in \xi$ 包含矢列式 $l_j \Rightarrow t_1'$, 对某个 $j \leqslant m$. 由归纳假设, $M \models l_j$, 并且 $M \not\models t_1'$, 即 $M \models l_1, \cdots, l_m$ 且 $M \not\models t_1'$.

情况 4. $t_1 \Rightarrow t_1' = t_1 \Rightarrow l_1; \cdots; l_m \in \eta$. $t_1 \Rightarrow t_1'$ 有一个直接子节点 $\in \xi$ 包含矢列式 $t_1 \Rightarrow l_1, t_1 \Rightarrow l_2, \cdots, t_1 \Rightarrow l_m$. 由归纳假设, $M \models t_1$, $M \not\models l_1, M \not\models l_2, \cdots, M \not\models l_m$. 因此, $M \models t_1$ 且 $M \not\models t_1'$.

情况 5. $t_1 \Rightarrow t_1' = t_1(x) \Rightarrow t_2' \in \eta$. 对每个出现在 T 中常量符号 b, $t_1 \Rightarrow t_1'$ 有一个子节点 $\in \xi$ 包含矢列式 $t_1(b) \Rightarrow t_2'$. 由归纳假设, $M \models t_1(b)$, $M \not\models t_2'$. 因此, $M \models t_1'(x)$, 并且 $M \not\models t_2'$.

情况 6. $t_1 \Rightarrow t_1' = t_1 \Rightarrow t_1'(x) \in \eta$. 存在一个新的常量符号 a 不出现在 t_1 和 t_1' 中, 并且 $t_1 \Rightarrow t_1'(x)$ 有一个直接子节点包含矢列式 $t_1 \Rightarrow t_1'(a)$. 由归纳假设, $M \models t_1$, $M \not\models t_1'(a)$. 因此, $M \models t_1'$, 并且 $M \not\models t_1'(x)$. □

6.1.3 对偶系统

定义 6.1.4 一个项(term) $d = l_1 \wedge \cdots \wedge l_n$ (记为 $d = l_1, \cdots, l_n$) 是文字的一个合取. 一个余理论(co-theory) $s = d_1 \vee \cdots \vee d_m$ (记为 $s = d_1; \cdots; d_m$) 是项的一个析取, 即

$$d ::= l | l \wedge d = l | l, d$$
$$s ::= d | d \vee s = d | d, s$$

一个余理论 s 在 M 中是满足的, 记为 $M \models s$, 如果

$$\begin{cases} l \in M, & s = l \\ M \models l \& M \models d, & s = l, d \\ M \models d \text{ 或者 } M \models s', & s = d; s' \\ \mathbf{A}a_1, \cdots, a_n \in U(M \models s'(x_1/a_1, \cdots, x_n/a_n)), & s = s'(x_1, \cdots, x_n) \end{cases}$$

一个矢列式是形为 $s \Rightarrow s'$ 的符号串, 其中 s, s' 是余理论, 并且在 M 中是满足的, 记为 $M \models s \Rightarrow s'$, 如果 $M \models s$ 蕴含 $M \models s'$.

余理论的 Gentzen 推理系统 $\mathbf{G}_3'$ 由如下公理和推导规则组成.

公理

$$\frac{s' \supseteq s}{s \Rightarrow s'}$$

其中 s, s' 是文字的集合, 即 $s = l_1; \cdots; l_n$.

推导规则

$$(;^L)\ \frac{d_1 \Rightarrow s' \quad \cdots \quad d_n \Rightarrow s'}{d_1; \cdots; d_n \Rightarrow s'} \qquad (;_i^R)\ \frac{s \Rightarrow d_i}{s \Rightarrow d_1; \cdots; d_n}(i \leqslant n)$$

$$(,_j^L)\ \frac{l_j \Rightarrow s'}{l_1, \cdots, l_m \Rightarrow s'}(j \leqslant m) \qquad (,^R)\ \frac{s \Rightarrow l_1 \quad \cdots \quad s \Rightarrow l_m}{s \Rightarrow l_1, \cdots, l_m}$$

$$(\forall^L)\ \frac{s(b) \Rightarrow s'}{s(x) \Rightarrow s'} \qquad (\forall^R)\ \frac{s \Rightarrow s'(a)}{s \Rightarrow s'(x)}$$

其中, b 是一个常量符号; a 是一个不出现在 s 和 s' 中的常量符号.

定理 6.1.3(可靠性和完备性定理) 对任何矢列式 $s \Rightarrow s'$, $\models s \Rightarrow s'$ 当且仅当 $\vdash s \Rightarrow s'$. □

6.1.4 极小改变

定义 6.1.5 给定任意协调理论 t' 和 t, 如果一个理论 t'' 满足 $t'' \subseteq t'$, t'' 与 t 是协调的, 并且对于任意集合 t''', 满足 $t'' \subset t''' \subseteq t', t'''$ 与 t 是不协调的, 则 t'' 是 t' 关于 t 的一个 $\subseteq$-极小改变, 记作 $\models_{\mathbf{S}^{\mathrm{LP}}} t|t' \Rightarrow t, t''$.

定义 6.1.6 一个理论 t'' 是 t' 关于 t 的一个 $\preceq$-极小改变, 记作 $\models_{\mathbf{T}^{\mathrm{LP}}} t|t' \Rightarrow t, t''$, 如果

(i) $t'' \preceq t'$, 即对于每一个子句 $c \in t''$, 存在一个子句 $c' \in t'$ 使得 $c \preceq c'$;

(ii) t'', t 是协调的;

(iii) 对任意理论 t''' 满足 $t'' \prec t''' \preceq t', t''', t$ 是不协调的.

6.2 R-演算 $\mathbf{S}^{\mathrm{LP}}$

在本节, 我们将给出逻辑程序的 R-演算 $\mathbf{S}^{\mathrm{LP}}$, 它是基于 Γ 关于 Δ 的 $\subseteq$-极小改变的, 使得对于任意协调理论 t, t' 和 t'', $t|t' \Rightarrow t, t''$ 是 $\mathbf{S}^{\mathrm{LP}}$-可证的当且仅当 t'' 是 t' 关于 t 的一个 $\subseteq$-极小改变.

R-演算 $\mathbf{S}^{\mathrm{LP}}$ 由以下公理和推导规则组成.

公理

$$(S^{\mathbf{A}})\ \frac{t \nvdash \neg l}{t|l \Rightarrow t, l} \qquad (S_{\mathbf{A}})\ \frac{t \vdash \neg l}{t|l \Rightarrow t}$$

推导规则

$$(S^{,})\quad \begin{array}{l} t|c_1 \Rightarrow t, c_1 \\ t, c_1|c_2 \Rightarrow t, c_1, c_2 \\ \cdots\cdots \\ \dfrac{t, c_1, \cdots, c_{n-1}|c_n \Rightarrow t, c_1, \cdots, c_n}{t|c_1, \cdots, c_n \Rightarrow t, c_1, \cdots, c_n} \end{array}$$

$$(S_{,}^{i})\quad \dfrac{t, c_1, \cdots, c_{i-1}|c_i \Rightarrow t, c_1, \cdots, c_{i-1}}{t|c_1, \cdots, c_n \Rightarrow t}$$

$$(S_i^{;})\quad \dfrac{t|l_i \Rightarrow t, l_i}{t|l_1; \cdots; l_m \Rightarrow t, l_1; \cdots; l_m}$$

$$(S_{;})\quad \begin{array}{l} t|l_1 \Rightarrow t \\ t|l_2 \Rightarrow t \\ \cdots\cdots \\ \dfrac{t|l_m \Rightarrow t}{t|l_1; \cdots; l_m \Rightarrow t} \end{array}$$

$$(S^{\forall})\quad \dfrac{t|\theta t'(x) \Rightarrow t, \theta t'(x)}{t|t'(x) \Rightarrow t|t'(x)}$$

$$(S_{\forall})\quad \dfrac{t|\varphi t'(x) \Rightarrow t}{t|t'(x) \Rightarrow t}$$

其中, θ 是任何替换; φ 是某个替换.

定义 6.2.1 $t|t' \Rightarrow t, t''$ 是 $\mathbf{S}^{\mathrm{LP}}$-可证的, 记作 $\vdash_{\mathbf{S}^{\mathrm{LP}}} t|t' \Rightarrow t, t''$, 如果存在一个断言序列 $S_1, \cdots, S_m$ 使得:

$$S_1 = t|t' \Rightarrow t|c_1'$$
$$\cdots\cdots$$
$$S_m = t|t_m \Rightarrow t, t''$$

并且对于每一个 $i < m$, S_{i+1} 或是一条公理, 或是由之前的断言通过 $\mathbf{S}^{\mathrm{LP}}$ 中的推导规则得到的.

例如, $\mathbf{S}^{\mathrm{LP}}$ 中两个推导的例子:

$$t(x, y)|\neg t(b, b') \Rightarrow t(x, y)$$
$$t(x, y)|\neg t(b, b') \vee \neg t(b, b') \Rightarrow t(x, y)$$
$$t(x, y)|\neg t(b, y) \vee \neg t(x, b') \Rightarrow t(x, y)$$

并且

$$t(b, b')|\neg t(b, b') \Rightarrow t(b, b')$$
$$t(b, b')|\neg t(x, y) \Rightarrow t(b, b')$$

其中的替换为 $\varphi = (x/b, y/b')$.

定理 6.2.1 (完备性定理) 对于任意协调理论 t 和 t', 如果 t, t' 是协调的, 则 $t|t' \Rightarrow t, t'$ 是 $\mathbf{S}^{\mathrm{LP}}$-可证的, 即

$$\models_{\mathbf{S}^{\mathrm{LP}}} t|t' \Rightarrow t, t' \text{ 蕴含 } \vdash_{\mathbf{S}^{\mathrm{LP}}} t|t' \Rightarrow t, t'$$

并且如果 t, t' 是不协调的, 则 $t|t' \Rightarrow t$ 是 $\mathbf{S}^{\mathrm{LP}}$-可证的, 即

$$\models_{\mathbf{S}^{\mathrm{LP}}} t|t' \Rightarrow t \text{ 蕴含 } \vdash_{\mathbf{S}^{\mathrm{LP}}} t|t' \Rightarrow t$$

证明 我们对理论 t' 的结构作归纳来证明定理.

假设 t, t' 是协调的.

如果 $t' = l$, 则 $t \nvdash \neg l$, 并且根据 $(S^{\mathbf{A}}), t|l \Rightarrow t, l$ 是可证的.

如果 $t' = c_1, \cdots, c_n$, 则对每个 $i \leqslant n, t, c_1, \cdots, c_i$ 是协调的. 由归纳假设, $t, c_1, \cdots, c_{i-1}|c_i \Rightarrow t, c_1, \cdots, c_i$ 是可证的, 并且根据 $(S^,), t|c_1, \cdots, c_n \Rightarrow t, c_1, \cdots, c_n$ 是可证的.

如果 $t' = l_1; \cdots; l_m$, 则对某个 $j \leqslant m, t, l_j$ 是协调的. 由归纳假设, $t|l_j \Rightarrow t, l_j$ 是可证的, 并且根据 $(S^;_j), t|l_1; \cdots; l_m \Rightarrow t, l_1; \cdots; l_m$ 是可证的.

如果 $t' = t'(x)$, 则对任何替换 $\theta, t, \theta t'(x)$ 是协调的. 由归纳假设, $t|\theta t'(x) \Rightarrow t, \theta t'(x)$ 是可证的. 由 $(S^\forall), t|t'(x) \Rightarrow t, t'(x)$ 是可证的.

假设 t, t' 是不协调的.

如果 $t' = l$, 则 $t \vdash \neg l$, 并且根据 $(S_{\mathbf{A}}), t|l \Rightarrow t$ 是可证的.

如果 $t' = c_1, \cdots, c_n$, 则对某个 $i \leqslant n, t, c_1, \cdots, c_i$ 是不协调的. 由归纳假设, $t, c_1, \cdots, c_{i-1}|c_i \Rightarrow t, c_1, \cdots, c_{i-1}$ 是可证的, 并且根据 $(S^j_,), t|c_1, \cdots, c_n \Rightarrow t$ 是可证的.

如果 $t' = l_1; \cdots; l_m$, 则对每个 $j \leqslant m, t, l_j$ 是不协调的. 由归纳假设, $t|l_j \Rightarrow t$ 是可证的, 并且根据 $(S_;), t|l_1; \cdots; l_m \Rightarrow t$ 是可证的.

如果 $t' = t'(x)$, 则对某个替换 $\theta, t, \theta t'(x)$ 是不协调的. 由归纳假设, $t|\theta t'(x) \Rightarrow t$ 是可证的. 由 $(S_\forall), t|t'(x) \Rightarrow t$ 是可证的. □

定理 6.2.2 (可靠性定理) 对于任意协调理论 t 和 t', 如果 $t|t' \Rightarrow t, t'$ 是 $\mathbf{S}^{\mathrm{LP}}$-可证的, 则 t, t' 是协调的, 即

$$\vdash_{\mathbf{S}^{\mathrm{LP}}} t|t' \Rightarrow t, t' \text{ 蕴含 } \models_{\mathbf{S}^{\mathrm{LP}}} t|t' \Rightarrow t, t'$$

并且如果 $t|t' \Rightarrow t$ 是 $\mathbf{S}^{\mathrm{LP}}$-可证的, 则 t, t' 是不协调的, 即

$$\vdash_{\mathbf{S}^{\mathrm{LP}}} t|t' \Rightarrow t \text{ 蕴含 } \models_{\mathbf{S}^{\mathrm{LP}}} t|t' \Rightarrow t$$

证明 我们对理论 t' 的结构作归纳来证明定理.

假设 $\vdash_{\mathbf{S}^{\mathrm{LP}}} t|t' \Rightarrow t, t'$.

如果 $t' = l$, 则 $t \nvdash \neg l$, 并且 t, l 是协调的.

如果 $t' = c_1, \cdots, c_n$, 则对每个 $i \leqslant n, \vdash_{\mathbf{S}^{\mathrm{LP}}} t, c_1, \cdots, c_{i-1}|c_i \Rightarrow t, c_1, \cdots, c_i$. 由归纳假设, $t, c_1, \cdots, c_i$ 是协调的, 因此 $t, c_1, \cdots, c_n$ 是协调的.

如果 $t' = l_1; \cdots ; l_m$, 则对某个 $j \leqslant m, \vdash_{\mathbf{S}^{\mathrm{LP}}} t|l_j \Rightarrow t, l_j$. 由归纳假设, t, l_j 是协调的, 因此 $t, l_1; \cdots ; l_m$ 是协调的.

如果 $t' = t'(x)$, 则对任何替换 $\theta, \vdash_{\mathbf{S}^{\mathrm{LP}}} t|\theta t'(x) \Rightarrow t, \theta t'(x)$. 由归纳假设, $t, \theta t'(x)$ 是协调的, 因此 $t, t'(x)$ 是协调的.

假设 $\vdash_{\mathbf{S}^{\mathrm{LP}}} t|t' \Rightarrow t$.

如果 $t' = l$, 则 $t \vdash \neg l$, 并且 t, l 是不协调的.

如果 $t' = c_1, \cdots, c_n$, 则对某个 $i \leqslant n, \vdash_{\mathbf{S}^{\mathrm{LP}}} t, c_1, \cdots, c_{i-1}|c_i \Rightarrow t, c_1, \cdots, c_{i-1}$. 由归纳假设, $t, c_1, \cdots, c_i$ 是不协调的, 因此 $t, c_1, \cdots, c_n$ 也是不协调的.

如果 $t' = l_1; \cdots ; l_m$, 则对每个 $j \leqslant m, \vdash_{\mathbf{S}^{\mathrm{LP}}} t|l_j \Rightarrow t$. 由归纳假设, 对每个 $j \leqslant m, t, l_j$ 是不协调的, 因此 $t, l_1; \cdots ; l_m$ 也是不协调的.

如果 $t' = t'(x)$, 则对某个替换 $\varphi, \vdash_{\mathbf{S}^{\mathrm{LP}}} t|\varphi t'(x) \Rightarrow t$. 由归纳假设, $t, \varphi t'(x)$ 是不协调的, 因此 $t, t'(x)$ 是不协调的. $\square$

注释: 关于协调性和非协调性, 我们有如下可靠的和完备的推理系统.

$$(\mathbf{A}^+)\ \frac{t \nvdash \neg l}{\mathrm{con}(t, l)} \qquad\qquad (\mathbf{A}^-)\ \frac{t \vdash \neg l}{\mathrm{incon}(t, l)}$$

$$(,^+)\ \frac{\begin{array}{l}\mathrm{con}(t, c_1)\\ \mathrm{con}((t, c_1), c_2)\\ \cdots\cdots\\ \mathrm{con}((t, c_1, \cdots, c_{n-1}), c_n)\end{array}}{\mathrm{con}(t, c_1, \cdots, c_n))} \qquad (,_i^-)\ \frac{\mathrm{incon}((t, c_1, \cdots, c_{i-1}), c_i)}{\mathrm{incon}(t, c_1, \cdots, c_n)}$$

$$(;_j^+)\ \frac{\mathrm{con}(t, l_j)}{\mathrm{con}(t, l_1; \cdots ; l_m)} \qquad (;^-)\ \frac{\begin{array}{l}\mathrm{incon}(t, l_1)\\ \mathrm{incon}(t, l_2)\\ \cdots\cdots\\ \mathrm{incon}(t, l_m)\end{array}}{\mathrm{incon}(t, l_1; \cdots ; l_m)}$$

$$(\forall^+)\ \frac{\mathrm{con}(t, t'(c))}{\mathrm{con}(t, t'(x))} \qquad\qquad (\forall^-)\ \frac{\mathrm{incon}(t, t'(d))}{\mathrm{incon}(t, t'(x))} \qquad\qquad \square$$

6.3 R-演算 $\mathbf{T}^{\mathrm{LP}}$

在本节, 我们将给出一个 R-演算 $\mathbf{T}^{\mathrm{LP}}$, 它关于 t' 对 t 的 $\preceq$-极小改变是可靠的和完备的, 即对于任意协调理论 t', t 和 $t'', t|t' \Rightarrow t, t''$ 是 $\mathbf{T}^{\mathrm{LP}}$-可证的, 当且仅当 t'' 是 t' 关于 t 的 $\preceq$-极小改变.

R-演算 $\mathbf{T}^{\mathrm{LP}}$ 由如下公理和推导规则组成.

公理

$$(T^{\mathbf{A}})\ \frac{t \not\vdash \neg t'}{t|t' \Rightarrow t, t'} \quad (T_{\mathbf{A}})\ \frac{t \vdash \neg l}{t|l \Rightarrow t}$$

推导规则

$$(T^{,})\ \frac{t|c_1 \Rightarrow t, c_1'}{t|c_1, \cdots, c_n \Rightarrow t, c_1'|c_2, \cdots, c_n} \quad (T_i^{;})\ \frac{t|l_i \Rightarrow t, l_i}{t|l_1; \cdots; l_m \Rightarrow t, l_1; \cdots; l_m}$$

$$(T^{;})\ \frac{\begin{array}{c} t|l_1 \Rightarrow t \\ t|l_2 \Rightarrow t \\ \cdots\cdots \\ t|l_m \Rightarrow t \end{array}}{t|l_1; \cdots; l_m \Rightarrow t} \quad (T^{\forall})\ \frac{t|\varphi t'(x) \Rightarrow t, \varphi t''(x)}{t|t'(x) \Rightarrow t|t''(x)}$$

定义 6.3.1　$t|t' \Rightarrow t, t''$ 是 $\mathbf{T}^{\mathrm{LP}}$-可证的, 记作 $\vdash_{\mathbf{T}^{\mathrm{LP}}} t|t' \Rightarrow t, t''$, 如果存在一个断言序列 $S_1, \cdots, S_m$, 使得:

$$S_1 = t|t' \Rightarrow t|t_1'$$
$$\cdots\cdots$$
$$S_m = t|t_m \Rightarrow t, t''$$

并且对于每一个 $i < m, S_{i+1}$ 或是一条公理, 或是由之前的断言通过 $\mathbf{T}^{\mathrm{LP}}$ 中的推导规则得到的.

定理 6.3.1　对于任意协调理论 t 和 t', 存在一个理论 t'' 使得 $t'' \preceq t'$, 并且 $t|t' \Rightarrow t, t''$ 是可证的.

证明　我们对 t' 的结构作归纳来证明定理.

情况 $t' = l$. 如果 $t \vdash \neg l$, 则令 $t'' = \lambda$; 如果 $t \not\vdash \neg l$, 则令 $t'' = l$. 根据 $(T^{\mathbf{A}})$ 和 $(T_{\mathbf{A}})$, $t|t' \Rightarrow t, t''$ 是可证的.

情况 $t' = c_1, \cdots, c_n$. 由归纳假设, 对每个 $i \leqslant n$, 存在理论 $c_i' \preceq c_i$ 使得 $t, c_1', \cdots, c_{i-1}'|c_i \Rightarrow t, c_1', \cdots, c_i'$ 是 $\mathbf{T}^{\mathrm{LP}}$-可证的. 因此, $t|c_1, \cdots, c_n \Rightarrow t, c_1', \cdots, c_n'$ 也是可证的.

情况 $t' = l_1; \cdots; l_m$. 由归纳假设, 要么对每个 $j \leqslant m, t|l_j \Rightarrow t$ 是可证的; 要么对某个 $j \leqslant m, t|l_j \Rightarrow t, l_j$ 是可证的. 因此, 要么 $\vdash_{\mathbf{T}^{\mathrm{LP}}} t|l_1; \cdots; l_m \Rightarrow t$. 要么 $\vdash_{\mathbf{T}^{\mathrm{LP}}} t|l_1; \cdots; l_m \Rightarrow t, l_1; \cdots; l_m$ 是可证的.

情况 $t' = t'(x)$. 假设存在替换 $\theta_1, \cdots, \theta_n$ 和理论 $t_1, \cdots, t_n$ 使得 $t_1 \preceq t_2 \preceq \cdots \preceq t_n$, 并且

$$t|\theta_1 t'(x) \Rightarrow t, \theta_1 t_1(x),$$
$$t|\theta_2 t_1(x) \Rightarrow t, \theta_2 t_2(x),$$
$$\cdots\cdots$$
$$t|\theta_n t_{n-1}(x) \Rightarrow t, \theta_n t_n(x),$$

是可证的, 并且 $t, t_n(x)$ 是协调的, 使得 $t|t'(x) \Rightarrow t, t_n(x)$ 是可证的, 则设 $t'' = t_n(x)$. □

引理 6.3.1 如果 t'' 是 t' 关于 t 的 $\preceq$-极小改变, 并且 t_2 是 t_1 关于 t, t'' 的 $\preceq$-极小改变, 则 t_2 是 t', t_1 关于 t 的 $\preceq$-极小改变.

证明 假设 t'' 是 t' 关于 t 的 $\preceq$-极小改变, 并且 t_2 是 t_1 关于 t, t'' 的 $\preceq$-极小改变, 则根据定义, t_2 是 t', t_1 关于 t 的 $\preceq$-极小改变. □

引理 6.3.2 如果对每个 $i \leqslant n, c_i'$ 是 c_i 关于 $t, c_1', \cdots, c_{i-1}'$ 的 $\preceq$-极小改变, 则 $c_1', \cdots, c_n'$ 是 $c_1, \cdots, c_n$ 关于 t 的 $\preceq$-极小改变.

证明 假设对每个 $i \leqslant n, c_i'$ 是 c_i 关于 $t, c_1', \cdots, c_{i-1}'$ 的 $\preceq$-极小改变, 则 $c_i' \preceq c_i$ 并且 $t, c_1', \cdots, c_i'$ 是协调的.

对于任意的 t_1, 满足 $c_1', \cdots, c_n' \prec t_1 \preceq c_1, \cdots, c_n$, 存在 $c_{11}, \cdots, c_{1n}$ 使得 $t_1 = c_{11}, \cdots, c_{1n}$ 以及 $c_i' \preceq c_{1i} \preceq c_i$. 如果对某个 $i \leqslant n, c_i' \prec c_{1i}$, 则 $t, c_1', \cdots, c_{i-1}', c_{1i}$ 是不协调的, 并且 t, t_1 也是不协调的. □

引理 6.3.3 如果对某个 $j \leqslant m, l_j$ 是 l_j 关于 t 的 $\preceq$-极小改变, 则 $l_1; \cdots; l_m$ 是 $l_1; \cdots; l_m$ 关于 t 的 $\preceq$-极小改变; 如果对每个 $j \leqslant m, \lambda$ 是 l_j 关于 t 的 $\preceq$-极小改变, 则 λ 是 $l_1; \cdots; l_m$ 关于 t 的 $\preceq$-极小改变. □

定理 6.3.2 对于任意协调理论 t, t', t'', 如果 $t|t' \Rightarrow t, t''$ 是可证的, 则 t'' 是 t' 于 t 的 $\preceq$-极小改变, 即

$$\vdash_{\mathbf{T}^{\mathrm{LP}}} t|t' \Rightarrow t, t'' \text{ 蕴含 } \models_{\mathbf{T}^{\mathrm{LP}}} t|t' \Rightarrow t, t''$$

证明 我们对 t' 的结构作归纳来证明定理.

情况 $t' = l$. 要么 $t|l \Rightarrow t, l$, 要么 $t|l \Rightarrow t$ 是可证的, 即要么 $t'' = l$, 要么 $t'' = \lambda$, 并且 t'' 是 t' 关于 t 的 $\preceq$-极小改变.

情况 $t' = c_1, \cdots, c_n$. 如果 $t|c_1, \cdots, c_n \Rightarrow t, c_1', \cdots, c_n'$ 是可证的, 则对每个 $i \leqslant n, t, c_1', \cdots, c_{i-1}'|c_i \Rightarrow t, c_1', \cdots, c_i'$ 是可证的, 因此 c_i' 是 c_i 关于 $t, c_1', \cdots, c_{i-1}'$ 的 $\preceq$-极小改变. 根据引理 6.3.2, $c_1', \cdots, c_n'$ 是 $c_1, \cdots, c_n$ 关于 t 的 $\preceq$-极小改变.

情况 $t' = l_1; \cdots; l_m$. 要么 $t|l_1; \cdots; l_m \Rightarrow t, l_1; \cdots; l_m$, 要么 $t|l_1; \cdots; l_m \Rightarrow t$ 是可证的. 由引理 6.3.3, 要么 $l_1; \cdots; l_m$, 要么 λ 是 $l_1; \cdots; l_m$ 关于 t 的 $\preceq$-极小改变.

情况 $t' = t'(x)$. 假设存在替换 $\theta_1, \cdots, \theta_n$ 和理论 $t_1, \cdots, t_n$ 使得 $t_1 \preceq t_2 \preceq \cdots \preceq t_n$, 并且

$$t|\theta_1 t'(x) \Rightarrow t, \theta_1 t_1(x)$$
$$t|\theta_2 t_1(x) \Rightarrow t, \theta_2 t_2(x)$$
$$\cdots\cdots$$
$$t|\theta_n t_{n-1}(x) \Rightarrow t, \theta_n t_n(x)$$

是可证的, 并且 $t, t_n(x)$ 是协调的, 从而 $t|t'(x) \Rightarrow t, t_n(x)$ 是可证的. 由归纳假设, 对任何 $i \leqslant n, \theta_i t_i(x)$ 是 $\theta_i t_{i-1}(x)$ 关于 t 的一个 $\preceq$-极小改变, 其中 $t_0 = t'$. $t_n(x)$ 是 $t'(x)$ 关于 t 的一个 $\preceq$-极小改变.   □

定理 6.3.3   对于任意协调理论 t, t', t'', 如果 t'' 是 t' 关于 t 的 $\preceq$-极小改变, 则 $t|t' \Rightarrow t, t''$ 是 $\mathbf{T}^{\mathrm{LP}}$-可证的, 即

$$\models_{\mathbf{T}^{\mathrm{LP}}} t|t' \Rightarrow, t, t'' \text{ 蕴含 } \vdash_{\mathbf{T}^{\mathrm{LP}}} t|t' \Rightarrow, t, t''$$

证明   设 $t'' \preceq t'$ 是 t' 关于 t 的 $\preceq$-极小改变.

情况 $t' = l$. $t'' = \lambda$(如果 t, t' 是不协调的) 或 $t'' = t'$(如果 t, t' 是协调的), 并且 $t, t' \Rightarrow t, t''$ 是可证的.

情况 $t' = c_1, \cdots, c_n$. 存在 $c_1', \cdots, c_n'$ 使得对每个 $i \leqslant n, c_i'$ 是 c_i 关于 $t, c_1', \cdots, c_{i-1}'$ 的 $\preceq$-极小改变. 由归纳假设, $t, c_1', \cdots, c_{i-1}'|c_i \Rightarrow t, c_1', \cdots, c_i'$ 是可证的, 由 $(T^,), t|c_1, \cdots, c_n \Rightarrow t, c_1', \cdots, c_n'$ 也是可证的.

情况 $t' = l_1; \cdots; l_m$. 要么 t', 要么 λ 是 t' 关于 t 的 $\preceq$-极小改变, 即要么对每个 $j \leqslant m, l_j$ 是 l_j 关于 t 的 $\preceq$-极小改变; 要么 λ 是 t' 关于 t 的 $\preceq$-极小改变. 由归纳假设, 要么 $t|l_j \Rightarrow t, l_j$ 是可证的, 要么 $t|l_1; \cdots; l_m \Rightarrow t$ 是可证的. 由 $(T^;)$, 要么 $t|t' \Rightarrow t, t'$, 要么 $t|t' \Rightarrow t$ 是可证的.

情况 $t' = t'(x)$. 存在替换 $\theta_1, \cdots, \theta_n$ 和理论 $t_1, \cdots, t_n$ 使得 $t_1 \preceq t_2 \preceq \cdots \preceq t_n$; 对任何 $i \leqslant n, \theta_i t_i(x)$ 是 $\theta_i t_{i-1}(x)$ 关于 t 的一个 $\preceq$-极小改变, 其中 $t_0 = t'$; $t, t_n(x)$ 是协调的. 由归纳假设, 可得:

$$t|\theta_1 t'(x) \Rightarrow t, \theta_1 t_1(x)$$
$$t|\theta_2 t_1(x) \Rightarrow t, \theta_2 t_2(x)$$
$$\cdots\cdots$$
$$t|\theta_n t_{n-1}(x) \Rightarrow t, \theta_n t_n(x)$$

是可证的. 由 $(T^\forall), t|t'(x) \Rightarrow t, t_n(x)$ 是可证的.   □

6.4   余理论的 R-演算

如同理论与余理论是对偶的, R-演算 $\mathbf{S}^{\mathrm{LP}}_{\mathrm{co}}$ 与 $\mathbf{S}^{\mathrm{LP}}$ 是对偶的.

余理论的 R-演算 $\mathbf{S}^{\mathrm{LP}}_{\mathrm{co}}$ 由如下公理和推导规则组成.

公理

$$(S^{\mathbf{A}}) \ \frac{s \not\vdash \neg l}{s|l \Rightarrow s, l} \quad (S_{\mathbf{A}}) \ \frac{s \vdash \neg l}{s|l \Rightarrow s}$$

推导规则

$$(S_,)\ \begin{array}{l} s|l_1 \Rightarrow s, l_1 \\ s, l_1|l_2 \Rightarrow s, l_1, l_2 \\ \cdots\cdots \\ \underline{s, l_1, \cdots, l_{n-1}|l_n \Rightarrow s, l_1, \cdots, l_n} \\ s|l_1, \cdots, l_n \Rightarrow s, l_1, \cdots, l_n \end{array}$$

$$(S_,^i)\ \frac{s, l_1, \cdots, l_{i-1}|l_i \Rightarrow s, l_1, \cdots, l_{i-1}}{s|l_1, \cdots, l_n \Rightarrow s}$$

$$(S_;^i)\ \frac{s|d_i \Rightarrow s, d_i}{s|d_1; \cdots; d_m \Rightarrow s, d_1; \cdots; d_m}$$

$$(S_;)\ \begin{array}{l} s|d_1 \Rightarrow s \\ s|d_2 \Rightarrow s \\ \cdots\cdots \\ \underline{s|d_m \Rightarrow s} \\ s|d_1; \cdots; d_m \Rightarrow s \end{array}$$

$$(S^\forall)\ \frac{s|\theta s'(x) \Rightarrow s, \theta s'(x)}{s|s'(x) \Rightarrow s|s'(x)}$$

$$(S_\forall)\ \frac{s|\varphi s'(x) \Rightarrow s}{s|s'(x) \Rightarrow s}$$

其中, θ 是任何替换; φ 是某个替换.

定理 6.4.1 对任何协调的余理论 s, s' 和 s'', s'' 是 s' 关于 s 的一个 $\subseteq$-极小改变当且仅当 $s|s' \Rightarrow s, s''$ 是 $\mathbf{S}_{co}^{LP}$-可证的, 即

$$\models_{\mathbf{S}_{co}^{LP}} s|s' \Rightarrow, s, s'' \text{ 当且仅当 } \vdash_{\mathbf{S}_{co}^{LP}} s|s' \Rightarrow, s, s''$$

R-演算 $\mathbf{T}^{LP}$ 由如下公理和推导规则组成.

公理

$$(T^\mathbf{A})\ \frac{s \nvdash \neg l}{s|l \Rightarrow s, l} \quad (T_\mathbf{A})\ \frac{s \vdash \neg l}{s|l \Rightarrow s}$$

推导规则

$$(T_,)\ \frac{s|l_1 \Rightarrow s, l_1'}{s|l_1, \cdots, l_n \Rightarrow s, l_1'|l_2, \cdots, l_n} \quad (T_i^;)\ \frac{s|d_i \Rightarrow s, d_i}{s|d_1; \cdots; d_m \Rightarrow s, d_1; \cdots; d_m}$$

$$(T^;)\ \begin{array}{l} s|d_1 \Rightarrow s \\ s|d_2 \Rightarrow s \\ \cdots\cdots \\ \underline{s|d_m \Rightarrow s} \\ s|d_1; \cdots; d_m \Rightarrow s \end{array} \quad (T^\forall)\ \frac{s|\varphi s'(x) \Rightarrow s, \varphi s''(x)}{s|s'(x) \Rightarrow s|s''(x)}$$

定理 6.4.2 对任何协调的余理论 s, s' 和 s'', s'' 是 s' 关于 s 的一个 $\preceq$-极小改变当且仅当 $s|s' \Rightarrow s, s''$ 是 $\mathbf{T}_{co}^{LP}$-可证的, 即

$$\models_{\mathbf{T}_{co}^{LP}} s|s' \Rightarrow, s, s'' \text{ 当且仅当 } \vdash_{\mathbf{T}_{co}^{LP}} s|s' \Rightarrow, s, s''$$

参 考 文 献

[1] Kowalski R. The early years of logic programming [J]. Communications of the ACM, 1988, 31:38-43.

[2] Lloyd J W. Foundations of Logic Programming [M]. 2nd ed. Berlin: Springer, 1987.

[3] Baral C, Gelfond M. Logic programming and knowledge representation [J]. The Journal of Logic Programming, 1994, 19/20: 73-148.

[4] Brain M, de Vos M. Debugging logic programs under the answer set semantics [M]//Lifschitz V. Answer Set Programming. Berlin: Springer, 2005: 141-152.

[5] Li W, Sui Y. An R-calculus for the propositional logic programming [C]//Proceedings of International Conference on Computer Science and Information Technology, 2014:863-870.

第七章 一阶逻辑的 R-演算

因为一阶逻辑的推导关系是不可判定的, 我们对一阶逻辑给出不判定 $\Delta \nvdash \neg A$ 的 R-演算 [1] $\mathbf{S}^{\text{FOL}}$ 和 $\mathbf{T}^{\text{FOL}}$. 它们分别关于 $\subseteq$ / $\preceq$-极小改变是可靠的和完备的.

在一阶逻辑 [2,3] 中, 协调性具有如下性质.

(1) $\Delta \cup \{\forall x A(x)\}$ 是协调的当且仅当对每个基项 $c, \Delta \cup \{A(c)\}$ 是协调的; 相应地, $\Delta \cup \{\forall x A(x)\}$ 是不协调的当且仅当对某个基项 $d, \Delta \cup \{A(d)\}$ 是不协调的;

(2) $\Delta \cup \{\exists x A(x)\}$ 是协调的当且仅当对某个基项 $d, \Delta \cup \{A(d)\}$ 是协调的; 相应地, $\Delta \cup \{\exists x A(x)\}$ 是不协调的当且仅当对每个基项 $c, \Delta \cup \{A(c)\}$ 是不协调的.

7.1 R-演算 $\mathbf{S}^{\text{FOL}}$ 和 $\subseteq$-极小改变

给定任意理论 Δ 和 Γ, 一个理论 Θ 是 Γ 关于 Δ 的一个 $\subseteq$-极小改变, 记为 $\models_{\mathbf{S}^{\text{FOL}}} \Delta | \Gamma \Rightarrow \Delta, \Theta$, 如果 $\Theta \subseteq \Gamma; \Theta$ 与 Δ 是协调的, 并且对任意理论 Ξ 满足 $\Theta \subset \Xi \subseteq \Gamma, \Xi$ 与 Δ 是不协调的.

7.1.1 关于单个公式的 R-演算 $\mathbf{S}^{\text{FOL}}$

关于单个公式 A 的 R-演算 $\mathbf{S}^{\text{FOL}}$ 由如下公理和推导规则组成.

公理

$$(S^{\text{con}}) \ \frac{\Delta \nvdash \neg A}{\Delta | A \Rightarrow \Delta, A} \quad (S^{\neg}) \ \frac{\Delta \vdash \neg l}{\Delta | l \Rightarrow \Delta}$$

推导规则

$$(S_1^{\wedge}) \ \frac{\Delta | A_1 \Rightarrow \Delta}{\Delta | A_1 \wedge A_2 \Rightarrow \Delta} \quad (S^{\vee}) \ \frac{\Delta | A_1 \Rightarrow \Delta \quad \Delta | A_2 \Rightarrow \Delta}{\Delta | A_1 \vee A_2 \Rightarrow \Delta}$$

$$(S_2^{\wedge}) \ \frac{\Delta, A_1 | A_2 \Rightarrow \Delta, A_1}{\Delta | A_1 \wedge A_2 \Rightarrow \Delta}$$

$$(S^{\forall}) \ \frac{\Delta | A_1(t) \Rightarrow \Delta}{\Delta | \forall x A_1(x) \Rightarrow \Delta} \quad (S^{\exists}) \ \frac{\Delta | A_1(x) \Rightarrow \Delta}{\Delta | \exists x A_1(x) \Rightarrow \Delta}$$

以及

$$(S^{\neg\neg}) \quad \dfrac{\Delta|A_1 \Rightarrow \Delta}{\Delta|\neg\neg A_1 \Rightarrow \Delta}$$

$$(S_1^{\neg\vee}) \quad \dfrac{\Delta|\neg A_1 \Rightarrow \Delta}{\Delta|\neg(A_1 \vee A_2) \Rightarrow \Delta}$$

$$(S^{\neg\wedge}) \quad \dfrac{\begin{array}{c}\Delta|\neg A_1 \Rightarrow \Delta \\ \Delta|\neg A_2 \Rightarrow \Delta\end{array}}{\Delta|\neg(A_1 \wedge A_2) \Rightarrow \Delta}$$

$$(S_2^{\neg\vee}) \quad \dfrac{\Delta, \neg A_1|\neg A_2 \Rightarrow \Delta, \neg A_1}{\Delta|\neg(A_1 \vee A_2) \Rightarrow \Delta}$$

$$(S^{\neg\forall}) \quad \dfrac{\Delta|\neg A_1(x) \Rightarrow \Delta}{\Delta|\neg\forall x A_1(x) \Rightarrow \Delta}$$

$$(S^{\neg\exists}) \quad \dfrac{\Delta|\neg A_1(t) \Rightarrow \Delta}{\Delta|\neg\exists x A_1(x) \Rightarrow \Delta}$$

其中, t 是一个项; x 是一个新的变量.

下面是一个推导的例子.

天鹅$(t) \wedge \neg$白色的$(t)|\neg$天鹅$(t) \Rightarrow$ 天鹅$(t) \wedge \neg$白色的(t)

天鹅$(t) \wedge \neg$白色的$(t)|$白色的$(t) \Rightarrow$ 天鹅$(t) \wedge \neg$白色的(t)

天鹅$(t) \wedge \neg$白色的$(t)|\neg$天鹅$(t) \vee$白色的$(t) \Rightarrow$ 天鹅$(t) \wedge \neg$白色的(t)

天鹅$(t) \wedge \neg$白色的$(t)|\forall x(\neg$天鹅$(x) \vee$白色的$(x)) \Rightarrow$ 天鹅$(t) \wedge \neg$白色的(t)

定义 7.1.1 $\Delta|A \Rightarrow \Delta, C$ 是 $\mathbf{S}^{\text{FOL}}$-可证的, 记为 $\vdash_{\mathbf{S}^{\text{FOL}}} \Delta|A \Rightarrow \Delta, C$ 如果存在一个断言序列 $\{S_1, \cdots, S_m\}$, 使得:

$$S_1 = \Delta|A \Rightarrow \Delta|A_1$$
$$\cdots\cdots$$
$$S_m = \Delta|A_m \Rightarrow \Delta, C$$

并且对每个 $i < m, S_{i+1}$ 要么是一个公理, 要么是由此前的断言通过一个 $\mathbf{S}^{\text{FOL}}$ 推导规则推出的.

定理 7.1.1(可靠性定理)   对任何协调公式集合 Δ 和公式 A, 如果 $\Delta|A \Rightarrow \Delta, A$ 是 $\mathbf{S}^{\text{FOL}}$-可证的, 则 $\Delta \cup \{A\}$ 是协调的, 即

$$\vdash_{\mathbf{S}^{\text{FOL}}} \Delta|A \Rightarrow \Delta, A \text{ 蕴含 } \models_{\mathbf{S}^{\text{FOL}}} \Delta|A \Rightarrow \Delta, A$$

并且如果 $\Delta|A \Rightarrow \Delta$ 是 $\mathbf{S}^{\text{FOL}}$-可证的, 则 $\Delta \cup \{A\}$ 是不协调的, 即

$$\vdash_{\mathbf{S}^{\text{FOL}}} \Delta|A \Rightarrow \Delta \text{ 蕴含 } \models_{\mathbf{S}^{\text{FOL}}} \Delta|A \Rightarrow \Delta$$

证明   如果 $\Delta|A \Rightarrow \Delta, A$ 是 $\mathbf{S}^{\text{FOL}}$-可证的, 则由 $(S^{\text{con}}), \Delta \cup \{A\}$ 是协调的.

假设 $\Delta|A \Rightarrow \Delta$ 是 $\mathbf{S}^{\text{FOL}}$-可证的, 我们对公式 A 的结构作归纳, 证明 $\models_{\mathbf{S}^{\text{FOL}}} \Delta|A \Rightarrow \Delta$.

情况$A = l$. $\Delta \vdash \neg l$, 因此 $\Delta \cup \{l\}$ 是不协调的.

情况$A = \neg\neg A_1$. $\Delta|A_1 \Rightarrow \Delta$ 是 $\mathbf{S}^{\text{FOL}}$-可证的, 并且由归纳假设, $\Delta \cup \{A_1\}$ 是不协调的, 因此 $\Delta \cup \{\neg\neg A_1\}$ 是不协调的.

情况 $A = A_1 \wedge A_2$. 要么 $\Delta | A_1 \Rightarrow \Delta$, 要么 $\Delta, A_1 | A_2 \Rightarrow \Delta, A_1$ 是 $\mathbf{S}^{\text{FOL}}$-可证的, 并且由归纳假设, 要么 $\Delta \cup \{A_1\}$, 要么 $\Delta \cup \{A_1\} \cup \{A_2\}$ 是不协调的, 因此 $\Delta \cup \{A_1 \wedge A_2\}$ 是不协调的.

情况 $A = \neg (A_1 \wedge A_2)$. 类似于情况 $A = A_1 \vee A_2$.

情况 $A = A_1 \vee A_2$. $\Delta | A_1 \Rightarrow \Delta$ 和 $\Delta, A_2 \Rightarrow \Delta$ 是 $\mathbf{S}^{\text{FOL}}$-可证的, 并且由归纳假设, $\Delta \cup \{A_1\}$ 和 $\Delta \cup \{A_2\}$ 是不协调的, 因此 $\Delta \cup \{A_1 \vee A_2\}$ 是不协调的.

情况 $A = \neg (A_1 \vee A_2)$. 类似于情况 $A = A_1 \wedge A_2$.

情况 $A = \forall x A_1(x)$. 存在一个项 t 使得 $\Delta | A_1(t) \Rightarrow \Delta$ 是 $\mathbf{S}^{\text{FOL}}$-可证的, 并且由归纳假设, $\Delta \cup \{A_1(t)\}$ 是不协调的, 因此 $\Delta \cup \{\forall x A_1(x)\}$ 是不协调的.

情况 $A = \neg \forall x A_1(x)$. 类似于情况 $A = \exists x A_1(x)$.

情况 $A = \exists x A_1(x)$. 对任何不在 Δ 中出现的变量 x, $\Delta | A_1(x) \Rightarrow \Delta$ 是 $\mathbf{S}^{\text{FOL}}$-可证的, 并且由归纳假设, $\Delta \cup \{A_1(x)\}$ 是不协调的, 因此 $\Delta \cup \{\exists x A_1(x)\}$ 是不协调的.

情况 $A = \neg \exists x A_1(x)$. 类似于情况 $A = \forall x A_1(x)$. $\square$

定理 7.1.2 (完备性定理)   对任何协调公式集合 Δ 和一个公式 A, 如果 $\Delta \cup \{A\}$ 是协调的, 则 $\Delta | A \Rightarrow \Delta, A$ 是 $\mathbf{S}$-可证的, 即

$$\models_{\mathbf{S}^{\text{FOL}}} \Delta | A \Rightarrow \Delta, A \text{ 蕴含 } \vdash_{\mathbf{S}^{\text{FOL}}} \Delta | A \Rightarrow \Delta, A$$

并且如果 $\Delta \cup \{A\}$ 是不协调的, 则 $\Delta | A \Rightarrow \Delta$ 是 $\mathbf{S}^{\text{FOL}}$-可证的, 即

$$\models_{\mathbf{S}^{\text{FOL}}} \Delta | A \Rightarrow \Delta \text{ 蕴含 } \vdash_{\mathbf{S}^{\text{FOL}}} \Delta | A \Rightarrow \Delta$$

证明   假设 $\Delta \cup \{A\}$ 是协调的, 则 $\Delta \not\vdash \neg A$. 由 (S^{con}), $\vdash_{\mathbf{S}^{\text{FOL}}} \Delta | A \Rightarrow \Delta, A$.

假设 $\Delta \cup \{A\}$ 是不协调的, 我们对公式 A 的结构作归纳来证明 $\vdash_{\mathbf{S}^{\text{FOL}}} \Delta | A \Rightarrow \Delta$.

情况 $A = l$. $\Delta \vdash \neg l$, 并由 $(S^\neg)$, $\Delta | l \Rightarrow \Delta$ 是 $\mathbf{S}^{\text{FOL}}$-可证的.

情况 $A = A_1 \wedge A_2$. 要么 $\Delta \cup \{A_1\}$, 要么 $\Delta \cup \{A_1, A_2\}$ 是不协调的, 并且由归纳假设, 要么 $\Delta | A_1 \Rightarrow \Delta$, 要么 $\Delta, A_1 | A_2 \Rightarrow \Delta, A_1$ 是 $\mathbf{S}^{\text{FOL}}$-可证的. 由 $(S_1^\wedge)$ 或者 $(S_2^\wedge)$, $\Delta | A_1 \wedge A_2 \Rightarrow \Delta$ 是 $\mathbf{S}^{\text{FOL}}$-可证的.

情况 $A = \neg (A_1 \wedge A_2)$. 类似于情况 $A = A_1 \vee A_2$.

情况 $A = A_1 \vee A_2$. $\Delta \cup \{A_1\}$ 和 $\Delta \cup \{A_2\}$ 是不协调的, 并且由归纳假设, $\Delta | A_1 \Rightarrow \Delta$ 和 $\Delta | A_2 \Rightarrow \Delta$ 是 $\mathbf{S}^{\text{FOL}}$-可证的. 由 $(S_\vee)$, $\Delta | A_1 \vee A_2 \Rightarrow \Delta$ 是 $\mathbf{S}^{\text{FOL}}$-可证的.

情况 $A = \neg (A_1 \vee A_2)$. 类似于情况 $A = A_1 \wedge A_2$.

情况 $A = \forall x A_1(x)$. 存在一个项 t 使得 $\Delta \cup \{A_1(t)\}$ 是不协调的, 并且由归纳假设, $\Delta | A_1(t) \Rightarrow \Delta$ 是 $\mathbf{S}^{\text{FOL}}$-可证的. 由 $(S^\forall)$, $\Delta | \forall x A_1(x) \Rightarrow \Delta$ 是 $\mathbf{S}^{\text{FOL}}$-可证的.

情况 $A = \neg \forall x A_1(x)$. 类似于情况 $A = \exists x A_1(x)$.

情况 $A = \exists x A_1(x)$. 对任何不出现在 Δ 中的变量 x, $\Delta \cup \{A_1(x)\}$ 是不协调的, 并且由归纳假设, $\Delta|A_1(x) \Rightarrow \Delta$ 是 $\mathbf{S}^{\text{FOL}}$-可证的. 由 $(S^{\exists})$, $\Delta|\exists x A_1(x) \Rightarrow \Delta$ 是 $\mathbf{S}^{\text{FOL}}$-可证的.

情况 $A = \neg\exists x A_1(x)$. 类似于情况 $A = \forall x A_1(x)$. □

注释: 关于协调性和非协调性, 我们有如下可靠的和完备的推理系统.

$$(\mathbf{A}^+) \ \frac{\Delta \not\vdash \neg A}{\text{con}(\Delta, A)} \quad (\mathbf{A}^-) \ \frac{\Delta \vdash \neg l}{\text{incon}(\Delta, l)}$$

$$(\wedge_1^-) \ \frac{\text{incon}(\Delta, A_1)}{\text{incon}(\Delta, (A_1 \wedge A_2))}$$

$$(\wedge_2^-) \ \frac{\text{incon}(\Delta \cup \{A_1\}, A_2)}{\text{incon}(\Delta, (A_1 \wedge A_2))}$$

$$(\vee^-) \ \frac{\text{incon}(\Delta, A_1) \quad \text{incon}(\Delta, A_2)}{\text{incon}(\Delta, (A_1 \vee A_2))}$$

$$(\vee_2^+) \ \frac{\text{con}(\Delta, A_2)}{\text{con}(\Delta, (A_1 \vee A_2))}$$

$$(\forall^-) \ \frac{\text{incon}(\Delta, A_1(t))}{\text{incon}(\Delta, \forall x A_1(x))}$$

$$(\exists^-) \ \frac{\text{incon}(\Delta, A_1(x))}{\text{incon}(\Delta, \exists x A_1(x))}$$

以及

$$(\neg\neg^-) \ \frac{\text{incon}(\Delta, A_1)}{\text{incon}(\Delta, \neg\neg A_1)} \qquad (\neg\wedge^-) \ \frac{\text{incon}(\Delta, \neg A_1) \quad \text{incon}(\Delta, \neg A_2)}{\text{incon}(\Delta, \neg(A_1 \wedge A_2))}$$

$$(\neg\vee_1^-) \ \frac{\text{incon}(\Delta, \neg A_1)}{\text{incon}(\Delta, \neg(A_1 \vee A_2))}$$

$$(\neg\vee_2^-) \ \frac{\text{incon}(\Delta \cup \{\neg A_1\}, \neg A_2)}{\text{incon}(\Delta, \neg(A_1 \vee A_2))} \qquad (\neg\forall^-) \ \frac{\text{incon}(\Delta, \neg A_1(x))}{\text{incon}(\Delta, \neg\forall x A_1(x))}$$

$$(\neg\exists^-) \ \frac{\text{incon}(\Delta, \neg A_1(t))}{\text{incon}(\Delta, \neg\exists x A_1(x))}$$

□

7.1.2　关于理论的 R-演算 $\mathbf{S}^{\text{FOL}}$

设 $\Gamma = (A_1, \cdots, A_n)$, 定义 $\Delta|\Gamma = (\cdots((\Delta|A_1)|A_2)\cdots)|A_n$.

理论 Γ 的 R-演算 $\mathbf{S}^{\text{FOL}}$ 由如下公理和推导规则组成.

公理

$$(S^{\text{con}}) \ \frac{\Delta \not\vdash \neg A}{\Delta|A, \Gamma \Rightarrow \Delta, A|\Gamma} \quad (S^{\neg}) \ \frac{\Delta \vdash \neg l}{\Delta|l, \Gamma \Rightarrow \Delta|\Gamma}$$

推导规则

$$(S_1^{\wedge})\ \frac{\Delta|A_1,\Gamma \Rightarrow \Delta|\Gamma}{\Delta|A_1 \wedge A_2,\Gamma \Rightarrow \Delta|\Gamma} \qquad (S^{\vee})\ \frac{\Delta|A_1,\Gamma \Rightarrow \Delta|\Gamma \quad \Delta|A_2,\Gamma \Rightarrow \Delta|\Gamma}{\Delta|A_1 \vee A_2,\Gamma \Rightarrow \Delta|\Gamma}$$

$$(S_2^{\wedge})\ \frac{\Delta,A_1|A_2,\Gamma \Rightarrow \Delta,A_1|\Gamma}{\Delta|A_1 \wedge A_2,\Gamma \Rightarrow \Delta|\Gamma}$$

$$(S^{\forall})\ \frac{\Delta|A_1(t),\Gamma \Rightarrow \Delta|\Gamma}{\Delta|\forall x A_1(x),\Gamma \Rightarrow \Delta|\Gamma} \qquad (S^{\exists})\ \frac{\Delta|A_1(x),\Gamma \Rightarrow \Delta|\Gamma}{\Delta|\exists x A_1(x),\Gamma \Rightarrow \Delta|\Gamma}$$

以及

$$(S^{\neg\neg})\ \frac{\Delta|A_1,\Gamma \Rightarrow \Delta|\Gamma}{\Delta|\neg\neg A_1,\Gamma \Rightarrow \Delta|\Gamma}$$

$$(S^{\neg\wedge})\ \frac{\begin{array}{c}\Delta|\neg A_1,\Gamma \Rightarrow \Delta|\Gamma \\ \Delta|\neg A_2,\Gamma \Rightarrow \Delta|\Gamma\end{array}}{\Delta|\neg(A_1 \wedge A_2),\Gamma \Rightarrow \Delta|\Gamma} \qquad (S_1^{\neg\vee})\ \frac{\Delta|\neg A_1,\Gamma \Rightarrow \Delta|\Gamma}{\Delta|\neg(A_1 \vee A_2),\Gamma \Rightarrow \Delta|\Gamma}$$

$$(S_2^{\neg\vee})\ \frac{\Delta,\neg A_1|\neg A_2,\Gamma \Rightarrow \Delta,\neg A_1|\Gamma}{\Delta|\neg(A_1 \vee A_2),\Gamma \Rightarrow \Delta|\Gamma}$$

$$(S^{\neg\forall})\ \frac{\Delta|\neg A_1(x),\Gamma \Rightarrow \Delta|\Gamma}{\Delta|\neg\forall x A_1(x),\Gamma \Rightarrow \Delta|\Gamma} \qquad (S^{\neg\exists})\ \frac{\Delta|\neg A_1(t),\Gamma \Rightarrow \Delta|\Gamma}{\Delta|\neg\exists x A_1(x),\Gamma \Rightarrow \Delta|\Gamma}$$

其中, t 是一个项; x 是一个新的变量.

定义 7.1.2 $\Delta|\Gamma \Rightarrow \Delta,\Theta$ 是 $\mathbf{S}^{\text{FOL}}$-可证的, 记为 $\vdash_{\mathbf{S}^{\text{FOL}}} \Delta|\Gamma \Rightarrow \Delta,\Theta$, 如果存在一个断言序列 $\{S_1,\cdots,S_m\}$ 使得:

$$S_1 = \Delta|\Gamma \Rightarrow \Delta_1|\Gamma_1$$
$$\cdots\cdots$$
$$S_m = \Delta_{m-1}|\Gamma_{m-1} \Rightarrow \Delta,\Theta$$

并且对每个 $i < m, S_{i+1}$ 要么是一个公理, 要么是由此前的断言通过一个 $\mathbf{S}^{\text{FOL}}$ 中的推导规则得到的.

定理 7.1.3(可靠性定理) 对任何协调公式集合 Θ,Δ 和任意有限的协调公式集合 Γ, 如果 $\Delta|\Gamma \Rightarrow \Delta,\Theta$ 是 $\mathbf{S}^{\text{FOL}}$-可证的, 则 Θ 是 Γ 关于 Δ 的一个 $\subseteq$-极小改变, 即

$$\vdash_{\mathbf{S}^{\text{FOL}}} \Delta|\Gamma \Rightarrow \Delta,\Theta \ \text{蕴含} \ \models_{\mathbf{S}^{\text{FOL}}} \Delta|\Gamma \Rightarrow \Delta,\Theta \qquad \Box$$

定理 7.1.4(完备性定理) 对任何协调公式集合 Θ,Δ 和任意有限协调公式集合 Γ, 如果 Θ 是 Γ 关于 Δ 的一个 $\subseteq$-极小改变, 则 $\Delta|\Gamma \Rightarrow \Delta,\Theta$ 是 $\mathbf{S}^{\text{FOL}}$-可证的, 即

$$\models_{\mathbf{S}^{\text{FOL}}} \Delta|\Gamma \Rightarrow \Delta,\Theta \ \text{蕴含} \ \vdash_{\mathbf{S}^{\text{FOL}}} \Delta|\Gamma \Rightarrow \Delta,\Theta \qquad \Box$$

例 7.1.1   设 $\Delta = \{p(c_1), q(c_2)\}$，并且 $A = \forall x(\neg p(x) \wedge \neg q(x) \wedge r(x))$ 则我们有如下推导, 即

$$\Delta|\neg p(c_1) \wedge \neg q(c_1) \wedge r(c_1) \Rightarrow \Delta$$

$$\Delta|\forall x(\neg p(x) \wedge \neg q(x) \wedge r(x)) \Rightarrow \Delta$$

因此

$$\vdash_{\mathbf{S}^{\mathrm{FOL}}} \Delta|\forall x(\neg p(x) \wedge \neg q(x) \wedge r(x)) \Rightarrow \Delta$$

7.2   关于 $\preceq$-极小改变的 R-演算

在本节, 我们给出 R-演算 $\mathbf{T}^{\mathrm{FOL}}$, 它关于 Γ 对 Δ 的 $\preceq$-极小改变是可靠的和完备的, 即对于任意协调理论 Γ, Δ 和 Θ, $\Delta|\Gamma \Rightarrow \Delta, \Theta$ 是 $\mathbf{T}^{\mathrm{FOL}}$-可证的, 当且仅当 Θ 是 Γ 关于 Δ 的一个 $\preceq$-极小改变.

7.2.1   关于单个公式的 R-演算 $\mathbf{T}^{\mathrm{FOL}}$

单个公式 A 的 R-演算 $\mathbf{T}^{\mathrm{FOL}}$ 由如下公理和推导规则组成.
公理

$$(T^{\mathbf{A}}) \ \frac{\Delta \nvdash \neg A}{\Delta|A \Rightarrow \Delta, A} \qquad (T_{\mathbf{A}}) \ \frac{\Delta \vdash \neg l}{\Delta|l \Rightarrow \Delta, \lambda}$$

推导规则

$$(T^{\wedge}) \ \frac{\Delta|A_1 \Rightarrow \Delta, C_1}{\Delta|A_1 \wedge A_2 \Rightarrow \Delta, C_1|A_2} \qquad (T_1^{\vee}) \ \frac{\Delta|A_1 \Rightarrow \Delta, C_1 \neq \lambda}{\Delta|A_1 \vee A_2 \Rightarrow \Delta, C_1 \vee A_2}$$

$$(T_2^{\vee}) \ \frac{\begin{array}{c} \Delta|A_1 \Rightarrow \Delta \\ \Delta|A_2 \Rightarrow \Delta, C_2 \\ C_2 \neq \lambda \end{array}}{\Delta|A_1 \vee A_2 \Rightarrow \Delta, A_1 \vee C_2}$$

$$(T_3^{\vee}) \ \frac{\Delta|A_1 \Rightarrow \Delta \quad \Delta|A_2 \Rightarrow \Delta}{\Delta|A_1 \vee A_2 \Rightarrow \Delta}$$

$$(T^{\forall}) \ \frac{\Delta|A(t) \Rightarrow \Delta, C(t)}{\Delta|\forall x A(x) \Rightarrow \Delta|\forall x C(x)} \qquad (T^{\exists}) \ \frac{\Delta|A(x) \Rightarrow \Delta, C(x)}{\Delta|\exists x A(x) \Rightarrow \Delta, \exists x C(x)}$$

以及

$$(T^{\neg\neg}) \quad \frac{\Delta|A_1 \Rightarrow \Delta, C_1}{\Delta|\neg\neg A_1 \Rightarrow \Delta, \neg\neg C_1}$$

$$(T_1^{\neg\wedge}) \quad \frac{\Delta|\neg A_1 \Rightarrow \Delta, \neg C_1 \neq \lambda}{\Delta|\neg(A_1 \wedge A_2) \Rightarrow \Delta|\neg(C_1 \wedge A_2)}$$

$$(T_2^{\neg\wedge}) \quad \frac{\begin{array}{c}\Delta|\neg A_1 \Rightarrow \Delta \\ \Delta|\neg A_2 \Rightarrow \Delta, \neg C_2 \neq \lambda\end{array}}{\Delta|\neg(A_1 \wedge A_2) \Rightarrow \Delta|\neg(A_1 \wedge C_2)} \qquad (T^{\neg\vee}) \quad \frac{\begin{array}{c}\Delta|\neg A_1 \Rightarrow \Delta, \neg C_1 \\ \Delta, \neg C_1|\neg A_2 \Rightarrow \Delta, \neg C_1, \neg C_2\end{array}}{\Delta|\neg(A_1 \wedge A_2) \Rightarrow \Delta, \neg(C_1 \vee C_2)}$$

$$(T_3^{\neg\wedge}) \quad \frac{\begin{array}{c}\Delta|\neg A_1 \Rightarrow \Delta \\ \Delta|\neg A_2 \Rightarrow \Delta\end{array}}{\Delta|\neg(A_1 \wedge A_2) \Rightarrow \Delta}$$

$$(T^{\neg\forall}) \quad \frac{\Delta|\neg A(x) \Rightarrow \Delta, \neg C(x)}{\Delta|\neg\forall x A(x) \Rightarrow \Delta, \neg\forall x C(x)} \qquad (T^{\neg\exists}) \quad \frac{\Delta|\neg A(t) \Rightarrow \Delta, \neg C(t)}{\Delta|\neg\exists x A(x) \Rightarrow \Delta|\neg\exists x C(x)}$$

其中, t 是一个项; x 是一个新的变量.

定义 7.2.1 $\Delta|A \Rightarrow \Delta, C$ 是 $\mathbf{T}^{\mathrm{FOL}}$-可证的, 记作 $\vdash_{\mathbf{T}^{\mathrm{FOL}}} \Delta|A \Rightarrow \Delta, C$, 如果存在一个断言序列 $\{S_1, \cdots, S_m\}$, 使得:

$$S_1 = \Delta|A \Rightarrow \Delta|A_1$$
$$\cdots\cdots$$
$$S_m = \Delta|A_m \Rightarrow \Delta, C$$

且对于每一个 $i < m, S_{i+1}$ 是一条公理或是由之前的断言通过 $\mathbf{T}^{\mathrm{FOL}}$ 中的一条规则推导得到的.

定理 7.2.1 对于任意协调公式集合 Δ 和公式 A, 存在一个公式 C 使得 $C \preceq A$ 且 $\Delta|A \Rightarrow \Delta, C$ 是可证的.

证明 我们对公式 A 的结构作归纳来证明定理.

情况 $A = l$. 如果 $\Delta \vdash \neg l$, 则令 $C = \lambda$; 如果 $\Delta \nvdash \neg l$, 则令 $C = l$. 根据 $(T^{\mathbf{A}})$ 和 $(T_{\mathbf{A}})$, $\Delta|A \Rightarrow \Delta, C$ 是可证的.

情况 $A = A_1 \wedge A_2$. 由归纳假设, 存在公式 $C_1 \preceq A_1, C_2 \preceq A_2$ 使得 $\Delta|A_1 \Rightarrow \Delta, C_1$ 和 $\Delta, C_1|A_2 \Rightarrow \Delta, C_2$ 是 $\mathbf{T}^{\mathrm{FOL}}$-可证的. 因此, $\Delta|A_1 \wedge A_2 \Rightarrow \Delta, C_1 \wedge C_2$ 是可证的.

情况 $A = A_1 \vee A_2$. 由归纳假设, 存在公式 $C_1 \preceq A_1$ 和 $C_2 \preceq A_2$ 使得 $\Delta|A_1 \Rightarrow \Delta, C_1$ 和 $\Delta|A_2 \Rightarrow \Delta, C_2$ 是可证的. 如果 $C_1 \neq \lambda$, 则根据 $(T_1^{\vee})$, $\vdash_{\mathbf{T}^{\mathrm{FOL}}} \Delta|A_1 \vee A_2 \Rightarrow \Delta, C_1 \vee A_2$; 如果 $C_1 = \lambda$ 且 $C_2 \neq \lambda$, 则根据 $(T_2^{\vee})$, $\vdash_{\mathbf{T}^{\mathrm{FOL}}} \Delta|A_1 \vee A_2 \Rightarrow A_1 \vee C_2$; 如果 $C_1 = C_2 = \lambda$, 则根据 $(T_3^{\vee})$, $\vdash_{\mathbf{T}^{\mathrm{FOL}}} \Delta|A_1 \vee A_2 \Rightarrow \Delta$. 因此, 有

$$C = \begin{cases} C_1 \vee A_2, & C_1 \neq \lambda \\ A_1 \vee C_2, & C_1 = \lambda \neq C_2 \\ \lambda, & \text{其他} \end{cases}$$

且 $\vdash_{\mathbf{T}^{\text{FOL}}} \Delta | A_1 \vee A_2 \Rightarrow \Delta, C$.

情况 $A = \forall x A_1(x)$. 由 $(T^\forall)$, 存在常量 $d_1, \cdots, d_n$ 和公式 $A_2, \cdots, A_n, C$, 使得:

$$\Delta | A_1(d_1) \Rightarrow \Delta | A_2(d_1), \text{incon}(\Delta, \forall x A_1(x))$$
$$\Delta | A_2(d_2) \Rightarrow \Delta | A_3(d_2), \text{incon}(\Delta, \forall x A_2(x))$$
$$\cdots\cdots$$
$$\frac{\Delta | A_n(d_n) \Rightarrow \Delta | C(d_n), \text{con}(\Delta, \forall x C(x))}{\Delta | \forall x A_1(x) \Rightarrow \Delta, \forall x C(x)}$$

由归纳假设, 对任何 $i \leqslant n+1$, $A_i(d_i)$ 是 $A_{i-1}(d_i)$ 关于 Δ 的一个 $\preceq$-极小改变, 其中 $A_{n+1} = C$. 因此, 对任何公式 E 使得 $\forall x C(x) \prec E \preceq \forall x A_1(x)$, 存在一个公式 E' 和 $i \leqslant n+1$ 使得 $E = \forall x E'(x)$, 并且 $A_i(d_{i-1}) \prec E'(d_{i-1}) \preceq A_{i-1}(d_{i-1})$. 由归纳假设, Δ 与 $E'(d_{i-1})$ 和 $\forall x E'(x)$ 是不协调的.

情况 $A = \exists x A_1(x)$. 由 $(T^\exists)$, 存在新的变量 x 和公式 D_1, 使得:

$$\frac{\Delta | A_1(x) \Rightarrow \Delta | D_1(x)}{\Delta | \exists x A_1(x) \Rightarrow \Delta, \exists x D_1(x)}$$

由归纳假设, $D_1(x)$ 是 $A_1(x)$ 关于 Δ 的一个 $\preceq^\Delta$-极小改变. 因此, $\exists x D_1(x)$ 是 $\exists x A_1(x)$ 关于 Δ 的一个 $\preceq^\Delta$-极小改变, 因为对任何公式 E, $\exists x D_1(x) \prec E \preceq \exists x A_1(x)$, 存在一个公式 E' 使得 $E = \exists x E'(x)$, 并且 $D_1(x) \prec E'(x) \preceq A_1(x)$. 由归纳假设, Δ 与 $E'(x)$ 和 $\exists x E'(x)$ 是不协调的.

类似地, 我们可以证明带逻辑连接词 $\neg$ 的情况. □

关于 $\preceq$-极小改变, 我们有如下引理.

引理 7.2.1　如果存在常量 $d_1, \cdots, d_n$ 和公式 $A_2, \cdots, A_n, C_1$, 使得:

$$A_2(d_1) \text{ 是 } A_1(d_1) \text{ 关于 } \Delta \text{ 的一个 } \preceq\text{-极小改变}$$
$$A_3(d_2) \text{ 是 } A_2(d_2) \text{ 关于 } \Delta \text{ 的一个 } \preceq\text{-极小改变}$$
$$\cdots\cdots$$
$$C_1(d_n) \text{ 是 } A_n(d_n) \text{ 关于 } \Delta \text{ 的一个 } \preceq\text{-极小改变}$$

则 $\forall x C_1(x)$ 是 $\forall x A_1(x)$ 关于 Δ 的一个 $\preceq$-极小改变.

证明　我们对 n 作归纳来证明引理. 当 $n = 1$ 时, 我们假设 $C_1(d)$ 是 $A_1(d)$ 关于 Δ 的一个 $\preceq$-极小改变, 则 $\forall x C_1(x) \preceq \forall x A_1(x)$, 并且 $\Delta \cup \{\forall x C_1(x)\}$ 是协调的.

对任何公式 B 使得 $\forall x C_1(x) \prec B \preceq \forall x A_1(x)$, 存在一个公式 B_1 使得 $B = \forall x B_1(x)$, 并且 $C_1(d) \prec B_1(d) \preceq A_1(d)$, 则 $\Delta \cup \{B_1(d)\}$ 是不协调的, 并且 $\Delta \cup \{\forall x B_1(x)\}$ 也是不协调的.

假设引理对 $n = k$ 成立. 设 $n = k + 1$, 则 $C_1(d_n)$ 是 $A_n(d_n)$ 关于 Δ 的一个 $\preceq$-极小改变. $\forall x C_1(x) \preceq \forall x A_n(x)$, 并且 $\Delta \cup \{\forall x C_1(x)\}$ 是协调的.

对任何公式 B 使得 $\forall x C_1(x) \prec B \preceq \forall x A_1(x)$, 存在一个公式 B_1 使得 $B = \forall x B_1(x)$, 并且 $C_1(d_n) \prec B_1(d_n) \preceq A_n(d_n) \preceq A_i(d_n)$, 则 $\Delta \cup \{B_1(d_n)\}$ 是不协调的, 并且 $\Delta \cup \{\forall x B_1(x)\}$ 也是不协调的. □

引理 7.2.2 如果存在新的常量 c 和公式 D_1, 使得:

$$D_1(c) \text{ 是 } A_1(c) \text{ 关于 } \Delta \text{ 的一个 } \preceq\text{-极小改变}$$

则 $\exists x D_1(x)$ 是 $\exists x A_1(x)$ 关于 Δ 的 $\preceq$-极小改变.

引理的证明类似于定理 7.2.1 的证明. □

定理 7.2.2(可靠性定理) 对于任意公式集合 Δ 和公式 A, C, 如果 $\Delta | A \Rightarrow \Delta, C$ 是可证的, 则 C 是 A 关于 Δ 的一个 $\preceq$-极小改变, 即

$$\vdash_{\mathbf{T}^{\mathrm{FOL}}} \Delta | A \Rightarrow \Delta, C \text{ 蕴含 } \models_{\mathbf{T}^{\mathrm{FOL}}} \Delta | A \Rightarrow \Delta, C$$

证明 我们对 A 的结构作归纳来证明定理.

如果 $C = A$, 则 A 与 Δ 是协调的, 并且 C 是 A 关于 Δ 的一个 $\preceq$-极小改变.

情况 $A = l$. $\Delta | l \Rightarrow \Delta$ 是 $\mathbf{T}^{\mathrm{FOL}}$-可证的, 且 $C = \lambda$ 是 l 关于 Δ 的一个 $\preceq$-极小改变.

情况 $A = \neg\neg A_1$. 如果 $\Delta | A_1 \Rightarrow \Delta, C_1$ 是 $\mathbf{T}^{\mathrm{FOL}}$-可证的, 则 C_1 是 A_1 关于 Δ 的一个 $\preceq$-极小改变, 因此 $\neg\neg C_1$ 是 $\neg\neg A_1$ 关于 Δ 的一个 $\preceq$-极小改变.

情况 $A = A_1 \wedge A_2$. 如果 $\Delta | A_1 \Rightarrow \Delta, C_1$ 是 $\mathbf{T}^{\mathrm{FOL}}$-可证的, 则 C_1 是 A_1 关于 Δ 的一个 $\preceq$-极小改变, 并且如果 $\Delta, C_1 | A_2 \Rightarrow \Delta, C_1, C_2$ 是 $\mathbf{T}^{\mathrm{FOL}}$-可证的, 则 C_2 是 A_2 关于 $\Delta \cup \{C_1\}$ 的一个 $\preceq$-极小改变. 因此, $C_1 \wedge C_2$ 是 $A_1 \wedge A_2$ 关于 Δ 的一个 $\preceq$-极小改变.

情况 $A = A_1 \vee A_2$. $\Delta \cup \{A_1\}$ 和 $\Delta \cup \{A_2\}$ 是不协调的, 且存在 C_1' 和 C_2' 使得 $\Delta | A_1 \Rightarrow \Delta, C_1'$ 和 $\Delta | A_2 \Rightarrow \Delta, C_2'$ 是 $\mathbf{T}^{\mathrm{FOL}}$-可证的. 由归纳假设, C_1' 和 C_2' 分别是 A_1 和 A_2 关于 Δ 的 $\preceq$-极小改变, 则 $\Delta | A_1 \vee A_2 \Rightarrow \Delta, C'$, 并且 C' 是 $A_1 \vee A_2$ 关于 Δ 的一个 $\preceq$-极小改变, 其中

$$C' = \begin{cases} C_1' \vee A_2, & C_1' \neq \lambda \\ A_1 \vee C_2', & C_1' = \lambda \neq C_2' \\ \lambda, & \text{其他} \end{cases}$$

情况 $A = \forall x A_1(x)$. 存在公式 $A_2, \cdots, A_n, C_1$ 和常量 $d_1, \cdots, d_n$, 使得:

$$\Delta | A_1(d_1) \Rightarrow \Delta, A_2(d_1)$$
$$\Delta | A_2(d_2) \Rightarrow \Delta, A_3(d_2)$$
$$\cdots\cdots$$
$$\Delta | A_n(d_n) \Rightarrow \Delta, C_1(d_n)$$

是可证的, 并且由归纳假设, 有

$$A_2(d_1) \text{ 是 } A_1(d_1) \text{ 关于 } \Delta \text{ 的一个 } \preceq\text{-极小改变}$$
$$A_3(d_2) \text{ 是 } A_2(d_2) \text{ 关于 } \Delta \text{ 的一个 } \preceq\text{-极小改变}$$
$$\cdots\cdots$$
$$C_1(d_n) \text{ 是 } A_n(d_n) \text{ 关于 } \Delta \text{ 的一个 } \preceq\text{-极小改变}$$

并且由引理 7.2.1, $\forall x C_1(x)$ 是 $\forall x A_1(x)$ 关于 Δ 的一个 $\preceq$-极小改变.

情况 $A = \exists x A_1(x)$. 类似于情况 $A = A_1 \vee A_2$. □

定理 7.2.3 (完备性定理)　对于任意公式集合 Δ 和公式 A, C, 如果 C 是 A 关于 Δ 的一个 $\preceq$-极小改变, 则存在一个公式 A' 使得 $A \simeq A'$ 且 $\Delta | A' \Rightarrow \Delta, C$ 是 $\mathbf{T}^{\mathrm{FOL}}$-可证的, 即

$$\models_{\mathbf{T}^{\mathrm{FOL}}} \Delta | A \Rightarrow \Delta, C \text{ 蕴含 } \vdash_{\mathbf{T}^{\mathrm{FOL}}} \Delta | A' \Rightarrow \Delta, C$$

证明　设 $C \preceq A$ 是 A 关于 Δ 的一个 $\preceq$-极小改变.

情况 $A = l$. $C = \lambda$(如果 Δ, A 是不协调的) 或 $C = A$(如果 Δ, A 是协调的), 并且 $\Delta, A \Rightarrow \Delta, C$ 是 $\mathbf{T}^{\mathrm{FOL}}$-可证的.

情况 $A = A_1 \wedge A_2$. 存在 C_1, C_2 使得 $C = C_1 \wedge C_2$, 且 C_1 和 C_2 分别是 A_1 和 A_2 关于 Δ 和 Δ, C_1 的 $\preceq$-极小改变. 因此, $C_1 \wedge C_2$ 是 $A_1 \wedge A_2$ 关于 Δ 的 $\preceq$-极小改变. 由归纳假设, $\Delta | A_1 \Rightarrow \Delta, C_1$ 和 $\Delta, C_1 | A_2 \Rightarrow \Delta, C_1, C_2$ 是 $\mathbf{T}^{\mathrm{FOL}}$-可证的, 并且根据 $(S^\wedge)$, $\Delta | A_1 \wedge A_2 \Rightarrow \Delta, C_1 \wedge C_2$ 是 $\mathbf{T}^{\mathrm{FOL}}$-可证的.

情况 $A = A_1 \vee A_2$. 存在 C_1 和 C_2 使得 $C = C'$, 并且 C_1 和 C_2 分别是 A_1 和 A_2 关于 Δ 的 $\preceq$-极小改变, 其中

$$C' = \begin{cases} C_1 \vee A_2, & C_1 \neq \lambda \\ A_1 \vee C_2, & C_1 = \lambda \text{ 且 } C_2 \neq \lambda \\ \lambda, & C_1 = C_2 = \lambda \end{cases}$$

则 C' 是 $A_1 \vee A_2$ 关于 Δ 的 $\preceq$-极小改变. 由归纳假设, 要么 $\Delta | A_1 \Rightarrow \Delta, C_1$, 要么 $\Delta | A_2 \Rightarrow \Delta, C_2$, 要么 $\Delta | A_1 \Rightarrow \Delta$ 和 $\Delta | A_2 \Rightarrow \Delta$ 是 $\mathbf{T}^{\mathrm{FOL}}$-可证的, 因此 $\Delta | A_1 \vee A_2 \Rightarrow \Delta, C'$.

情况 $A = \forall x A_1(x)$. 存在公式 $A_2, \cdots, A_n, C_1$ 和常量 $d_1, \cdots, d_n$, 使得:

$$A_2(d_1) \text{ 是 } A_1(d_1) \text{ 关于 } \Delta \text{ 的一个 } \preceq\text{-极小改变}$$
$$A_3(d_2) \text{ 是 } A_2(d_2) \text{ 关于 } \Delta \text{ 的一个 } \preceq\text{-极小改变}$$
$$\cdots\cdots$$
$$C_1(d_n) \text{ 是 } A_n(d_n) \text{ 关于 } \Delta \text{ 的一个 } \preceq\text{-极小改变}$$

由归纳假设, 有

$$\Delta|A_1(d_1) \Rightarrow \Delta, A_2(d_1)$$
$$\Delta|A_2(d_2) \Rightarrow \Delta, A_3(d_2)$$
$$\cdots\cdots$$
$$\Delta|A_n(d_n) \Rightarrow \Delta, C_1(d_n)$$

是可证的, 并且根据 $(T^{\forall})$, $\Delta|\forall x A_1(x) \Rightarrow \Delta, \forall x C_1(x)$ 是 $\mathbf{T}^{\mathrm{FOL}}$-可证的.

情况 $A = \exists x A_1(x)$. 对新的变量 x, 存在一个公式 $C(x) \preceq A_1(x)$ 使得 $C(x)$ 是 $A_1(x)$ 关于 Δ 的 $\preceq$-极小改变. 由归纳假设, $\Delta|A_1(x) \Rightarrow \Delta, C(x)$ 是 $\mathbf{T}^{\mathrm{FOL}}$-可证的, 并且根据 $(T^{\exists})$, $\Delta|\exists x A_1(x) \Rightarrow \Delta, \exists x C(x)$ 是 $\mathbf{T}^{\mathrm{FOL}}$-可证的. $\qquad\square$

7.2.2 关于理论 Γ 的 R-演算 $\mathbf{T}^{\mathrm{FOL}}$

设 $\Gamma = (A_1, \cdots, A_n)$, 定义 $\Delta|\Gamma = (\cdots((\Delta|A_1)|A_2)\cdots)|A_n$.

理论 Γ 的 R-演算 $\mathbf{T}^{\mathrm{FOL}}$ 由如下公理和推导规则组成.

公理

$$(T^{\mathbf{A}}) \quad \frac{\Delta \nvdash \neg A}{\Delta|A, \Gamma \Rightarrow \Delta, A|\Gamma} \qquad (T_{\mathbf{A}}) \quad \frac{\Delta \vdash \neg l}{\Delta|l, \Gamma \Rightarrow \Delta|\Gamma}$$

推导规则

$$(T^{\wedge}) \quad \frac{\begin{array}{c} \Delta|A_1, \Gamma \Rightarrow \Delta, C_1|\Gamma \\ \Delta, C_1|A_2, \Gamma \Rightarrow \Delta, C_1, C_2|\Gamma \end{array}}{\Delta|A_1 \wedge A_2, \Gamma \Rightarrow \Delta, C_1 \wedge C_2|\Gamma} \qquad (T_1^{\vee}) \quad \frac{\Delta|A_1, \Gamma \Rightarrow \Delta, C_1|\Gamma \quad C_1 \neq \lambda}{\Delta|A_1 \vee A_2, \Gamma \Rightarrow \Delta, C_1 \vee A_2|\Gamma}$$

$$(T_2^{\vee}) \quad \frac{\begin{array}{c} \Delta|A_1, \Gamma \Rightarrow \Delta|\Gamma \\ \Delta|A_2, \Gamma \Rightarrow \Delta, C_2|\Gamma \\ C_2 \neq \lambda \end{array}}{\Delta|A_1 \vee A_2, \Gamma \Rightarrow \Delta, A_1 \vee C_2|\Gamma}$$

$$(T_3^{\vee}) \quad \frac{\Delta|A_1, \Gamma \Rightarrow \Delta|\Gamma \quad \Delta|A_2, \Gamma \Rightarrow \Delta|\Gamma}{\Delta|A_1 \vee A_2, \Gamma \Rightarrow \Delta|\Gamma}$$

$$(T^{\forall}) \quad \frac{\Delta|A_1(t), \Gamma \Rightarrow \Delta, C_1(t)|\Gamma}{\Delta|\forall x A_1(x), \Gamma \Rightarrow \Delta|\forall x C_1(x), \Gamma} \qquad (T^{\exists}) \quad \frac{\Delta|A_1(x), \Gamma \Rightarrow \Delta, C_1(x)|\Gamma}{\Delta|\exists x A_1(x), \Gamma \Rightarrow \Delta|\exists x C_1(x), \Gamma}$$

以及

$$(T^{\neg\neg}) \quad \frac{\Delta|A_1, \Gamma \Rightarrow \Delta, C_1|\Gamma}{\Delta|\neg\neg A_1, \Gamma \Rightarrow \Delta, \neg\neg C_1|\Gamma}$$

$$(T_1^{\neg\wedge}) \quad \frac{\begin{array}{l}\Delta|\neg A_1, \Gamma \Rightarrow \Delta, \neg C_1|\Gamma \\ \neg C_1 \neq \lambda\end{array}}{\Delta|\neg(A_1 \wedge A_2), \Gamma \Rightarrow \Delta, \neg(C_1 \wedge A_2)|\Gamma}$$

$$(T_2^{\neg\wedge}) \quad \frac{\begin{array}{l}\Delta|\neg A_1, \Gamma \Rightarrow \Delta, \Gamma \\ \Delta|\neg A_2, \Gamma \Rightarrow \Delta, \neg C_2|\Gamma \\ \neg C_2 \neq \lambda\end{array}}{\Delta|\neg(A_1 \wedge A_2), \Gamma \Rightarrow \Delta, \neg(A_1 \wedge C_2)|\Gamma}$$

$$(T_3^{\neg\wedge}) \quad \frac{\begin{array}{l}\Delta|\neg A_1, \Gamma \Rightarrow \Delta|\Gamma \\ \Delta|\neg A_2, \Gamma \Rightarrow \Delta|\Gamma\end{array}}{\Delta|\neg(A_1 \wedge A_2), \Gamma \Rightarrow \Delta|\Gamma}$$

$$(T^{\neg\vee}) \quad \frac{\begin{array}{l}\Delta|\neg A_1, \Gamma \Rightarrow \Delta, \neg C_1|\Gamma \\ \Delta, \neg C_1|\neg A_2, \Gamma \Rightarrow \Delta, \neg C_1, \neg C_2|\Gamma\end{array}}{\Delta|\neg(A_1 \wedge A_2), \Gamma \Rightarrow \Delta, \neg(C_1 \vee C_2)|\Gamma}$$

$$(T^{\neg\forall}) \quad \frac{\Delta|\neg A(x), \Gamma \Rightarrow \Delta, \neg C(x)|\Gamma}{\Delta|\neg\forall x A(x), \Gamma \Rightarrow \Delta, \neg\forall x C(x)|\Gamma}$$

$$(T^{\neg\exists}) \quad \frac{\Delta|\neg A(t), \Gamma \Rightarrow \Delta, \neg C(t)|\Gamma}{\Delta|\neg\exists x A(x), \Gamma \Rightarrow \Delta|\neg\exists x C(x), \Gamma}$$

定理 7.2.4 (可靠性定理)　对于任意公式集合 Θ, Δ 和任意有限公式集合 Γ, 如果 $\Delta|\Gamma \Rightarrow \Delta, \Theta$ 是 $\mathbf{T}^{\text{FOL}}$- 可证的, 则 Θ 是 Γ 关于 Δ 的一个 $\preceq$-极小改变, 即

$$\vdash_{\mathbf{T}^{\text{FOL}}} \Delta|\Gamma \Rightarrow \Delta, \Theta \text{ 蕴含 } \models_{\mathbf{T}^{\text{FOL}}} \Delta|\Gamma \Rightarrow \Delta, \Theta \qquad \square$$

定理 7.2.5 (完备性定理)　对于任意公式集合 Θ, Δ 以及 Γ, 如果 Θ 是 Γ 关于 Δ 的一个 $\preceq$-极小改变, 则 $\Delta|\Gamma \Rightarrow \Delta, \Theta$ 是 $\mathbf{T}^{\text{FOL}}$-可证的, 即

$$\models_{\mathbf{T}^{\text{FOL}}} \Delta|\Gamma \Rightarrow \Delta, \Theta \text{ 蕴含 } \vdash_{\mathbf{T}^{\text{FOL}}} \Delta|\Gamma \Rightarrow \Delta, \Theta \qquad \square$$

例 7.2.1　设 $\Delta = \{p(c_1), q(c_2)\}$, 并且 $A = \forall x(\neg p(x) \wedge \neg q(x) \wedge r(x))$, 则我们有如下推导:

$$\Delta|\neg p(c_1) \wedge \neg q(c_1) \wedge r(c_1) \Rightarrow \Delta, \quad \neg q(c_1) \wedge r(c_1)$$

$$\Delta|\neg q(c_2) \wedge r(c_2) \Rightarrow \Delta, \quad r(c_2)$$

$$\Delta|\forall x(\neg p(x) \wedge \neg q(x) \wedge r(x)) \Rightarrow \Delta, \quad \forall x r(x)$$

因此

$$\vdash_{\mathbf{TFOL}} \Delta | \forall x(\neg p(x) \wedge \neg q(x) \wedge r(x)) \Rightarrow \Delta, \forall x r(x)$$

对任何公式 E 使得 $\forall x r(x) \prec E \preceq \forall x(\neg p(x) \wedge \neg q(x) \wedge r(x))$, E 有三种可能的选择, 即

$$\forall x(\neg q(x) \wedge r(x))$$
$$\forall x(\neg p(x) \wedge r(x))$$
$$\forall x(\neg p(x) \wedge \neg q(x) \wedge r(x))$$

则 E 与 Δ 是不协调的, 因为下面的公式分别与 Δ 是不协调的, 即

$$\neg p(c_1) \wedge r(c_1)$$
$$\neg q(c_2) \wedge r(c_2)$$
$$\neg p(c_1) \wedge \neg q(c_1) \wedge r(c_1)$$
$$\neg p(c_2) \wedge \neg q(c_2) \wedge r(c_2)$$

参 考 文 献

[1] Li W. R-calculus: an inference system for belief revision [J]. The Computer Journal, 2007, 50: 378-390.

[2] Barwise J. An Introduction to First-Order Logic [M]// Barwise J. Studies in Logic and the Foundations of Mathematics. Amsterdam: North-Holland, 1927: 5-46.

[3] Li W. Mathematical Logic, Foundations for Information Science [M]. Basel: Birkhäuser, 2010.

第八章 R-演算的非单调性

非单调逻辑与单调逻辑的不同之处在于其推理的单调性[1]. 命题逻辑, 一阶逻辑, 模态逻辑等传统逻辑, 都是单调的. 缺省逻辑[2,3], R-演算 [4], 界定 [5], 自认知逻辑[6,7] 等非传统逻辑都是非单调的.

一个非单调逻辑的非单调性来自对单调推导 $\Delta \vdash A$ 的否定 $\Delta \not\vdash A$ 的使用. 我们发现:

$$\text{每个非单调逻辑均有 } \Delta \not\vdash A \text{ 的出现.}$$

例如, 一个公式 B 在缺省逻辑的缺省理论 $(\Delta, A \rightsquigarrow B)$ 中是可推导的 (或在某些缺省理论 $(\Delta, A \rightsquigarrow B)$ 的扩展中), 如果 A 在命题逻辑中可由 Δ 推导得出, 而 $\neg B$ 不能, 即

$$\Delta \vdash A \& \Delta \not\vdash \neg B$$

这里 $A \rightsquigarrow B$ 表示正规缺省 $\dfrac{A:B}{B}$.

这一点是显然的, $\Delta \vdash A$ 的单调性蕴含 $\Delta \not\vdash A$ 的非单调性 [8].

作为一个推导关系, $\not\vdash$ 与 $\vdash$ 是矛盾的关系. 相应地, 在 Gentzen 推导系统中, $\Gamma \Rightarrow \Delta$ 的永真性与 $\Gamma \Rightarrow \Delta$ 的无效性 (即 $\Gamma \mapsto \Delta$ 的有效性) 是矛盾的. $\Gamma \mapsto \Delta$ 是有效的 (永真的), 如果存在一个赋值 v 使得 v 满足 Γ, 但不满足 Δ, 其中 v 满足 Γ, 如果 v 满足 Γ 中的每一个公式; v 满足 Δ, 如果 v 满足 Δ 中的某个公式.

因此, 作为 $\vdash \Gamma \Rightarrow \Delta$ 的矛盾式 $\vdash \Gamma \mapsto \Delta$, 存在一个 Gentzen-型的推导系统 $\mathbf{G}_2$[9], 使得 $\mathbf{G}_2$ 是可靠的和完备的, 即对任何矢列式 $\Gamma \mapsto \Delta$, 如果 $\Gamma \mapsto \Delta$ 是 $\mathbf{G}_2$-可证的, 则 $\Gamma \mapsto \Delta$ 是永真的; 反之, 如果 $\Gamma \mapsto \Delta$ 是永真的, 则 $\Gamma \mapsto \Delta$ 是 $\mathbf{G}_2$-可证的.

8.1 非单调的命题逻辑

本节将给出非单调命题逻辑的一个可靠的和完备的 Gentzen 推导系统.

8.1.1 非单调的命题逻辑 $\mathbf{G}_2$

关于 $\Rightarrow$ 的否定 $\not\Rightarrow$, 有如下推导系统 $\mathbf{G}_1'$.

公理

设 Γ, Δ 是文字的集合, 则有

$$(\mathbf{A}^{\not\Rightarrow}) \quad \frac{\operatorname{con}(\Gamma) \& \operatorname{con}(\Delta) \& \Gamma \cap \Delta = \varnothing}{\Gamma \not\Rightarrow \Delta}$$

其中, $\mathrm{con}(\Gamma)$ 表示理论 Γ 在传统命题逻辑中是协调的.

推导规则

$$(\not\Rightarrow\wedge^L)\ \frac{\Gamma,A_1\not\Rightarrow\Delta\quad\Gamma,A_2\not\Rightarrow\Delta}{\Gamma,A_1\wedge A_2\not\Rightarrow\Delta}\qquad (\not\Rightarrow\wedge_1^R)\ \frac{\Gamma\not\Rightarrow B_1,\Delta}{\Gamma\not\Rightarrow B_1\wedge B_2,\Delta}$$

$$(\not\Rightarrow\wedge_2^R)\ \frac{\Gamma\not\Rightarrow B_2,\Delta}{\Gamma\not\Rightarrow B_1\wedge B_2,\Delta}$$

$$(\not\Rightarrow\vee_1^L)\ \frac{\Gamma,A_1\not\Rightarrow\Delta}{\Gamma,A_1\vee A_2\not\Rightarrow\Delta}\qquad (\not\Rightarrow\vee^R)\ \frac{\Gamma\not\Rightarrow B_1,\Delta\quad\Gamma\not\Rightarrow B_2,\Delta}{\Gamma\not\Rightarrow B_1\vee B_2,\Delta}$$

$$(\not\Rightarrow\vee_2^L)\ \frac{\Gamma,A_2\not\Rightarrow\Delta}{\Gamma,A_1\vee A_2\not\Rightarrow\Delta}$$

$$(\not\Rightarrow\neg\wedge_1^L)\ \frac{\Gamma,\neg A_1\not\Rightarrow\Delta}{\Gamma,\neg(A_1\wedge A_2)\not\Rightarrow\Delta}\qquad (\not\Rightarrow\neg\wedge^R)\ \frac{\Gamma\not\Rightarrow\neg B_1,\Delta\quad\Gamma\not\Rightarrow\neg B_2,\Delta}{\Gamma\not\Rightarrow B_1\wedge B_2,\Delta}$$

$$(\not\Rightarrow\neg\wedge_2^L)\ \frac{\Gamma,\neg A_2\not\Rightarrow\Delta}{\Gamma,\neg(A_1\wedge A_2)\not\Rightarrow\Delta}$$

$$(\not\Rightarrow\neg\vee^L)\ \frac{\Gamma,\neg A_1\not\Rightarrow\Delta\quad\Gamma,\neg A_2\not\Rightarrow\Delta}{\Gamma,\neg(A_1\vee A_2)\not\Rightarrow\Delta}\qquad (\not\Rightarrow\neg\vee_1^R)\ \frac{\Gamma\not\Rightarrow\neg B_1,\Delta}{\Gamma\not\Rightarrow\neg(B_1\vee B_2),\Delta}$$

$$(\not\Rightarrow\neg\vee_2^R)\ \frac{\Gamma\not\Rightarrow\neg B_2,\Delta}{\Gamma\not\Rightarrow\neg(B_1\vee B_2),\Delta}$$

下面我们用 $\Gamma\mapsto\Delta$ 表示 $\Gamma\not\Rightarrow\Delta$.

定义 8.1.1　一个矢列式 $\Gamma\mapsto\Delta$ 是永真的, 记为 $\models_{\mathbf{G}_2}\Gamma\mapsto\Delta$, 如果存在一个赋值 v 使得 $v(\Gamma)=1$, 并且 $v(\Delta)=0$, 其中 $v(\Gamma)=1$, 如果对每个公式 $A\in\Gamma,v(A)=1$; $v(\Delta)=0$, 如果对每个公式 $B\in\Delta,v(B)=0$.

一个矢列式 $\Gamma\mapsto\Delta$ 不是永真的, 如果 $\Gamma\mapsto\Delta$ 是不可满足的, 即不存在赋值 v 使得 $v(\Gamma)=1$, 并且 $v(\Delta)=0$, 即 $\Gamma\Rightarrow\Delta$ 是永真的.

引理 8.1.1　给定两个文字集合 $\Gamma,\Delta,\models_{\mathbf{G}_2}\Gamma\mapsto\Delta$ 当且仅当 Γ 和 Δ 是协调的, 并且 $\Gamma\cap\Delta=\varnothing$.

证明　假设 $\mathrm{con}(\Gamma),\mathrm{con}(\Delta)$, 并且 $\Gamma\cap\Delta=\varnothing$, 则存在一个赋值 v, 使得 $v(\Gamma)=1$ 且 $v(\Delta)=0$. 定义 v 使得对任何命题变元 p, 有

$$v(p)=\begin{cases}0, & \neg p\in\Gamma\\ 1, & p\in\Gamma\\ 0, & p\in\Delta\\ 1, & \neg p\in\Delta\\ 1, & \text{其他}\end{cases}$$

则 v 是良定的, $v(\Gamma)=1$, 并且对每个文字 $l\in\Delta,v(l)=0$, 即 $v(\Delta)=0$.

反之, 假设 $\models_{\mathbf{G}_2}\Gamma\mapsto\Delta$, 则存在一个赋值 v, 使得 $v(\Gamma)=1$ 和 $v(\Delta)=0$, 这蕴含 Γ 和 Δ 是协调的, 并且 $\Gamma\cap\Delta=\varnothing$. □

直观地, 我们有如下等价断言.

(1) $\models_{\mathbf{G}_2} \Gamma \mapsto \Delta$ 当且仅当存在一个赋值 v, 使得对每个公式 $A \in \Gamma, v(A) = 1$, 并且对每个公式 $B \in \Delta, v(B) = 0$;

(2) 这不是真的: 对任何赋值 v, 对每个公式 $A \in \Gamma, v(A) = 1$ 蕴含对某个公式 $B \in \Delta, v(B) = 1$;

(3) 这不是真的: incon(Γ) or incon(Δ) or $\Gamma \cap \Delta \neq \varnothing$, 当且仅当 con($\Gamma$)&con($\Delta$)& $\Gamma \cap \Delta = \varnothing$.

注意, incon(Γ) or incon(Δ) or $\Gamma \cap \Delta \neq \varnothing$ 等价于 incon($\Gamma \cup \neg\Delta$), 并且 con(Γ)& con(Δ)&$\Gamma \cap \Delta = \varnothing$ 等价于 con($\Gamma \cup \neg\Delta$), 其中 $\neg\Delta = \{\neg B : B \in \Delta\}$.

Gentzen 推导系统 $\mathbf{G}_2$ 由如下公理和推导规则组成[8].

公理

$$(\mapsto \mathbf{A}) \quad \frac{\text{con}(\Gamma)\&\text{con}(\Gamma)\&\Gamma \cap \Delta = \varnothing}{\Gamma \mapsto \Delta}$$

其中, Δ, Γ 是文字集合.

推导规则

$$(\mapsto \wedge^L) \ \frac{\Gamma, A_1 \mapsto \Delta \ \ \Gamma, A_2 \mapsto \Delta}{\Gamma, A_1 \wedge A_2 \mapsto \Delta} \qquad (\mapsto \wedge_1^R) \ \frac{\Gamma \mapsto B_1, \Delta}{\Gamma \mapsto B_1 \wedge B_2, \Delta}$$

$$(\mapsto \wedge_2^R) \ \frac{\Gamma \mapsto B_2, \Delta}{\Gamma \mapsto B_1 \wedge B_2, \Delta}$$

$$(\mapsto \vee_1^L) \ \frac{\Gamma, A_1 \mapsto \Delta}{\Gamma, A_1 \vee A_2 \mapsto \Delta}$$

$$(\mapsto \vee_2^L) \ \frac{\Gamma, A_2 \mapsto \Delta}{\Gamma, A_1 \vee A_2 \mapsto \Delta} \qquad (\mapsto \vee^R) \ \frac{\Gamma \mapsto B_1, \Delta \ \ \Gamma \mapsto B_2, \Delta}{\Gamma \mapsto B_1 \vee B_2, \Delta}$$

$$(\mapsto \neg\wedge_1^L) \ \frac{\Gamma, \neg A_1 \mapsto \Delta}{\Gamma, \neg(A_1 \wedge A_2) \mapsto \Delta} \qquad (\mapsto \neg\wedge^R) \ \frac{\Gamma \mapsto \neg B_1, \Delta \ \ \Gamma \mapsto \neg B_2, \Delta}{\Gamma \mapsto \neg(B_1 \wedge B_2), \Delta}$$

$$(\mapsto \neg\wedge_2^L) \ \frac{\Gamma, \neg A_2 \mapsto \Delta}{\Gamma, \neg(A_1 \wedge A_2) \mapsto \Delta}$$

$$(\mapsto \neg\vee^L) \ \frac{\Gamma, \neg A_1 \mapsto \Delta \ \ \Gamma, \neg A_2 \mapsto \Delta}{\Gamma, \neg(A_1 \vee A_2) \mapsto \Delta} \qquad (\mapsto \neg\vee_1^R) \ \frac{\Gamma \mapsto \neg B_1, \Delta}{\Gamma \mapsto \neg(B_1 \vee B_2), \Delta}$$

$$(\mapsto \neg\vee_2^R) \ \frac{\Gamma \mapsto \neg B_2, \Delta}{\Gamma \mapsto \neg(B_1 \vee B_2), \Delta}$$

定义 8.1.2　一个矢列式 $\Gamma \mapsto \Delta$ 是可证的, 记为 $\vdash_{\mathbf{G}_2} \Gamma \mapsto \Delta$, 如果存在一个断言序列 $\Gamma_1 \mapsto \Delta_1, \cdots, \Gamma_n \mapsto \Delta_n$ 使得 $\Gamma_n \mapsto \Delta_n = \Gamma \mapsto \Delta$, 并且对每个 $1 \leqslant i \leqslant n, \Gamma_i \mapsto \Delta_i$ 要么是一个公理, 要么是由此前的矢列式通过一个 $\mathbf{G}_2$ 的推导规则得到的.

定理 8.1.1 (可靠性定理)　对任何矢列式 $\Gamma \mapsto \Delta, \vdash_{\mathbf{G}_2} \Gamma \mapsto \Delta$ 蕴含 $\models_{\mathbf{G}_2} \Gamma \mapsto \Delta$.

证明　我们证明每个公理是永真的, 并且每个推导规则是保永真性的.

为验证公理的永真性, 假设 con($\Gamma \cup \neg\Delta$), 由引理 8.1.1, 存在一个赋值 v, 使得 $v(\Gamma) = 1$, 并且 $v(\neg\Delta) = 1$, 即对每个公式 $A \in \Gamma, v(A) = 1$; 对每个公式 $B \in \Delta, v(B) = 0$, 即 $\models_{\mathbf{G}_2} \Gamma \mapsto \Delta$.

为验证 $(\mapsto \wedge^L)$ 保永真性, 假设存在一个赋值 v, 使得 $v(\Gamma, A_1) = v(\Gamma, A_2) = 1$, 并且 $v(\Delta) = 0$. 对这个赋值 $v, v(\Gamma, A_1 \wedge A_2) = 1$, 并且 $v(\Delta) = 0$.

为验证 $(\mapsto \wedge^R)$ 保永真性, 假设存在一个赋值 v, 使得 $v(\Gamma) = 1$, 并且 $v(\Delta, B_1) = 0$. 对这个赋值 $v, v(\Gamma) = 1$, 并且 $v(\Delta, B_1 \wedge B_2) = 0$.

为验证 $(\mapsto \vee_1^L)$ 保永真性, 假设存在一个赋值 v, 使得 $v(\Gamma, A_1) = 1$, 并且 $v(\Delta) = 0$. 对这个赋值 $v, v(\Gamma, A_1 \vee A_2) = 1$, 并且 $v(\Delta) = 0$.

为验证 $(\mapsto \vee^R)$ 保永真性, 假设存在一个赋值 v, 使得 $v(\Gamma) = 1$, 并且 $v(\Delta, B_1) = v(\Delta, B_2) = 0$. 对这个赋值 $v, v(\Gamma) = 1$, 并且 $v(\Delta, B_1 \vee B_2) = 0$.

类似证明其他情况. □

定理 8.1.2 (完备性定理)　对任何矢列式 $\Gamma \mapsto \Delta$, $\models_{\mathbf{G_2}} \Gamma \mapsto \Delta$ 蕴含 $\vdash_{\mathbf{G_2}} \Gamma \mapsto \Delta$.

证明　给定一个矢列式 $\Gamma \mapsto \Delta$, 我们构造如下一个树 T.

(1) T 的根节点为 $\Gamma \mapsto \Delta$;

(2) 如果一个节点的矢列式 $\Gamma' \mapsto \Delta'$ 均为文字的, 则这个节点是一个叶节点;

(3) 如果 $\Gamma' \mapsto \Delta'$ 是 T 的一个节点, 但不是叶节点, 则 $\Gamma' \mapsto \Delta'$ 有以下子节点:

$$
\begin{cases}
\begin{bmatrix} \Gamma_1, A_1 \mapsto \Delta_1 \\ \Gamma_1, A_2 \mapsto \Delta_1 \end{bmatrix}, & \Gamma' \mapsto \Delta' = \Gamma_1, A_1 \wedge A_2 \mapsto \Delta_1 \\[2em]
\begin{cases} \Gamma_1 \mapsto B_1, \Delta_1 \\ \Gamma_1 \mapsto B_2, \Delta_1 \end{cases}, & \Gamma' \mapsto \Delta' = \Gamma_1 \mapsto B_1 \wedge B_2, \Delta_1 \\[2em]
\begin{cases} \Gamma_1, A_1 \mapsto \Delta_1 \\ \Gamma_1, A_2 \mapsto \Delta_1 \end{cases}, & \Gamma' \mapsto \Delta' = \Gamma_1, A_1 \vee A_2 \mapsto \Delta_1 \\[2em]
\begin{bmatrix} \Gamma_1 \mapsto B_1, \Delta_1 \\ \Gamma_1 \mapsto B_2, \Delta_1 \end{bmatrix}, & \Gamma' \mapsto \Delta' = \Gamma_1 \mapsto B_1 \vee B_2, \Delta_1
\end{cases}
$$

并且

$$
\begin{cases}
\begin{cases} \Gamma_1, \neg A_1 \mapsto \Delta_1 \\ \Gamma_1, \neg A_2 \mapsto \Delta_1 \end{cases}, & \Gamma' \mapsto \Delta' = \Gamma_1, \neg(A_1 \wedge A_2) \mapsto \Delta_1 \\[2em]
\begin{bmatrix} \Gamma_1 \mapsto \neg B_1, \Delta_1 \\ \Gamma_1 \mapsto \neg B_2, \Delta_1 \end{bmatrix}, & \Gamma' \mapsto \Delta' = \Gamma_1 \mapsto \neg(B_1 \wedge B_2), \Delta_1 \\[2em]
\begin{bmatrix} \Gamma_1, \neg A_1 \mapsto \Delta_1 \\ \Gamma_1, \neg A_2 \mapsto \Delta_1 \end{bmatrix}, & \Gamma' \mapsto \Delta' = \Gamma_1, \neg(A_1 \vee A_2) \mapsto \Delta_1 \\[2em]
\begin{cases} \Gamma_1 \mapsto B_1, \Delta_1 \\ \Gamma_1 \mapsto B_2, \Delta_1 \end{cases}, & \Gamma' \mapsto \Delta' = \Gamma_1 \mapsto \neg(B_1 \vee B_2), \Delta_1
\end{cases}
$$

引理 8.1.2　如果存在一个 T 的树枝 $\xi \subseteq T$, 使得 ξ 的叶节点上的矢列式均是 $\mathbf{G_2}$ 的一个公理, 则 ξ 是 $\Gamma \mapsto \Delta$ 的一个证明.

证明　假设 ξ 的叶节点上的矢列式均是 $\mathbf{G}_2$ 的一个公理. 设叶节点上的矢列式为 $\Gamma' \mapsto \Delta'$, 并且 $\mathrm{con}(\Gamma' \cup \neg(\Delta'))$, 即 $\vdash_{\mathbf{G}_2} \Gamma' \mapsto \Delta'$.

我们对 ξ 的每个节点 η 作归纳证明, 对每个 η 上的矢列式 $\Gamma_1 \mapsto \Delta_1$, 均有 $\vdash_{\mathbf{G}_2} \Gamma_1 \mapsto \Delta_1$. $\Gamma_1 \mapsto \Delta_1$ 有以下可能情况.

情况 $\Gamma_1 \mapsto \Delta_1 = \Gamma_2, A_1 \wedge A_2 \mapsto \Delta_2 \in \xi$. $\Gamma_1 \mapsto \Delta_1$ 有直接子节点 $\in \xi$ 包含矢列式 $\Gamma_2, A_1 \mapsto \Delta_2$; $\Gamma_2, A_2 \mapsto \Delta_2 \in \xi$. 由归纳假设, 可以得到:

$$\vdash_{\mathbf{G}_2} \Gamma_2, A_1 \mapsto \Delta_2$$
$$\vdash_{\mathbf{G}_2} \Gamma_2, A_2 \mapsto \Delta_2.$$

由 $(\mapsto \wedge^L)$, $\vdash_{\mathbf{G}_2} \Gamma_2, A_1 \wedge A_2 \mapsto \Delta_2$.

情况 $\Gamma_1 \mapsto \Delta_1 = \Gamma_2, A_1 \vee A_2 \mapsto \Delta_2 \in \xi$. $\Gamma_1 \mapsto \Delta_1$ 有两个直接子节点分别包含矢列式 $\Gamma_2, A_1 \mapsto \Delta_2$ 和 $\Gamma_2, A_2 \mapsto \Delta_2$. 存在一个 $i \in \{1,2\}$ 使得 $\Gamma_2, A_i \mapsto \Delta_2 \in \xi$. 由归纳假设, $\vdash_{\mathbf{G}_2} \Gamma_2, A_i \mapsto \Delta_2$, 再由 $(\mapsto \vee_i^L)$, $\vdash_{\mathbf{G}_2} \Gamma_2, A_1 \vee A_2 \mapsto \Delta_2$.

情况 $\Gamma_1 \mapsto \Delta_1 = \Gamma_2 \mapsto B_1 \wedge B_2, \Delta_2 \in \xi$. $\Gamma_1 \mapsto \Delta_1$ 有两个直接子节点分别包含矢列式 $\Gamma_2 \mapsto B_1, \Delta_2$ 和 $\Gamma_2 \mapsto B_2, \Delta_2$. 存在一个 $i \in \{1,2\}$ 使得 $\Gamma_2 \mapsto B_i, \Delta_2 \in \xi$. 由归纳假设, $\vdash_{\mathbf{G}_2} \Gamma_2 \mapsto B_i, \Delta_2$, 再由 $(\mapsto \wedge_i^R)$, $\vdash_{\mathbf{G}_2} \Gamma_2 \mapsto B_1 \wedge B_2, \Delta_2$.

情况 $\Gamma_1 \mapsto \Delta_1 = \Gamma_2 \mapsto B_1 \vee B_2, \Delta_2 \in \xi$. $\Gamma_1 \mapsto \Delta_1$ 有一个直接子节点 $\in \xi$ 包含矢列式 $\Gamma_2 \mapsto B_1, \Delta_2$; $\Gamma_2 \mapsto B_2, \Delta_2 \in \xi$. 由归纳假设, 可以得到:

$$\vdash_{\mathbf{G}_2} \Gamma_2 \mapsto B_1, \Delta_2$$
$$\vdash_{\mathbf{G}_2} \Gamma_2 \mapsto B_2, \Delta_2.$$

由 $(\mapsto \vee^R)$, $\vdash_{\mathbf{G}_2} \Gamma_2 \mapsto B_1 \vee B_2, \Delta_2$.

类似地可以证明其他情况. 因此, 我们得到 $\vdash_{\mathbf{G}_2} \Gamma \mapsto \Delta$.　　□

引理 8.1.3　如果 T 的每个叶节点上都有一个矢列式 $\Gamma' \mapsto \Delta'$ 不是 $\mathbf{G}_2$ 的公理, 则 T 是 $\Gamma \Rightarrow \Delta$ 在 $\mathbf{G}_1$ 中的一个证明树.

证明　假设 T 的每个叶节点均有一个矢列式 $\Gamma' \mapsto \Delta'$ 不是 $\mathbf{G}_2$ 的公理, 则每个 T 的叶节点上存在一个矢列式 $\Gamma' \mapsto \Delta'$ 是 $\mathbf{G}_1$ 的一个公理. 因为 Γ' 和 Δ' 是文字集合, $\mathrm{incon}(\Gamma' \cup \neg \Delta')$, 所以 $\Gamma' \vdash \neg(\neg \Delta')$, 即 $\Gamma' \vdash \neg(\neg l_1 \wedge \cdots \wedge \neg l_n)$, 即 $\Gamma' \vdash l_1 \vee \cdots \vee l_n$, 即对任何赋值 v, 如果 $v \models \Gamma'$, 则对某个 $1 \leqslant i \leqslant n, v \models l_i$. 因此, $\vdash_{\mathbf{G}_1} \Gamma' \Rightarrow \Delta'$.

给定任何节点 $\Gamma_1 \mapsto \Delta_1$, 存在以下情况.

情况 $\Gamma_1 \mapsto \Delta_1 = \Gamma_2, A_1 \wedge A_2 \mapsto \Delta_2$. $\Gamma_1 \mapsto \Delta_1$ 有一个直接子节点包含矢列式 $\Gamma_2, A_1 \mapsto \Delta_2$ 和 $\Gamma_2, A_2 \mapsto \Delta_2$. 由归纳假设, $\vdash_{\mathbf{G}_1} \Gamma_2, A_2 \Rightarrow \Delta_2$ 或者 $\vdash_{\mathbf{G}_1} \Gamma_2, A_2 \Rightarrow \Delta_2$, 再由 $\mathbf{G}_1$ 的 $(\wedge_i^L)$, $\vdash_{\mathbf{G}_1} \Gamma_2, A_1 \wedge A_2 \Rightarrow \Delta_2$.

情况 $\Gamma_1 \mapsto \Delta_1 = \Gamma_2, A_1 \vee A_2 \mapsto \Delta_2$. $\Gamma_1 \mapsto \Delta_1$ 有两个直接子节点分别包含矢列式 $\Gamma_2, A_1 \mapsto \Delta_2$ 和 $\Gamma_2, A_2 \mapsto \Delta_2$. 由归纳假设, $\vdash_{\mathbf{G}_1} \Gamma_2, A_1 \Rightarrow \Delta_2$, 并且 $\vdash_{\mathbf{G}_1} \Gamma_2, A_2 \Rightarrow \Delta_2$, 再由 $\mathbf{G}_1$ 的 $(\vee^L)$, $\vdash_{\mathbf{G}_1} \Gamma_2, A_1 \vee A_2 \Rightarrow \Delta_2$.

情况 $\Gamma_1 \mapsto \Delta_1 = \Gamma_2 \mapsto B_1 \wedge B_2, \Delta_2$. $\Gamma_1 \mapsto \Delta_1$ 有两个直接子节点分别包含矢列式 $\Gamma_2 \mapsto B_1, \Delta_2$ 和 $\Gamma_2 \mapsto B_2, \Delta_2$. 由归纳假设, $\vdash_{\mathbf{G}_1} \Gamma_2 \Rightarrow B_1, \Delta_2$, 并且 $\vdash_{\mathbf{G}_1} \Gamma_2 \Rightarrow B_2, \Delta_2$, 再由 $\mathbf{G}_1$ 的 $(\wedge^R)$, $\vdash_{\mathbf{G}_1} \Gamma_2 \Rightarrow B_1 \wedge B_2, \Delta_2$.

情况 $\Gamma_1 \mapsto \Delta_1 = \Gamma_2 \mapsto B_1 \vee B_2, \Delta_2$. $\Gamma_1 \mapsto \Delta_1$ 有一个直接子节点包含矢列式 $\Gamma_2 \mapsto B_1, \Delta_2$ 和 $\Gamma_2 \mapsto B_2, \Delta_2$. 由归纳假设, $\vdash_{\mathbf{G}_1} \Gamma_2 \Rightarrow B_1, \Delta_2$, 或者 $\vdash_{\mathbf{G}_1} \Gamma_2 \Rightarrow B_2, \Delta_2$, 再由 $\mathbf{G}_1$ 的 $(\vee_i^R)$, $\vdash_{\mathbf{G}_1} \Gamma_2 \Rightarrow B_1 \vee B_2, \Delta_2$.

类似地可以证明其他情况. □

8.1.2 $\mathbf{G}_2$ 的非单调性

定义 8.1.3 一个推导系统 $\mathbf{X}$ 是非单调于 Γ 的, 如果对任何公式集合 Γ, Γ' 以及 Δ, 有

$$\vdash_{\mathbf{X}} \Gamma \mapsto \Delta \,\&\, \Gamma' \supseteq \Gamma \text{ 不一定蕴含 } \vdash_{\mathbf{X}} \Gamma' \mapsto \Delta$$

$\mathbf{X}$ 是非单调于 Δ 的, 如果对任何公式集合 Γ, Δ 以及 Δ', 有

$$\vdash_{\mathbf{X}} \Gamma \mapsto \Delta \,\&\, \Delta' \supseteq \Delta \text{ 不一定蕴含 } \vdash_{\mathbf{X}} \Gamma \mapsto \Delta'$$

定理 8.1.3 (非单调性定理) $\mathbf{G}_2$ 非单调于 Γ 以及 Δ, 即对任何公式集合 Γ, Γ', Δ 以及 Δ', 有

$$\Gamma \subseteq \Gamma' \,\&\, \vdash_{\mathbf{G}_2} \Gamma \mapsto \Delta \text{ 不一定蕴含 } \vdash_{\mathbf{G}_2} \Gamma' \mapsto \Delta$$
$$\Delta \subseteq \Delta' \,\&\, \vdash_{\mathbf{G}_2} \Gamma \mapsto \Delta \text{ 不一定蕴含 } \vdash_{\mathbf{G}_2} \Gamma \mapsto \Delta'$$

证明 我们证明公理是非单调的, 并且每个推导规则是保单调性的.

假设 $\mathrm{con}(\Gamma \cup \neg\Delta)$, 则存在一个超集 $\Gamma' \supseteq \Gamma$ 使得 $\Gamma' \cup \neg\Delta$ 是不协调的, 并且存在一个超集 $\Delta' \supseteq \Delta$ 使得 $\Gamma \cup \neg\Delta'$ 是不协调的. 因此, $\mathbf{G}_2$ 的公理不是单调于 Γ 和 Δ 的.

为了证明 $(\wedge^L)$ 保持 Γ 的单调性, 假设 $\Gamma, A_1 \mapsto \Delta$ 和 $\Gamma, A_2 \mapsto \Delta$ 单调于 Γ. 根据 $(\mapsto\wedge^L)$, 从 $\Gamma, A_1 \mapsto \Delta$ 和 $\Gamma, A_2 \mapsto \Delta$ 推出 $\Gamma, A_1 \wedge A_2 \mapsto \Delta$. 根据归纳假设, 我们可以推出, 对任何超集 $\Gamma' \supseteq \Gamma$, $\Gamma', A_1 \mapsto \Delta$ 和 $\Gamma', A_2 \mapsto \Delta$; 由 $(\mapsto\wedge^L)$, 从 $\Gamma', A_1 \mapsto \Delta$ 和 $\Gamma', A_2 \mapsto \Delta$ 推出 $\Gamma', A_1 \wedge A_2 \mapsto \Delta$. 因此, $\Gamma, A_1 \wedge A_2 \mapsto \Delta$ 蕴含 $\Gamma', A_1 \wedge A_2 \mapsto \Delta$, 即 $\Gamma, A_1 \wedge A_2 \mapsto \Delta$ 是单调于 Γ 的.

为了证明 $(\wedge^L)$ 保持 Γ 的非单调性, 假设 $\Gamma, A_1 \mapsto \Delta$ 和 $\Gamma, A_2 \mapsto \Delta$ 非单调于 Γ. 由 $(\mapsto\wedge^L)$, 从 $\Gamma, A_1 \mapsto \Delta$ 和 $\Gamma, A_1 \mapsto \Delta$ 推出 $\Gamma, A_1 \wedge A_2 \mapsto \Delta$. 根据归纳假设, 对某个超集 $\Gamma' \supseteq \Gamma$, $\Gamma, A_1 \mapsto \Delta$ 和 $\Gamma, A_2 \mapsto \Delta$ 不蕴含 $\Gamma', A_1 \mapsto \Delta$ 和 $\Gamma', A_2 \mapsto \Delta$. 由 $(\mapsto\wedge^L)$, $\Gamma, A_1 \wedge A_2 \mapsto \Delta$ 不蕴含 $\Gamma', A_1 \wedge A_2 \mapsto \Delta$, 即 $\Gamma, A_1 \wedge A_2 \mapsto \Delta$ 是非单调于 Γ 的.

　　为了证明 $(\wedge^L)$ 保持 Δ 的单调性, 假设 $\Gamma, A_1 \mapsto \Delta$ 和 $\Gamma, A_2 \mapsto \Delta$ 单调于 Δ. 由 $(\mapsto \wedge^L)$, 从 $\Gamma, A_1 \mapsto \Delta$ 和 $\Gamma, A_2 \mapsto \Delta$ 推出 $\Gamma, A_1 \wedge A_2 \mapsto \Delta$. 根据归纳假设, 对任何超集 $\Delta' \supseteq \Delta, \Gamma, A_1 \mapsto \Delta'$ 和 $\Gamma, A_2 \mapsto \Delta'$. 由 $(\mapsto \wedge^L)$, 从 $\Gamma, A_1 \mapsto \Delta'$ 和 $\Gamma, A_2 \mapsto \Delta'$ 推出 $\Gamma, A_1 \wedge A_2 \mapsto \Delta'$. 因此, $\Gamma, A_1 \wedge A_2 \mapsto \Delta$ 蕴含 $\Gamma, A_1 \wedge A_2 \mapsto \Delta'$, 即 $\Gamma, A_1 \wedge A_2 \mapsto \Delta$ 是单调于 Δ 的.

　　为了证明 $(\wedge^L)$ 保持 Δ 的非单调性, 假设 $\Gamma, A_1 \mapsto \Delta$ 和 $\Gamma, A_2 \mapsto \Delta$ 非单调于 Δ. 由 $(\mapsto \wedge^L)$, 从 $\Gamma, A_1 \mapsto \Delta$ 和 $\Gamma, A_2 \mapsto \Delta$ 推出 $\Gamma, A_1 \wedge A_2 \mapsto \Delta$. 由归纳假设, 对某个超集 $\Delta' \supseteq \Delta, \Gamma, A_1 \mapsto \Delta$ 和 $\Gamma, A_2 \mapsto \Delta$ 不蕴含 $\Gamma, A_1 \mapsto \Delta'$ 和 $\Gamma, A_2 \mapsto \Delta'$. 由 $(\wedge^L), \Gamma, A_1 \wedge A_2 \mapsto \Delta$ 不蕴含 $\Gamma, A_1 \wedge A_2 \mapsto \Delta'$, 即 $\Gamma, A_1 \wedge A_2 \mapsto \Delta$ 是非单调于 Δ 的.

　　类似地可以证明其他情况.　　　　　　　　　　　　　　　　　□

　　根据可靠性定理和完备性定理, 对任何公式集合 Γ, Γ', Δ 以及 Δ', 有

$$\Gamma \subseteq \Gamma' \,\& \models_{\mathbf{G}_2} \Gamma \mapsto \Delta \text{ 不一定蕴含 } \models_{\mathbf{G}_2} \Gamma' \mapsto \Delta$$

$$\Delta \subseteq \Delta' \,\& \models_{\mathbf{G}_2} \Gamma \mapsto \Delta \text{ 不一定蕴含 } \models_{\mathbf{G}_2} \Gamma \mapsto \Delta'$$

推导系统 $\mathbf{G}_1$ 和 $\mathbf{G}_2$ 的比较.

	单调的 $\mathbf{G}_1$	非单调的 $\mathbf{G}_2$
(A)	$\dfrac{\operatorname{incon}(\Gamma) \text{ or } \operatorname{incon}(\Delta) \text{ or } \Gamma \cap \Delta \neq \varnothing}{\Gamma \Rightarrow \Delta}$	$\dfrac{\operatorname{con}(\Gamma) \& \operatorname{con}(\Delta) \& \Gamma \cap \Delta = \varnothing}{\Gamma \mapsto \Delta}$

并且

	单调的 $\mathbf{G}_1$	非单调的 $\mathbf{G}_2$
$(\wedge^L)$	$\dfrac{\Gamma, A_1 \Rightarrow \Delta}{\Gamma, A_1 \wedge A_2 \Rightarrow \Delta}$ $\dfrac{\Gamma, A_2 \Rightarrow \Delta}{\Gamma, A_1 \wedge A_2 \Rightarrow \Delta}$	$\dfrac{\Gamma, A_1 \mapsto \Delta \quad \Gamma, A_2 \mapsto \Delta}{\Gamma, A_1 \wedge A_2 \mapsto \Delta}$
$(\wedge^R)$	$\dfrac{\Gamma \Rightarrow B_1, \Delta \quad \Gamma \Rightarrow B_2, \Delta}{\Gamma \Rightarrow B_1 \wedge B_2, \Delta}$	$\dfrac{\Gamma \mapsto B_1, \Delta}{\Gamma \mapsto B_1 \wedge B_2, \Delta}$ $\dfrac{\Gamma \mapsto B_2, \Delta}{\Gamma \mapsto B_1 \wedge B_2, \Delta}$
$(\vee^L)$	$\dfrac{\Gamma, A_1 \Rightarrow \Delta \quad \Gamma, A_2 \Rightarrow \Delta}{\Gamma, A_1 \vee A_2 \Rightarrow \Delta}$	$\dfrac{\Gamma, A_1 \mapsto \Delta}{\Gamma, A_1 \vee A_2 \mapsto \Delta}$ $\dfrac{\Gamma, A_2 \mapsto \Delta}{\Gamma, A_1 \vee A_2 \mapsto \Delta}$
$(\vee^R)$	$\dfrac{\Gamma \Rightarrow B_1, \Delta}{\Gamma \Rightarrow B_1 \vee B_2, \Delta}$ $\dfrac{\Gamma \Rightarrow B_2, \Delta}{\Gamma \Rightarrow B_1 \vee B_2, \Delta}$	$\dfrac{\Gamma \mapsto B_1, \Delta \quad \Gamma \mapsto B_2, \Delta}{\Gamma \mapsto B_1 \vee B_2, \Delta}$

在单调命题逻辑中, $\dfrac{\Gamma, A_1, A_2 \Rightarrow \Delta}{\Gamma, A_1 \wedge A_2 \Rightarrow \Delta}$ 等价于 $\dfrac{\Gamma, A_1 \Rightarrow \Delta}{\Gamma, A_1 \wedge A_2 \Rightarrow \Delta} \& \dfrac{\Gamma, A_2 \Rightarrow \Delta}{\Gamma, A_1 \wedge A_2 \Rightarrow \Delta}$.

在非单调命题逻辑中, $\dfrac{\Gamma, A_1, A_2 \mapsto \Delta}{\Gamma, A_1 \wedge A_2 \mapsto \Delta}$ 等价于 $\dfrac{\Gamma, A_1 \mapsto \Delta \quad \Gamma, A_2 \mapsto \Delta}{\Gamma, A_1 \wedge A_2 \mapsto \Delta}$, 而不等价于

$\dfrac{\Gamma, A_1 \mapsto \Delta}{\Gamma, A_1 \wedge A_2 \mapsto \Delta} \& \dfrac{\Gamma, A_2 \mapsto \Delta}{\Gamma, A_1 \wedge A_2 \mapsto \Delta}$.

8.2 每个非单调逻辑均涉及 $\Gamma \not\vdash A$

R-演算是非单调的, 原因如下.

(1) 对任何协调理论 Δ, Δ' 以及 Γ, 如果 $\Delta | \Gamma \Rightarrow \Delta, \Theta$ 在 R-演算中是可证的, 并且 $\Delta' \supset \Delta$, 则 $\Delta' | \Gamma \Rightarrow \Delta, \Theta$ 可能在 R-演算中是不可证的;

(2) 对任何协调理论 Δ, Γ 以及 Γ', 如果 $\Delta | \Gamma \Rightarrow \Delta, \Theta$ 在 R-演算中是可证的, 并且 $\Gamma' \supset \Gamma$, 则 $\Delta | \Gamma' \Rightarrow \Delta, \Theta$ 可能在 R-演算中是不可证的;

(3) 如果 $\Delta' | \Gamma \Rightarrow \Delta, \Theta'$ 和 $\Delta | \Gamma' \Rightarrow \Delta, \Theta'$ 在 R-演算中是可证的, 则 Θ' 与 Θ 关于集合包含关系 $\subseteq$ 可能是不可比较的.

在 R-演算 $\mathbf{S}^{\mathrm{FOL}}$ 中, 存在一个对是否 $\Delta \not\vdash \neg A$ 的判断, 并且如果 $\Delta \not\vdash \neg A$, 则 $\vdash_{\mathbf{R}} \Delta | A \Rightarrow \Delta, A$; 否则, $\vdash_{\mathbf{R}} \Delta | A \Rightarrow \Delta. \Delta \not\vdash \neg A$ 使得 R-演算是非单调的. 给定一个理论 Δ 和一个公式 A, 假设 $\Delta \not\vdash \neg A$, 则 $\Delta | A \Rightarrow \Delta, A$, 其中 $\Theta = \{A\}$; 设 $\Delta' = \Delta \cup \{\neg A\}$, 则 $\Delta' \vdash \neg A$, 并且 $\Delta' | A \Rightarrow \Delta'$, 其中 $\Theta' = \varnothing$. 因此, 尽管 $\Delta \subset \Delta'$, $\Theta \not\subseteq \Theta'$.

每个非单调逻辑均涉及 $\Delta \not\vdash A$.

(1) 在缺省逻辑[2,3] 中, 为了计算一个正规缺省理论 (Δ, D) 的扩展 E, 对每个正规缺省 $A \rightsquigarrow B \in D$, 如果 $E \vdash A$, 并且 $E \not\vdash B$, 则 $E \vdash B$;

(2) 在界定[5] (circumscription) 中, 存在一个二阶逻辑公式 $\neg \exists P[A(P) \wedge P < p]$, 称不可能找到一个谓词 P 满足一定的条件;

(3) 在自认知逻辑[6,7] (autoepistemic logic) 中, 对于一个自认知理论 E, 如果 $\mathrm{Cn}(E) \subseteq E$, 正向回忆 $A \in E \Rightarrow \mathbf{K}A \in E$, 以及反向回忆 $A \notin E \Rightarrow \neg \mathbf{K}A \in E$. 换言之, $E \not\vdash A$ 蕴含 $E \vdash \neg \mathbf{K}A$, 则 E 是稳定的.

(4) 在否定即失败的逻辑程序[9] (logic programming with negation as failure) 中, 如果 $\neg l \notin S$, 即 $S \not\vdash \neg l$, 则 $not\ l$ 在一个回答集合 S 中是满足的.

8.2.1 缺省逻辑

一个缺省 (default)δ 是一个形为

$$\frac{A : B_1, \cdots, B_n}{C}$$

的表达式, 其中 $A, B_1, \cdots, B_n, C$ 是一阶逻辑公式, 并且 $n \geqslant 1$. 这里, A 称为缺省 δ 的必要条件 (prerequisite); $B_1, B_2, \cdots, B_n$ 称为缺省 δ 的证据 (justifications); C 称

为缺省 δ 的结论 (consequent).

如果 δ 的形式为 $\dfrac{A:B}{B}$(记为 $A \rightsquigarrow B$), 即证据和结论是相同的, 则 δ 称为正规的 (normal). 直观地, 一个缺省的解释是, 如果 A 已知, 并且假设 $B_1, B_2, \cdots, B_n$ 为真是不矛盾的, 则得到结论 C.

一个缺省理论是一个序对 (Δ, D), 其中 Δ 是一个封闭公式集合, D 是一个缺省的集合. (Δ, D) 是一个正规缺省理论当且仅当 D 的每个缺省是正规的.

给定一个缺省理论 (Δ, D), (Δ, D) 的一个扩展 E 是一个尽可能多地协调地使用 D 中的缺省得到的公式集合. 定义

$$E_0 = \Delta$$
$$E_{i+1} = \mathrm{Th}(E_i) \cup \{B : A \rightsquigarrow B \in D, A \in E_i, \neg B \notin E_i\}$$
$$E = \bigcup_{i \in \omega} E_i$$

则 E 是 (Δ, D) 的一个扩展.

一个正规缺省理论至少有一个扩展. 如果 E 和 E' 是一个正规缺省理论的两个不同的扩展, 则 E 和 E' 关于集合包含关系是不可比较的.

命题 8.2.1 设 E 是缺省理论 (Δ, D) 的一个扩展, 则 E 是 $\subseteq$-极大的, 即不存在协调超集 $E' \supseteq E$ 使得每个公式 $B \in E'$ 是由 Δ 中的公式和 D 中的缺省得到的.

$\hfill\square$

8.2.2　界定

界定 (circumscription) 是由 McCarthy[5] 提出的一个非单调逻辑.

设 p, q 是两个 n-元谓词符号. 定义

$$p = q \text{ 表示 } \forall x_1, \cdots, x_n (p(x_1, \cdots, x_n) \equiv q(x_1, \cdots, x_n))$$
$$p \leqslant q \text{ 表示 } \forall x_1, \cdots, x_n (p(x_1, \cdots, x_n) \to q(x_1, \cdots, x_n))$$
$$p < q \text{ 表示 } p \leqslant q \wedge \neg(p = q)$$

在语义中, $p = q$ 为真当且仅当 p, q 有相同的外延; $p \leqslant q$ 为真当且仅当 p 的外延是 q 的外延的一个子集; $p < q$ 为真当且仅当 p 的外延是 q 的外延的一个真子集.

设 $A(p)$ 是一个包含谓词符号 p 的句子. 设 P 是一个元数与 p 相同的谓词变量, p 在 $A(\cdot)$ 中的界定记为 $circ[A(p); p]$, 是以下二阶逻辑句子:

$$circ[A(p); p] = A(p) \wedge \neg \exists P[A(P) \wedge P < p]$$

直观地, 二阶逻辑公式 $\neg \exists P[A(P) \wedge P < p]$ 是说不可能找到一个谓词 P, 使得:

(1) P 满足公式 $A(P)$;

(2) P 的外延是 p 的外延的真子集.

换言之, p 的外延在满足条件 $A(p)$ 的 p 的外延集合中是极小的.

例如:

$A(p)$	$circ[A(p);p]$
$p(a)$	$\forall x(p(x) \equiv x = a)$
$p(a) \wedge p(b)$	$\forall x(p(x) \equiv x = a \vee x = b)$
$p(a) \vee p(b)$	$\forall x(p(x) \equiv x = a) \vee \forall x(p(x) \equiv x = b)$
$\neg p(a)$	$\forall x \neg p(x)$
$\forall x(q(x) \rightarrow p(x))$	$\forall x(q(x) \equiv p(x))$

定义 8.2.1 设 M_1 和 M_2 为结构, 并且 p 为谓词符号. M_1 是至少 p-优于 (p-preferred)M_2 的, 记为 $M_1 \leqslant^p M_2$, 如果以下条件成立.

(i) $|M_1| = |M_2|$;

(ii) 对每个谓词常量 $q \neq p, M_1[\![q]\!] = M_2[\![q]\!]$;

(iii) $M_1[\![p]\!] \subseteq M_2[\![p]\!]$.

命题 8.2.2 M 是 $circ[A;P;Z]$ 的一个模型, 当且仅当 M 是 A 的模型中 $\leqslant P;Z$-极小的.

$\square$

8.2.3 自认知逻辑

自认知逻辑由 Mooly 引入 [6,7]. 自认知逻辑是一个模态逻辑, 其模态词为 **K**. 带 **K** 的模态逻辑是单调的, 而带稳定理论的自认知逻辑是非单调的.

一个自认知理论 E 是稳定的, 如果

(i) $\mathrm{Cn}(E) \subseteq E$;

(ii) 正向回忆 $A \in E \Rightarrow \mathbf{K}A \in E$;

(iii) 反向回忆 $A \notin E \Rightarrow \neg \mathbf{K}A \in E$.

因此, 假设 $E' \supseteq E$, 如果 $A \in E' - E$, 则 $\neg \mathbf{K}A \in E$, 并且 $\mathbf{K}A \in E'$, 即 $\neg \mathbf{K}A \notin E'$.

给定一个协调理论 E, E 的稳定性蕴含:

$$A \in E \text{ 当且仅当 } \mathbf{K}A \in E$$
$$A \notin E \text{ 当且仅当 } \neg \mathbf{K}A \in E$$

给定一个理论 D, 理论 E 是 D 的一个稳定 (自认知) 扩张, 如果对每个 $A \in E$, $D \cup \{\mathbf{K}A : A \in E\} \cup \{\neg \mathbf{K}A : A \notin E\} \vdash A$. 因此, E 是 D 的一个稳定扩张, 如果它是 $E = \mathrm{Cn}(D \cup \{\mathbf{K}A : A \in E\} \cup \{\neg \mathbf{K}A : A \notin E\})$ 的固定点.

自认知逻辑和缺省逻辑之间的对应关系为

$$\frac{A : B}{C} \text{ 对应于 } \mathbf{K}A \wedge \neg \mathbf{K} \neg B \rightarrow C$$

因此, 我们有 $\mathbf{K}A \wedge \neg\mathbf{K}\neg B \to B$ 对应于 $\dfrac{A:B}{B}$, 并且 $\mathbf{K}A \wedge \mathbf{K}\neg B_1 \wedge \neg\mathbf{K}\neg(B_1 \wedge B_2) \to B_2$ 对应于 $\dfrac{A, \neg B_1 : B_1 \wedge B_2}{B_2}$.

8.2.4   否定即失败的逻辑程序

设 Π 为一个逻辑程序. Π 的一个回答集合是最小的文字集合 S, 满足如下条件:

(1) $l_1 \in S$ 或者 $l_2 \in S$ 蕴含 $l_1 \vee l_2 \in S$;

(2) $l_1 \in S$ 并且 $l_2 \in S$ 蕴含 $l_1 \wedge l_2 \in S$.

如果存在一个文字 l 使得 $l \in S$ 且 $\neg l \in S$, 则 S 是矛盾的, 其中 S 为所有由文字和命题连接词组成的公式的集合. S 的推理是经典的.

如果一个子句 $l \leftarrow l_1, \cdots, l_n$ 是 Horn 的, 则 $l_1 \in S, l_2 \in S, \cdots, l_n \in S$ 蕴含 $l \in S$, 可表示为

$$\frac{l_1 \in S \quad l_2 \in S \quad \cdots \quad l_n \in S}{l \in S}$$

我们设计一个语言来描述 S 中的元素. 设 HB_L 是所有基原子的集合, 一个符号串 P 是一个命题, 如果要么 $P \in HB_L$, 要么存在一个 $Q \in HB_L$ 使得 $P = \neg Q$, 或者存在两个 $Q, R \in HB_L$ 使得 $P = Q \vee R$ 或者 $Q \wedge R$, 即 $P ::= l|\neg P|P_1 \wedge P_2|P_1 \vee P_2$.

假设 $l_1, \cdots, l_n, l$ 为文字.

(1) **经典否定**. 如果 $l \leftarrow \neg l_1, l_2, \cdots, l_n$, 则如果 $l_2 \in S, \cdots, l_n \in S$, 并且 $\neg l_1 \in S$, 则 $l \in S$, 即

$$\frac{\neg l_1 \in S \quad l_2 \in S \quad \cdots \quad l_n \in S}{l \in S}$$

如果 $\neg l \leftarrow l_1, l_2, \cdots, l_n$, 则如果 $l_1 \in S, l_2 \in S, \cdots, l_n \in S$, 则 $\neg l \in S$, 即

$$\frac{l_1 \in S \quad l_2 \in S \quad \cdots \quad l_n \in S}{\neg l \in S}$$

(2) **否定即失败**. 如果 $l \leftarrow not\ l_1, l_2, \cdots, l_n$, $l_2 \in S, \cdots, l_n \in S$, 以及 $l_1 \notin S$, 则 $l \in S$, 即

$$\frac{l_1 \notin S \quad l_2 \in S \quad \cdots \quad l_n \in S}{l \in S}$$

如果 $not\ l \leftarrow l_1, l_2, \cdots, l_n$, 则如果 $l_1 \in S, l_2 \in S, \cdots, l_n \in S$, 则 $l \notin S$, 即

$$\frac{l_1 \in S \quad l_2 \in S \quad \cdots \quad l_n \in S}{l \notin S}$$

这不等价于

$$\frac{l_1 \in S \quad l_2 \in S \quad \cdots \quad l_n \in S}{\neg l \in S}$$

因为前者断定 $l \notin S$, 可能 $\neg l \in S$ 或者没有关于 $\neg l \in S$ 的任何信息, 而后者断定 $\neg l \in S$.

自认知逻辑和否定, 即失败逻辑程序 [9] 之间的对应关系为:

$$l \leftarrow l_1, \cdots, l_n, not\ l_1', \cdots, not\ l_m'$$

对应于

$$l_1 \wedge \cdots \wedge l_n \wedge \neg \mathbf{K} l_1' \wedge \cdots \wedge \neg \mathbf{K} l_m' \rightarrow l$$

8.3 R-演算与缺省逻辑之间的对应关系

一个正规缺省 $A \rightsquigarrow B$ 称为简单的 (simple), 如果 $A = \top$. 一个正规缺省理论称为简单的, 如果该缺省理论中的每个缺省是简单的.

已知的非单调逻辑之间存在相互的转换[2]. 本节给出简单正规缺省逻辑与 R-演算之间的相互转换.

(1) 给定一个简单正规缺省理论 (Δ, D) 及其扩展 E, 存在一个变换 σ_E 使得 $\sigma_E(\Delta, D) = \Delta | \Gamma'$, 并且 $\Delta | \Gamma' \Rightarrow E$ 在 R-演算中是可证的;

(2) 存在一个变换 τ 使得给定一个 R-构件 $\Delta | \Gamma, \tau(\Delta | \Gamma) = (\Delta, D)$ 是一个简单正规缺省理论, 并且对任何理论 Θ, 如果 $\Delta | \Gamma \Rightarrow \Theta$ 在 R-演算中是可证的, 则 Θ 是 (Δ, D) 的一个扩展.

因此, 有如下对应关系表, 如表 8.3.1 所示.

表 **8.3.1** 对应关系表

关系	一阶逻辑	R- 演算	缺省逻辑
半可判定的	$\Gamma \vdash A$	incon$(\Delta \cup \{A\})$	$\Delta \vdash A \& \Delta \vdash \neg B$
不可判定的	$\Gamma \not\vdash A$	con$(\Delta \cup \{A\})$	$\Delta \vdash A \& \Delta \not\vdash \neg B$

8.3.1 R-演算到缺省逻辑的变换

存在一个从 R-演算到简单正规缺省逻辑的映射 τ 使得对任何构件 $\Delta | \Gamma$, $\tau(\Delta | \Gamma) = (\Delta, D)$ 是一个缺省理论, 并且对任何 Γ 关于 Δ 的 $\subseteq$-极小改变 $\Theta, \tau(\Theta) = \Theta$ 是 (Δ, D) 的一个扩展, 其中 $D = \{\lambda \rightsquigarrow A : A \in \Gamma\}$.

因此, 有如图 8.3.1 所示的交换图.

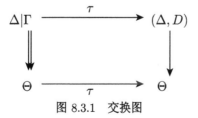

图 8.3.1 交换图

R-演算 $\mathbf{S}^{\text{FOL}}$ 可以变换为如下简单正规缺省逻辑的推理系统 $\mathbf{D}$.

$$(D^{\text{con}}) \frac{\Delta \not\vdash \neg A}{(\Delta, D_1, \top \rightsquigarrow A, D_2) \Rightarrow (\Delta \cup \{A\}, D_1, D_2)}$$

$$(D^{\mathbf{A}}) \frac{\Delta \vdash \neg l}{(\Delta, D_1, \top \rightsquigarrow l, D_2) \Rightarrow (\Delta, D_1, D_2)}$$

$$(D_1^{\wedge}) \frac{(\Delta, D_1, \top \rightsquigarrow A_1, D_2) \Rightarrow (\Delta, D_1, D_2)}{(\Delta, D_1, \top \rightsquigarrow A_1 \wedge A_2, D_2) \Rightarrow (\Delta, D_1, D_2)}$$

$$(D_2^{\wedge}) \frac{(\Delta \cup \{A_1\}, D_1, \top \rightsquigarrow A_2, D_2) \Rightarrow (\Delta \cup \{A_1\}, D_1, D_2)}{(\Delta, D_1, \top \rightsquigarrow A_1 \wedge A_2, D_2) \Rightarrow (\Delta, D_1, D_2)}$$

$$(D^{\vee}) \frac{\begin{array}{c}(\Delta, D_1, \top \rightsquigarrow A_1, D_2) \Rightarrow (\Delta, D_1, D_2) \\ (\Delta, D_1, \top \rightsquigarrow A_2, D_2) \Rightarrow (\Delta, D_1, D_2)\end{array}}{(\Delta, D_1, \top \rightsquigarrow A_1 \vee A_2, D_2) \Rightarrow (\Delta, D_1, D_2)}$$

$$(D^{\forall}) \frac{(\Delta, D_1, \top \rightsquigarrow A_1(t), D_2) \Rightarrow (\Delta, D_1, D_2)}{(\Delta, D_1, \top \rightsquigarrow \forall x A_1(x), D_2) \Rightarrow (\Delta, D_1, D_2)}$$

$$(D^{\exists}) \frac{(\Delta, D_1, \top \rightsquigarrow A_1(x), D_2) \Rightarrow (\Delta, D_1, D_2)}{(\Delta, D_1, \top \rightsquigarrow \exists x A_1(x), D_2) \Rightarrow (\Delta, D_1, D_2)}$$

以及

$$(D^{\neg\neg}) \frac{\Delta \vdash l}{(\Delta, \top \rightsquigarrow \neg l, D) \Rightarrow (\Delta, D)}$$

$$(D^{\neg\wedge}) \frac{\begin{array}{c}(\Delta, \top \rightsquigarrow \neg A_1, D) \Rightarrow (\Delta, D) \\ (\Delta, \top \rightsquigarrow \neg A_2, D) \Rightarrow (\Delta, D)\end{array}}{(\Delta, \top \rightsquigarrow \neg(A_1 \wedge A_2), D) \Rightarrow (\Delta, D)}$$

$$(D_1^{\neg\vee}) \frac{(\Delta, \top \rightsquigarrow \neg A_1, D) \Rightarrow (\Delta, D)}{(\Delta, \top \rightsquigarrow \neg(A_1 \vee A_2), D) \Rightarrow (\Delta, D)}$$

$$(D_2^{\neg\vee}) \frac{(\Delta \cup \{\neg A_1\}, \top \rightsquigarrow \neg A_2, D) \Rightarrow (\Delta \cup \{\neg A_1\}, D)}{(\Delta, \top \rightsquigarrow \neg(A_1 \vee A_2), D) \Rightarrow (\Delta, D)}$$

$$(D^{\neg\forall}) \frac{(\Delta, \top \rightsquigarrow \neg A_1(x), D) \Rightarrow (\Delta, D)}{(\Delta, \top \rightsquigarrow \neg\forall x A_1(x), D) \Rightarrow (\Delta, D)}$$

$$(D^{\neg\exists}) \frac{(\Delta, \top \rightsquigarrow \neg A_1(t), D) \Rightarrow (\Delta, D)}{(\Delta, \top \rightsquigarrow \neg\exists x A_1(x), D) \Rightarrow (\Delta, D)}$$

其中, x 是一个新的变量符号; t 是一个项.

定义 8.3.1 $(\Delta, D) \Rightarrow E$ 是 $\mathbf{D}$-可证的, 记为 $\vdash_{\mathbf{D}} (\Delta, D) \Rightarrow E$, 如果存在一个序列 $\{(\Delta_i, D_i) : i \in \omega\}$ 使得 $(\Delta_1, D_1) = (\Delta, D)$, $E = \lim_{i \to \infty} \Delta_i$, 并且对每个 $i \in \omega, (\Delta_i, D_i)$, 要么是一个公理, 要么由此前的断言可以通过 $\mathbf{D}$ 的一个推导规则得到.

定理 8.3.1 给定一个缺省理论 $(\Delta, \top \rightsquigarrow A)$, 存在一个公式 C, 使得 $\vdash_{\mathbf{D}} (\Delta, \top \rightsquigarrow A) \Rightarrow \Delta \cup \{C\}$.

证明 定义

$$C = \begin{cases} A, & \Delta \not\vdash \neg A \\ \lambda, & \text{其他} \end{cases}$$

对公式 A 的结构作归纳, 证明 $\vdash_{\mathbf{D}} (\Delta, \top \rightsquigarrow A) \Rightarrow \Delta \cup \{C\}$.

如果 $\Delta \not\vdash \neg A$, 则由 $(D^{\mathrm{con}}), \vdash_{\mathbf{D}} (\Delta, \top \rightsquigarrow A) \Rightarrow \Delta \cup \{A\}$.

假设 $\Delta \vdash \neg A$.

情况 $A = l$. $\Delta \vdash \neg l$, 并且由 $(D^{\mathbf{A}}), \vdash_{\mathbf{D}} (\Delta, \top \rightsquigarrow l) \Rightarrow \Delta$.

情况 $A = A_1 \wedge A_2$. $\Delta \vdash \neg A_1 \vee \neg A_2$, 即 $\Delta \vdash \neg A_1$ 或者 $\Delta, A_1 \vdash \neg A_2$. 由归纳假设, $\vdash_{\mathbf{D}} (\Delta, \top \rightsquigarrow A_1) \Rightarrow \Delta$ 或者 $\vdash_{\mathbf{D}} (\Delta \cup \{A_1\}, \top \rightsquigarrow A_2) \Rightarrow \Delta \cup \{A_1\}$, 并且由 $(D^{\wedge}), \vdash_{\mathbf{D}} (\Delta, \top \rightsquigarrow A_1 \wedge A_2) \Rightarrow \Delta$.

情况 $A = A_1 \vee A_2$. $\Delta \vdash \neg A_1$, 并且 $\Delta \vdash \neg A_2$, 由归纳假设, $\vdash_{\mathbf{D}} (\Delta, \top \rightsquigarrow A_1) \Rightarrow \Delta$, 并且 $\vdash_{\mathbf{D}} (\Delta, \top \rightsquigarrow A_2) \Rightarrow \Delta$, 再由 $(D^{\vee}), \vdash_{\mathbf{D}} (\Delta, \top \rightsquigarrow A_1 \vee A_2) \Rightarrow \Delta$.

情况 $A = \forall x A_1(x)$. 存在一个项 t 使得 $\Delta \vdash \neg A_1(t)$, 由归纳假设, $\vdash_{\mathbf{D}} (\Delta, \top \rightsquigarrow A_1(t)) \Rightarrow \Delta$, 并且由 $(D^{\forall}), \vdash_{\mathbf{D}} (\Delta, \top \rightsquigarrow \forall x A_1(x)) \Rightarrow \Delta$.

情况 $A = \exists x A_1(x)$. 存在一个不出现在 Δ 中的变量 x 使得 $\Delta \vdash \neg A_1(x)$, 由归纳假设, $\vdash_{\mathbf{D}} (\Delta, \top \rightsquigarrow A_1(x)) \Rightarrow \Delta$, 并且由 $(D^{\exists}), \vdash_{\mathbf{D}} (\Delta, \top \rightsquigarrow \exists x A_1(x)) \Rightarrow \Delta$.

类似地, 可以证明其他情况. □

因此, 我们有如下推论.

推论 8.3.1 $\vdash_{\mathbf{D}} (\Delta, \top \rightsquigarrow A) \Rightarrow \Delta \cup \{A\}$ 当且仅当 $\Delta \not\vdash \neg A$, 并且 $\vdash_{\mathbf{D}} (\Delta, \top \rightsquigarrow A) \Rightarrow \Delta$ 当且仅当 $\Delta \vdash \neg A$. □

推论 8.3.2 $\vdash_{\mathbf{D}} (\Delta, \top \rightsquigarrow A) \Rightarrow \Delta \cup \{C\}$ 当且仅当 $\Delta \cup \{C\}$ 是 $(\Delta, \top \rightsquigarrow A)$ 的一个扩展. □

归纳地, 我们有如下定理.

定理 8.3.2(可靠性定理) 给定一个断言 $(\Delta, D) \Rightarrow E$, 如果 $(\Delta, D) \Rightarrow E$ 是 $\mathbf{D}$-可证的, 则 E 是 (Δ, D) 的一个扩展. □

定理 8.3.3(完备性定理) 给定一个断言 $(\Delta, D) \Rightarrow E$, 如果 E 是 (Δ, D) 的一个扩展, 则存在一个 D 上的序关系 $<$ 使得 $(\Delta, D^{<}) \Rightarrow E$ 是 $\mathbf{D}$-可证的. □

定理 8.3.4 对任何理论 Θ, $\Delta | \Gamma \Rightarrow \Theta$ 是 $\mathbf{S}^{\mathrm{FOL}}$-可证的当且仅当 $(\Delta, D) \Rightarrow \Theta$ 是 $\mathbf{D}$-可证的.

证明 $\Delta | A \Rightarrow \Theta$ 对应于 $(\Delta, \top \rightsquigarrow A) \Rightarrow \Theta$, 我们可以直接得到定理. □

因此, 给定 Γ 关于 Δ 的一个极大协调理论 Θ, 如果 $\Gamma | \Delta \Rightarrow \Theta$ 是 $\mathbf{S}^{\mathrm{FOL}}$-可证的, 则 Θ 是 (Δ, D) 的一个扩展.

8.3.2 缺省逻辑到 R-演算的转换

给定一个简单正规缺省理论 (Δ, D) 和一个协调理论 G, 假设存在 D 的一个良

序关系 $<$, 并且 $D^{\prec,G} = \{A \rightsquigarrow B \in D : G \vdash A\}$. 定义

$$E_0 = \Delta$$
$$E_{i+1} = E_i \cup \{B_j\}$$
$$E = \bigcup_{i \in \omega} E_i$$

其中, j 是最小的, 使得 $E_i \not\vdash \neg B_j$, 并且 $E_i \not\vdash B_j$; E 是 (Δ, D) 的一个扩展, 记为 $f_1(\Delta, D^{\prec,G})$.

存在一个从缺省逻辑到 R-演算的映射 σ, 使得对任何缺省理论 (Δ, D) 及其扩展 $E, \sigma_E(\Delta, D)$ 是一个构件 $\Delta|D'$, 并且 $\sigma_E(E)$ 是一个不可归约的构件, 即 $\Delta|D' \Rightarrow \sigma_E(E)$ 是 $\mathbf{S}^{\mathrm{FOL}}$-可证的, 使得我们有如图 8.3.2 所示.

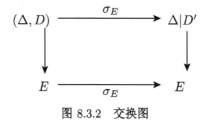

图 8.3.2　交换图

给定一个缺省理论 (Δ, D), 定义 $\sigma_E(\Delta, D) = \Delta|D'$, 其中 $D' = \{B : A \rightsquigarrow B \in D, E \vdash A\}, \sigma_E(E) = E$.

定理 8.3.5　对任何理论 $\Theta, \Delta|D' \Rightarrow \Theta$ 是 $\mathbf{S}^{\mathrm{FOL}}$-可证的, 当且仅当 $(\Delta, D) \Rightarrow \Theta$ 是 $\mathbf{D}$-可证的.

证明　由 E 的定义, $E = \{B : A \rightsquigarrow B \in D, E \vdash A\}$.

假设 $D' = \{B_0, B_1, \cdots\}$, 对每个 $i \in \omega$, 有

$$\Delta_i|B_i, B_{i+1}, \cdots \Rightarrow \Delta_{i+1}|B_{i+1}, \cdots$$

其中

$$\Delta_{i+1} = \begin{cases} \Delta_i, & \Delta_i \vdash \neg B_i \\ \Delta_i \cup \{B_i\}, & \text{其他} \end{cases}$$

因此, $B_i \in \Delta_{i+1}$ 当且仅当 $B_i \in E$. $\Delta|D' \Rightarrow E$ 是 R-演算 $\mathbf{S}^{\mathrm{FOL}}$-可证的.

根据 R-演算 $\mathbf{S}^{\mathrm{FOL}}$ 的可靠性定理和完备性定理, E 是 D' 关于 Δ 的一个 $\subseteq$-极小改变.　　　　　　　　　　　　　　　　　　　　　　　　　　□

因此, 给定一个 (Δ, D) 的扩展 E, 存在一个序关系 $\prec$ 使得 $\Delta|\Gamma \Rightarrow E$ 是 $\mathbf{S}^{\mathrm{FOL}}$-可证的.

定理 8.3.6　对任何缺省理论 $(\Delta, D), \tau \circ \sigma_E(\Delta, D) = (\Delta, D)^E$, 并且对任何 R-构件 $\Delta|\Gamma, \sigma_\Theta \circ \tau(\Delta|\Gamma) = \Delta|\Gamma$.

证明　由 σ_E 的定义, 给定一个 (Δ, D) 的扩展 $E, \sigma_E(\Delta, D) = \Delta|\Gamma$, 其中 $\Gamma = \{B : A \rightsquigarrow B \in D, E \vdash A\}$. 由 τ 的定义, $\tau(\Delta|\Gamma) = (\Delta, D')$, 其中 $D' = \{\top \rightsquigarrow B : B \in \Theta\}$, 并且 $\Theta = D$. 由符号约定, $(\Delta, D') = (\Delta, D)^E$.

反过来, 给定一个 R-构件 $\Delta|\Gamma, \tau(\Delta|\Gamma) = (\Delta, D)$, 其中 $D = \{\top \rightsquigarrow A : A \in \Gamma\}$; 给定一个 (Δ, D) 的扩展 E, 由 σ_E 的定义, $\sigma_E(\Delta, D) = \Delta|\Gamma$. □

参 考 文 献

[1] Ginsberg M L. Readings in Nonmonotonic Reasoning [M]. San Francisco: Morgan Kaufmann, 1987.

[2] Reiter R. A logic for default reasoning [J]. Artificial Intelligence, 1980, 13:81-132.

[3] Antoniou G. A tutorial on default logics [J]. ACM Computing Surveys, 1999, 31:337-359.

[4] Li W. R-calculus: an inference system for belief revision [J]. The Computer Journal, 2007, 50: 378-390.

[5] McCarthy J. Circumscription-a form of non-monotonic reasoning [J]. Artificial Intelligence, 1980, 13:27-39.

[6] Marek W, Truszczyński M. Autoepistemic logic [J]. Journal of the ACM, 1991, 38:588-618.

[7] Denecker M, Marek V W, Truszczynski M. Uniform semantic treatment of default and autoepistemic logics [J]. Artificial Intelligence, 2003, 143:79-122.

[8] Cao C, Sui Y, Wang Y. The nonmonotonic propositional logics [J]. Artificial Intelligence Research, 2016, 5:111-120.

[9] Clark K. Negation as Failure [M].San Francisco: Morgan Kaufmann, 1987.

第九章　逼近的 R-演算

在一阶逻辑的 R-演算中, 有如下推导规则:

$$\frac{\Delta \nvdash \neg A}{\Delta | A \Rightarrow \Delta, A}$$

它不能被归约为原子形式:

$$\frac{\Delta \nvdash \neg l}{\Delta | l \Rightarrow \Delta, l}$$

因为 $\Delta \nvdash \neg A$ 是不可判定的, 而 $\Delta \vdash \neg A$ 是半可判定的.

一个集合 A 是可判定的[1,2], 如果存在一个算法来判定一个任给的 x 是否属于 A, 使得:

(i) 如果 $x \in A$, 则算法输出 yes;

(ii) 如果 $x \notin A$, 则算法输出 no.

一个集合 A 是半可判定的, 如果存在一个算法来判定一个任给的 x 是否属于 A, 使得如果 $x \in A$, 则算法输出 yes, 这里如果 $x \notin A$, 则算法可能不停止.

因此, 一个集合 A 是可判定的, 当且仅当 A 及其补集 $\bar{A}$ 是半可判定的.

对一个半可判定的集合 A, 在递归论[1,2] 中有一个极限引理: 对任何半可判定的集合 A, 存在可判定的集合序列 $\{A_s\}$ 使得对任何自然数 x, 存在一个步骤 s_x 对任何 $s \geqslant s_x, x \in A_s$, 记 $A = \lim_{s \to \infty} A_s$.

我们用一阶逻辑的可计算的逼近推理 $\Delta \nvdash_s \neg A$ 构造一个可计算 R-演算[3], 其代价是有限多次损害 (injury).

9.1　有穷损害优先方法

有穷损害优先方法由 Friedberg[4] 和 Muchnik[5](他们独立解决了 Post 问题) 首先提出. 为了构造一个递归可枚举集合, 这个递归可枚举集合应该满足的条件可以表示为一个无穷多个需求的集合. 这些需求分为正需求 (将元素放入所构造的集合) 和负需求 (限制元素放入所构造的集合). 所有的需求在一个优先序下, 使得一个需求的满足可以损害优先序低的需求的满足, 但不能损害优先序高的需求的满足[1,2].

9.1.1　Post 问题

设 $\{e\}$ 是在某个编码下由第 e 个 Turing 机计算出的 Turing-可计算函数 (也称

递归函数). 如果 $\{e\}$ 在输入 x 下停止, 则称 $\{e\}(x)$ 收敛, 记为 $\{e\}(x)\downarrow$; 否则, 不收敛, 记为 $\{e\}(x)\uparrow$. 设 $\{e\}_s(x)$ 为 $\{e\}(x)$ 在步 s 的逼近计算.

设 $\{e\}^A$ 是在某个编码下由第 e 个带谕示 (oracle)A 的 Turing 机计算的函数, 而 $\{e\}_s^{A_s}(x)$ 是它在步 s 内的逼近计算. 设 $u(A,e,x,s)$ 是 $\{e\}^A(x)$ 的使用函数, 即计算 $\{e\}_s^{A_s}(x)$ 中用到 A 中的最大元素.

递归可枚举集合是可计算函数的定义域 (等价地, 可计算全函数的值域). 记 $W_e = \mathrm{dom}(\{e\})$, 第 e 个递归可枚举集合. 如果一个集合及其补集均是递归可枚举的, 则该集合称为递归集合 (可判定集合).

$K_0 = \{e : \{e\}(e)\downarrow\}$ 是不可判定的. 设

$$K = \{(e,x) : \{e\}(x)\downarrow\} = \varnothing'$$
$$K^A = \{(e,x) : \{e\}^A(x)\downarrow\} = A'$$

则停机问题 K 是不可判定的.

设 $A, B \subseteq \omega$ 是自然数集合. A 递归于 (Turing 可归约于)B, 记为 $A \leqslant_{\mathrm{T}} B$, 如果存在某个 e 使得 $\chi_A = \{e\}^B$, 其中 χ_A 是 A 的特征函数, 即对任何 x, 有

$$\chi_A(x) = \begin{cases} 1, & x \in A \\ 0, & x \notin A \end{cases}$$

一个集合 A 的 Turing 度为

$$\mathbf{a} = \deg(A) = \{B : B \leqslant_{\mathrm{T}} A \,\&\, A \leqslant_{\mathrm{T}} B\}$$

这里最小的 Turing 度是递归 (可判定的) 集合的 Turing 度, 记为 $\mathbf{0}$, 停机问题的 Turing 度记为 $\mathbf{0}'$, 即

$$\begin{aligned} \mathbf{0} &= \deg(\varnothing) \\ &= \{B : B \leqslant_{\mathrm{T}} \varnothing \,\&\, \varnothing \leqslant_{\mathrm{T}} B\} \\ &= \{B : B \text{ 是递归的}\} \\ \mathbf{0}' &= \deg(K) \\ &= \{B : B \leqslant_{\mathrm{T}} K \,\&\, K \leqslant_{\mathrm{T}} B\} \end{aligned}$$

命题 9.1.1 $\mathbf{0} <_{\mathrm{T}} \mathbf{0}'$. □

Post 问题 I. 是否存在 Turing 度 $\mathbf{a}$ 介于 $\mathbf{0}$ 和 $\mathbf{0}'$ 之间, 即

$$\mathbf{0} <_{\mathrm{T}} \mathbf{a} <_{\mathrm{T}} \mathbf{0}'$$

9.1.2　带谕示的构造

定理 9.1.1 (Kleene-Post[2])　*存在 Turing 度* $\mathbf{a}$ *与* $\mathbf{b} \leqslant \mathbf{0}'$, *使得* $\mathbf{a}$ *与* $\mathbf{b}$ *是不可比较的.*

证明　我们将分步骤, $\varnothing'$-谕示地构造集合 $A, B \leqslant_{\mathrm{T}} \varnothing'$, 使得 $\chi_A = \bigcup_s f_a$, 并且 $\chi_B = \bigcup_s g_s$, 其中 f_s 和 g_s 为 $2^{<\omega}$ 中长度 $\geqslant s$ 的有穷串, 作为特征函数 χ_A 和 χ_B 的初始前截.

由于在步骤 s 构造的 f_s 和 g_s 是递归于 $\varnothing'$ 的, $\{f_s\}_{s\in\omega}$ 和 $\{g_s\}_{s\in\omega}$ 是 $\varnothing'$-递归序列, 因此 $A, B \leqslant_{\mathrm{T}} \varnothing'$.

我们只要使每个 e 满足以下需求:

$$R_e : A \neq \{e\}^B$$
$$S_e : B \neq \{e\}^A$$

就能确保 $A \not\leqslant_{\mathrm{T}} B$, 并且 $B \not\leqslant_{\mathrm{T}} A$. 因此, $\mathbf{a} = \deg(A)$ 和 $\mathbf{b} = \deg(B)$ 是不可比较的.

构造步骤如下.

步骤 $s = 0$. 定义 $f_0 = g_0 = \varnothing$.

步骤 $s + 1 = 2e + 1$. 给定 $f_s, g_s \in 2^{<\omega}$ 使其长度 $\geqslant s$. 设 $n = lh(f_s) = \mu x(x \notin \mathrm{dom}(f_s))$.

我们用一个 $\varnothing'$-谕示来判断 $\exists t \exists \sigma(\sigma \supset g_s \& \{e\}_t^\sigma(n) \downarrow)$.

情况 1: 肯定的. 枚举递归集合 $\{(\sigma, t) : \{e\}_t^\sigma(n) \downarrow\}$, 选择最小的 (σ', t'), 并且定义 $g_{s+1} = \sigma', f_{s+1}(n) = 1 - \{e\}_{t'}^{\sigma'}(n)$.

情况 2: 否定的. 定义 $f_{s+1}(lh(f_s)) = 0, g_{s+1}(lh(g_s)) = 0$.

对任何 $e, f(n) \neq \{e\}^g(n)$.

步骤 $s + 1 = 2e + 2$. 交换 f 和 g.

构造结束.

我们可以很容易地证明每个需求得到了满足.　　　　　　　　　　　　　□

9.1.3　有穷损害优先方法

因为 $\mathbf{0}$ 和 $\mathbf{0}'$ 均是递归可枚举的, Post 问题的递归可枚举形式如下.

Post 问题 II　是否存在一个介于 $\mathbf{0}$ 和 $\mathbf{0}'$ 的递归可枚举度 $\mathbf{a}$, 即

$$\mathbf{0} <_{\mathrm{T}} \mathbf{a} <_{\mathrm{T}} \mathbf{0}'$$

定义 9.1.1　一个集合 A 称为单纯的 (simple), 如果 A 是无穷的, 递归可枚举的, 并且其补集 $\bar{A}$ 不包含任何无穷递归可枚举集合.

定理 9.1.2 (Friedberg-Muchnik[2])　*存在一个低的单纯集合 A, 即 $A' \equiv_{\mathrm{T}} \varnothing'$. 因此, $\mathbf{0} <_{\mathrm{T}} \deg(A) <_{\mathrm{T}} \mathbf{0}'$.*

证明　我们只要构造一个余无穷 (coinfinite) 的递归可枚举集合 A, 使其满足以下需求, 即对每个 e, 有

$$P_e : W_e \text{ infinite} \Rightarrow W_e \cap A \neq \varnothing$$
$$N_e : \exists^\infty s(\{e\}_s^{A_s}(e) \downarrow) \Rightarrow \{e\}^A(e) \downarrow$$

设 A_s 由在步骤 s 结束前枚举进入 A 的元素组成的集合, 并且 $A = \bigcup_s A_s$.

需求的优先序设为

$$N_0, P_0, N_1, P_1, \cdots$$

需求 $\{N_e\}_{e \in \omega}$ 保证 $A' \leqslant_{\mathrm{T}} \varnothing'$. 定义递归函数 g 为

$$g(e,s) = \begin{cases} 1, & \{e\}_s^{A_s}(e) \downarrow \\ 0, & \text{其他} \end{cases}$$

如果对所有的 e, 需求 N_e 被满足, 则 $\hat{g}(e) = \lim_s g(e,s)$ 对所有的 e 均存在, 并且 $\hat{g} \leqslant_{\mathrm{T}} \varnothing'$. $\hat{g} = \chi_{A'}$, 并且 $A' \leqslant_{\mathrm{T}} \varnothing'$.

限制函数定义为

$$r(e,s) = u(A_s; e, e, s)$$

为了满足 N_e, 我们试图限制优先性低于 N_e 的需求枚举任何元素 $x \leqslant r(e,s)$ 进入 A_{s+1}.

A 的构造步骤如下.

步骤 $s = 0$. 设 $A_0 = \varnothing$.

步骤 $s+1$. 给定 A_s, 对每个 e, 计算 $r(e,s)$. 选择最小的 $i \leqslant s$, 使得:

(1) $W_{i,s} \cap A_s = \varnothing$;

(2) $\exists x(x \in W_{i,s} \& x > 2i \& \forall e \leqslant i(r(e,s) < x))$.

如果 i 存在, 选择最小的 x 满足 (2) (我们称 P_i 要求注视). 枚举 x 进入 A_{s+1}, 并且称需求 P_i 接受注视 (receives attention). 因此, $W_{i,s} \cap A_{s+1} \neq \varnothing$, 并且 P_i 是满足的. (1) 在任何 $> s+1$ 的步骤中不成立, 并且 P_i 不再要求注视. 如果 i 不存在, 不做任何事情, 这时 $A_{s+1} = A_s$.

设 $A = \bigcup_s A_s$.

构造结束.

我们称 x 在步骤 $s+1$ 损害 N_e, 如果 $x \in A_{s+1} - A_s$, 并且 $x \leqslant r(e,s)$.

定义 N_e 的损害集合为

$$I_e = \{x : \exists s(x \in A_{s+1} - A_s \& x \leqslant r(e,s))\} \qquad \square$$

引理 9.1.1　对任何 e, I_e 是有限的.

证明 由 (1), 每个正需求 P_i 至多放一个元素进入 A. 由 (2), N_e 被 P_i 损害仅当 $i < e$. 因此, $|I_e| \leqslant e$. □

引理 9.1.2 对每个 e, 需求 N_e 满足, 并且 $r(e) = \lim_s r(e, s)$ 存在.

证明 固定 e. 由引理 9.1.1, 选择步骤 s_e 使得 N_e 在任何步骤 $s > s_e$ 不再被损害. 然而, 如果 $\{e\}_s^{A_s}(e)$ 在任何步骤 $s > s_e$ 收敛, 则对 $t \geqslant s$ 作归纳. 对任何步骤 $t \geqslant s, r(e, t) = r(e, s)$, 并且 $\{e\}_t^{A_t}(e) = \{e\}_s^{A_s}(e)$. 因此, $A_s \upharpoonright r(e, s) = A \upharpoonright r(e, s)$, $\{e\}^A(e)$ 有定义. □

引理 9.1.3 对每个 i, 需求 P_i 被满足.

证明 固定 i 使得 W_i 是无穷的. 由引理 9.1.2, 选择 s, 使得:

$$\forall t \geqslant s, \forall e \leqslant i(r(e, t) = r(e))$$

选择 $s' \geqslant s$ 使得没有 $P_j, j < i$ 在步骤 s' 以后接受注视.

选择 $t > s'$, 使得:

$$\exists x(x \in W_{i,t} \& x > 2i \& \forall e \leqslant i(r(e) < x))$$

则要么 $W_{i,t} \cap A_t \neq \varnothing$, 要么 P_i 在步骤 $t+1$ 接受注视. 任何情况下, $W_{i,t} \cap A_{t+1} \neq \varnothing$, 所以 P_i 在步骤 $t+1$ 结束时是被满足的.

由 (2), $\bar{A}$ 是无穷的, 因此 A 是单纯的且低的. □

9.2 逼 近 推 导

根据极限引理, 一个半可判定集合 A 是可判定 (有限) 集合序列 $\{A_0, A_1, \cdots\}$ 的极限. 一阶逻辑的推导关系 $\vdash$ 是半可判定的. 因此, 有以下对应表 (表 9.2.1).

表 9.2.1

关系	一阶逻辑	R-演算
半可判定的	$\Gamma \vdash A$	$\Delta \mid A \Rightarrow \Delta$
半不可判定的	$\Gamma \not\vdash A$	$\Delta \mid A \Rightarrow \Delta, A$

半可判定的 $\Gamma \vdash A$ 能够用可判定的 $\Gamma \vdash_s A$ 来逼近, 并且 $\Delta \mid A \Rightarrow \Delta$ 可以用 $\Delta \mid A \Rightarrow_s \Delta$ 来逼近, 即有以下对应表 (表 9.2.2).

表 9.2.2

关系	一阶逻辑	R-演算
单调于 s	$\Delta \vdash_s A$	$\Delta \mid A \Rightarrow_s \Delta$
非单调于 s	$\Delta \not\vdash_s A$	$\Delta \mid A \Rightarrow_s \Delta, A$

由表 9.2.2, 可得如下几点结论.

(1) $\Delta \vdash_s A$ 是单调于 s 的, 即对任何步骤 $s, \Delta \vdash_s A$ 蕴含对任何步骤 $t \geqslant s, \Delta \vdash_t A$;

(2) $\Delta \nvdash_s A$ 是非单调于 s 的, 即对任何步骤 $s, \Delta \nvdash_s A$ 不一定蕴含对任何步骤 $t \geqslant s, \Delta \nvdash_t A$;

(3) $\Delta|A \Rightarrow_s \Delta$ 是单调于 s 的, 即对任何步骤 $s, \Delta|A \Rightarrow_s \Delta$ 蕴含对任何步骤 $t \geqslant s, \Delta|A \Rightarrow_t \Delta$;

(4) $\Delta|A \Rightarrow_s \Delta, A$ 是非单调于 s 的, 即对任何步骤 $s, \Delta|A \Rightarrow_s \Delta, A$ 不一定蕴含对任何步骤 $t \geqslant s, \Delta|A \Rightarrow_t \Delta, A$.

R-演算 $\mathbf{S}^{\mathrm{FOL}}$(本章记为 $\mathbf{F}$) 中的推导规则可以退化为

$$(F^{\mathrm{incon}}) \ \frac{\Delta \vdash \neg A}{\Delta|A \Rightarrow \Delta} \quad (F^{\mathrm{con}}) \ \frac{\Delta \nvdash \neg A}{\Delta|A \Rightarrow \Delta, A}$$

因为 $\Delta \vdash \neg A$ 是半可判定的, 我们不能递归地判定是否 $\Delta \nvdash \neg A$. 根据递归论中的极限引理, 我们能够递归地用逼近推导 $\Delta \nvdash_s \neg A$ 来逼近判定 $\Delta \nvdash \neg A$.

对于逼近推导, R-演算的规则可以表示为

$$(F_s^{\mathrm{incon}}) \ \frac{\Delta \vdash_s \neg A}{\Delta|A \Rightarrow_s \Delta} \quad (F_s^{\mathrm{con}}) \ \frac{\Delta \nvdash_s \neg A}{\Delta|A \Rightarrow_s \Delta, A}$$

逼近的 Gentzen 推导系统 $\mathbf{G}^{\mathrm{app}}$ 由如下公理和推导规则组成.

公理

$$(\mathbf{A}_1) \ \frac{\mathbf{E}l(l, \neg l \in \Gamma)}{\Gamma \Rightarrow_0 \Delta}$$
$$(\mathbf{A}_2) \ \frac{\mathbf{E}l(l, \neg l \in \Delta)}{\Gamma \Rightarrow_0 \Delta}$$
$$(\mathbf{A}_3) \ \frac{\Gamma \cap \Delta \neq \varnothing}{\Gamma \Rightarrow_0 \Delta}$$

推导规则

$$(\wedge_1^L) \ \frac{\Gamma, A_1 \Rightarrow_s \Delta}{\Gamma, A_1 \wedge A_2 \Rightarrow_{s+1} \Delta} \qquad (\wedge^R) \ \frac{\Gamma \Rightarrow_s B_1, \Delta \quad \Gamma \Rightarrow_s B_2, \Delta}{\Gamma \Rightarrow_{s+1} B_1 \wedge B_2, \Delta}$$

$$(\wedge_2^L) \ \frac{\Gamma, A_2 \Rightarrow_s \Delta}{\Gamma, A_1 \wedge A_2 \Rightarrow_{s+1} \Delta}$$

$$(\vee^L) \ \frac{\Gamma, A_1 \Rightarrow_s \Delta \quad \Gamma, A_2 \Rightarrow_s \Delta}{\Gamma, A_1 \vee A_2 \Rightarrow_{s+1} \Delta} \qquad (\vee_1^R) \ \frac{\Gamma \Rightarrow_s B_1, \Delta}{\Gamma \Rightarrow_{s+1} B_1 \vee B_2, \Delta}$$

$$(\vee_2^R) \ \frac{\Gamma \Rightarrow_s B_2, \Delta}{\Gamma \Rightarrow_{s+1} B_1 \vee B_2, \Delta}$$

$$(\forall^L) \ \frac{\Gamma, A(t) \Rightarrow_s \Delta}{\Gamma, \forall x A(x) \Rightarrow_{s+1} \Delta} \qquad (\forall^R) \ \frac{\Gamma \Rightarrow_s B(x), \Delta}{\Gamma \Rightarrow_{s+1} \forall x B(x), \Delta}$$

$$(\exists^L) \ \frac{\Gamma, A(x) \Rightarrow_s \Delta}{\Gamma, \exists x A(x) \Rightarrow_{s+1} \Delta} \qquad (\exists^R) \ \frac{\Gamma \Rightarrow_s B(t), \Delta}{\Gamma \Rightarrow_{s+1} \exists x B(x), \Delta}$$

$$(\neg\neg^L)\ \frac{\Gamma, A \Rightarrow_s \Delta}{\Gamma, \neg\neg A \Rightarrow_{s+1} \Delta} \qquad (\neg\neg^R)\ \frac{\Gamma \Rightarrow_s B, \Delta}{\Gamma \Rightarrow_{s+1} \neg\neg B, \Delta}$$

$$(\neg\wedge^L)\ \frac{\begin{array}{c}\Gamma, \neg A_1 \Rightarrow_s \Delta\\ \Gamma, \neg A_2 \Rightarrow_s \Delta\end{array}}{\Gamma, \neg(A_1 \wedge A_2) \Rightarrow_{s+1} \Delta} \qquad (\neg\wedge_1^R)\ \frac{\Gamma \Rightarrow_s \neg B_1, \Delta}{\Gamma \Rightarrow_{s+1} \neg(B_1 \wedge B_2), \Delta}$$

$$(\neg\wedge_2^R)\ \frac{\Gamma \Rightarrow_s \neg B_2, \Delta}{\Gamma \Rightarrow_{s+1} \neg(B_1 \wedge B_2), \Delta}$$

$$(\neg\vee_1^L)\ \frac{\Gamma, \neg A_1 \Rightarrow_s \Delta}{\Gamma, \neg(A_1 \vee A_2) \Rightarrow_{s+1} \Delta} \qquad (\neg\vee^R)\ \frac{\begin{array}{c}\Gamma \Rightarrow_s \neg B_1, \Delta\\ \Gamma \Rightarrow_s \neg B_2, \Delta\end{array}}{\Gamma \Rightarrow_{s+1} \neg(B_1 \vee B_2), \Delta}$$

$$(\neg\vee_2^L)\ \frac{\Gamma, \neg A_2 \Rightarrow_s \Delta}{\Gamma, \neg(A_1 \vee A_2) \Rightarrow_{s+1} \Delta}$$

$$(\neg\forall^L)\ \frac{\Gamma, \neg A(x) \Rightarrow_s \Delta}{\Gamma, \neg\forall x A(x) \Rightarrow_{s+1} \Delta} \qquad (\neg\forall^R)\ \frac{\Gamma \Rightarrow_s \neg B(t), \Delta}{\Gamma \Rightarrow_{s+1} \neg\forall x B(x), \Delta}$$

$$(\neg\exists^L)\ \frac{\Gamma, \neg A(t) \Rightarrow_s \Delta}{\Gamma, \neg\exists x A(x) \Rightarrow_{s+1} \Delta} \qquad (\neg\exists^R)\ \frac{\Gamma \Rightarrow_s B(x), \Delta}{\Gamma \Rightarrow_{s+1} \neg\exists x B(x), \Delta}$$

其中, t 是一个项; x 是一个自由不出现在 Γ 和 Δ 中的变量.

定义 9.2.1　一个矢列式 $\Gamma \Rightarrow \Delta$ 是 s-可推导的, 记为 $\vdash_s \Gamma \Rightarrow \Delta$, 如果存在一个 G^{app} 证明序列 $\Gamma \Rightarrow_0 \Delta, \cdots, \Gamma_{s+1} \Rightarrow_{s+1} \Delta_{s+1}$, 使得 $\Gamma_{s+1} = \Gamma, \Delta_{s+1} = \Delta$.

命题 9.2.1　(i) 对任何矢列式 $\Gamma \Rightarrow \Delta$, 如果 $\vdash_s \Gamma \Rightarrow \Delta$, 则 $\vdash \Gamma \Rightarrow \Delta$;

(ii) 对任何矢列式 $\Gamma \Rightarrow \Delta$, 如果 $\vdash \Gamma \Rightarrow \Delta$, 则存在一个 $s \in \omega$, 使得 $\vdash_s \Gamma \Rightarrow \Delta$.

□

9.3　R-演算 F^{app} 与有穷损害优先方法

我们给出一个递归 R-演算 F^{app} 去有穷损害地逼近 S^{FOL}.

9.3.1　带谕示的构造

固定两个协调理论 Δ, Γ. 我们将构造一个理论 Θ, 满足如下条件.

(i) $\Theta \subseteq \Gamma$;

(ii) Θ 是 Γ 关于 Δ 的一个 $\subseteq$-极小改变.

设 $\Gamma = \{A_0, A_1, \cdots\}$ 并且对每个 $i, \Gamma_i = \{A_0, A_1, \cdots, A_i\}$. 我们构造一个理论序列 $\{\Theta_0, \Theta_1, \cdots\}$ 使得 $\Theta_0 = \varnothing$; 对每个 $i, \Theta_{i+1} \subseteq \Gamma_i$ 是 Γ_i 关于 Δ 的一个 $\subseteq$-极小改变, 并且 $\Theta = \bigcup_i \Theta_i$ 满足条件 (i) 和 (ii).

构造是分步骤的, 并且带有谕示告知 $\Delta \cup \Theta_i \cup \{A_i\}$ 是否是协调的.

我们只要每个 e 满足以下需求, 即

$$P_e : \mathrm{con}(\Delta \cup \Theta_e \cup \{A_e\}) \Rightarrow A_e \in \Theta_{e+1}$$
$$N_e : \mathrm{incon}(\Delta \cup \Theta_e \cup \{A_e\}) \Rightarrow A_e \notin \Theta_{e+1}$$

如果 $\{\Theta_i : i \in \omega\}$ 是一个满足所有需求的序列, 则 $\Theta = \bigcup_i \Theta_i$ 满足 (i) 和 (ii).

构造步骤如下.

步骤 $s = 0$. 定义 $\Theta_0 = \varnothing$.

步骤 $s + 1$. 如果 $\Delta \cup \Theta_s \cup \{A_s\}$ 是协调的, 则设 $\Theta_{s+1} = \Theta_s \cup \{A_s\}$; 否则, 设 $\Theta_{s+1} = \Theta_s$.

构造结束.

引理 9.3.1 对每个 e, Θ_{e+1} 与 Δ 是协调的.

证明 对 e 作归纳. 假设 Θ_e 与 Δ 是协调的, 则

$$\Theta_{e+1} = \begin{cases} \Theta_e \cup \{A_e\}, & \Delta \cup \Theta_e \cup \{A_e\} \text{ 是协调的} \\ \Theta_e, & \text{其他} \end{cases}$$

与 Δ 是协调的. □

引理 9.3.2 对每个 $e, \Theta_{e+1} \subseteq \Gamma_e$.

证明 由构造直接得到. □

引理 9.3.3 对每个 e, Θ_{e+1} 是 Γ_e 关于 Δ 的一个 $\subseteq$-极小改变.

证明 由构造, 我们有

$$\Theta_{e+1} = \begin{cases} \Theta_e \cup \{A_e\}, & \Delta \cup \Theta_e \cup \{A_e\} \text{ 是协调的} \\ \Theta_e, & \text{其他} \end{cases}$$

对 e 作归纳, 如果 Θ_e 是 Γ_{e-1} 关于 Δ 的一个 $\subseteq$ 极小改变, 则 Θ_{e+1} 是 Γ_e 关于 Δ 的一个 $\subseteq$-极小改变. □

根据 R-演算的可靠性定理和完备性定理, Θ 是 Γ 关于 Δ 的一个 $\subseteq$-极小改变, 因此, $\Delta | \Gamma \Rightarrow \Delta, \Theta$ 是 R-演算 $\mathbf{F}$-可证的.

对应于构造的过程模式如下.

过程模式 R-演算 (Δ, Γ) 　　　　%Δ：一个修正理论

　　　　　　　　　　　　　　%$\Gamma = \{A_0, A_1, \cdots\}$：一个被修正理论

输入：Δ, Γ

局部变量：X_i, Y_i 　　　　　　%X_i：进入 Θ 的公式集合

　　　　　　　　　　　　　　%Y_i：不进入 Θ 的公式集合

输出：$\Theta = \lim_{i \to \infty} X_i$

$$X_0 = \varnothing, Y_0 = \varnothing. \qquad\qquad \% \text{ 初始化}$$

对每个 i

begin

如果 $\Delta, X_i \vdash \neg A_i$, 则设

$$X_{i+1} = X_i$$
$$Y_{i+1} = Y_i \cup \{A_i\};$$

如果 $\Delta, X_i \nvdash \neg A_i$, 则设

$$X_{i+1} = X_i \cup \{A_i\}$$
$$Y_{i+1} = Y_i.$$

end

设 $\Theta = \lim_{i \to \infty} X_i$, 则 $\Delta | \Gamma \Rightarrow \Delta, \Theta$ 是 R-演算 **F**-可证的.

9.3.2 逼近 R-演算 $\mathbf{F}^{\mathrm{app}}$

设 $\Gamma_{i,s}$ 是 $\Gamma_i = \{A_0, \cdots, A_{i-1}\}$ 中在步骤 s 结束前没有被删掉的公式集合, 并且对每个 $j < i, A_j \in \Gamma_{i,s}$ 当且仅当 $\Delta, \Gamma_{i,s} \nvdash \neg A_j$, 并且 $\Gamma'_{i+2,s+1} = \{A_{i+1}, A_{i+2}, \cdots\}$.

在步骤 $s+1$, 我们考虑 A_i.

逼近 R-演算 $\mathbf{F}^{\mathrm{app}}$ 由如下公理和推导规则组成.

公理

$$(F^{\mathrm{con,app}}) \quad \frac{\Delta, \Gamma_{i,s} \nvdash \neg A_i}{\Delta, \Gamma_{i,s} | A_i, \Gamma_{i+2,s} \Rightarrow_s \Delta, \Gamma_{i,s+1} | \Gamma_{i+2,s+1}}$$

$$(F^{\neg,\mathrm{app}}) \quad \frac{\Delta, \Gamma_{i,s} \vdash \neg p}{\Delta, \Gamma_{i,s} | p, \Gamma_{i+2,s} \Rightarrow \Delta, \Gamma_{i,s+1} | \Gamma_{i+2,s+1}}$$

推导规则

$$(F_1^{\wedge,\mathrm{app}}) \quad \frac{\Delta, \Gamma_{i,s} | A_{i1}, \Gamma_{i+1,s} \Rightarrow \Delta, \Gamma_{i,s} | \Gamma_{i+2,s}}{\Delta, \Gamma_{i,s} | A_{i1} \wedge A_{i2}, \Gamma_{i+2,s} \Rightarrow \Delta, \Gamma_{i,s+1} | \Gamma_{i+2,s+1}}$$

$$(F_2^{\wedge,\mathrm{app}}) \quad \frac{\Delta, \Gamma_{i,s}, A_{i1} | A_{i2}, \Gamma_{i+2,s} \Rightarrow \Delta, \Gamma_{i,s}, A_{i1} | \Gamma_{i+2,s}}{\Delta, \Gamma_{i,s} | A_{i1} \wedge A_{i2}, \Gamma_{i+2,s} \Rightarrow \Delta, \Gamma_{i,s+1} | \Gamma_{i+2,s}}$$

$$(F^{\vee,\mathrm{app}}) \quad \frac{\begin{array}{c}\Delta, \Gamma_{i,s} | A_{i1}, \Gamma_{i+2,s} \Rightarrow \Delta, \Gamma_{i,s} | \Gamma_{i+2,s} \\ \Delta, \Gamma_{i,s} | A_{i2}, \Gamma_{i+2,s} \Rightarrow \Delta, \Gamma_{i,s} | \Gamma_{i+2,s}\end{array}}{\Delta, \Gamma_{i,s} | A_{i1} \vee A_{i2}, \Gamma_{i+2,s} \Rightarrow \Delta, \Gamma_{i,s+1} | \Gamma_{i+2,s+1}}$$

$$(F_1^{\forall,\mathrm{app}}) \quad \frac{\Delta, \Gamma_{i,s} | A_i(t), \Gamma_{i+1,s} \Rightarrow \Delta, \Gamma_{i,s} | \Gamma_{i+2,s}}{\Delta, \Gamma_{i,s} | \forall x A_i(x), \Gamma_{i+2,s} \Rightarrow \Delta, \Gamma_{i,s+1} | \Gamma_{i+2,s+1}}$$

$$(F_1^{\exists,\mathrm{app}}) \quad \frac{\Delta, \Gamma_{i,s} | A_i(x), \Gamma_{i+1,s} \Rightarrow \Delta, \Gamma_{i,s} | \Gamma_{i+2,s}}{\Delta, \Gamma_{i,s} | \exists x A_i(x), \Gamma_{i+2,s} \Rightarrow \Delta, \Gamma_{i,s+1} | \Gamma_{i+2,s+1}}$$

$$(F^{\neg\neg,\mathrm{app}}) \quad \frac{\Delta, \Gamma_{i,s}|A_i, \Gamma_{i+1,s} \Rightarrow \Delta, \Gamma_{i,s}|\Gamma_{i+2,s}}{\Delta, \Gamma_{i,s}|\neg\neg A_i, \Gamma_{i+2,s} \Rightarrow \Delta, \Gamma_{i,s+1}|\Gamma_{i+2,s+1}}$$

$$(F^{\neg\wedge,\mathrm{app}}) \quad \frac{\begin{array}{c}\Delta, \Gamma_{i,s}|\neg A_{i1}, \Gamma_{i+1,s} \Rightarrow \Delta, \Gamma_{i,s}|\Gamma_{i+2,s} \\ \Delta, \Gamma_{i,s}|\neg A_{i2}, \Gamma_{i+1,s} \Rightarrow \Delta, \Gamma_{i,s}|\Gamma_{i+2,s}\end{array}}{\Delta, \Gamma_{i,s}|\neg(A_{i1} \wedge A_{i2}), \Gamma_{i+2,s} \Rightarrow \Delta, \Gamma_{i,s+1}|\Gamma_{i+2,s+1}}$$

$$(F_1^{\neg\vee,\mathrm{app}}) \quad \frac{\Delta, \Gamma_{i,s}|\neg A_{i1}, \Gamma_{i+2,s} \Rightarrow \Delta, \Gamma_{i,s}|\Gamma_{i+2,s}}{\Delta, \Gamma_{i,s}|\neg(A_{i1} \vee A_{i2}), \Gamma_{i+2,s} \Rightarrow \Delta, \Gamma_{i,s+1}|\Gamma_{i+2,s+1}}$$

$$(F_2^{\neg\vee,\mathrm{app}}) \quad \frac{\begin{array}{c}\Delta, \Gamma_{i,s}|\neg A_{i1}, \Gamma_{i+2,s} \Rightarrow \Delta, \Gamma_{i,s}, \neg A_{i1}|\Gamma_{i+2,s} \\ \Delta, \Gamma_{i,s}, \neg A_{i1}|\neg A_{i2}, \Gamma_{i+2,s} \Rightarrow \Delta, \Gamma_{i,s}, \neg A_{i1}|\Gamma_{i+2,s}\end{array}}{\Delta, \Gamma_{i,s}|\neg(A_{i1} \vee A_{i2}), \Gamma_{i+2,s} \Rightarrow \Delta, \Gamma_{i,s+1}|\Gamma_{i+2,s}}$$

$$(F_1^{\neg\forall,\mathrm{app}}) \quad \frac{\Delta, \Gamma_{i,s}|\neg A_i(x), \Gamma_{i+1,s} \Rightarrow \Delta, \Gamma_{i,s}|\Gamma_{i+2,s}}{\Delta, \Gamma_{i,s}|\neg\forall x A_i(x), \Gamma_{i+2,s} \Rightarrow \Delta, \Gamma_{i,s+1}|\Gamma_{i+2,s+1}}$$

$$(F_1^{\neg\exists,\mathrm{app}}) \quad \frac{\Delta, \Gamma_{i,s}|\neg A_i(t), \Gamma_{i+1,s} \Rightarrow \Delta, \Gamma_{i,s}|\Gamma_{i+2,s}}{\Delta, \Gamma_{i,s}|\neg\exists x A_i(x), \Gamma_{i+2,s} \Rightarrow \Delta, \Gamma_{i,s+1}|\Gamma_{i+2,s+1}}$$

其中, $\Gamma_{i,s+1} = \Gamma_{i,s}; \Gamma_{i+2,s+1} = \Gamma_{i+2,s}$.

根据 R-演算 $\mathbf{F}$ 的可靠性定理和完备性定理, 对任何 $i \in \omega$, 存在一个步骤 s_i 使得 $\Gamma_{i,s_i} = \lim\limits_{s\to\infty}\Gamma_{i,s}$, 并且 $\Delta|\Gamma \Rightarrow \Sigma$ 是 $\mathbf{F}^{\mathrm{app}}$-可证的, 其中 $\Sigma = \Delta \cup \bigcup\limits_i \Gamma_{i,s_i}$.

定义 9.3.1 $\Delta|\Gamma \Rightarrow \Delta, \Theta$ 是 $\mathbf{F}^{\mathrm{app}}$-可证的, 记为 $\vdash_{\mathbf{F}^{\mathrm{app}}} \Delta|\Gamma \Rightarrow \Delta, \Theta$, 如果存在一个序列 $\{\Delta_1|\Gamma_1, \cdots, \Delta_n|\Gamma_n, \cdots\}$ 使得 $\Delta_1|\Gamma_1 = \Delta|\Gamma, \Theta = \lim_{n\to\infty}\Delta_n - \Delta$, 并且对每个 $j < n, \Delta_j|\Gamma_j \Rightarrow \Delta_{j+1}|\Gamma_{j+1}$, 要么是一个公理, 要么是由此前的断言通过一个 $\mathbf{F}^{\mathrm{app}}$ 的推导规则得到的.

因此, 我们有如下推论.

推论 9.3.1 给定两个理论 Γ 和 Δ, $\vdash_{\mathbf{F}^{\mathrm{app}}} \Delta|\Gamma \Rightarrow \Sigma$; 反之, 如果 $\vdash_{\mathbf{F}^{\mathrm{app}}} \Delta|\Gamma \Rightarrow \Delta, \Theta$, 则 $\Delta \cup \Theta = \Sigma$. □

9.3.3 递归构造

利用逼近推导:

$$(F_s^{\mathrm{incon}}) \quad \frac{\Delta \vdash_s \neg A}{\Delta|A \Rightarrow_s \Delta} \qquad (F_s^{\mathrm{con}}) \quad \frac{\Delta \nvdash_s \neg A}{\Delta|A \Rightarrow_s \Delta, A}$$

有以下两种情况.

(1) $\Delta \nvdash_s \neg A$, 并且对任何 $t \geqslant s, \Delta \nvdash_t \neg A$. 对任何 $t \geqslant s, \Delta|A \Rightarrow_t \Delta, A$, 并且

$$\Delta|A \Rightarrow \Delta, A$$

(2) $\Delta \nvdash_s \neg A$, 并且对某个 $t \geqslant s, \Delta \vdash_t \neg A$. 对这个 $t, \Delta|A \Rightarrow_t \Delta$, 并且

$$\Delta | A \Rightarrow \Delta$$

对第一种情况, 没有问题. 对第二种情况, 在步骤 t 删除 A 可能导致在此前删除的某个 B 与 Δ 变成协调的, 这将使 B 重新放回 Γ. 所以, 我们称 A 在步骤 t 的删除损害了 B 在 t 步骤之前的删除. 我们给出一个递归构造使得对每个属于 Γ 的 B, 它的删除最多被损害有限次, 因此有限步骤之后, 要么 B 最终被删除, 要么 B 不再被删除.

设 $[A] : A \rightsquigarrow \Delta$ 和 $\langle A \rangle : A \not\rightsquigarrow \Delta$ 分别表示 A 枚举进入 Δ 和从 Δ 中删除. 假设在步骤 s, 我们有

$$\Delta | A_1 \Rightarrow_s \Delta | [A_1], \quad \Delta \not\vdash_s A_1$$

$$\Delta | A_2 \Rightarrow_s \Delta | \langle A_2 \rangle, \quad \Delta \vdash_s \neg A_2$$

并且在某个步骤 $t > s$, 我们有

(1) 如果 $\Delta \not\vdash_s A_1$ 且 $\Delta, A_1 \vdash_s \neg A_2$, 则 $\Delta | A_1 \Rightarrow_s \Delta | [A_1]$, 并且 $\Delta | [A_1], A_2 \Rightarrow_s \Delta | [A_1], \langle A_2 \rangle$;

(2) 如果 $\Delta \vdash_t \neg A_1$ 且 $\Delta \not\vdash_t \neg A_2$, 则 $\Delta | [A_1], \langle A_2 \rangle \Rightarrow_t \Delta | \langle A_1 \rangle, [A_2]$.

$\langle A_2 \rangle \rightsquigarrow [A_2]$ 在步骤 t 成立, 仅当存在一个公式 $A_1 \prec A_2$ 使得在步骤 t, $[A_1] \rightsquigarrow \langle A_1 \rangle$. 在这种情况下, 步骤 s 的 $[A_2] \rightsquigarrow \langle A_2 \rangle$ 被在步骤 t 的 $[A_1] \rightsquigarrow \langle A_1 \rangle$ 损害.

下面给出 R-演算 $\mathbf{F}$ 的递归构造.

设 $\Gamma = \{A_0, A_1, \cdots\}$, 并且对每个 $i, \Gamma_i = \{A_0, A_1, \cdots, A_{i-1}\}$. 我们分步骤构造一个理论序列 $\{\Theta_0, \Theta_1, \cdots\}$, 使得:

(i) $\Theta_0 = \varnothing$;

(ii) 对每个 $i, \Theta_{i+1} \subseteq \Gamma_i$ 是 Γ_i 关于 Δ 的一个 $\subseteq$-极小改变;

(iii) $\Theta = \bigcup_i \Theta_i$ 满足 $\Theta \subseteq \Gamma$, Θ 是 Γ 关于 Δ 的一个 $\subseteq$-极小改变.

这个构造是分步骤进行的, 并且利用逼近推导 $\Delta, \Theta_{i,s} \vdash_s \neg A_i$. 我们只要满足以下需求, 即对每个 e, 有

$$P_e : \mathrm{con}(\Delta \cup \Theta_e \cup \{A_e\}) \Rightarrow A_e \in \Theta_{e+1}$$

$$N_e : \mathrm{incon}(\Delta \cup \Theta_e \cup \{A_e\}) \Rightarrow A_e \notin \Theta_{e+1}$$

需求的优先序设为

$$P_0, N_0, P_1, N_1, \cdots, P_e, N_e, \cdots$$

如果 $\{\Theta_i : i \in \omega\}$ 是一个满足所有需求的序列, 则 $\Theta = \bigcup_i \Theta_i$ 满足 (iii).

一个需求 N_e 在步骤 $s+1$ **要求注视**, 如果 $\Delta, \Theta_{e,s} \vdash_{s+1} \neg A_e$, 并且 $A_e \in \Theta_{e+1,s}$.

一个需求 N_e 在步骤 $s+1$ **被满足**, 如果 $\Delta, \Theta_{e,s} \vdash_{s+1} \neg A_e$, 并且 $A_e \notin \Theta_{e+1,s+1}$.

构造步骤如下.

步骤 $s=0$. 定义 $\Theta_{0,0} = \varnothing$, 并且对每个 $i \geqslant 0, \Theta_{i,0} = \Gamma_i$.

步骤 $s+1$. 找最小的 e 使得 N_e 要求注视. 定义 $\Theta_{e+1,s+1} = \Theta_{e+1,s} - \{A_e\}$, 并且对每个 $e' \geqslant e+1, \Theta_{e',s+1} = \Theta_{e',0}$, 称 N_e 在步骤 $s+1$ **接受注视**.

对每个 e, 定义

$$\Theta_e = \lim_{s \to \infty} \Theta_{e,s}$$

$$\Theta = \bigcup_{e \in \omega} \Theta_2$$

构造结束.

我们称 N_e 在步骤 $s+1$ **被损害**, 如果存在一个 $i < e$, 使得 $A_i \in \Theta_{i+1,s} - \Theta_{i+1,s+1}$.

定义 N_e 的损害集合为

$$I_e = \{i : \exists s (A_i \in \Theta_{e+1,s} - \Theta_{e+1,s+1})\}$$

$$I_{e,s} = \{i : \exists s' \leqslant s (A_i \in \Theta_{e+1,s'} - \Theta_{e+1,s'+1})\}$$

引理 9.3.4   对每个 e, I_e 是有限的.

证明   对 e 作归纳. 假设 $I_{e'}(e' < e)$ 是有限的, 则存在一个步骤 s_e 使得对任何 $s \geqslant s_e, N_{e'}$ 不再要求注视, 并且 $I_e = I_{e,s_e}$ 是有限的.   □

引理 9.3.5   对每个 $e, \Theta_e = \lim_{s \to \infty} \Theta_{e,s+1}$ **存在, 并且需求 N_e 被满足.**

证明   给定 e. 由引理 9.3.4, 存在一个步骤 s_e 使得 N_e 在任何步骤 $s > s_e$ 不再被损害.

如果 N_e 不再要求注视, 则 $\Theta_e = \Theta_{e,s_e}$.

如果 N_e 在某步骤 $s > s_e$ 要求注视, 则 N_e 在步骤 s 被满足, 并且不再要求注视. 因此, $\Theta_e = \Theta_{e,s}$.   □

引理 9.3.6   对每个 e, 需求 P_e 被满足.

证明   如果 N_e 在步骤 s 被满足, 则 P_e 在步骤 s 也被满足.   □

根据 R-演算 $\mathbf{F}$ 的可靠性定理和完备性定理 [6], Θ 是 Γ 关于 Δ 的一个 $\subseteq$-改变, 因此 $\Delta | \Gamma \Rightarrow \Delta, \Theta$ 是 $\mathbf{F}$-可证的.

例 9.3.1   假设

$\Delta\vert$	A_0	A_1	A_2	$\cdots A_e\cdots$
	$\Theta_{0,s}$	$\Theta_{1,s}$	$\Theta_{2,s}$	$\cdots\Theta_{e,s}\cdots$
$s=0$	$\Delta\cup\{A_0\}$			$\cdots$
$s=1$	$\Theta_{0,0}\nvdash_1\neg A_0$			$\cdots$
	$\Delta\cup\{A_0\}$	$\Delta\cup\{A_0,A_1\}$		$\cdots$
$s=2$	$\Theta_{0,1}\nvdash_2\neg A_0$	$\Theta_{1,1}\nvdash_2\neg A_1$		$\cdots$
	$\Delta\cup\{A_0\}$	$\Delta\cup\{A_0,A_1\}$	$\Delta\cup\{A_0,A_1,A_2\}$	$\cdots$
$s=3$	$\Theta_{0,2}\nvdash_3\neg A_0$	$\Theta_{1,2}\nvdash_3\neg A_1$	$\Theta_{2,2}\vdash_3\neg A_2$	$\cdots$
	$\Delta\cup\{A_0\}$	$\Delta\cup\{A_0,A_1\}$	$\Delta\cup\{A_0,A_1\}$	$\cdots$
$s=4$	$\Theta_{0,3}\nvdash_4\neg A_0$	$\Theta_{1,3}\vdash_3\neg A_1$		$\cdots$
	$\Delta\cup\{A_0\}$	$\Delta\cup\{A_0\}$	$\Delta\cup\{A_0,A_2\}$	$\cdots$
$s=5$	$\Theta_{0,4}\nvdash_5\neg A_0$		$\Theta_{2,4}\vdash_5\neg A_2$	$\cdots$
	$\Delta\cup\{A_0\}$	$\Delta\cup\{A_0\}$	$\Delta\cup\{A_0\}$	$\cdots$
$s=6$	$\Theta_{0,5}\vdash_6\neg A_0$			$\cdots$
	Δ	$\Delta\cup\{A_1\}$	$\Delta\cup\{A_1,A_2\}$	$\cdots$
$s=7$		$\Theta_{1,6}\nvdash_7\neg A_1$	$\Theta_{2,6}\vdash_7\neg A_2$	$\cdots$
	Δ	$\Delta\cup\{A_1\}$	$\Delta\cup\{A_1\}$	$\cdots$

因此, 如果对所有 $s\geqslant 7$, $\Delta\nvdash_s\neg A_1$, 则 $\Delta\vert\Gamma\Rightarrow\Delta,A_1$.

设

$$\Delta=\{p_1,p_2,p_3,p_4\}$$

$$\Gamma=\{A_1,A_2,A_3\}$$

其中

$$A_1=p_1\rightarrow(p_2\rightarrow(p_3\rightarrow\neg p_4))$$

$$A_2=p_1\rightarrow(p_2\rightarrow\neg p_3)$$

$$A_3=p_1\rightarrow(p_2\rightarrow\neg p_3)\rightarrow\neg p_1$$

则

Δ	A_0	A_1	A_2
	$\Theta_{0,s}$	$\Theta_{1,s}$	$\Theta_{2,s}$
$s=0$	$\Delta \cup \{A_0\}$	$\Delta \cup \{A_0, A_1\}$	$\Delta \cup \{A_0, A_1, A_2\}$
$s=1$	$\Theta_{0,0} \nvdash_1 \neg A_0$	$\Theta_{1,0} \nvdash_1 \neg A_1$	$\Theta_{0,1} \nvdash_1 \neg A_2$
	$\Delta \cup \{A_0\}$	$\Delta \cup \{A_0, A_1\}$	$\Delta \cup \{A_0, A_1, A_2\}$
$s=2$	$\Theta_{0,0} \nvdash_2 \neg A_0$	$\Theta_{1,0} \nvdash_2 \neg A_1$	$\Theta_{0,1} \vdash_2 \neg A_2$
	$\Delta \cup \{A_0\}$	$\Delta \cup \{A_0, A_1\}$	$\Delta \cup \{A_0, A_1\}$
$s=3$	$\Theta_{0,1} \nvdash_3 \neg A_0$	$\Theta_{1,1} \vdash_3 \neg A_1$	
	$\Delta \cup \{A_0\}$	$\Delta \cup \{A_0\}$	$\Delta \cup \{A_0, A_2\}$
$s=4$	$\Theta_{0,2} \vdash_4 \neg A_0$		
	Δ	$\Delta \cup \{A_1\}$	$\Delta \cup \{A_1, A_2\}$
$s=5$		$\Theta_{1,3} \vdash_5 \neg A_1$	
	Δ	Δ	$\Delta \cup \{A_2\}$

因此, $\Delta | \Gamma \Rightarrow \Delta \cup \{A_2\}$.

对应于构造的算法如下.

> **算法 $\mathbf{R}^{\mathrm{rec}}$-演算** (Δ, Γ) $\%\Delta$: 一个修正的理论
> $\%\Gamma = \{A_0, A_1, \cdots\}$: 一个被修正的理论
>
> **输入:** Δ, Γ
> **局部变量:** X_s, Y_s $\%X_s$: 可能进入 Θ 的公式集合
> $\%Y_s$: 可能不进入 Θ 的公式集合
>
> **输出:** $\Theta = \lim_{s \to \infty} X_s$
>
> $X_0 = \varnothing, Y_0 = \varnothing.$ % 初始化
> 对每个 s
> **begin**
>   **if** 不存在 i 满足
> $\Delta, X_s \upharpoonright i \vdash_{s+1} \neg A_i \& A_i \in X_s$ $\%X_s \upharpoonright i = \{A_{i'} \in X_s : i' < i\}$
> $\%Y_s \upharpoonright i = \{A_{i'} \in Y_s : i' < i\}$
>   **do**
> $X_{s+1} = X_s \cup \{A_{s+1}\}$
> $Y_{s+1} = Y_s;$
>   **else** 设 i 是最小的满足
> $\Delta, X_s \upharpoonright i \vdash_{s+1} \neg A_i \& A_i \in X_s$
>   **do**
> $X_{s+1} = X_s \upharpoonright i \cup \{A_{i+1}, \cdots, A_{s+1}\}$
> $Y_{s+1} = Y_s \upharpoonright i \cup \{A_i\}.$
> **end**

设 $\Theta = \lim_{s \to \infty} X_s$, 则 $\Delta | \Gamma \Rightarrow \Delta, \Theta$ 在 R-演算 $\mathbf{F}$ 中是可证的.

9.3.4　逼近 R-演算 $\mathbf{F}^{\mathrm{rec}}$

设 $\Gamma_{i,s}$ 为 $\Gamma_i = \{A_0, \cdots, A_{i-1}\}$ 中在步骤 s 没有被删除的公式集合, 并且对每个 $j < i$, $A_j \in \Gamma_{i,s}$ 当且仅当 $\Delta, \Gamma_{i,s} \not\vdash_s \neg A_j$.

逼近 R-演算 $\mathbf{F}^{\mathrm{rec}}$ 由以下两类 (不删除 Γ 中公式和删除 Γ 中公式) 规则集合组成.

公理

$$(F^{\mathrm{con,rec}}) \quad \frac{\Delta, \Gamma_{i,s} \not\vdash_s \neg p}{\Delta, \Gamma_{i,s}|p, \Gamma_{i+2,s} \Rightarrow_i \Delta, \Gamma_{i,s}, p|\Gamma_{i+2,s+1}}$$

推导规则

$$(F_{\wedge,\mathrm{rec}}) \quad \frac{\begin{array}{c} \Delta, \Gamma_{i,s}|A_{i1}, \Gamma_{i+2,s} \Rightarrow \Delta, \Gamma_{i,s}, A_{i1}|\Gamma_{i+2,s} \\ \Delta, \Gamma_{i,s}, A_{i1}|A_{i2}, \Gamma_{i+2,s} \Rightarrow \Delta, \Gamma_{i,s}, A_{i1}, A_{i2}|\Gamma_{i+2,s} \end{array}}{\Delta, \Gamma_{i,s}|A_{i1} \wedge A_{i2}, \Gamma_{i+2,s} \Rightarrow \Delta, \Gamma_{i,s+1}|\Gamma_{i+2,s+1}}$$

$$(F^1_{\vee,\mathrm{rec}}) \quad \frac{\Delta, \Gamma_{i,s}|A_{i1}, \Gamma_{i+2,s} \Rightarrow \Delta, \Gamma_{i,s}, A_{i1}|\Gamma_{i+2,s}}{\Delta, \Gamma_{i,s}|A_{i1} \vee A_{i2}, \Gamma_{i+2,s} \Rightarrow \Delta, \Gamma_{i,s+1}|\Gamma_{i+2,s+1}}$$

$$(F^2_{\vee,\mathrm{rec}}) \quad \frac{\Delta, \Gamma_{i,s}|A_{i2}, \Gamma_{i+2,s} \Rightarrow \Delta, \Gamma_{i,s}, A_{i2}|\Gamma_{i+2,s}}{\Delta, \Gamma_{i,s}|A_{i1} \vee A_{i2}, \Gamma_{i+2,s} \Rightarrow \Delta, \Gamma_{i,s+1}|\Gamma_{i+2,s+1}}$$

$$(F_{\forall,\mathrm{rec}}) \quad \frac{\Delta, \Gamma_{i,s}|A_i(x), \Gamma_{i+2,s} \Rightarrow \Delta, \Gamma_{i,s}, A_i(x)|\Gamma_{i+2,s}}{\Delta, \Gamma_{i,s}|\forall x A_i(x), \Gamma_{i+2,s} \Rightarrow \Delta, \Gamma_{i,s+1}|\Gamma_{i+2,s+1}}$$

$$(F_{\exists,\mathrm{rec}}) \quad \frac{\Delta, \Gamma_{i,s}|A_i(t), \Gamma_{i+2,s} \Rightarrow \Delta, \Gamma_{i,s}, A_i(t)|\Gamma_{i+2,s}}{\Delta, \Gamma_{i,s}|\exists x A_i(x), \Gamma_{i+2,s} \Rightarrow \Delta, \Gamma_{i,s+1}|\Gamma_{i+2,s+1}}$$

$$(F^1_{\neg\wedge,\mathrm{rec}}) \quad \frac{\Delta, \Gamma_{i,s}|\neg A_{i1}, \Gamma_{i+2,s} \Rightarrow \Delta, \Gamma_{i,s}, \neg A_{i1}|\Gamma_{i+2,s}}{\Delta, \Gamma_{i,s}|\neg(A_{i1} \wedge A_{i2}), \Gamma_{i+2,s} \Rightarrow \Delta, \Gamma_{i,s+1}|\Gamma_{i+2,s+1}}$$

$$(F^2_{\vee,\mathrm{rec}}) \quad \frac{\Delta, \Gamma_{i,s}|\neg A_{i2}, \Gamma_{i+2,s} \Rightarrow \Delta, \Gamma_{i,s}, \neg A_{i2}|\Gamma_{i+2,s}}{\Delta, \Gamma_{i,s}|\neg(A_{i1} \wedge A_{i2}), \Gamma_{i+2,s} \Rightarrow \Delta, \Gamma_{i,s+1}|\Gamma_{i+2,s+1}}$$

$$(F_{\neg\vee,\mathrm{rec}}) \quad \frac{\begin{array}{c} \Delta, \Gamma_{i,s}|\neg A_{i1}, \Gamma_{i+2,s} \Rightarrow \Delta, \Gamma_{i,s}, \neg A_{i1}|\Gamma_{i+2,s} \\ \Delta, \Gamma_{i,s}, \neg A_{i1}|\neg A_{i2}, \Gamma_{i+2,s} \Rightarrow \Delta, \Gamma_{i,s}, \neg A_{i1}, \neg A_{i2}|\Gamma_{i+2,s} \end{array}}{\Delta, \Gamma_{i,s}|\neg(A_{i1} \vee A_{i2}), \Gamma_{i+2,s} \Rightarrow \Delta, \Gamma_{i,s+1}|\Gamma_{i+2,s+1}}$$

$$(F_{\neg\forall,\mathrm{rec}}) \quad \frac{\Delta, \Gamma_{i,s}|\neg A_i(t), \Gamma_{i+2,s} \Rightarrow \Delta, \Gamma_{i,s}, \neg A_i(t)|\Gamma_{i+2,s}}{\Delta, \Gamma_{i,s}|\neg\forall x A_i(x), \Gamma_{i+2,s} \Rightarrow \Delta, \Gamma_{i,s+1}|\Gamma_{i+2,s+1}}$$

$$(F_{\neg\exists,\mathrm{rec}}) \quad \frac{\Delta, \Gamma_{i,s}|\neg A_i(x), \Gamma_{i+2,s} \Rightarrow \Delta, \Gamma_{i,s}, \neg A_i(x)|\Gamma_{i+2,s}}{\Delta, \Gamma_{i,s}|\neg\exists x A_i(x), \Gamma_{i+2,s} \Rightarrow \Delta, \Gamma_{i,s+1}|\Gamma_{i+2,s+1}}$$

其中, $\Gamma_{i+1,s+1} = \Gamma_{i+1,s} \cup \{A_i\}$; $A_i = p|\neg A_i|A_{i1} \wedge A_{i2}|A_{i1} \vee A_{i2}|A_{i1} \to A_{i2}|\forall x A_i(x)$ $|\exists x A_i(x)$.

公理

$$(F^{\neg,\mathrm{rec}}) \quad \frac{\Delta, \Gamma_{i,s} \vdash_s \neg p}{\Delta, \Gamma_{i,s}|p, \Gamma_{i+2,s} \Rightarrow \Delta, \Gamma_{i,s+1}|\Gamma'_{i+2,s+1}}$$

推导规则

$$(F_1^{\wedge,\text{rec}}) \quad \frac{\Delta,\Gamma_{i,s}|A_{i1},\Gamma_{i+1,s} \Rightarrow \Delta,\Gamma_{i,s}|\Gamma'_{i+2,s}}{\Delta,\Gamma_{i,s}|A_{i1} \wedge A_{i2},\Gamma_{i+2,s} \Rightarrow \Delta,\Gamma_{i,s+1}|\Gamma'_{i+2,s+1}}$$

$$(F_2^{\wedge,\text{rec}}) \quad \frac{\begin{array}{c}\Delta,\Gamma_{i,s}|A_{i1},\Gamma_{i+2,s} \Rightarrow \Delta,\Gamma_{i,s},A_{i1}|\Gamma'_{i+2,s}\\ \Delta,\Gamma_{i,s},A_{i1}|A_{i2},\Gamma_{i+2,s} \Rightarrow \Delta,\Gamma_{i,s},A_{i1}|\Gamma'_{i+2,s}\end{array}}{\Delta,\Gamma_{i,s}|A_{i1} \wedge A_{i2},\Gamma_{i+2,s} \Rightarrow \Delta,\Gamma_{i,s+1}|\Gamma'_{i+2,s}}$$

$$(F^{\vee,\text{rec}}) \quad \frac{\begin{array}{c}\Delta,\Gamma_{i,s}|A_{i1},\Gamma_{i+2,s} \Rightarrow \Delta,\Gamma_{i,s}|\Gamma'_{i+2,s}\\ \Delta,\Gamma_{i,s}|A_{i2},\Gamma_{i+2,s} \Rightarrow \Delta,\Gamma_{i,s}|\Gamma'_{i+2,s}\end{array}}{\Delta,\Gamma_{i,s}|A_{i1} \vee A_{i2},\Gamma_{i+2,s} \Rightarrow \Delta,\Gamma_{i,s+1}|\Gamma'_{i+2,s+1}}$$

$$(F^{\forall,\text{rec}}) \quad \frac{\Delta,\Gamma_{i,s}|A_i(t),\Gamma_{i+1,s} \Rightarrow \Delta,\Gamma_{i,s}|\Gamma'_{i+2,s}}{\Delta,\Gamma_{i,s}|\forall x A_i(x),\Gamma_{i+2,s} \Rightarrow \Delta,\Gamma_{i,s+1}|\Gamma'_{i+2,s+1}}$$

$$(F^{\exists,\text{rec}}) \quad \frac{\Delta,\Gamma_{i,s}|A_i(x),\Gamma_{i+1,s} \Rightarrow \Delta,\Gamma_{i,s}|\Gamma'_{i+2,s}}{\Delta,\Gamma_{i,s}|\exists x A_i(x),\Gamma_{i+2,s} \Rightarrow \Delta,\Gamma_{i,s+1}|\Gamma'_{i+2,s+1}}$$

$$(F_1^{\neg\neg,\text{rec}}) \quad \frac{\Delta,\Gamma_{i,s}|A_{i1},\Gamma_{i+1,s} \Rightarrow \Delta,\Gamma_{i,s}|\Gamma_{i+2,s}}{\Delta,\Gamma_{i,s}|\neg\neg A_i,\Gamma_{i+2,s} \Rightarrow \Delta,\Gamma_{i+1,s+1}|\Gamma_{i+2,s+1}}$$

$$(F_1^{\neg\wedge,\text{rec}}) \quad \frac{\begin{array}{c}\Delta,\Gamma_{i,s}|\neg A_{i1},\Gamma_{i+2,s} \Rightarrow \Delta,\Gamma_{i,s}|\Gamma_{i+2,s}\\ \Delta,\Gamma_{i,s}|\neg A_{i2},\Gamma_{i+2,s} \Rightarrow \Delta,\Gamma_{i,s}|\Gamma_{i+2,s}\end{array}}{\Delta,\Gamma_{i,s}|\neg(A_{i1} \wedge A_{i2}),\Gamma_{i+2,s} \Rightarrow \Delta,\Gamma_{i+1,s+1}|\Gamma_{i+2,s+1}}$$

$$(F_1^{\neg\vee,\text{rec}}) \quad \frac{\Delta,\Gamma_{i,s}|\neg A_{i1},\Gamma_{i+1,s} \Rightarrow \Delta,\Gamma_{i,s}|\Gamma_{i+2,s}}{\Delta,\Gamma_{i,s}|\neg(A_{i1} \vee A_{i2}),\Gamma_{i+2,s} \Rightarrow \Delta,\Gamma_{i+1,s+1}|\Gamma_{i+2,s+1}}$$

$$(F_2^{\neg\vee,\text{rec}}) \quad \frac{\begin{array}{c}\Delta,\Gamma_{i,s}|\neg A_{i1},\Gamma_{i+2,s} \Rightarrow \Delta,\Gamma_{i,s},\neg A_{i1}|\Gamma_{i+2,s}\\ \Delta,\Gamma_{i,s},\neg A_{i1}|\neg A_{i2},\Gamma_{i+2,s} \Rightarrow \Delta,\Gamma_{i,s},\neg A_{i1}|\Gamma_{i+2,s}\end{array}}{\Delta,\Gamma_{i,s}|\neg(A_{i1} \vee A_{i2}),\Gamma_{i+2,s} \Rightarrow \Delta,\Gamma_{i+1,s+1}|\Gamma_{i+2,s}}$$

$$(F^{\neg\forall,\text{rec}}) \quad \frac{\Delta,\Gamma_{i,s}|\neg A_i(x),\Gamma_{i+1,s} \Rightarrow \Delta,\Gamma_{i,s}|\Gamma_{i+2,s}}{\Delta,\Gamma_{i,s}|\neg\forall x A_i(x),\Gamma_{i+2,s} \Rightarrow \Delta,\Gamma_{i+1,s+1}|\Gamma_{i+2,s+1}}$$

$$(F^{\neg\exists,\text{rec}}) \quad \frac{\Delta,\Gamma_{i,s}|\neg A_i(t),\Gamma_{i+1,s} \Rightarrow \Delta,\Gamma_{i,s}|\Gamma_{i+2,s}}{\Delta,\Gamma_{i,s}|\neg\exists x A_i(x),\Gamma_{i+2,s} \Rightarrow \Delta,\Gamma_{i+1,s+1}|\Gamma_{i+2,s+1}}$$

其中, $\Delta,\Gamma_{i,s}|A,\Gamma_{i+2,s}$ 意味着 $\Delta,\Gamma_{i,s}$ 是 s-协调的; $\Gamma'_{i+2,s+1} = \Gamma_{i+2,s}$, 并且

$$\Gamma_{i+1,s+1} = \begin{cases} \Gamma_{i+1,s} \cup \{A_i\}, & \Gamma_{i,s} \nvdash_s \neg A_i \\ \Gamma_{i+1,s}, & \text{其他} \end{cases}$$

根据 R-演算 $\mathbf{F}$ 的可靠性定理和完备性定理, 对任何 $i \in \omega$, 存在一个步骤 s_i, 使得:

$$\Gamma_{i,s_i} = \lim_{s\to\infty} \Gamma_{i,s}$$

并且 $\Delta|\Gamma \Rightarrow \Sigma$ 是 $\mathbf{F}^{\text{rec}}$-可证的, 其中 $\Sigma = \Delta \cup \bigcup_i \Gamma_{i,s_i}$.

定义 9.3.2　$\Delta|\Gamma \Rightarrow \Theta$ 是 $\mathbf{F}^{\mathrm{rec}}$-可证的, 记为 $\vdash_{\mathbf{F}^{\mathrm{rec}}} \Delta|\Gamma \Rightarrow \Theta$, 如果存在一个序列 $\Delta_1|\Gamma_1, \cdots, \Delta_n|\Gamma_n, \cdots$, 使得:

$$\Delta_1|\Gamma_1 = \Delta|\Gamma, \Theta = \lim_{n\to\infty} \Delta_n$$

并且对每个 $j < n, \Delta_j|\Gamma_j \Rightarrow \Delta_{j+1}|\Gamma_{j+1}$ 要么是一个公理, 要么是由此前的断言通过 $\mathbf{F}^{\mathrm{rec}}$ 的一个推导规则得到的.

因此我们有如下定理.

定理 9.3.1　给定两个理论 Γ 和 $\Delta, \vdash_{\mathbf{F}^{\mathrm{rec}}} \Delta|\Gamma \Rightarrow \Sigma$; 反之, 如果 $\vdash_{\mathbf{F}^{\mathrm{rec}}} \Delta|\Gamma \Rightarrow \Theta$, 则 $\Theta = \Sigma$. □

9.4　缺省逻辑与有穷损害优先方法

类似地, 我们可以考虑缺省逻辑 [7-9] 和有穷损害优先方法. 带优先方法的 R-演算与带优先方法的缺省逻辑有如下区别.

(1) 在 R-演算中, 给定一个公式 $A \in \Gamma$, 要么 A 最终被放入 Θ 中, 要么不再被放入 Θ 中; A 被放入 Θ 中只会被在 Γ 的序关系中优先于 A 的某个公式 B 损害;

(2) 在缺省逻辑中, 一个缺省 $A \rightsquigarrow B$ 在某个步骤不活跃, 可以在某个低优先性的缺省将某个公式放入一个扩展后变得活跃.

9.4.1　没有损害地构造一个扩展

设 $D = \{\delta_0, \delta_1, \cdots\}$ 是一个缺省的集合, 我们分步骤构造一个理论序列 $\{\Theta_i : i \in \omega\}$ 使得 $\Theta_0 = \Delta$, 并且 $\Theta = \bigcup_i \Theta_i$ 是 (Δ, D) 的一个伪扩展.

只要每个 e 满足以下需求, 即

$$P_e : \Theta \vdash A_e \& \Theta \nvdash \neg B_e \Rightarrow \Theta \vdash B_e$$
$$N_e : \Theta_e \text{是协调的}$$

其中, $\delta_e = A_e \rightsquigarrow B_e$.

定义 $\Theta_s \lceil e = \{B_{e'} \in \Theta_s : e' < e\}$, 需求的优先序设为

$$P_0, N_0, P_1, N_1, \cdots, P_e, N_e, \cdots$$

一个需求 P_e 在步骤 $s+1$ 要求注视, 如果 $\Theta_s \vdash A_e, \Theta_s\lceil e \nvdash \neg B_e$, 并且 $\Theta_s\lceil e \nvdash B_e$; 一个需求 P_e 在步骤 $s+1$ 被满足, 如果 $\Theta_s \vdash A_e$ 和 $\Theta_s \nvdash \neg B_e$ 蕴含 $\Theta_{s+1} \vdash B_e$.

构造步骤如下.

步骤 $s = 0$. 定义 $\Theta_0 = \Delta$.

步骤 $s+1$. 找最小的 $e \leqslant s$ 使得 P_e 要求注视. 设 $\Theta_{s+1} = \Theta_s \cup \{B_e\}$, 称 P_e 接受注视.

定义 $\Theta = \lim\limits_{s \to \infty} \Theta_s$.

构造结束.

引理 9.4.1 对每个 e, 如果 $\Theta \vdash A_e$, 并且 $\Theta \nvdash B_e$, 则存在一个步骤 s_e 使得 P_e 在步骤 s_e 被满足.

证明 假设 $\Theta \vdash A_e$, 并且 $\Theta \nvdash \neg B_e$, 存在一个步骤 s_e 使得 P_e 在步骤 $s \geqslant s_e$ 要求注视, $\Theta_{s_e+1} \vdash_{s_e+1} B_e$ 并且 P_e 被满足, 并且对任何 $t \geqslant s_e, P_e$ 不再要求注视, 即 P_e 最终被满足. □

引理 9.4.2 Θ 是 (Δ, D) 的一个扩展.

证明 由引理 9.4.1, 每个正需求 P_e 被满足. Θ 是 (Δ, D) 的一个扩展, 因为对任何 $\delta = A \rightsquigarrow B \in D$, 如果 $\Theta \vdash A$, 并且 $\Theta \nvdash \neg B$, 则存在一个步骤 s 使得每个比 δ 优先性高的需求 P_e 最终都被满足, $\Theta \vdash_s A$, 并且 P_δ 在步骤 $s+1$ 接受注视, 即 $B \in \Theta_{s+1}$, 并且对任何 $t \geqslant s, B \in \Theta_{t+1}$, 即 $B \in \Theta$. □

9.4.2 有穷损害优先方法构造一个扩展

我们首先考虑一个例子.

例 9.4.1 设 $\Delta = \{p, r\}$, 并且 $D = \{s \rightsquigarrow q, p \rightsquigarrow \neg q, r \rightsquigarrow s\}$. 假设

$$\frac{s:q}{q} \prec \frac{p:\neg q}{\neg q} \prec \frac{r:s}{s}$$

即 $q \prec \neg q \prec s$, 则传统地有

$$p, r|s \rightsquigarrow q, p \rightsquigarrow \neg q*, r \rightsquigarrow s$$
$$\Rightarrow p, r, \neg q|s \rightsquigarrow q, p \rightsquigarrow \neg q, r \rightsquigarrow s*$$
$$\Rightarrow p, r, \neg q, s|s \rightsquigarrow q*, p \rightsquigarrow \neg q, r \rightsquigarrow s$$

并且 $\{p, r, \neg q, s\}$ 是一个伪扩展, 其中 $*$ 标识当前活动的缺省.

我们希望有

$$p, r|s \rightsquigarrow q, p \rightsquigarrow \neg q*, r \rightsquigarrow s$$
$$\Rightarrow p, r, \neg q|s \rightsquigarrow q, p \rightsquigarrow \neg q, r \rightsquigarrow s*$$
$$\Rightarrow p, r, \neg q, s|s \rightsquigarrow q*, p \rightsquigarrow \neg q, r \rightsquigarrow s$$
$$\Rightarrow p, r, q, s|s \rightsquigarrow q*, p \rightsquigarrow \neg q, r \rightsquigarrow s$$

并且 $\{p, r, q, s\}$ 是一个伪扩展. 我们认为在序关系 $\prec$ 下, $\{p, r, q, s\}$ 好于 $\{p, r, \neg q, s\}$, 因为 $\{p, r, q, s\} \prec \{p, r, \neg q, s\}$.

定义 9.4.1 给定一个 D 上的序关系 $\prec$, 一个缺省理论 (Δ, D) 的一个扩展 S 是强的, 如果 S 是 (Δ, D) 的一个扩展, 并且对任何其他 (Δ, D) 的扩展 E, 存在一个 e 使得 $B_e \in S - E$, 并且对任何 $e' < e, B_{e'} \in E$ 当且仅当 $B_{e'} \in S$.

设 $D = \{\delta_0, \delta_1, \cdots\}$. 我们分步骤构造一个理论序列 $\{\Theta_i : i \in \omega\}$, 使得 $\Theta_0 = \Delta$, 并且 $\Theta = \bigcup_i \Theta_i$ 是 (Δ, D) 的一个强扩展.

只要每个 e 满足以下需求, 即

$$P_e : \Theta \vdash A_e \& \Theta \nvdash \neg B_e \Rightarrow \Theta \vdash B_e$$
$$N_e : \Theta_e \text{是协调的}$$

其中, $\delta_e = A_e \rightsquigarrow B_e$.

需求的优先序设为

$$P_0, N_0, P_1, N_1, \cdots, P_e, N_e, \cdots$$

一个需求 P_e 在步骤 $s+1$ 要求注视, 如果存在 $e_1, \cdots, e_k > e$ 使得:

(i) $\Theta_s - \{B_{e_1}, \cdots, B_{e_k}\} \vdash_{s+1} A_e, \Theta_s - \{B_{e_1}, \cdots, B_{e_k}\} \nvdash_{s+1} \neg B_e$, 并且 $\Theta_s - \{B_{e_1}, \cdots, B_{e_k}\} \nvdash_{s+1} B_e$;

(ii) 对每个 $k' \leqslant k, \Theta_s \cup \{B_e\} - \{B_{e_1}, \cdots, B_{e_k}\} \vdash_{s+1} \neg B_{e_{k'}}$.

一个需求 P_e 在步骤 $s+1$ 被满足, 如果 $\Theta_s \vdash_s A_e, \Theta_s \nvdash_s \neg B_e$, 并且 $\Theta_s \vdash_s B_e$.

构造步骤如下.

步骤 $s = 0$. 定义 $\Theta_0 = \Delta$.

步骤 $s+1$. 找最小的 $e \leqslant s$ 使得 P_e 要求注视. 定义 $\Theta_{s+1} = (\Theta_s \cup \{B_e\}) - \{B_{e_1}, \cdots, B_{e_k}\}$, 称 P_e 接受注视.

定义 $\Theta = \lim_{s \to \infty} \Theta_s$.

构造结束.

我们称 P_e 在步骤 $s+1$ 被损害, 如果 $B_e \in \Theta_s - \Theta_{s+1}$.

定义 P_e 的损害集合为 $I_e = \{s : \exists i (B_i \in \Theta_s - \Theta_{s+1} \& A_e \in \Theta_{s+1} - \Theta_s)\}$.

引理 9.4.3 I_e 是有限的.

证明 由要求注视的定义, 对任何步骤 s, 如果 $s \in I_e$, 则存在一个 $i < e$ 使得 $B_i \in \Theta_s - \Theta_{s+1}$. $\qquad\qquad\square$

引理 9.4.4 对每个 e, 存在一个步骤 s_e 使得对任何步骤 $s \geqslant s_e$, 如果 P_e 在步骤 $s+1$ 要求注视, 则 P_e 最终被满足.

证明 假设 $\Theta \vdash A_e$, 并且 $\Theta \nvdash \neg B_e$. 由引理 9.4.3, 存在一个步骤 s_e 使得没有 $P_{e'}, e' < e$ 在步骤 s_e 以后要求注视. P_e 使 $\Theta \vdash_s A_e$ 的步骤要求注视, P_e 被满足, 并且对任何步骤 $t \geqslant s, P_e$ 不再要求注视, 即 P_e 最终被满足. $\qquad\qquad\square$

引理 9.4.5 Θ 是一个 (Δ, D) 的扩展.

证明 由引理 9.4.4, 每个正需求 P_e 被满足. Θ 是 (Δ, D) 的一个扩展, 因为对任何 $\delta = A \rightsquigarrow B \in D$, 如果 $\Theta \vdash A$, 并且 $\Theta \nvdash \neg B$, 则存在一个步骤 s 使得每个

优先性高于 δ 的需求 P_e 最终被满足, $\Theta \vdash_s A$, 并且 P_δ 在步骤 $s+1$ 接受注视, 即 $B \in \Theta_{s+1}$, 并且对任何步骤 $t \geqslant s, B \in \Theta_{t+1}$, 即 $B \in \Theta$. □

引理 9.4.6 Θ 拥有最高的优先性, 即对任何 (Δ, D) 的伪扩展 $E, \Theta \preceq E$, 即存在一个公式 A 使得 $E[\prec A] = \Theta[\prec A]$, 并且对任何 $B \in E - E[\prec A], A \prec B$, 其中 $E[\prec A] = \{B \in E : B \prec A\}$.

证明 由构造中需求被满足直接得出. □

参 考 文 献

[1] Rogers H. Theory of Recursive Functions and Effective Computability [M]. Massachuse tts: MIT Press, 1967.

[2] Soare R I. Recursively Enumerable Sets and Degrees, A Study of Computable Functions and Computably Generated Sets [M]. Berlin: Springer, 1987.

[3] Li W, Sui Y. The R-calculus and the finite injury priority method [J] Journal of Computers, 2017, 12:127-134.

[4] Friedberg R M. Two recursively enumerable sets of incomparable degrees of unsolvability [J]. Proceedings of National Academy of Soience., 1957, 43:236-238.

[5] Muchnik A A. On the separability of recursively enumerable sets (in Russian) [J]. Doklady. Akademii. Nauk SSSR, N.S., 1956, 109:29-32.

[6] Li W. R-calculus: an inference system for belief revision [J]. The Computer Journal., 2007, 50: 378-390.

[7] Ginsberg M L. Readings in Nonmonotonic Reasoning [M]. San Francisco: Morgan Kaufmann, 1987.

[8] Horty J. Defaults with Priorities [J]. Journal of Philosophical Logic, 2007, 36:367-413.

[9] Reiter R. A logic for default reasoning [J]. Artificial Intelligence, 1980, 13:81-132.

第十章 R-演算应用之一: 命题缺省逻辑

给定一个缺省理论 (Δ, D)[1,2], 其中 Δ 是命题逻辑中的一个理论, D 是一组缺省的集合. 我们将定义缺省逻辑中的三种极小改变: 一个理论 Θ 是 D 关于 Δ 的 $\subseteq$-/$\preceq$-/$\vdash_{\preceq}$-极小改变, 其中 Θ 是 D 关于 Δ 的一个 $\subseteq$-极小改变, 当且仅当 $\text{Th}(\Theta \cup \Delta)$ 是 (Δ, D) 的一个扩展.

$\preceq$-极小改变具有现实意义. 例如, 设 (Δ, D) 是一个缺省理论, 其中 Δ 表示这是一个人(记作 p), 并且这个人没有胳膊(记作 $\neg q$); D 包含一个缺省 $p \rightsquigarrow q \wedge r$, 表示一个人缺省有胳膊和腿, r 表示这个人有腿. 根据传统的缺省逻辑, (Δ, D) 有一个扩展 $\{p\}$, 即我们知道这是一个人. 实际上, 我们希望推导出这是一个人(p), 并且这个人有腿. 形式地, 有

$(*)$由 $p, \neg q, p \rightsquigarrow q \wedge r$, **缺省推出** r

其中, $r \prec q \wedge r$, 即如果一个人没有胳膊, 则这个人缺省有腿.

$\vdash_{\preceq}$-极小改变也具有现实意义. 例如, 设 (Δ, D) 是一个缺省理论, 其中 $\Delta = \{\neg p, \neg r\}$ 表示某个人没有左胳膊 (记作 $\neg p$), 并且这个人没有腿 (记作 $\neg r$); D 还包含一个正规缺省, 即

$$\top \rightsquigarrow p \wedge (r \vee q)$$

它表示一个人缺省有左胳膊, 要么有右胳膊, 要么有腿. 其中, q 表示这个人有右胳膊. 根据传统的缺省逻辑, (Δ, D) 拥有一个扩展 $\{\neg p, \neg r\}$. 我们希望推导出一个人有右胳膊. 形式地, 有

$(**)$由 $\neg p, \neg r, \top \rightsquigarrow p \wedge (r \vee q)$, **缺省推出** q

给定一个缺省理论 (Δ, D), 我们将给出三种推导系统 $\mathbf{S}^D, \mathbf{T}^D$ 和 $\mathbf{U}^D$, 并证明 $\mathbf{S}^D, \mathbf{T}^D$ 和 $\mathbf{U}^D$ 分别关于 $\subseteq$-极小改变, $\preceq$-极小改变和 $\vdash_{\preceq}$-极小改变是可靠的和完备的 [3,4]. 因此, 如果 Θ 是 D 关于 Δ 的一个 $\subseteq$-/$\preceq$-/$\vdash_{\preceq}$-极小改变, 则 $\Theta \cup \Delta$ 可以被看作 (Δ, D) 的某种扩展.

10.1 缺省逻辑和 $\subseteq$-极小改变

给定一个缺省理论 (Δ, D), 如果 Θ 是极大的使得 Θ 是与 Δ 协调的, 并且对于任意公式 $B \in \Theta$, 存在一个缺省 $A \rightsquigarrow B \in D$ 使得 $\Delta, \Theta \vdash A$, 则称 Θ 是 D 关于 Δ 的一个 $\subseteq$-极小改变, 记作 $\models_{\mathbf{S}} (\Delta, D) \Rightarrow \Theta$. 因此, 对于任意 $A \rightsquigarrow B \in D$ 满足

$B \notin \Theta$, 要么 $\Delta, \Theta \nvdash A$, 要么 $\Delta \cup \Theta \cup \{B\}$ 是不协调的.

在本节, 我们将给出一个 Gentzen 推理系统 $\mathbf{S}^D$, 使得对于任意缺省理论 (Δ, D) 和一个理论 $\Theta, (\Delta, D) \Rightarrow \Theta$ 是 $\mathbf{S}^D$-可证的, 当且仅当 Θ 是 D 关于 Δ 的一个 ⊆-极小改变.

10.1.1 关于单个缺省的推导系统 $\mathbf{S}^D$

单个缺省 $C \rightsquigarrow A$ 的推导系统 $\mathbf{S}^D$ 由如下公理和推导规则组成.

公理

$$(S^{\mathbf{A}}) \quad \frac{\Delta \vdash C \quad \Delta \nvdash \neg l}{\Delta | C \rightsquigarrow l \Rightarrow \Delta, C \rightsquigarrow l} \qquad\qquad (S_{\mathbf{A}}) \quad \frac{\Delta \vdash C \quad \Delta \vdash \neg l}{\Delta | C \rightsquigarrow l \Rightarrow \Delta}$$

推导规则

$$(S^{\wedge}) \quad \frac{\Delta | C \rightsquigarrow A_1 \Rightarrow \Delta, C \rightsquigarrow A_1 \quad \Delta, A_1 | C \rightsquigarrow A_2 \Rightarrow \Delta, C \rightsquigarrow A_1, A_2}{\Delta | C \rightsquigarrow A_1 \wedge A_2 \Rightarrow \Delta, C \rightsquigarrow A_1 \wedge A_2}$$

$$(S^1_{\wedge}) \quad \frac{\Delta | C \rightsquigarrow A_1 \Rightarrow \Delta}{\Delta | C \rightsquigarrow A_1 \wedge A_2 \Rightarrow \Delta}$$

$$(S^2_{\wedge}) \quad \frac{\Delta, C \rightsquigarrow A_1 | C \rightsquigarrow A_2 \Rightarrow \Delta, C \rightsquigarrow A_1}{\Delta | C \rightsquigarrow A_1 \wedge A_2 \Rightarrow \Delta}$$

$$(S^{\vee}_1) \quad \frac{\Delta | C \rightsquigarrow A_1 \Rightarrow \Delta, C \rightsquigarrow A_1}{\Delta | C \rightsquigarrow A_1 \vee A_2 \Rightarrow \Delta, C \rightsquigarrow A_1 \vee A_2}$$

$$(S_{\vee}) \quad \frac{\Delta | C \rightsquigarrow A_1 \Rightarrow \Delta \quad \Delta | C \rightsquigarrow A_2 \Rightarrow \Delta}{\Delta | C \rightsquigarrow A_1 \vee A_2 \Rightarrow \Delta}$$

$$(S^{\vee}_2) \quad \frac{\Delta | C \rightsquigarrow A_2 \Rightarrow \Delta, C \rightsquigarrow A_2}{\Delta | C \rightsquigarrow A_1 \vee A_2 \Rightarrow \Delta, C \rightsquigarrow A_1 \vee A_2}$$

其中, 左边的规则是将 A 放入 Θ 中; 右边的规则是不放入.

定义 10.1.1 $\Delta | C \rightsquigarrow A \Rightarrow \Delta, C \rightsquigarrow B$ 是 $\mathbf{S}^D$-可证的, 记为 $\vdash_{\mathbf{S}^D} \Delta | C \rightsquigarrow A \Rightarrow \Delta, C \rightsquigarrow B$, 如果存在一个断言序列 $\{S_1, \cdots, S_m\}$, 使得:

$$S_1 = \Delta | C \rightsquigarrow A \Rightarrow \Delta | C \rightsquigarrow A_2$$
$$\cdots\cdots$$
$$S_m = \Delta | C \rightsquigarrow A_m \Rightarrow \Delta, C \rightsquigarrow B$$

且对于每一个 $i < m, S_{i+1}$ 是一条公理或是由之前的断言通过 $\mathbf{S}^D$ 中的一个推导规则得到的.

例 10.1.1 设 (Δ, D) 是一个缺省理论, 其中 $\Delta = \{\neg p, \neg r\}, D = \{\top \rightsquigarrow p \wedge (r \vee q)\}$. p 表示某个人有左胳膊; q 表示这个人有右胳膊; r 表示这个人有腿; 缺省值表示一个人缺省有左胳膊, 并且要么有右胳膊, 要么有腿. 根据缺省逻辑, (Δ, D)

拥有一个扩展 $\{\neg p, \neg r\}$. 有以下推导:

$$\neg p, \neg r | \top \rightsquigarrow p \Rightarrow \neg p, \neg r$$
$$\neg p, \neg r | \top \rightsquigarrow p \wedge (r \vee q) \Rightarrow \neg p, \neg r$$

并且 $\varnothing$ 是 $\top \rightsquigarrow p \wedge (r \vee q)$ 关于 $\neg p, \neg r$ 的 $\subseteq$-极小改变. 因此, 有

$$\vdash_{\mathbf{S^D}} \neg p, \neg r | \top \rightsquigarrow p \wedge (r \vee q) \Rightarrow \neg p, \neg r \qquad \square$$

定理 10.1.1 (可靠性定理)　对于任意协调公式集合 Δ 和一个缺省 $C \rightsquigarrow A$ 使得 $\Delta \vdash C$, 如果 $\Delta | C \rightsquigarrow A \Rightarrow \Delta, A$ 是 $\mathbf{S^D}$-可证的, 则 $\Delta \cup \{C \rightsquigarrow A\}$ 是协调的, 即

$$\vdash_{\mathbf{S^D}} \Delta | C \rightsquigarrow A \Rightarrow \Delta, A \text{ 蕴含 } \models_{\mathbf{S^D}} \Delta | C \rightsquigarrow A \Rightarrow \Delta, C \rightsquigarrow A$$

如果 $\Delta | C \rightsquigarrow A \Rightarrow \Delta$ 是 $\mathbf{S^D}$-可证的, 则 $\Delta \cup \{C \rightsquigarrow A\}$ 是不协调的, 即

$$\vdash_{\mathbf{S^D}} \Delta | C \rightsquigarrow A \Rightarrow \Delta \text{ 蕴含 } \models_{\mathbf{S^D}} \Delta | C \rightsquigarrow A \Rightarrow \Delta$$

证明　我们对公式 A 的结构作归纳来证明定理.

假设 $\Delta \vdash C$, 并且 $\vdash_{\mathbf{S^D}} \Delta | C \rightsquigarrow A \Rightarrow \Delta, A$. 如果 $A = l$, 则 $\Delta \nvdash \neg A$, 因此 $\Delta \cup \{l\}$ 是协调的;

如果 $A = A_1 \wedge A_2$, 则 $\Delta | C \rightsquigarrow A_1 \Rightarrow \Delta, C \rightsquigarrow A_1$ 和 $\Delta, A_1 | C \rightsquigarrow A_2 \Rightarrow \Delta, A_1, A_2$ 是 $\mathbf{S^D}$-可证的. 由归纳假设, $\Delta \cup \{C \rightsquigarrow A_1\}$ 和 $\Delta \cup \{C \rightsquigarrow A_1, C \rightsquigarrow A_2\}$ 是协调的, 因此 $\Delta \cup \{C \rightsquigarrow A_1 \wedge A_2\}$ 是协调的;

如果 $A = A_1 \vee A_2$, 则要么 $\Delta | C \rightsquigarrow A_1 \Rightarrow \Delta, C \rightsquigarrow A_1$, 要么 $\Delta | C \rightsquigarrow A_2 \Rightarrow \Delta, C \rightsquigarrow A_2$ 是 $\mathbf{S^D}$-可证的. 由归纳假设, 要么 $\Delta \cup \{C \rightsquigarrow A_1\}$, 要么 $\Delta \cup \{C \rightsquigarrow A_2\}$ 是协调的, 因此 $\Delta \cup \{C \rightsquigarrow A_1 \vee A_2\}$ 是协调的.

假设 $\Delta \vdash C$, 并且 $\vdash_{\mathbf{S^D}} \Delta | C \rightsquigarrow A \Rightarrow \Delta$. 如果 $A = l$, 则 $\Delta \vdash \neg A$, 因此 $\Delta \cup \{l\}$ 是不协调的;

如果 $A = A_1 \wedge A_2$, 则要么 $\Delta | C \rightsquigarrow A_1 \Rightarrow \Delta$, 要么 $\Delta, C \rightsquigarrow A_1 | C \rightsquigarrow A_2 \Rightarrow \Delta, C \rightsquigarrow A_1$ 是 $\mathbf{S^D}$-可证的. 由归纳假设, 要么 $\Delta \cup \{C \rightsquigarrow A_1\}$, 要么 $\Delta \cup \{C \rightsquigarrow A_1, C \rightsquigarrow A_2\}$ 是不协调的, 因此 $\Delta \cup \{C \rightsquigarrow A_1 \wedge A_2\}$ 是不协调的;

如果 $A = A_1 \vee A_2$, 则 $\Delta | C \rightsquigarrow A_1 \Rightarrow \Delta$ 和 $\Delta | C \rightsquigarrow A_2 \Rightarrow \Delta$ 是 $\mathbf{S^D}$-可证的. 由归纳假设, $\Delta \cup \{C \rightsquigarrow A_1\}$ 和 $\Delta \cup \{C \rightsquigarrow A_2\}$ 是不协调的, 因此 $\Delta \cup \{C \rightsquigarrow A_1 \vee A_2\}$ 是不协调的. $\qquad \square$

定理 10.1.2 (完备性定理)　对于任意协调公式集合 Δ 和一个缺省 $C \rightsquigarrow A$ 使得 $\Delta \vdash C$, 如果 $\Delta \cup \{C \rightsquigarrow A\}$ 是协调的, 则 $\Delta | C \rightsquigarrow A \Rightarrow \Delta, C \rightsquigarrow A$ 是 $\mathbf{S^D}$-可证的, 即

$$\models_{\mathbf{S^D}} \Delta | C \rightsquigarrow A \Rightarrow \Delta, A \text{ 蕴含 } \vdash_{\mathbf{S^D}} \Delta | C \rightsquigarrow A \Rightarrow \Delta, C \rightsquigarrow A$$

如果 $\Delta \cup \{A\}$ 是不协调的, 则 $\Delta | C \rightsquigarrow A \Rightarrow \Delta$ 是 $\mathbf{S}^D$-可证的, 即

$$\models_{\mathbf{S}^D} \Delta | C \rightsquigarrow A \Rightarrow \Delta \text{ 蕴含 } \vdash_{\mathbf{S}^D} \Delta | C \rightsquigarrow A \Rightarrow \Delta$$

证明　我们对公式 A 的结构作归纳来证明定理.

假设 $\Delta \cup \{A\}$ 是协调的.

如果 $A = l$, 则 $\Delta \not\vdash \neg A$, 并且根据 $(S^\mathbf{A}), \Delta | C \rightsquigarrow A \Rightarrow \Delta, l$ 是可证的;

如果 $A = A_1 \wedge A_2$, 则 $\Delta \cup \{A_1\}$, 并且 $\Delta \cup \{A_1, A_2\}$ 是协调的. 由归纳假设, $\Delta | C \rightsquigarrow A_1 \Rightarrow \Delta, A_1$ 是可证的, 以及 $\Delta, A_1 | C \rightsquigarrow A_2 \Rightarrow \Delta, A_1, A_2$ 是可证的, 并且根据 $(S^\wedge), \Delta | C \rightsquigarrow A_1 \wedge A_2 \Rightarrow \Delta, A_1 \wedge A_2$ 是可证的;

如果 $A = A_1 \vee A_2$, 则要么 $\Delta \cup \{A_1\}$, 要么 $\Delta \cup \{A_2\}$ 是协调的. 由归纳假设, 要么 $\Delta | C \rightsquigarrow A_1 \Rightarrow \Delta, A_1$, 要么 $\Delta | C \rightsquigarrow A_2 \Rightarrow \Delta, A_2$ 是可证的, 并且根据 $(S_1^\vee)$ 或 $(S_2^\vee), \Delta | C \rightsquigarrow A_1 \vee A_2 \Rightarrow \Delta, A_1 \vee A_2$ 是可证的.

假设 $\Delta \cup \{A\}$ 是不协调的.

如果 $A = l$, 则 $\Delta \vdash \neg A$, 并且根据 $(S_\mathbf{A}), \Delta | C \rightsquigarrow A \Rightarrow \Delta$ 是可证的;

如果 $A = A_1 \wedge A_2$, 则要么 $\Delta \cup \{A_1\}$, 要么 $\Delta \cup \{A_1, A_2\}$ 是不协调的. 由归纳假设, 要么 $\Delta | A_1 \Rightarrow \Delta$ 是可证的, 要么 $\Delta, A_1 | C \rightsquigarrow A_2 \Rightarrow \Delta, A_1 |$ 是可证的, 并且根据 $(S_\wedge^1)$ 和 $(S_\wedge^2), \Delta | C \rightsquigarrow A_1 \wedge A_2 \Rightarrow \Delta$ 是可证的;

如果 $A = A_1 \vee A_2$, 则 $\Delta \cup \{A_1\}$ 和 $\Delta \cup \{A_2\}$ 是不协调的. 由归纳假设, $\Delta | C \rightsquigarrow A_1 \Rightarrow \Delta$ 和 $\Delta | C \rightsquigarrow A_2 \Rightarrow \Delta$ 是可证的, 并且根据 $(S_\vee), \Delta | C \rightsquigarrow A_1 \vee A_2 \Rightarrow \Delta$ 是可证的. □

因此, 我们有如下推论.

推论 10.1.1　*不存在缺省* $C \rightsquigarrow A$, *使得*:

$$\vdash_{\mathbf{S}^D} \Delta | C \rightsquigarrow A \Rightarrow \Delta$$

并且

$$\vdash_{\mathbf{S}^D} \Delta | C \rightsquigarrow A \Rightarrow \Delta, A \qquad\qquad □$$

10.1.2　对于缺省集合 D 的 R-演算 $\mathbf{S}^D$

设 $D = (C_1 \rightsquigarrow A_1, \cdots, C_n \rightsquigarrow A_n)$, 即令 $\{C_1 \rightsquigarrow A_1, \cdots, C_n \rightsquigarrow A_n\}$ 满足序关系 $<$, 使得 $C_1 \rightsquigarrow A_1 < C_2 \rightsquigarrow A_2 < \cdots < C_n \rightsquigarrow A_n$.

一个缺省集合 D 的 R-演算 $\mathbf{S}^D$ 由以下公理和推导规则组成. 假设 $D = D_1 \cup \{C \rightsquigarrow A\} \cup D_2$, 并且对于每一个 $C' \rightsquigarrow A' \in D_1, \Delta \not\vdash C'$, 而 $\Delta \vdash C$.

公理

$$(S^{\mathbf{A}}) \quad \frac{\begin{array}{l} \Delta \vdash C \\ \Delta \not\vdash \neg l \end{array}}{\Delta | D_1, C \rightsquigarrow l, D_2 \Rightarrow \Delta, l | D_1, D_2}$$

$$(S_{\mathbf{A}}) \quad \frac{\begin{array}{l} \Delta \vdash C \\ \Delta \vdash \neg l \end{array}}{\Delta | D_1, C \rightsquigarrow l, D_2 \Rightarrow \Delta | D_1, D_2}$$

推导规则

$$(S^{\wedge}) \quad \frac{\begin{array}{l} \Delta | D_1, C \rightsquigarrow A_1, D_2 \Rightarrow \Delta, A_1 | D_1, D_2 \\ \Delta, A_1 | D_1, C \rightsquigarrow A_2, D_2 \Rightarrow \Delta, A_1, A_2 | D_1, D_2 \end{array}}{\Delta | D_1, C \rightsquigarrow A_1 \wedge A_2, D_2 \Rightarrow \Delta, A_1 \wedge A_2 | D_1, D_2}$$

$$(S_{\wedge}^1) \quad \frac{\Delta | D_1, C \rightsquigarrow A_1, D_2 \Rightarrow \Delta | D_1, D_2}{\Delta | D_1, C \rightsquigarrow A_1 \wedge A_2, D_2 \Rightarrow \Delta | D_1, D_2}$$

$$(S_{\wedge}^2) \quad \frac{\Delta, A_1 | D_1, C \rightsquigarrow A_2, D_2 \Rightarrow \Delta, A_1 | D_1, D_2}{\Delta | D_1, C \rightsquigarrow A_1 \wedge A_2, D_2 \Rightarrow \Delta | D_1, D_2}$$

$$(S_1^{\vee}) \quad \frac{\Delta | D_1, C \rightsquigarrow A_1, D_2 \Rightarrow \Delta, A_1 | D_1, D_2}{\Delta | D_1, C \rightsquigarrow A_1 \vee A_2, D_2 \Rightarrow \Delta, A_1 \vee A_2 | D_1, D_2}$$

$$(S_2^{\vee}) \quad \frac{\Delta | D_1, C \rightsquigarrow A_2, D_2 \Rightarrow \Delta, A_2 | D_1, D_2}{\Delta | D_1, C \rightsquigarrow A_1 \vee A_2, D_2 \Rightarrow \Delta, A_1 \vee A_2 | D_1, D_2}$$

$$(S_{\vee}) \quad \frac{\begin{array}{l} \Delta | D_1, C \rightsquigarrow A_1, D_2 \Rightarrow \Delta | D_1, D_2 \\ \Delta | D_1, C \rightsquigarrow A_2, D_2 \Rightarrow \Delta | D_1, D_2 \end{array}}{\Delta | D_1, C \rightsquigarrow A_1 \vee A_2, D_2 \Rightarrow \Delta | D_1, D_2}$$

定义 10.1.2 $\Delta | D \Rightarrow \Delta, \Theta$ 是 $\mathbf{S}^{\mathrm{D}}$-可证的, 记作 $\vdash_{\mathbf{S}^{\mathrm{D}}} \Delta | D \Rightarrow \Delta, \Theta$, 如果存在一个断言序列 $\{S_1, \cdots, S_m\}$, 使得:

$$S_1 = \Delta | D \Rightarrow \Delta_1 | D_1$$

$$\cdots \cdots$$

$$S_m = \Delta_{m-1} | D_{m-1} \Rightarrow \Delta_m | D_m = \Delta, \Theta$$

并且对于每一个 $i < m$, S_{i+1} 是一条公理或是由之前的断言通过 $\mathbf{S}^{\mathrm{D}}$ 中的一条推导规则得到的.

定理 10.1.3(可靠性定理)　对于任意协调公式集合 Θ, Δ 和任意有限缺省集合 D, 如果 $\Delta | D \Rightarrow \Delta, \Theta$ 是 $\mathbf{S}^{\mathrm{D}}$-可证的, 则 Θ 是 D 关于 Δ 的一个 $\subseteq$-极小改变, 即

$$\vdash_{\mathbf{S}^{\mathrm{D}}} \Delta | D \Rightarrow \Delta, \Theta \ \text{蕴含} \ \models_{\mathbf{S}^{\mathrm{D}}} \Delta | D \Rightarrow \Delta, \Theta \qquad \square$$

定理 10.1.4(完备性定理) 对于任意协调公式集合 Θ, Δ 和任意有限缺省集合 D, 如果 Θ 是 D 关于 Δ 的一个 $\subseteq$-极小改变, 则 $\Delta|D \Rightarrow \Delta, \Theta$ 是 $\mathbf{S}^D$-可证的, 即

$$\models_{\mathbf{S}^D} \Delta|D \Rightarrow \Delta, \Theta \text{ 蕴含 } \vdash_{\mathbf{S}^D} \Delta|D \Rightarrow \Delta, \Theta \qquad \square$$

定理 10.1.5 对于任意协调公式集合 Θ, Δ 以及任意有限缺省集合 D, 如果 Θ 是 D 关于 Δ 的一个 $\subseteq$-极小改变, 则 $\mathrm{Th}(\Theta \cup \Delta)$ 是 (Δ, D) 的一个扩展. $\qquad \square$

因此, 如果 Θ 是 D 关于 Δ 的一个 $\subseteq$-极小改变, 则 Θ 是缺省理论 (Δ, D) 的一个伪扩展 (pseudo-extension).

10.2 缺省逻辑和 ⪯-极小改变

定义 10.2.1 给定一个缺省理论 (Δ, D), 一个理论 Θ 是 D 关于 Δ 的一个 $\preceq$-极小改变, 记作 $\models_{\mathbf{T}} \Delta|D \Rightarrow \Delta, \Theta$. 如果 Θ 是极小的, 使得:

(i) $\Theta \cup \Delta$ 是协调的;

(ii) $\Theta \preceq D$, 即对于每一个公式 $B \in \Theta$, 存在一个缺省 $C \rightsquigarrow A \in D$ 使得 $\Delta, \Theta \vdash C$, $B \preceq A$;

(iii) 对于任意理论 Ξ 满足 $\Theta \prec \Xi \preceq \Gamma, \Xi \cup \Delta$ 是不协调的, 其中 $\Gamma = \{A : C \rightsquigarrow A \in D, \Theta \cup \Delta \vdash C\}$.

在本节, 我们给出一个 Gentzen-型的推导系统 $\mathbf{T}^D$, 使得对于任意缺省理论 (Δ, D) 和理论 Θ, $\Delta|D \Rightarrow \Delta, \Theta$ 是 $\mathbf{T}^D$-可证的, 当且仅当 Θ 是 D 关于 Δ 的一个 $\preceq$-极小改变.

10.2.1 关于单个缺省的推导系统 $\mathbf{T}^D$

单个缺省 $C \rightsquigarrow A$ 的推导系统 $\mathbf{T}^D$ 由如下公理和推导规则组成.

公理

$$(T^\lambda) \frac{\Delta \nvdash C}{\Delta|C \rightsquigarrow A \Rightarrow \Delta} \qquad (T^{\mathbf{A}}) \frac{\Delta \vdash C \quad \Delta \nvdash \neg A}{\Delta|C \rightsquigarrow A \Rightarrow \Delta, A}$$

$$(T_{\mathbf{A}}) \frac{\Delta \vdash C \quad \Delta \vdash \neg l}{\Delta|C \rightsquigarrow l \Rightarrow \Delta, \lambda}$$

推导规则

$$(T^\wedge) \frac{\Delta|C \rightsquigarrow A_1 \Rightarrow \Delta, C \rightsquigarrow B_1}{\Delta|C \rightsquigarrow A_1 \wedge A_2 \Rightarrow \Delta, C \rightsquigarrow B_1|C \rightsquigarrow A_2}$$

$$(T_1^\vee) \frac{\Delta|C \rightsquigarrow A_1 \Rightarrow \Delta, B_1 \neq \lambda}{\Delta|C \rightsquigarrow A_1 \vee A_2 \Rightarrow \Delta, C \rightsquigarrow B_1 \vee A_2}$$

$$(T_2^\vee) \frac{\begin{array}{l} \Delta|C \rightsquigarrow A_1 \Rightarrow \Delta, \lambda \\ \Delta|C \rightsquigarrow A_2 \Rightarrow \Delta, C \rightsquigarrow B_2 \\ B_2 \neq \lambda \end{array}}{\Delta|C \rightsquigarrow A_1 \vee A_2 \Rightarrow \Delta, C \rightsquigarrow A_1 \vee B_2}$$

$$(T_3^\vee) \frac{\Delta|C \rightsquigarrow A_1 \Rightarrow \Delta, \lambda \quad \Delta|C \rightsquigarrow A_2 \Rightarrow \Delta, \lambda}{\Delta|C \rightsquigarrow A_1 \vee A_2 \Rightarrow \Delta, \lambda}$$

假设如果 B 是协调的, 则 $\lambda \vee B \equiv B \vee \lambda \equiv B$, $\lambda \wedge B \equiv B \wedge \lambda \equiv B$, $\Delta, \lambda \equiv \Delta$; 如果 B 是不协调的, 则 $\lambda \vee B \equiv B \vee \lambda \equiv \lambda$, $\lambda \wedge B \equiv B \wedge \lambda \equiv \lambda$.

定义 10.2.2 $\Delta|C \rightsquigarrow A \Rightarrow \Delta, B$ 是 $\mathbf{T}^D$-可证的, 记作 $\vdash_{\mathbf{T}^D} \Delta|C \rightsquigarrow A \Rightarrow \Delta, B$, 如果存在一个断言序列 $\{S_1, \cdots, S_m\}$ 使得:

$$S_1 = \Delta|C \rightsquigarrow A_1 \Rightarrow \Delta|C \rightsquigarrow A_2$$

$$\cdots\cdots$$

$$S_m = \Delta|C_m \rightsquigarrow A_m \Rightarrow B$$

且对于每一个 $i < m, S_{i+1}$ 是一条公理或是由之前断言通过 $\mathbf{T}^D$ 中的一条推导规则得到的.

对例子 10.1.2, 我们在 $\mathbf{T}^D$ 中将得到不一样的结果.

例 10.2.1 设 (Δ, D) 是一个缺省理论, 其中 $\Delta = \{\neg p, \neg r\}, D = \{\top \rightsquigarrow p \wedge (r \vee q)\}$. 在 $\mathbf{T}^D$ 中, 我们有如下推导:

$$\neg p, \neg r|\top \rightsquigarrow p \Rightarrow \neg p, \neg r$$

$$\neg p, \neg r, \lambda|\top \rightsquigarrow r \Rightarrow \neg p, \neg r$$

$$\neg p, \neg r, \lambda|\top \rightsquigarrow q \Rightarrow \neg p, \neg r, q$$

$$\neg p, \neg r, \lambda|\top \rightsquigarrow r \vee q \Rightarrow \neg p, \neg r, r \vee q$$

$$\neg p, \neg r|\top \rightsquigarrow p \wedge (r \vee q) \Rightarrow \neg p, \neg r, r \vee q$$

即 $\{r \vee q\}$ 是 $\top \rightsquigarrow p \wedge (r \vee q)$ 关于 $\neg p, \neg r$ 的 $\preceq$-极小改变, 即

$$\vdash_{\mathbf{T}^D} \neg p, \neg r|\top \rightsquigarrow p \wedge (r \vee q) \Rightarrow \neg p, \neg r, r \vee q$$

这意味着这个人要么有腿, 要么有右胳膊. □

定理 10.2.1 对于任意协调公式集合 Δ 和缺省 $C \rightsquigarrow A$ 使得 $\Delta \vdash C$, 存在一个公式 B 使得 $B \preceq A$ 和 $\Delta | C \rightsquigarrow A \Rightarrow \Delta, B$ 是可证的.

证明 我们对公式 A 的结构作归纳来证明定理.

情况 $A = l$. 如果 $\Delta \vdash \neg l$, 则令 $B = \lambda$; 如果 $\Delta \nvdash \neg l$, 则令 $B = l$. 根据 $(T^{\mathbf{A}})$ 和 $(T_{\mathbf{A}})$, $\Delta | C \rightsquigarrow A \Rightarrow \Delta, B$ 是可证的.

情况 $A = A_1 \wedge A_2$. 由归纳假设, 存在公式 $B_1 \preceq A_1$ 和 $B_2 \preceq A_2$ 使得 $\Delta | C \rightsquigarrow A_1 \Rightarrow \Delta, B_1$ 和 $\Delta, B_1 | C \rightsquigarrow A_2 \Rightarrow \Delta, B_1, B_2$ 是 $\mathbf{T}^{\mathrm{D}}$-可证的. 因此, $\Delta | C \rightsquigarrow A_1 \wedge A_2 \Rightarrow \Delta, B_1 \wedge B_2$ 也是 $\mathbf{T}^{\mathrm{D}}$-可证的.

情况 $A = A_1 \vee A_2$. 由归纳假设, 存在公式 $B_1 \preceq A_1$ 和 $B_2 \preceq A_2$ 使得 $\Delta | C \rightsquigarrow A_1 \Rightarrow \Delta, B_1$ 和 $\Delta | C \rightsquigarrow A_2 \Rightarrow \Delta, B_2$ 是可证的. 如果 $B_1 \neq \lambda$, 则根据 $(T_1^{\vee})$, $\vdash_{\mathbf{T}^{\mathrm{D}}} \Delta | C \rightsquigarrow A_1 \vee A_2 \Rightarrow \Delta, B_1 \vee A_2$; 如果 $B_1 = \lambda$ 和 $B_2 \neq \lambda$, 则根据 $(T_2^{\vee})$, $\vdash_{\mathbf{T}^{\mathrm{D}}} \Delta | C \rightsquigarrow A_1 \vee A_2 \Rightarrow A_1 \vee B_2$; 如果 $B_1 = B_2 = \lambda$, 则根据 $(T_3^{\vee})$, $\vdash_{\mathbf{T}^{\mathrm{D}}} \Delta | C \rightsquigarrow A_1 \vee A_2 \Rightarrow \Delta$. 因此, 有

$$B = \begin{cases} B_1 \vee A_2, & B_1 \neq \lambda \\ A_1 \vee B_2, & B_1 = \lambda \neq B_2 \\ \lambda, & \text{其他} \end{cases}$$

和 $\vdash_{\mathbf{T}^{\mathrm{D}}} \Delta | C \rightsquigarrow A_1 \vee A_2 \Rightarrow \Delta, B$. $\square$

引理 10.2.1 如果 Θ 是 D 关于 Δ 的 $\preceq$-极小改变, 并且 Θ' 是 $C_{n+1} \rightsquigarrow A_{n+1}$ 关于 $\Delta \cup \Theta$ 的 $\preceq$-极小改变, 则 Θ' 是 $D \cup \{C_{n+1} \rightsquigarrow A_{n+1}\}$ 关于 Δ 的一个 $\preceq$-极小改变.

证明 假设 Θ 是 D 关于 Δ 的一个 $\preceq$-极小改变, 并且 Θ' 是 $C_{n+1} \rightsquigarrow A_{n+1}$ 关于 $\Delta \cup \Theta$ 的一个 $\preceq$-极小改变. 由定义, Θ' 是 $D \cup \{C_{n+1} \rightsquigarrow A_{n+1}\}$ 关于 Δ 的一个 $\preceq$-极小改变. $\square$

引理 10.2.2 如果 B_1 是 $C \rightsquigarrow A_1$ 关于 Δ 的一个 $\preceq$-极小改变, 并且 B_2 是 $C \rightsquigarrow A_2$ 关于 $\Delta \cup \{B_1\}$ 的一个 $\preceq$-极小改变, 则 $B_1 \wedge B_2$ 是 $C \rightsquigarrow A_1 \wedge A_2$ 关于 Δ 的一个 $\preceq$-极小改变.

证明 假设 B_1 是 $C \rightsquigarrow A_1$ 关于 Δ 的一个 $\preceq$-极小改变, 并且 B_2 是 $C \rightsquigarrow A_2$ 关于 $\Delta \cup \{C_1\}$ 的一个 $\preceq$-极小改变, 则 $C_1 \wedge C_2 \preceq A_1 \wedge A_2$ 和 $\Delta \cup \{C_1 \wedge C_2\}$ 是协调的.

对于任意的 E 满足 $B_1 \wedge B_2 \prec E \preceq A_1 \wedge A_2$, 存在 E_1 和 E_2 使得 $E = E_1 \wedge E_2$, 以及 $B_1 \preceq E_1 \preceq A_1, B_2 \preceq E_2 \preceq A_2$.

如果 $B_1 \prec E_1$, 则 $\Delta \cup \{E_1\}$ 是不协调的, 因此 $\Delta \cup \{E_1 \wedge E_2\}$ 也是不协调的; 如果 $B_2 \prec E_2$, 则 $\Delta \cup \{E_2\}$ 是不协调的, 因此 $\Delta \cup \{E_1 \wedge E_2\}$ 也是不协调的. $\square$

引理 10.2.3 如果 B_1 和 B_2 分别是 $C \rightsquigarrow A_1$ 和 $C \rightsquigarrow A_2$ 关于 Δ 的 $\preceq$-极小改

变, 则 B' 是 $C \rightsquigarrow A_1 \vee A_2$ 关于 Δ 的一个 $\preceq$-极小改变, 其中

$$B' = \begin{cases} B_1 \vee A_2, & B_1 \neq \lambda \\ A_1 \vee B_2, & B_1 = \lambda \text{ 且 } B_2 \neq \lambda \\ \lambda, & B_1 = B_2 = \lambda \end{cases}$$

证明　显然有 $B' \preceq A_1 \vee A_2$ 和 $\Delta \cup \{B'\}$ 是协调的.

对于任意的 E 满足 $B' \prec E \preceq A_1 \vee A_2$, 存在 E_1 和 E_2, 使得:

$$B = B_1 \vee B_2$$
$$B'_1 \preceq E_1 \preceq A_1$$
$$B'_2 \preceq E_2 \preceq A_2$$

并且要么 $B'_1 \prec E_1$, 要么 $B'_2 \prec E_2$, 其中 B'_1 要么是 B_1, 要么是 A_1; B'_2 要么是 B_2, 要么是 A_2.

如果 $B'_1 \prec E_1$, 则 $B'_1 = B_1, B'_2 = A_2$. 由归纳假设, $\Delta \cup \{E_1\}$ 是不协调的, 因此 $\Delta \cup \{E_1 \vee A_2\}$ 也是不协调的. 如果 $B'_2 \prec E_2$, 则 $B'_2 = B_2, B'_1 = A_1$. 由归纳假设, $\Delta \cup \{E_2\}$ 是不协调的, 因此 $\Delta \cup \{A_1 \vee E_2\}$ 也是不协调的. □

定理 10.2.2 (可靠性定理)　对于任意公式集合 Δ, 缺省 $C \rightsquigarrow A$, 以及公式 B, 使得 $\Delta \vdash C$, 如果 $\Delta | C \rightsquigarrow A \Rightarrow \Delta, B$ 是可证的, 则 B 是 $C \rightsquigarrow A$ 关于 Δ 的一个 $\preceq$-极小改变, 即

$$\vdash_{\mathbf{T^D}} \Delta | C \rightsquigarrow A \Rightarrow \Delta, B \text{ 蕴含 } \models_{\mathbf{T^D}} \Delta | C \rightsquigarrow A \Rightarrow \Delta, B$$

证明　我们对 A 的结构作归纳来证明定理. 假设 $\Delta \vdash C$.

情况 $A = l$. 要么 $\Delta | C \rightsquigarrow l \Rightarrow \Delta, l$, 要么 $\Delta | C \rightsquigarrow l \Rightarrow \Delta$ 是可证的, 即要么 $B = l$, 要么 $B = \lambda$, 而它是 $C \rightsquigarrow A$ 关于 Δ 的一个 $\preceq$-极小改变.

情况 $A = A_1 \wedge A_2$. 如果 $\Delta | C \rightsquigarrow A_1 \Rightarrow \Delta, B_1$ 是可证的, 则 B_1 是 $C \rightsquigarrow A_1$ 关于 Δ 的一个 $\preceq$-极小改变. 如果 $\Delta, B_1 | C \rightsquigarrow A_2 \Rightarrow \Delta, B_1, B_2$ 是可证的, 则 B_2 是 $C \rightsquigarrow A_2$ 关于 $\Delta \cup \{B_1\}$ 的一个 $\preceq$-极小改变. 根据引理 10.2.2, $B_1 \wedge B_2$ 是 $C \rightsquigarrow A_1 \wedge A_2$ 关于 Δ 的一个 $\preceq$-极小改变.

情况 $A = A_1 \vee A_2$. $\Delta \cup \{A_1\}$ 和 $\Delta \cup \{A_2\}$ 是不协调的, 并且存在 B'_1 和 B'_2 使得 $\Delta | C \rightsquigarrow A_1 \Rightarrow \Delta, B'_1$ 和 $\Delta | C \rightsquigarrow A_2 \Rightarrow \Delta, B'_2$ 是可证的. 由归纳假设, B'_1 和 B'_2 分别是 $C \rightsquigarrow A_1$ 和 $C \rightsquigarrow A_2$ 关于 Δ 的 $\preceq$-极小改变, 则 $\Delta | C \rightsquigarrow A_1 \vee A_2 \Rightarrow \Delta, B'_1 \vee B'_2$, 并且根据引理 10.2.3, B' 是 $C \rightsquigarrow A_1 \vee A_2$ 关于 Δ 的 $\preceq$-极小改变. □

定理 10.2.3 (完备性定理)　对于任意公式集合 Δ, 缺省 $C \rightsquigarrow A$, 以及公式 B, 如果 B 是 $C \rightsquigarrow A$ 关于 Δ 的 $\preceq$-极小改变, 则存在一个公式 A' 使得 $A \simeq A'$, 并且

$\Delta | C \rightsquigarrow A' \Rightarrow B$ 是 $\mathbf{T}^D$-可证的, 即

$$\models_{\mathbf{T}^D} \Delta | C \rightsquigarrow A \Rightarrow, \Delta, B \text{ 蕴含 } \vdash_{\mathbf{T}^D} \Delta | C \rightsquigarrow A' \Rightarrow, \Delta, B$$

证明 设 $B \preceq A$ 是 $C \rightsquigarrow A$ 关于 Δ 的一个 $\preceq$-极小改变.

情况 $A = l$. 如果 Δ, A 是不协调的, 则 $B = \lambda$; 如果 Δ, A 是不协调的, 则 $B = A$, 并且 $\Delta | C \rightsquigarrow A \Rightarrow \Delta, B$ 是可证的.

情况 $A = A_1 \wedge A_2$. 存在 B_1 和 B_2 使得 $B = B_1 \wedge B_2$, 并且 B_1 和 B_2 分别是 $C \rightsquigarrow A_1$ 和 $C \rightsquigarrow A_2$ 关于 Δ 和 Δ, B_1 的 $\preceq$-极小改变. 因此, $B_1 \wedge B_2$ 是 $C \rightsquigarrow A_1 \wedge A_2$ 关于 Δ 的 $\preceq$-极小改变. 由归纳假设, $\Delta | C \rightsquigarrow A_1 \Rightarrow \Delta, B_1$ 和 $\Delta, B_1 | C \rightsquigarrow A_2 \Rightarrow \Delta, B_1, B_2$ 是可证的, 因此 $\Delta | C \rightsquigarrow A_1 \wedge A_2 \Rightarrow \Delta, B_1 \wedge B_2$ 也是可证的.

情况 $A = A_1 \vee A_2$. 存在 B_1 和 B_2 使得 $B = B'$, 并且 B_1 和 B_2 分别是 $C \rightsquigarrow A_1$ 和 $C \rightsquigarrow A_2$ 关于 Δ 的 $\preceq$-极小改变, 其中

$$B' = \begin{cases} B_1 \vee A_2, & B_1 \neq \lambda \\ A_1 \vee B_2, & B_1 = \lambda \text{ 且 } B_2 \neq \lambda \\ \lambda, & B_1 = B_2 = \lambda \end{cases}$$

则 B' 是 $C \rightsquigarrow A_1 \vee A_2$ 关于 Δ 的 $\preceq$-极小改变. 由归纳假设, 要么 $\Delta | C \rightsquigarrow A_1 \Rightarrow \Delta, B_1$, 要么 $\Delta | C \rightsquigarrow A_2 \Rightarrow \Delta, B_2$, 要么 $\Delta | C \rightsquigarrow A_1 \Rightarrow \Delta$ 和 $\Delta | C \rightsquigarrow A_2 \Rightarrow \Delta$ 是可证的, 因此 $\Delta | C \rightsquigarrow A_1 \vee A_2 \Rightarrow \Delta, B'$ 也是可证的, 其中如果 $B_1 \neq \lambda$, 则 $\Delta | C \rightsquigarrow A_1 \vee A_2 \Rightarrow \Delta, B_1 \vee A_2$ 是可证的; 如果 $B_1 = \lambda$ 且 $B_2 \neq \lambda$, 则 $\Delta | C \rightsquigarrow A_1 \vee A_2 \Rightarrow \Delta, A_1 \vee B_2$ 是可证的; 如果 $B_1 = \lambda$ 且 $B_2 = \lambda$, 则 $\Delta | C \rightsquigarrow A_1 \vee A_2 \Rightarrow \Delta$ 是可证的. □

10.2.2 关于缺省集合 D 的 R-演算 $\mathbf{T}^D$

设 $D = (C_1 \rightsquigarrow A_1, \cdots, C_n \rightsquigarrow A_n)$.

一个缺省集合 D 的 R-演算由如下公理和推导规则组成.

假设 $D = D_1 \cup \{C \rightsquigarrow A\} \cup D_2$, 并且对于每一个 $C' \rightsquigarrow A' \in D_1, \Delta \not\vdash C'$ 且 $\Delta \vdash C$.

公理

$$(T^{\mathbf{A}}) \quad \frac{\Delta \vdash C \qquad \Delta \not\vdash \neg A}{\Delta | D_1, C \rightsquigarrow A, D_2 \Rightarrow \Delta, A | D_1, D_2}$$

$$(T_{\mathbf{A}}) \quad \frac{\Delta \vdash C \qquad \Delta \vdash \neg l}{\Delta | D_1, C \rightsquigarrow l, D_2 \Rightarrow \Delta | D_1, D_2}$$

推导规则

$$(T^\wedge) \; \frac{\Delta|D_1, C \rightsquigarrow A_1, D_2 \Rightarrow \Delta, B_1|D_1, D_2}{\Delta|D_1, C \rightsquigarrow A_1 \wedge A_2, D_2 \Rightarrow \Delta, B_1|D_1, C \rightsquigarrow A_2, D_2}$$

$$(T_1^\vee) \; \frac{\Delta|D_1, C \rightsquigarrow A_1, D_2 \Rightarrow \Delta, B_1|D_1, D_2 \quad B_1 \neq \lambda}{\Delta|D_1, C \rightsquigarrow A_1 \vee A_2, D_2 \Rightarrow \Delta, B_1 \vee A_2|D_1, D_2}$$

$$(T_2^\vee) \; \frac{\begin{array}{c}\Delta|D_1, C \rightsquigarrow A_1, D_2 \Rightarrow \Delta|D_1, D_2 \\ \Delta|D_1, C \rightsquigarrow A_2, D_2 \Rightarrow \Delta, B_2|D_1, D_2 \\ B_2 \neq \lambda\end{array}}{\Delta|D_1, C \rightsquigarrow A_1 \vee A_2, D_2 \Rightarrow \Delta, A_1 \vee B_2|D_1, D_2}$$

$$(T_3^\vee) \; \frac{\begin{array}{c}\Delta|D_1, C \rightsquigarrow A_1, D_2 \Rightarrow \Delta|D_1, D_2 \\ \Delta|D_1, C \rightsquigarrow A_2, D_2 \Rightarrow \Delta|D_1, D_2\end{array}}{\Delta|D_1, C \rightsquigarrow A_1 \vee A_2, D_1 \Rightarrow \Delta|D_1, D_2}$$

定理 10.2.4 (可靠性定理)　对于任意公式集合 Θ, Δ 和任意有限缺省集合 D, 如果 $\Delta|D \Rightarrow \Delta, \Theta$ 是 $\mathbf{T}^D$-可证的, 则 Θ 是 D 关于 Δ 的 $\preceq$-极小改变, 即

$$\vdash_{\mathbf{T}^D} \Delta|D \Rightarrow \Delta, \Theta \text{ 蕴含 } \models_{\mathbf{T}^D} \Delta|D \Rightarrow \Delta, \Theta \qquad \square$$

定理 10.2.5 (完备性定理)　对于任意公式集合 Θ, Δ, 以及任意有限缺省集合 D, 如果 Θ 是 D 关于 Δ 的一个 $\preceq$-极小改变, 则 $\Delta|D \Rightarrow \Delta, \Theta$ 是 $\mathbf{T}^D$-可证的, 即

$$\models_{\mathbf{T}^D} \Delta|D \Rightarrow \Delta, \Theta \text{ 蕴含 } \vdash_{\mathbf{T}^D} \Delta|D \Rightarrow \Delta, \Theta \qquad \square$$

10.3　缺省逻辑和 $\vdash_{\preceq}$-极小改变

基于相同的理由, 我们假设 D 中的每个缺省 $C \rightsquigarrow A$ 的 A 是合取范式.

定义 10.3.1　给定一个缺省理论 (Δ, D) 和理论 Θ, Θ 是 D 关于 Δ 的一个 $\vdash_{\preceq}$-极小改变, 记作 $\models_{\mathbf{U}^D} \Delta|D \Rightarrow \Delta, \Theta$, 如果

(i) $\Theta \cup \Delta$ 是协调的;

(ii) $\Theta \preceq \Gamma$;

(ii) 对于任意理论 Ξ 满足 $\Gamma \succeq \Xi \succ \Theta$, 要么 $\Delta, \Xi \vdash \Theta$ 和 $\Delta, \Theta \vdash \Xi$, 要么 $\Xi \cup \Delta$ 是不协调的, 其中 $\Gamma = \{A : C \rightsquigarrow A \in D, \Delta \cup \Theta \vdash C\}$.

10.3.1　单个缺省的 R-演算 $\mathbf{U}^D$

单个缺省 $C \rightsquigarrow A$ 的 R-演算 $\mathbf{U}^D$ 由如下公理和推导规则组成.

公理

$$(U^\lambda) \dfrac{\Delta \nvdash C}{\Delta | C \rightsquigarrow A \Rightarrow \Delta} \qquad (U^{\mathbf{A}}) \dfrac{\Delta \vdash C \quad \Delta \nvdash \neg l}{\Delta | C \rightsquigarrow l \Rightarrow \Delta, l}$$

$$(U_{\mathbf{A}}) \dfrac{\Delta \vdash C \quad \Delta \vdash \neg l}{\Delta | C \rightsquigarrow l \Rightarrow \Delta, \lambda}$$

推导规则

$$(U^\wedge) \dfrac{\Delta | C \rightsquigarrow A_1 \Rightarrow \Delta, B_1}{\Delta | C \rightsquigarrow A_1 \wedge A_2 \Rightarrow \Delta, B_1 | C \rightsquigarrow A_2}$$

$$(U^\vee) \dfrac{\Delta | C \rightsquigarrow A_1 \Rightarrow \Delta, B_1 \quad \Delta | C \rightsquigarrow A_2 \Rightarrow \Delta, B_2}{\Delta | C \rightsquigarrow A_1 \vee A_2 \Rightarrow \Delta, B_1 \vee B_2}$$

如果 B 是协调的, 则 $\lambda \vee B \equiv B \vee \lambda \equiv B$, $\lambda \wedge B \equiv B \wedge \lambda \equiv B$, $\Delta, \lambda \equiv \Delta$; 如果 B 是不协调的, 则 $\lambda \vee B \equiv B \vee \lambda \equiv \lambda$, $\lambda \wedge B \equiv B \wedge \lambda \equiv \lambda$.

定义 10.3.2 $\Delta | C \rightsquigarrow A \Rightarrow \Delta, B$ 是 $\mathbf{U}^D$-可证的, 记作 $\vdash_{\mathbf{U}^D} \Delta | C \rightsquigarrow A \Rightarrow \Delta, B$, 如果存在一个断言序列 $\{S_1, \cdots, S_m\}$, 使得:

$$S_1 = \Delta | C_1 \rightsquigarrow A_1 \Rightarrow \Delta | C_1' \rightsquigarrow A$$

$$\cdots\cdots$$

$$S_m = \Delta | C_m \rightsquigarrow A_m \Rightarrow \Delta, B$$

并且对于每一个 $i < m, S_{i+1}$ 是一条公理或是由之前的断言通过 $\mathbf{U}^D$ 中的一条推导规则得到的.

对于例子 10.1.1, 我们可以在 $\mathbf{U}^D$ 中得到不一样的结果.

例 10.3.1 设 (Δ, D) 是一个缺省理论, 其中 $\Delta = \{\neg p, \neg r\}, D = \{\top \rightsquigarrow p \wedge (r \vee q)\}$.

在 $\mathbf{U}^D$ 中, 有如下推导:

$$\neg p, \neg r | \top \rightsquigarrow p \Rightarrow \neg p, \neg r$$

$$\neg p, \neg r, \lambda | \top \rightsquigarrow r \Rightarrow \neg p, \neg r, \lambda$$

$$\neg p, \neg r, \lambda | \top \rightsquigarrow q \Rightarrow \neg p, \neg r, q$$

$$\neg p, \neg r, \lambda | \top \rightsquigarrow r \vee q \Rightarrow \neg p, \neg r, \lambda \vee q$$

$$\neg p, \neg r | \top \rightsquigarrow p \wedge (r \vee q) \Rightarrow \neg p, \neg r, q$$

即 $\{q\}$ 是 $\top \rightsquigarrow p \wedge (r \vee q)$ 关于 $\neg p, \neg r$ 的一个 $\vdash_{\preceq}$-极小改变, 即

$$\vdash_{\mathbf{U}^D} \neg p, \neg r | \top \rightsquigarrow p \wedge (r \vee q) \Rightarrow \neg p, \neg r, q$$

这意味着这个人是有右胳膊的.

□

定理 10.3.1 *对于任意协调公式集合 Δ 和缺省 $C \rightsquigarrow A$, 其中 A 是合取范式, 使得 $\Delta \vdash C$, 存在一个公式 B, 使得:*

(i) $\Delta | C \rightsquigarrow A \Rightarrow \Delta, B$ 是 $\mathbf{U}^{\mathrm{D}}$-可证的;

(ii) $B \preceq A$;

(iii) $\Delta \cup \{B\}$ 是协调的, 并且对于任意 E 满足 $B \prec E \preceq A$, 要么 $\Delta, B \vdash E$ 和 $\Delta, E \vdash B$, 要么 $\Delta \cup \{E\}$ 是不协调的.

证明   我们对 A 的结构作归纳来证明定理.

情况$A = l$. 由假设, 如果 Δ, l 是协调的, 则 $\vdash_{\mathbf{U}^{\mathrm{D}}} \Delta | C \rightsquigarrow l \Rightarrow \Delta, l$, 并且令 $B = l$; 如果 Δ, l 是不协调的, 则 $\Delta \vdash \neg l$. 根据 $(U_{\mathbf{A}})$, $\vdash_{\mathbf{U}^{\mathrm{D}}} \Delta | C \rightsquigarrow l \Rightarrow \Delta$, 并令 $B = \lambda$, B 满足 (ii) 和 (iii).

情况$A = A_1 \wedge A_2$. 由归纳假设, 存在 B_1, B_2, 使得:

$$\vdash_{\mathbf{U}^{\mathrm{D}}} \Delta | C \rightsquigarrow A_1 \Rightarrow \Delta, B_1$$
$$\vdash_{\mathbf{U}^{\mathrm{D}}} \Delta, B_1 | C \rightsquigarrow A_2 \Rightarrow \Delta, B_1, B_2$$

根据 $(U^\wedge)$, $\vdash_{\mathbf{U}^{\mathrm{D}}} \Delta | C \rightsquigarrow A_1 \wedge A_2 \Rightarrow \Delta, B_1 \wedge B_2$. 令 $B = B_1 \wedge B_2$, B 满足 (iii), 因为对于任意 E 满足 $B \prec E \preceq A_1 \wedge A_2$, 存在公式 E_1, E_2 使得 $B_1 \preceq E_1, B_2 \preceq E_2$.

由归纳假设, 要么 $\Delta, B_1 \vdash E_1, \Delta, E_1 \vdash B_1, \Delta, B_2 \vdash E_2, \Delta, E_2 \vdash B_2$; 要么 $\Delta \cup \{E_1\}$ 或者 $\Delta \cup \{E_2\}$ 是不协调的. 因此, 有

$$\Delta, B_1 \wedge B_2 \vdash E_1 \wedge E_2$$
$$\Delta, E_1 \wedge E_2 \vdash B_1 \wedge B_2$$

或者 $\Delta \cup \{E_1 \wedge E_2\}$ 是不协调的.

情况$A = A_1 \vee A_2$, 其中 A_1, A_2 是文字的集合. 由归纳假设, 存在文字集合 $B_1 \subseteq A_1, B_2 \subseteq A_2$, 使得:

$$\vdash_{\mathbf{U}^{\mathrm{D}}} \Delta | C \rightsquigarrow A_1 \Rightarrow \Delta, B_1$$
$$\vdash_{\mathbf{U}^{\mathrm{D}}} \Delta | C \rightsquigarrow A_2 \Rightarrow \Delta, B_2$$
$$\Delta \vdash \neg(A_1 - B_1), \text{i.e.}, \Delta \vdash \bigwedge_{l \in A_1 - B_1} \neg l$$
$$\Delta \vdash \neg(A_2 - B_2), \text{i.e.}, \Delta \vdash \bigwedge_{l \in A_2 - B_2} \neg l$$

根据 $(U^\vee)$, $\vdash_{\mathbf{U}^{\mathrm{D}}} \Delta | C \rightsquigarrow A_1 \vee A_2 \Rightarrow \Delta, B_1 \vee B_2$. 了证明 $B_1 \vee B_2$ 满足 (iii), 对于任意 E 满足 $B_1 \vee B_2 \prec E \preceq A_1 \vee A_2$, 存在公式 E_1, E_2 使得 $B_1 \preceq E_1 \preceq A_1, B_2 \preceq E_2 \preceq A_2$, 并且要么 $\Delta, B_1 \vdash E_1, \Delta, E_1 \vdash B_1, \Delta, B_2 \vdash E_2, \Delta, E_2 \vdash B_2$; 要么 $\Delta \cup \{E_1\}$ 是不协

调的, 并且 $\Delta \cup \{E_2\}$ 也是不协调的. 因此, 有

$$\Delta, B_1 \vee B_2 \vdash E_1 \vee E_2$$
$$\Delta, E_1 \vee E_2 \vdash B_1 \vee B_2 \qquad \qquad \square$$

定理 10.3.2 假设 $\Delta|C \rightsquigarrow A \Rightarrow \Delta, B$ 是 $\mathbf{U}^{\mathrm{D}}$-可证的. 如果 A 与 Δ 是协调的, 则 $\Delta, A \vdash B$ 和 $\Delta, B \vdash A$.

证明 假设 $\Delta|C \rightsquigarrow A \Rightarrow \Delta, B$ 是 $\mathbf{U}^{\mathrm{D}}$-可证的. 我们对 A 的结构作归纳来证明定理.

情况 $A = l$. 根据 $(U^{\mathbf{A}})$, $B = l, \Delta, l \vdash l$.

情况 $A = A_1 \wedge A_2$. 由归纳假设, 存在公式 B_1 和 B_2, 使得:

$$\vdash_{\mathbf{U}^{\mathrm{D}}} \Delta|C \rightsquigarrow A_1 \Rightarrow \Delta, B_1$$
$$\vdash_{\mathbf{U}^{\mathrm{D}}} \Delta|C \rightsquigarrow A_2 \Rightarrow \Delta, B_2$$

并且 $B = B_1 \wedge B_2$. 因为 A 与 Δ 是协调的, 当且仅当 A_1 和 A_2 分别与 Δ 和 $\Delta \cup \{B_1\}$ 是协调的, 所以 $\Delta, A_1 \vdash B_1, \Delta, B_1 \vdash A_1, \Delta, B_1, A_2 \vdash B_2, \Delta, B_1, B_2 \vdash A_2$.

因此

$$\Delta, A_1 \wedge A_2 \vdash B_1 \wedge B_2$$
$$\Delta, B_1 \wedge B_2 \vdash A_1 \wedge A_2$$

即 $\Delta, A \vdash B, \Delta, B \vdash A$.

情况 $A = A_1 \vee A_2$, 其中 A_1, A_2 是文字的集合. 由归纳假设, 存在公式 $B_1 \subseteq A_1$ 和 $B_2 \subseteq A_2$, 使得:

$$\vdash_{\mathbf{U}^{\mathrm{D}}} \Delta|C \rightsquigarrow A_1 \Rightarrow \Delta, B_1$$
$$\vdash_{\mathbf{U}^{\mathrm{D}}} \Delta|C \rightsquigarrow A_2 \Rightarrow \Delta, B_2$$
$$\Delta \vdash \neg(A_1 - B_1), \text{i.e.}, \Delta \vdash \bigwedge_{l \in A_1 - B_1} \neg l$$
$$\Delta \vdash \neg(A_2 - B_2), \text{i.e.}, \Delta \vdash \bigwedge_{l \in A_2 - B_2} \neg l$$

并且 $B = B_1 \vee B_2$. 因为 A 与 Δ 是协调的, 当且仅当要么 A_1 与 Δ 是协调的, 要么 A_2 与 Δ 是协调的, 所以 $\Delta, A_1 \vdash B_1, \Delta, B_1 \vdash A_1, \Delta, A_2 \vdash B_2, \Delta, B_2 \vdash A_2$.

因此

$$\Delta, A_1 \vee A_2 \vdash B_1 \vee B_2$$
$$\Delta, B_1 \vee B_2 \vdash A_1 \vee A_2$$

即 $\Delta, A \vdash B. \Delta, B \vdash A$.

注意: 由于我们假设 A 是合取范式公式, A 可以看作是文字的集合. $\qquad \square$

定理 10.3.3 假设 $\Delta|C \rightsquigarrow A \Rightarrow \Delta, B$ 是 $\mathbf{U}^{\mathrm{D}}$-可证的, 则 B 是 $C \rightsquigarrow A$ 关于 Δ 的一个 $\vdash_{\preceq}$-极小改变.

证明   根据定义和定理 10.3.2 可得证.   □

因此可以得到如下推论.

推论 10.3.1 $\mathbf{U}^D$ 关于 $\vdash_{\preceq}$-极小改变是可靠的和完备的.   □

10.3.2   关于缺省集合 D 的 R-演算 $\mathbf{U}^D$

设 $D = (C_1 \rightsquigarrow A_1, \cdots, C_n \rightsquigarrow A_n)$.

$\vdash_{\preceq}$-极小改变的 R-演算 $\mathbf{U}^D$ 由如下公理和推导规则组成.

假设 $D = D_1 \cup \{C \rightsquigarrow A\} \cup D_2$, 并且对于每一个 $C' \rightsquigarrow A' \in D_1, \Delta \not\vdash C'$; $\Delta \vdash C$.

公理

$$(U^{\mathbf{A}}) \quad \frac{\Delta \vdash C \qquad \Delta \not\vdash \neg l}{\Delta | D_1, C \rightsquigarrow l, D_2 \Rightarrow \Delta, l | D_1, D_2}$$

$$(U_{\mathbf{A}}) \quad \frac{\Delta \vdash C \qquad \Delta \vdash \neg l}{\Delta | D_1, l, D_2 \Rightarrow \Delta | D_1, D_2}$$

推导规则

$$(U^{\wedge}) \quad \frac{\Delta | D_1, C \rightsquigarrow A_1, D_2 \Rightarrow \Delta, B_1 | D_1, D_2}{\Delta | D_1, C \rightsquigarrow A_1 \wedge A_2, D_2 \Rightarrow \Delta, B_1 | D_1, C \rightsquigarrow A_2, D_2}$$

$$(U^{\vee}) \quad \frac{\Delta | D_1, C \rightsquigarrow A_1, D_2 \Rightarrow \Delta, B_1 | D_1, D_2 \qquad \Delta | D_1, C \rightsquigarrow A_2, D_2 \Rightarrow \Delta, B_2 | D_1, D_2}{\Delta | D_1, C \rightsquigarrow A_1 \vee A_2, D_2 \Rightarrow \Delta, B_1 \vee B_2 | D_1, D_2}$$

定义 10.3.3 $\Delta | D \Rightarrow \Delta, \Theta$ 是 $\mathbf{U}^D$-可证的, 记作 $\vdash_{\mathbf{U}^D} \Delta | D \Rightarrow \Delta, \Theta$, 如果存在一个断言序列 $\{S_1, \cdots, S_m\}$, 使得:

$$S_1 = \Delta | D \Rightarrow \Delta_1 | D_1$$
$$\cdots \cdots$$
$$S_m = \Delta_{m-1} | D_{m-1} \Rightarrow \Delta_m | D_m = \Delta, \Theta$$

并且对于每一个 $i < m, S_{i+1}$ 是一条公理或是由之前断言通过 $\mathbf{U}^D$ 中的一条推导规则得到的.

定理 10.3.4 (可靠性定理)   对于任意协调公式集合 Θ, Δ 以及任意有限缺省集合 D, 如果 $\Delta | D \Rightarrow \Delta, \Theta$ 是 $\mathbf{U}^D$-可证的, 则 Θ 是 D 关于 Δ 的一个 $\vdash_{\preceq}$-极小改变, 即

$$\vdash_{\mathbf{U}^D} \Delta | D \Rightarrow \Delta, \Theta \ \text{蕴含} \ \models_{\mathbf{U}^D} \Delta | D \Rightarrow \Delta, \Theta$$

□

定理 10.3.5 (完备性定理)   对于任意协调公式集合 Θ, Δ 以及任意有限缺省集合 D, 如果 Θ 是 D 关于 Δ 的一个 $\vdash_{\preceq}$-极小改变, 则 $\Delta|D \Rightarrow \Delta, \Theta$ 是 $\mathbf{U}^D$-可证的, 即

$$\models_{\mathbf{U}^D} \Delta|D \Rightarrow \Delta, \Theta \ \text{蕴含} \ \vdash_{\mathbf{U}^D} \Delta|D \Rightarrow \Delta, \Theta \qquad\qquad \square$$

参 考 文 献

[1] Ginsberg M L. Readings in Nonmonotonic Reasoning [M] San Francisco: Morgan Kaufmann, 1987.

[2] Horty J. Defaults with priorities [J]. Journal of Philosophical Logic, 2007, 36:367-413.

[3] Nute D. Defeasible Logics [M]//Gabbay D M, Hogger C J, Robinson J A. Nonmonotonic Reasoning and Uncertain Reasoning. Oxford: Oxford University Press, 1994:353-395.

[4] Reiter R. A logic for default reasoning [J]. Artificial Intelligence, 1980, 13:81-132.

第十一章　R-演算应用之二：→-命题逻辑

将 ¬ 看作一个逻辑连接词, 在传统的 Getzen 推理系统中, 我们用如下推导规则:

$$(\neg^L)\ \frac{\Gamma \Rightarrow A, \Delta}{\Gamma, \neg A \Rightarrow \Delta} \quad (\neg^R)\ \frac{\Gamma, B \Rightarrow \Delta}{\Gamma \Rightarrow \neg B, \Delta}$$

消除逻辑连接词 ¬.

如果将 ¬ 看作是一个元逻辑连接词, 那可以得到一个 Gentzen 推导系统 $\mathbf{G}_1'$, 其中我们用 $(\neg\neg^L)/(\neg\neg^R)$, 而不是用 $(\neg^L)/(\neg^R)$. 这个推导系统用作多值逻辑的推导系统[1].

类似地, 我们将 → 看作是一个元逻辑连接词, 并且得到一个 Gentzen 推理系统 $\mathbf{G}_4$.

对任何公式 A_1, A_2, B_1, B_2, 根据如下等价:

$$A_1 \wedge A_2 \rightarrow B \Leftarrow A_1 \rightarrow B \vee A_2 \rightarrow B$$
$$A_1 \vee A_2 \rightarrow B \equiv A_1 \rightarrow B \wedge A_2 \rightarrow B$$
$$A \rightarrow B_1 \wedge B_2 \equiv A \rightarrow B_1 \wedge A \rightarrow B_2$$
$$A \rightarrow B_1 \vee B_2 \Leftarrow A \rightarrow B_1 \vee A \rightarrow B_2;$$

和

$$A_1 \wedge A_2 \nrightarrow B \Rightarrow A_1 \nrightarrow B \wedge A_2 \nrightarrow B$$
$$A_1 \vee A_2 \nrightarrow B \equiv A_1 \nrightarrow B \vee A_2 \nrightarrow B$$
$$A \nrightarrow B_1 \wedge B_2 \equiv A \nrightarrow B_1 \vee A \nrightarrow B_2$$
$$A \nrightarrow B_1 \vee B_2 \Rightarrow A \nrightarrow B_1 \wedge A \nrightarrow B_2.$$

我们将给出 →-命题逻辑的 R-演算 $\mathbf{S}^\rightarrow, \mathbf{T}^\rightarrow, \mathbf{U}^\rightarrow$, 其中 $\mathbf{S}^\rightarrow, \mathbf{T}^\rightarrow, \mathbf{U}^\rightarrow$ 分别关于 $\subseteq$-极小改变, $\preceq$-极小改变, $\vdash_{\preceq}$-极小改变是可靠的和完备的 [2-4].

11.1　→-命题逻辑

→-命题逻辑类似于逻辑程序.

(1) 文字对应于断言 $l \rightarrow l'$;

(2) 子句 $l_1, \cdots, l_m \leftarrow l_1', \cdots, l_n'$ 对应矢列式 $l_{11} \to l_{11}', \cdots, l_{1n} \to l_{1n}' \Rightarrow l_{21}'' \to l_{21}''', \cdots, l_{2m}'' \to l_{2m}'''$, 其中, $l_1, \cdots, l_m, l_1', \cdots, l_n'$ 是文字; $l_{11}, l_{11}', \cdots, l_{1n}, l_{1n}'$ 和 $l_{21}'', l_{21}''', \cdots, l_{2m}'', l_{2m}'''$ 是命题逻辑的文字.

本节将给出 →-命题逻辑的基本定义和 Gentzen 推理系统 $\mathbf{G}_4$. 基于此, 我们建立 →-命题逻辑的 R-演算 $\mathbf{S}^{\to}, \mathbf{T}^{\to}, \mathbf{U}^{\to}$.

11.1.1 基本定义

→-命题逻辑的逻辑语言包括如下符号.

(1) 命题变化: $p_0, p_1, \cdots$;

(2) 逻辑连接词: $\neg, \vee, \wedge$;

(3) 元连接词: $\to, \not\to$;

(4) 辅助符号: $(,)$.

公式定义为

$$A ::= p | \neg A | A_1 \wedge A_2 | A_1 \vee A_2$$

断言定义为

$$\delta ::= A \to B | A \not\to B$$

其中, A 和 B 是公式.

设 v 是一个赋值. 公式 A 的真值 $v(A)$ 定义为

$$v(A) = \begin{cases} v(p), & A = p \\ 1 - v(A_1), & A = \neg A_1 \\ v(A_1) \cap v(A_2), & A = A_1 \wedge A_2 \\ v(A_1) \cup v(A_2), & A = A_1 \vee A_2 \end{cases}$$

一个断言 δ 在赋值 v 下满足, 记为 $v \models \delta$, 如果

$$\begin{cases} v(A) = 1 \Rightarrow v(B) = 1, & \delta = A \to B \\ v(A) = 1 \& v(B) = 0, & \delta = A \not\to B \end{cases}$$

δ 是永真的, 记为 $\models \delta$, 如果

$$\mathbf{A}v(v \models \delta), \quad \delta = A \to B$$
$$\mathbf{A}v(v \models \delta), \quad \delta = A \not\to B$$

任给两个断言集合 Γ, Δ, 定义 $\Gamma \Rightarrow \Delta$ 为一个矢列式, 并且 v 满足 $\Gamma \Rightarrow \Delta$, 记为 $v \models_{\mathbf{G}_4} \Gamma \Rightarrow \Delta$, 如果在赋值 v 下, 每个断言 $\gamma \in \Gamma$ 蕴含某个断言 $\delta \in \Delta$ 是满足的.

一个矢列式 $\Gamma \Rightarrow \Delta$ 是永真的, 记为 $\models_{\mathbf{G}_4} \Gamma \Rightarrow \Delta$, 如果对任何赋值 v, $v \models_{\mathbf{G}_4}$ $\Gamma \Rightarrow \Delta$.

一个形为 $l_1 \to l_2$ 的断言称为文字断言.

命题 11.1.1   对于任意公式 A_1, A_2, B_1, B_2, 有

$$A_1 \wedge A_2 \to B \Leftarrow A_1 \to B \vee A_2 \to B$$
$$A_1 \vee A_2 \to B \equiv A_1 \to B \wedge A_2 \to B$$
$$A \to B_1 \wedge B_2 \equiv A \to B_1 \wedge A \to B_2$$
$$A \to B_1 \vee B_2 \Leftarrow A \to B_1 \vee A \to B_2$$

以及

$$A_1 \wedge A_2 \nrightarrow B \Rightarrow A_1 \nrightarrow B \wedge A_2 \nrightarrow B$$
$$A_1 \vee A_2 \nrightarrow B \equiv A_1 \nrightarrow B \vee A_2 \nrightarrow B$$
$$A \nrightarrow B_1 \wedge B_2 \equiv A \nrightarrow B_1 \vee A \nrightarrow B_2$$
$$A \nrightarrow B_1 \vee B_2 \Rightarrow A \nrightarrow B_1 \wedge A \nrightarrow B_2 \qquad \square$$

命题 11.1.2   对任何非空的文字断言集合 Γ, $\not\models \Gamma \Rightarrow$.

证明   对任何文字断言 $l_1 \to l_2$, 存在一个赋值 v 使得 $v \models l_1 \to l_2$. $\square$

命题 11.1.3   对任何非空的文字断言集合 Δ, $\models \Rightarrow \Delta$ 当且仅当存在一个文字 l 使得 $l, \neg l \in \sigma(\Delta)$, 其中 $\sigma(\Delta) = \{\neg l, l' : l \to l' \in \Delta\}$. $\square$

例如, $\models \Rightarrow l_1 \to l_2, l_3 \to l_4$ 当且仅当 $\models \Rightarrow \neg l_1, l_2, \neg l_3, l_4$, 当且仅当

		$\Rightarrow l_1 \to l_2, l_3 \to l_4$
$\neg l_1$	$l_2 = l_1$	$\Rightarrow l_1 \to l_1, l_3 \to l_4$
	$\neg l_3 = l_1$	$\Rightarrow l_1 \to l_2, \neg l_1 \to l_4$
	$l_4 = l_1$	$\Rightarrow l_1 \to l_2, l_3 \to l_1$
l_2	$\neg l_1 = \neg l_2$	$\Rightarrow l_2 \to l_2, l_3 \to l_4$
	$\neg l_3 = \neg l_2$	$\Rightarrow l_1 \to l_2, l_2 \to l_4$
	$l_4 = \neg l_2$	$\Rightarrow l_1 \to l_2, l_3 \to \neg l_2$
$\neg l_3$	$\neg l_1 = l_3$	$\Rightarrow \neg l_3 \to l_2, l_3 \to l_4$
	$l_2 = l_3$	$\Rightarrow l_1 \to l_3, l_3 \to l_4$
	$l_4 = l_3$	$\Rightarrow l_1 \to l_2, l_3 \to l_3$
l_4	$\neg l_1 = \neg l_4$	$\Rightarrow l_4 \to l_2, l_3 \to l_4$
	$l_2 = \neg l_4$	$\Rightarrow l_1 \to \neg l_4, \neg l_3 \to l_4$
	$\neg l_3 = \neg l_4$	$\Rightarrow l_1 \to l_2, l_4 \to l_4$

命题 11.1.4 $\models l_1 \rightarrow l_2 \Rightarrow l_3 \rightarrow l_4$ 当且仅当 $\neg l_1, l_2 \in \{\neg l_3, l_4\}$.

证明 对任何文字 $l_1, l_2, l_3, l_4, \models l_1 \rightarrow l_2 \Rightarrow l_3 \rightarrow l_4$.

当且仅当 $\models \neg l_1 \Rightarrow \neg l_3, l_4 \& \models l_2 \Rightarrow \neg l_3, l_4$

当且仅当 $\neg l_1 \in \{\neg l_3, l_4\} \& l_2 \in \{\neg l_3, l_4\}$

当且仅当 $(\neg l_1 = \neg l_3 \& l_2 = \neg l_3) or (\neg l_1 = \neg l_3 \& l_2 = l_4)$

$$or(\neg l_1 = l_4 \& l_2 = \neg l_3) or (\neg l_1 = l_4 \& l_2 = l_4)$$

当且仅当 $(l_1 = l_3 \& l_2 = \neg l_3) or (l_1 = l_3 \& l_2 = l_4)$

$$or(\neg l_1 = l_4 \& l_2 = \neg l_3) or (\neg l_1 = l_4 \& l_2 = l_4)$$

当且仅当 $l_1 \rightarrow l_2 \Rightarrow l_3 \rightarrow l_4 = \begin{cases} l_3 \rightarrow \neg l_3 \Rightarrow l_3 \rightarrow l_4 \\ l_3 \rightarrow l_4 \Rightarrow l_3 \rightarrow l_4 \\ \neg l_4 \rightarrow \neg l_3 \Rightarrow l_3 \rightarrow l_4 \\ \neg l_4 \rightarrow l_4 \Rightarrow l_3 \rightarrow l_4 \end{cases}$ □

命题 11.1.5 $\models l_1 \rightarrow l_2, l_3 \rightarrow l_4 \Rightarrow l_1' \rightarrow l_2', l_3' \rightarrow l_4'$ 当且仅当

$$\{\neg l_1, \neg l_3\} \cap \{\neg l_1', l_2', \neg l_3' l_4'\} \neq \varnothing \& \{\neg l_1, l_4\} \cap \{\neg l_1', l_2', \neg l_3' l_4'\} \neq \varnothing$$
$$\& \{l_2, \neg l_3\} \cap \{\neg l_1', l_2', \neg l_3' l_4'\} \neq \varnothing \& \{l_2, l_4\} \cap \{\neg l_1', l_2', \neg l_3' l_4'\} \neq \varnothing$$

证明 $\models l_1 \rightarrow l_2, l_3 \rightarrow l_4 \Rightarrow l_1' \rightarrow l_2', l_3' \rightarrow l_4'$ 当且仅当

$$\models \neg l_1, \neg l_3 \Rightarrow l_1' \rightarrow l_2', l_3' \rightarrow l_4' \& \models \neg l_1, l_4 \Rightarrow l_1' \rightarrow l_2', l_3' \rightarrow l_4'$$
$$\& \models l_2, \neg l_3 \Rightarrow l_1' \rightarrow l_2', l_3' \rightarrow l_4' \& \models l_2, l_4 \Rightarrow l_1' \rightarrow l_2', l_3' \rightarrow l_4'$$

当且仅当

$$\{\neg l_1, \neg l_3\} \cap \{\neg l_1', l_2', \neg l_3' l_4'\} \neq \varnothing \& \{\neg l_1, l_4\} \cap \{\neg l_1', l_2', \neg l_3' l_4'\} \neq \varnothing$$
$$\& \{l_2, \neg l_3\} \cap \{\neg l_1', l_2', \neg l_3' l_4'\} \neq \varnothing \& \{l_2, l_4\} \cap \{\neg l_1', l_2', \neg l_3' l_4'\} \neq \varnothing$$ □

命题 11.1.6 设 Δ, Γ 为文字断言的集合, 使得:

$$\Gamma = \{l_{11} \rightarrow l_{12}, \cdots, l_{n1} \rightarrow l_{n2}; l_{11}' \nrightarrow l_{12}', \cdots, l_{n'1}' \nrightarrow l_{n'2}'\}$$
$$\Delta = \{l_{11}'' \rightarrow l_{12}'', \cdots, l_{m1}'' \rightarrow l_{m2}''; l_{11}''' \nrightarrow l_{12}''', \cdots, l_{m'1}''' \nrightarrow l_{m'2}'''\}$$

则 $\models_{\mathbf{G}_4} \Gamma \Rightarrow \Delta$, 当且仅当对任何 $f : \{1, \cdots, n\} \rightarrow \{1, 2\}$ 和 $g : \{1, \cdots, m'\} \rightarrow \{1, 2\}$
要么 $\mathbf{E}l(l, \neg l \in \sigma_f(\Gamma))$, 要么 $\mathbf{E}l(l, \neg l \in \tau_g(\Delta))$, 要么 $\sigma_f(\Gamma) \cap \tau_g(\Delta) \neq \varnothing$, 其中 $\sigma_f(\Gamma) =$

$\{\neg^{f(1)}l_{1f(1)},\cdots,\neg^{f(n)}l_{nf(n)};l'_{11},\neg l'_{12},\cdots,l'_{n'1},\neg l'_{n'2}\},\tau_g(\Delta) \quad = \quad \{l''_{11},\neg l''_{12},\cdots,l''_{m1},$
$\neg l''_{m2},\neg^{g(1)}l'''_{1g(1)},\cdots,\neg^{g(m')}l'''_{m'g(m')}\}.$

证明　因为 $\Gamma \Rightarrow \Delta$

当且仅当 $l_{11} \to l_{12},\cdots,l_{n1} \to l_{n2};l'_{11} \not\to l'_{12},\cdots,l'_{n'1} \not\to l'_{n'2}$

$\quad\quad\quad \Rightarrow l''_{11} \to l''_{12},\cdots,l''_{m1} \to l''_{m2};l'''_{11} \not\to l'''_{12},\cdots,l'''_{m'1} \not\to l'''_{m'2}$

当且仅当 $\neg l_{11} \vee l_{12},\cdots,\neg l_{n1} \vee l_{n2};l'_{11} \wedge \neg l'_{12},\cdots,l'_{n'1} \wedge \neg l'_{n'2}$

$\quad\quad\quad \Rightarrow \neg l''_{11} \vee l''_{12},\cdots,\neg l''_{m1} \vee l''_{m2};l'''_{11} \wedge \neg l'''_{12},\cdots,l'''_{m'1} \wedge \neg l'''_{m'2}$

当且仅当 $\neg l_{11} \vee l_{12},\cdots,\neg l_{n1} \vee l_{n2};l'_{11},\neg l'_{12},\cdots,l'_{n'1},\neg l'_{n'2}$

$\quad\quad\quad \Rightarrow \neg l''_{11},l''_{12},\cdots,\neg l''_{m1},l''_{m2};l'''_{11} \wedge \neg l'''_{12},\cdots,l'''_{m'1} \wedge \neg l'''_{m'2}$

当且仅当 $\mathbf{A}f:\{1,\cdots,n\} \to \{1,2\}\mathbf{A}g:\{1,\cdots,m'\} \to \{1,2\}($

$\quad\quad\quad \neg^{f(1)}l_{1f(1)},\cdots,\neg^{f(n)}l_{nf(n)};l'_{11},\neg l'_{12},\cdots,l'_{n'1},\neg l'_{n'2}$

$\quad\quad\quad \Rightarrow l''_{11},\neg l''_{12},\cdots,l''_{m1},\neg l''_{m2};\neg^{g(1)}l'''_{1g(1)},\cdots,\neg^{g(m')}l'''_{m'g(m')})$

当且仅当 $\mathbf{A}f:\{1,\cdots,n\} \to \{1,2\}\mathbf{A}g:\{1,\cdots,m'\} \to \{1,2\}$

$\quad\quad\quad (\mathrm{incon}(\sigma_f(\Gamma))\ or\ \mathrm{incon}(\tau_g(\Delta))\ or\ \Gamma \cap \Delta \neq \varnothing)$

假设 $\Gamma \Rightarrow \Delta$ 为永真的. 对任何赋值 v, 存在函数 $f:\{1,\cdots,n\} \to \{1,2\}$ 和 $g:\{1,\cdots,m'\} \to \{1,2\}$ 使得 $v \models \neg^{f(1)}l_{1f(1)},\cdots,\neg^{f(n)}l_{nf(n)};l'_{11},\neg l'_{12},\cdots,l'_{n'1},\neg l'_{n'2}$ 蕴含 $v \models l''_{11},\neg l''_{12},\cdots,l''_{m1},\neg l''_{m2};\neg^{g(1)}l'''_{1g(1)},\cdots,\neg^{g(m')}l'''_{m'g(m')}$, 即要么 $\mathbf{E}l(l,\neg l \in \sigma_f(\Gamma))$, 要么 $\mathbf{E}l(l,\neg l \in \tau_g(\Delta))$, 要么 $\sigma_f(\Gamma) \cap \tau_g(\Delta) \neq \varnothing$.

反之, 假设存在函数 $f:\{1,\cdots,n\} \to \{1,2\}$ 和 $g:\{1,\cdots,m'\} \to \{1,2\}$ 使得 $\neg\mathbf{E}l(l,\neg l \in \sigma_f(\Gamma))$, $\neg\mathbf{E}l(l,\neg l \in \tau_g(\Delta))$, $\sigma_f(\Gamma) \cap \tau_g(\Delta) = \varnothing$.

定义一个赋值 v 使得对任何变量 $p,v(p)=1$ 当且仅当 $p \in \sigma_f(\Gamma)$, 或者 $\neg p \in \tau_g(\Delta)$, 则 v 是良定的, 并且 $v \models \sigma_f(\Gamma),v \not\models \tau_g(\Delta)$. 这蕴含 $v \not\models \Gamma \Rightarrow \Delta$. $\quad\square$

11.1.2　Gentzen 推导系统 $\mathbf{G}_4$

Gentzen 推导系统 $\mathbf{G}_4$ 由如下公理和推导规则组成.

公理

$$(\mathbf{A}^{\rightarrow}) \quad \bigwedge_{\substack{f:\{1,\cdots,n\}\rightarrow\{1,2\} \\ g:\{1,\cdots,m'\}\rightarrow\{1,2\}}} \frac{\begin{array}{l} \mathbf{E}l(l,\neg l \in \sigma_f(\Gamma)) \\ \vee\ \mathbf{E}l(l,\neg l \in \tau_g(\Delta)) \\ \vee\ \sigma_f(\Gamma)\cap\tau_g(\Delta)\neq\varnothing \end{array}}{\Gamma\Rightarrow\Delta}$$

其中, Δ,Γ 为文字断言的集合, 并且如果

$$\Gamma=\{l_{11}\rightarrow l_{12},\cdots,l_{n1}\rightarrow l_{n2};l'_{11}\nrightarrow l'_{12},\cdots,l'_{n'1}\nrightarrow l'_{n'2}\}$$

$$\Delta=\{l''_{11}\rightarrow l''_{12},\cdots,l''_{m1}\rightarrow l''_{m2};l'''_{11}\nrightarrow l'''_{12},\cdots,l'''_{m'1}\nrightarrow l'''_{m'2}\}$$

则

$$\sigma_f(\Gamma)=\{\neg^{f(1)}l_{1f(1)},\cdots,\neg^{f(n)}l_{nf(n)};l'_{11},\neg l'_{12},\cdots,l'_{n'1},\neg l'_{n'2}\}$$

$$\tau_g(\Delta)=\{l''_{11},\neg l''_{12},\cdots,l''_{m1},\neg l''_{m2};\neg^{g(1)}l'''_{1g(1)},\cdots,\neg^{g(m')}l'''_{m'g(m')}\},$$

其中, $\neg^1_f=\neg,\neg^2_f=\lambda;\neg^1_g=\lambda;\neg^2_g=\neg.$

推导规则

$$(+\wedge^{LL}) \quad \frac{\begin{array}{l}\Gamma,A_1\rightarrow B\Rightarrow\Delta \\ \Gamma,A_2\rightarrow B\Rightarrow\Delta\end{array}}{\Gamma,A_1\wedge A_2\rightarrow B\Rightarrow\Delta} \qquad (+\wedge^{RL}_1) \quad \frac{\Gamma\Rightarrow A_1\rightarrow B,\Delta}{\Gamma\Rightarrow A_1\wedge A_2\rightarrow B,\Delta}$$

$$(+\wedge^{RL}_2) \quad \frac{\Gamma\Rightarrow A_2\rightarrow B,\Delta}{\Gamma\Rightarrow A_1\wedge A_2\rightarrow B,\Delta}$$

$$(+\wedge^{LR}_1) \quad \frac{\Gamma,A\rightarrow B_1\Rightarrow\Delta}{\Gamma,A\rightarrow B_1\wedge B_2,\Delta} \qquad (+\wedge^{RR}) \quad \frac{\begin{array}{l}\Gamma\Rightarrow A\rightarrow B_1,\Delta \\ \Gamma\Rightarrow A\rightarrow B_2,\Delta\end{array}}{\Gamma\Rightarrow A\rightarrow B_1\wedge B_2,\Delta}$$

$$(+\wedge^{LR}_2) \quad \frac{\Gamma,A\rightarrow B_2\Rightarrow\Delta}{\Gamma,A\rightarrow B_1\wedge B_2\Rightarrow\Delta}$$

$$(-\wedge^{LL}_1) \quad \frac{\Gamma,A_1\nrightarrow B\Rightarrow\Delta}{\Gamma,A_1\wedge A_2\nrightarrow B\Rightarrow\Delta} \qquad (-\wedge^{RL}) \quad \frac{\begin{array}{l}\Gamma\Rightarrow A_1\nrightarrow B,\Delta \\ \Gamma\Rightarrow A_2\nrightarrow B,\Delta\end{array}}{\Gamma\Rightarrow A_1\wedge A_2\nrightarrow B,\Delta}$$

$$(-\wedge^{LL}_2) \quad \frac{\Gamma,A_2\nrightarrow B\Rightarrow\Delta}{\Gamma,A_1\wedge A_2\nrightarrow B\Rightarrow\Delta}$$

$$(-\wedge^{LR}) \quad \frac{\begin{array}{l}\Gamma,A\nrightarrow B_1\Rightarrow\Delta \\ \Gamma,A\nrightarrow B_2\Rightarrow\Delta\end{array}}{\Gamma,A\nrightarrow B_1\wedge B_2\Rightarrow\Delta} \qquad (-\wedge^{RR}_1) \quad \frac{\Gamma\Rightarrow A\nrightarrow B_1,\Delta}{\Gamma\Rightarrow A\nrightarrow B_1\wedge B_2,\Delta}$$

$$(-\wedge^{RR}_2) \quad \frac{\Gamma\Rightarrow A\nrightarrow B_2,\Delta}{\Gamma\Rightarrow A\nrightarrow B_1\wedge B_2,\Delta}$$

以及

$$(+\vee_1^{LL}) \quad \frac{\Gamma, A_1 \to B \Rightarrow \Delta}{\Gamma, A_1 \vee A_2 \to B \Rightarrow \Delta} \qquad (+\vee^{RL}) \quad \frac{\Gamma \Rightarrow A_1 \to B, \Delta}{\Gamma \Rightarrow A_2 \to B, \Delta} \over {\Gamma \Rightarrow A_1 \vee A_2 \to B, \Delta}$$

$$(+\vee_2^{LL}) \quad \frac{\Gamma, A_2 \to B \Rightarrow \Delta}{\Gamma, A_1 \vee A_2 \to B \Rightarrow \Delta}$$

$$(+\vee^{LR}) \quad \frac{\Gamma, A \to B_1 \Rightarrow \Delta}{\Gamma, A \to B_2 \Rightarrow \Delta} \over {\Gamma, A \to B_1 \vee B_2 \Rightarrow \Delta}} \qquad (+\vee_1^{RR}) \quad \frac{\Gamma \Rightarrow A \to B_1, \Delta}{\Gamma \Rightarrow A \to B_1 \vee B_2, \Delta}$$

$$(+\vee_2^{RR}) \quad \frac{\Gamma \Rightarrow A \to B_2, \Delta}{\Gamma \Rightarrow A \to B_1 \vee B_2, \Delta}$$

$$(-\vee^{LL}) \quad \frac{\Gamma, A_1 \not\to B \Rightarrow \Delta}{\Gamma, A_2 \not\to B \Rightarrow \Delta} \over {\Gamma, A_1 \vee A_2 \not\to B \Rightarrow \Delta}} \qquad (-\vee_1^{RL}) \quad \frac{\Gamma \Rightarrow A_1 \not\to B, \Delta}{\Gamma \Rightarrow A_1 \vee A_2 \not\to B, \Delta}$$

$$(-\vee_2^{RL}) \quad \frac{\Gamma \Rightarrow A_2 \not\to B, \Delta}{\Gamma \Rightarrow A_1 \vee A_2 \not\to B, \Delta}$$

$$(-\vee_1^{LR}) \quad \frac{\Gamma, A \not\to B_1 \Rightarrow \Delta}{\Gamma, A \not\to B_1 \vee B_2 \Rightarrow \Delta} \qquad (-\vee^{RR}) \quad \frac{\Gamma \Rightarrow A \not\to B_1, \Delta}{\Gamma \Rightarrow A \not\to B_2, \Delta} \over {\Gamma \Rightarrow A \not\to B_1 \vee B_2, \Delta}}$$

$$(-\vee_2^{LR}) \quad \frac{\Gamma, A \not\to B_2 \Rightarrow \Delta}{\Gamma, A \not\to B_1 \vee B_2 \Rightarrow \Delta}$$

定义 11.1.1　一个矢列式 $\Gamma \Rightarrow \Delta$ 是 $\mathbf{G}_4$-可证的, 记作 $\vdash_{\mathbf{G}_4} \Gamma \Rightarrow \Delta$, 如果存在一个矢列式序列 $\Gamma_1 \Rightarrow \Delta_1, \cdots, \Gamma_n \Rightarrow \Delta_n$ 使得 $\Gamma_n \Rightarrow \Delta_n = \Gamma \Rightarrow \Delta$, 并且对于每一个 $1 \leqslant i \leqslant n, \Gamma_i \Rightarrow \Delta_i$ 是一条公理或是由之前矢列式通过一条 $\mathbf{G}_4$ 的推导规则得到的.

11.1.3　可靠性和完备性定理

定理 11.1.1(可靠性定理)　对于任意的矢列式 $\Gamma \Rightarrow \Delta, \vdash_{\mathbf{G}_4} \Gamma \Rightarrow \Delta$ 蕴含 $\models_{\mathbf{G}_4}$ $\Gamma \Rightarrow \Delta$.

证明　我们证明每一条公理都是有效的, 并且每一条推导规则都可以保持这种有效性.

为了验证公理的有效性, 假设 Γ 和 Δ 满足公理 $(\mathbf{A}^\to)$ 中的条件, 根据命题 11.1.2, 对于任意的赋值 $v, v \models \Gamma \Rightarrow \Delta$.

为了验证规则 $(+\wedge^{LL})$ 的保真性, 假设对于任意赋值 v, 都有

$$v(\Gamma, A_1 \to B) = 1 \text{ 蕴含 } v(\Delta) = 1$$
$$v(\Gamma, A_2 \to B) = 1 \text{ 蕴含 } v(\Delta) = 1$$

对于任意的赋值 v, 假设 $v(\Gamma, A_1 \wedge A_2 \to B) = 1$, 则 $v(A_1 \wedge A_2) = 1$ 蕴含 $v(B) = 1$. 如果 $v(A_1) = 0$ 或者 $v(A_2) = 0$, 那么 $v(A_1 \to B) = 1$ 或者 $v(A_2 \to B) = 1$, 根据假设, 有 $v(\Delta) = 1$; 如果 $v(A_1) = 1$ 且 $v(A_2) = 1$, 那么 $v(B) = 1$, 即 $v(A_1 \to B) = 1, v(A_2 \to B) = 1$, 根据假设, 有 $v(\Delta) = 1$.

为了验证规则 $(+\wedge_1^{RL})$ 的保真性, 假设对于任意赋值 v 和元素 $a \in U$, 都有 $v(\Gamma) = 1$ 蕴含 $v(A_1 \to B, \Delta) = 1$. 对于任意的赋值 v 和元素 $a \in U$, 假设 $v(\Gamma) = 1$. 如果 $v(\Delta) = 1$, 那么 $v(A_1 \wedge A_2 \to B, \Delta) = 1$; 否则, 由假设, $v(A_1 \to B) = 1$, 并且如果 $v(A_1 \wedge A_2) = 0$, 那么 $v(A_1 \wedge A_2 \to B) = 1$, 因此 $v(A_1 \wedge A_2 \to B, \Delta) = 1$; 如果 $v(A_1 \wedge A_2) = 1$, 则 $v(A_1) = 1$, 由假设, $v(B) = 1$, 即 $v(A_1 \wedge A_2 \to B) = 1$, 因此 $v(A_1 \wedge A_2 \to B, \Delta) = 1$.

为了验证规则 $(+\wedge_1^{LR})$ 的保真性, 假设对于任意的赋值 v 和元素 $a \in U$, 都有 $v(\Gamma, A \to B_1) = 1$ 蕴含 $v(\Delta) = 1$. 对于任意的赋值 v 和元素 $a \in U$, 假设 $v(\Gamma, A \to B_1 \wedge B_2) = 1$, 则 $v(A \to B_1 \wedge B_2) = 1$. 如果 $v(A) = 0$, 那么 $v(A \to B_1) = 1$, 由假设可以得到 $v(\Delta) = 1$; 如果 $v(A) = 1$, 那么 $v(B_1 \wedge B_2) = 1$, 则 $v(B_1) = 1$, 由假设可以得到 $v(\Delta) = 1$.

为了验证规则 $(+\wedge^{RR})$ 的保真性, 假设对于任意赋值 v 和元素 $a \in U$, 都有 $v(\Gamma) = 1$ 蕴含 $v(A \to B_1, \Delta) = 1, v(\Gamma) = 1$ 蕴含 $v(A \to B_2, \Delta) = 1$. 对于任意的赋值 v 和元素 $a \in U$, 假设 $v(\Gamma) = 1$, 则 $v(A \to B_1, \Delta) = 1$, 并且 $v(A \to B_2, \Delta) = 1$. 如果 $v(\Delta) = 1$, 那么 $v(A \to B_1 \wedge B_2, \Delta) = 1$; 如果 $v(\Delta) = 0$, 则 $v(A \to B_1) = 1$, 并且 $v(A \to B_2) = 1$. 如果 $v(A) = 0$, 那么 $v(A \to B_1 \wedge B_2) = 1$, 则 $v(A \to B_1 \wedge B_2, \Delta) = 1$; 否则, $v(B_1) = 1$, 并且 $v(B_2) = 1$, 即 $v(B_1 \wedge B_2) = 1$, 那么 $v(A \to B_1 \wedge B_2) = 1$, 因此有 $v(A \to B_1 \wedge B_2, \Delta) = 1$.

其他情况类似.

为了验证规则 $(-\wedge_1^{LL})$ 的保真性, 假设对于任意的赋值 v 和元素 $a \in U$, 都有 $v(\Gamma, A_1 \nrightarrow B) = 1$ 蕴含 $v(\Delta) = 1$. 对于任意的赋值 v 和元素 $a \in U$, 假设 $v(\Gamma, A_1 \wedge A_2 \nrightarrow B) = 1$, 则 $v(A_1 \wedge A_2) = 1$, 并且 $v(B) = 0$. 显然有 $v(A_1) = 1$, 并且 $v(B) = 0$, 即 $v(A_1 \nrightarrow B) = 1$, 由归纳假设可以得到 $v(\Delta) = 1$.

为了验证规则 $(-\wedge^{RL})$ 的保真性, 假设对于任意的赋值 v 和元素 $a \in U$, 都有 $v(\Gamma) = 1$ 蕴含 $v(A_1 \nrightarrow B, \Delta) = 1$; $v(\Gamma) = 1$ 蕴含 $v(A_2 \nrightarrow B, \Delta) = 1$. 对于任意的赋值 v 和元素 $a \in U$, 假设 $v(\Gamma) = 1$. 如果 $v(\Delta) = 1$, 那么 $v(A_1 \wedge A_2 \nrightarrow B, \Delta) = 1$; 否则, 由假设, $v(A_1 \nrightarrow B) = 1, v(A_2 \nrightarrow B) = 1$, 即 $v(A_1) = v(A_2) = 1$, 并且 $v(B) = 0$, 即 $v(A_1 \wedge A_2 \nrightarrow B) = 1$, 因此 $v(A_1 \wedge A_2 \nrightarrow B, \Delta) = 1$.

为了验证规则 $(-\wedge^{LR})$ 的保真性, 假设对于任意的赋值 v 和元素 $a \in U$, 都有 $v(\Gamma, A \nrightarrow B_1) = 1$ 蕴含 $v(\Delta) = 1$; $v(\Gamma, A \nrightarrow B_2) = 1$ 蕴含 $v(\Delta) = 1$. 对于任意的赋值 v 和元素 $a \in U$, 假设 $v(\Gamma, A \nrightarrow B_1 \wedge B_2) = 1$, 那么 $v(A \nrightarrow B_1 \wedge B_2) = 1$, 即

$v(A) = 1$, 并且 $v(B_1 \wedge B_2) = 0$, 因此 $v(A) = 1$, 并且 $v(B_1) = 0$ 或 $v(B_2) = 0$, 可以得到 $v(A \not\to B_1) = 1$ 或 $v(A \not\to B_2) = 1$, 由归纳假设可以得到 $v(\Delta) = 1$.

为了验证规则 $(-\wedge_1^{RR})$ 的保真性, 假设对于任意的赋值 v 和元素 $a \in U$, 都有 $v(\Gamma) = 1$ 蕴含 $v(A \not\to B_1, \Delta) = 1$. 对于任意的赋值 v 和元素 $a \in U$, 假设 $v(\Gamma) = 1$, 则由归纳假设可以得到 $v(A \not\to B_1, \Delta) = 1$. 如果 $v(\Delta) = 1$, 那么 $v(A \not\to B_1 \wedge B_2, \Delta) = 1$; 否则, 有 $v(A \not\to B_1) = 1$, 即 $v(A) = 1$, 并且 $v(B_1) = 0$, 因此可以得到 $v(A) = 1$ 且 $v(B_1 \wedge B_2) = 0$, 即 $v(A \not\to B_1 \wedge B_2) = 1$, 进一步可以得到 $v(A \not\to B_1 \wedge B_2, \Delta) = 1$.

其他情况类似.　　　　　　　　　　　　　　　　　　　　　　　　　　　　□

定理 11.1.2 (完备性定理)　对于任意的矢列式 $\Gamma \Rightarrow \Delta$, $\models_{\mathbf{G}_4} \Gamma \Rightarrow \Delta$ 蕴含 $\vdash_{\mathbf{G}_4} \Gamma \Rightarrow \Delta$.

证明　给定一个矢列式 $\Gamma \Rightarrow \Delta$, 我们按照如下方式构造一棵树 T.

(1) 树 T 的根节点是矢列式 $\Gamma \Rightarrow \Delta$;

(2) 如果一个节点 $\Gamma' \Rightarrow \Delta'$ 中的 Γ', Δ' 是文字断言的集合, 那么该节点是一个叶子节点;

(3) 如果树 T 的节点 $\Gamma' \Rightarrow \Delta'$ 不是一个叶子节点, 那么 $\Gamma' \Rightarrow \Delta'$ 拥有如下直接后继节点:

$$
\begin{cases}
\left[\begin{array}{l} \Gamma_1, A_1 \to B \Rightarrow \Delta_1 \\ \Gamma_1, A_2 \to B \Rightarrow \Delta_1 \end{array}\right., & \Gamma' \Rightarrow \Delta' = \Gamma_1, A_1 \wedge A_2 \to B \Rightarrow \Delta_1 \\[2.5ex]
\left\{\begin{array}{l} \Gamma_1 \Rightarrow A_1 \to B, \Delta_1 \\ \Gamma_1 \Rightarrow, A_2 \to B, \Delta_1 \end{array}\right., & \Gamma' \Rightarrow \Delta' = \Gamma_1 \Rightarrow A_1 \wedge A_2 \to B, \Delta_1 \\[2.5ex]
\left\{\begin{array}{l} \Gamma_1, A \to B_1 \Rightarrow \Delta_1 \\ \Gamma_1, A \to B_2 \Rightarrow \Delta_1 \end{array}\right., & \Gamma' \Rightarrow \Delta' = \Gamma_1, A \to B_1 \wedge B_2 \Rightarrow \Delta_1 \\[2.5ex]
\left[\begin{array}{l} \Gamma_1 \Rightarrow A \to B_1, \Delta_1 \\ \Gamma_1 \Rightarrow A \to B_2, \Delta_1 \end{array}\right., & \Gamma' \Rightarrow \Delta' = \Gamma_1 \Rightarrow A \to B_1 \wedge B_2, \Delta_1
\end{cases}
$$

$$
\begin{cases}
\left\{\begin{array}{l} \Gamma_1, A_1 \not\to B \Rightarrow \Delta_1 \\ \Gamma_1, A_2 \not\to B \Rightarrow \Delta_1 \end{array}\right., & \Gamma' \Rightarrow \Delta' = \Gamma_1, A_1 \wedge A_2 \not\to B \Rightarrow \Delta_1 \\[2.5ex]
\left[\begin{array}{l} \Gamma_1 \Rightarrow A_1 \not\to B, \Delta_1 \\ \Gamma_1 \Rightarrow A_2 \not\to B, \Delta_1 \end{array}\right., & \Gamma' \Rightarrow \Delta' = \Gamma_1 \Rightarrow A_1 \wedge A_2 \not\to B, \Delta_1 \\[2.5ex]
\left[\begin{array}{l} \Gamma_1, A \not\to B_1 \Rightarrow \Delta_1 \\ \Gamma_1, A \not\to B_2 \Rightarrow \Delta_1 \end{array}\right., & \Gamma' \Rightarrow \Delta' = \Gamma_1, A \not\to B_1 \wedge B_2 \Rightarrow \Delta_1 \\[2.5ex]
\left\{\begin{array}{l} \Gamma_1 \Rightarrow A \not\to B_1, \Delta_1 \\ \Gamma_1 \Rightarrow A \not\to B_2, \Delta_1 \end{array}\right., & \Gamma' \Rightarrow \Delta' = \Gamma_1 \Rightarrow A \not\to B_1 \wedge B_2, \Delta_1
\end{cases}
$$

$$
\left\{
\begin{array}{l}
\begin{cases}
\Gamma_1, A_1 \to B \Rightarrow \Delta_1 \\
\Gamma_1, A_2 \to B \Rightarrow \Delta_1
\end{cases}, \quad \Gamma' \Rightarrow \Delta' = \Gamma_1, A_1 \vee A_2 \to B \Rightarrow \Delta_1 \\[4mm]
\begin{bmatrix}
\Gamma_1 \Rightarrow A_1 \to B, \Delta \\
\Gamma_1 \Rightarrow A_2 \to B, \Delta_1
\end{bmatrix}, \quad \Gamma' \Rightarrow \Delta' = \Gamma_1 \Rightarrow A_1 \vee A_2 \to B, \Delta_1 \\[4mm]
\begin{bmatrix}
\Gamma_1, A \to B_1 \Rightarrow \Delta \\
\Gamma_1, A \to B_2 \Rightarrow \Delta_1
\end{bmatrix}, \quad \Gamma' \Rightarrow \Delta' = \Gamma_1, A \to B_1 \vee B_2 \Rightarrow \Delta_1 \\[4mm]
\begin{cases}
\Gamma_1 \Rightarrow A \to B_1, \Delta_1 \\
\Gamma_1 \Rightarrow A \to B_2, \Delta_1
\end{cases}, \quad \Gamma' \Rightarrow \Delta' = \Gamma_1 \Rightarrow A \to B_1 \vee B_2, \Delta_1
\end{array}
\right.
$$

$$
\left\{
\begin{array}{l}
\begin{bmatrix}
\Gamma_1, A_1 \not\to B \Rightarrow \Delta_1 \\
\Gamma_1, A_2 \not\to B \Rightarrow \Delta_1
\end{bmatrix}, \quad \Gamma' \Rightarrow \Delta' = \Gamma_1, A_1 \vee A_2 \not\to B \Rightarrow \Delta_1 \\[4mm]
\begin{cases}
\Gamma_1 \Rightarrow A_1 \not\to B, \Delta_1 \\
\Gamma_1 \Rightarrow A_2 \not\to B, \Delta_1
\end{cases}, \quad \Gamma' \Rightarrow \Delta' = \Gamma_1 \Rightarrow A_1 \vee A_2 \not\to B, \Delta_1 \\[4mm]
\begin{cases}
\Gamma_1, A \not\to B_1 \Rightarrow \Delta \\
\Gamma_1, A \not\to B_2 \Rightarrow \Delta_1
\end{cases}, \quad \Gamma' \Rightarrow \Delta' = \Gamma_1, A \not\to B_1 \vee B_2 \Rightarrow \Delta_1 \\[4mm]
\begin{bmatrix}
\Gamma_1 \Rightarrow A \not\to B_1, \Delta_1 \\
\Gamma_1 \Rightarrow A \not\to B_2, \Delta_1
\end{bmatrix}, \quad \Gamma' \Rightarrow \Delta' = \Gamma_1 \Rightarrow A \not\to B_1 \vee B_2, \Delta_1
\end{array}
\right.
$$

引理 11.1.1 如果存在一个树枝 $\alpha \subseteq T$ 使得 α 的叶子节点不是 $\mathbf{G}_4$ 中的一条公理, 则存在一个赋值 v 使得对于每一个 $\Gamma' \Rightarrow \Delta' \in \alpha, v \not\models \Gamma' \Rightarrow \Delta'$.

证明 设 $\Gamma' \Rightarrow \Delta'$ 是 α 的叶子节点. 根据命题 11.1.6, 存在一个赋值 v 使得 $v \models \Gamma'$, 并且 $v \not\models \Delta'$.

固定任意 $\gamma \in \alpha$, 并且假设 $v \not\models \gamma$.

情况 $(+\wedge^{LL})$. 如果 γ 是由 $\beta \in \alpha$ 通过 $(\wedge^{LL})$ 产生的, 则存在概念 $A_1^1, A_2^1, \cdots, A_1^m$, $A_2^m, B^1, \cdots, B^m$ 和 $\beta \in \{\beta_1, \cdots, \beta_n\}$ 使得 $\beta \in \alpha$, 并且

$$
\gamma = \Gamma'', A_{f(1)}^1 \to B^1, \cdots, A_{f(m)}^m \to B^m \Rightarrow \Delta'
$$
$$
\beta = \Gamma'', A_1^1 \wedge A_2^1 \to B^1, \cdots, A_1^m \wedge A_2^m \to B^m \Rightarrow \Delta'
$$

其中, $f : \{1, \cdots, m\} \in \{1, 2\}$ 是一个函数.

由归纳假设, 有

$$
v \models \Gamma'', (A_1^1 \wedge A_2^1 \to B^1), \cdots, (A_1^m \wedge A_2^m \to B^m)
$$

则

$$
v \models \Gamma'', (A_{f(1)}^1 \to B^1), \cdots, (A_{f(m)}^m \to B^m)
$$

并且由归纳假设, $v \not\models \Delta'$.

情况$(+\wedge^{RL})$. 如果 γ 是由 $\beta \in \alpha$ 通过 $(\wedge^R)$ 产生的, 则存在概念 $A^1, \cdots, A^m, B_1^1$, $B_2^1, \cdots, B_1^m, B_2^m$, 使得:

$$\gamma = \Gamma'' \Rightarrow A^1 \to B_1^1, A^1 \to B_2^1, \cdots, A^m \to B_1^m, A^m \to B_2^m, \Delta''$$
$$\beta = \Gamma'' \Rightarrow A^1 \to B_1^1 \wedge B_2^1, \cdots, A^m \to B_1^m \wedge B_2^m, \Delta''$$

由归纳假设, $v \models \Gamma''$, 以及 $v \not\models (A^1 \to B_1^1), (A^1 \to B_2^1), \cdots, (A^m \to B_1^m), (A^m \to B_2^m), \Delta''$, 因此 $v \not\models (A^1 \to B_1^1 \wedge B_2^1), \cdots, (A^m \to B_1^m \wedge B_2^m), \Delta''$.

情况$(-\wedge^{LL})$. 如果 γ 是由 $\beta \in \alpha$ 通过 $(\wedge^{LL})$ 产生的, 则存在概念 $A_1^1, A_2^1, \cdots, A_1^m$, $A_2^m, B^1, \cdots, B^m$ 和 $\beta \in \{\beta_1, \cdots, \beta_n\}$ 使得 $\beta \in \alpha$, 以及

$$\gamma = \Gamma'', A_{f(1)}^1 \not\to B^1, \cdots, A_{f(m)} \not\to B^m \Rightarrow \Delta''$$
$$\beta = \Gamma'', A_1^1 \wedge A_2^1 \not\to B^1, \cdots, A_m^1 \wedge A_m^2 \not\to B^m \Rightarrow \Delta''$$

其中, $f : \{1, \cdots, m\} \in \{1, 2\}$ 是一个函数.

由归纳假设, 有

$$v \models \Gamma'', (A_1^1 \wedge A_2^1 \not\to B^1), \cdots, (A_m^1 \wedge A_m^2 \not\to B^m)$$

则 $v \models \Gamma'', (A_{f(1)}^1 \not\to B^1), \cdots, (A_{f(m)} \not\to B^m)$, 由归纳假设, $v \not\models \Delta''$.

情况$(-\wedge^{RL})$. 如果 γ 是由 $\beta \in \alpha$ 通过 $(\wedge^R)$ 产生的, 则存在概念 $A^1, \cdots, A^m, B_1^1$, $B_2^1, \cdots, B_1^m, B_2^m$, 使得:

$$\gamma = \Gamma'' \Rightarrow A^1 \not\to B_1^1, A^1 \not\to B_2^1, \cdots, A^m \not\to B_1^m, A^m \not\to B_2^m, \Delta''$$
$$\beta = \Gamma'' \Rightarrow A^1 \not\to B_1^1 \wedge B_2^1, \cdots, A^m \not\to B_1^m \wedge B_2^m, \Delta''$$

由归纳假设, $v \models \Gamma''$, 以及 $v \not\models (A^1 \not\to B_1^1), (A^1 \not\to B_2^1), \cdots, (A^m \not\to B_1^m), (A^m \not\to B_2^m), \Delta''$, 因此 $v \not\models (A^1 \not\to B_1^1 \wedge B_2^1), \cdots, (A^m \not\to B_1^m \wedge B_2^m), \Delta''$. □

引理 11.1.2 如果对于每一个树枝 $\alpha \subseteq T$, α 的叶子节点都是 G_4 中的一条公理, 则树是 $\Gamma \Rightarrow \Delta$ 的一个证明.

证明 根据树的构造得到证明. □

因此, Γ 与 $A \to B$ $(A \not\to B)$ 是协调的, 当且仅当存在一个赋值 v 使得 $v \models \Gamma$, 并且 $v \models (A \to B)$ $(v \models (A \not\to B)$, 即 $v \models A$ 且 $v \not\models B)$.

11.2　R-演算 $S^\to$ 和 $\subseteq$-极小改变

给定的理论 Γ 和 Δ, Θ 是 Γ 关于 Δ 的一个 $\subseteq$-极小改变, 记作 $\models_{S^\to} \Delta | \Gamma \Rightarrow \Delta, \Theta$, 如果 Θ 是极小的使得 $\Theta \subseteq \Gamma$ 是与 Δ 协调的, 并且对于任意断言 $\theta \in \Gamma - \Theta, \Theta \cup \Delta \cup \{\theta\}$ 是不协调的.

在本节, 我们给出一个 Gentzen-型 R-演算 $S^\to$, 使得对于任意理论 Γ, Δ 和 $\Theta, \Delta | \Gamma \Rightarrow \Delta, \Theta$ 是 $S^\to$-可证的当且仅当 Θ 是 Γ 关于 Δ 的一个 $\subseteq$-极小改变.

11.2.1 关于单个断言 $A \to B$ 的 R-演算 $\mathbf{S}^{\to}$

单个断言 $A \to B$ 的 R-演算 $\mathbf{S}^{\to}$ 由如下公理和推导规则组成.

公理

$$(S^{\mathbf{A}}) \; \frac{\Delta \not\vdash l \not\to l'}{\Delta | l \to l' \Rightarrow \Delta, l \to l'} \qquad (S_{\mathbf{A}}) \; \frac{\Delta \vdash l \not\to l'}{\Delta | l \to l' \Rightarrow \Delta}$$

$$(S^{\neg}) \; \frac{\Delta \not\vdash l \to l'}{\Delta | l \not\to l' \Rightarrow \Delta, l \not\to l'} \qquad (S_{\neg}) \; \frac{\Delta \vdash l \to l'}{\Delta | l \not\to l' \Rightarrow \Delta}$$

推导规则

$$(^{\wedge}S_1) \; \frac{\Delta | A_1 \to B \Rightarrow \Delta, A_1 \to B}{\Delta | A_1 \wedge A_2 \to B \Rightarrow \Delta, A_1 \wedge A_2 \to B}$$

$$(^{\wedge}S_2) \; \frac{\begin{array}{c} \Delta | A_1 \to B \Rightarrow \Delta \\ \Delta | A_2 \to B \Rightarrow \Delta, A_2 \to B \end{array}}{\Delta | A_1 \wedge A_2 \to B \Rightarrow \Delta, A_1 \wedge A_2 \to B}$$

$$(_{\wedge}S) \; \frac{\begin{array}{c} \Delta | A_1 \to B \Rightarrow \Delta \\ \Delta | A_2 \to B \Rightarrow \Delta \end{array}}{\Delta | A_1 \wedge A_2 \to B \Rightarrow \Delta}$$

$$(^{\vee}S) \; \frac{\begin{array}{c} \Delta | A_1 \to B \Rightarrow \Delta, A_1 \to B \\ \Delta, A_1 \to B | A_2 \to B \Rightarrow \Delta, A_1 \to B, A_2 \to B \end{array}}{\Delta | A_1 \vee A_2 \to B \Rightarrow \Delta, A_1 \vee A_2 \to B}$$

$$(_{\vee}S_1) \; \frac{\Delta | A_1 \to B \Rightarrow \Delta}{\Delta | A_1 \vee A_2 \to B \Rightarrow \Delta}$$

$$(_{\vee}S_2) \; \frac{\Delta, A_1 \to B | A_2 \to B \Rightarrow \Delta, A_1 \to B}{\Delta | A_1 \vee A_2 \to B \Rightarrow \Delta}$$

以及

$$(S^{\wedge}) \; \frac{\begin{array}{c} \Delta | A \to B_1 \Rightarrow \Delta, A \to B_1 \\ \Delta, A \to B_1 | A \to B_2 \Rightarrow \Delta, A \to B_1, A \to B_2 \end{array}}{\Delta | A \to B_1 \wedge B_2 \Rightarrow \Delta, A \to B_1 \wedge B_2}$$

$$(S_{\wedge}^1) \; \frac{\Delta | A \to B_1 \Rightarrow \Delta}{\Delta | A \to B_1 \wedge B_2 \Rightarrow \Delta}$$

$$(S_{\wedge}^2) \; \frac{\Delta, A \to B_1 | A \to B_2 \Rightarrow \Delta, A \to B_1}{\Delta | A \to B_1 \wedge B_2 \Rightarrow \Delta}$$

$$(S_1^{\vee}) \; \frac{\Delta | A \to B_1 \Rightarrow \Delta, A \to B_1}{\Delta | A \to B_1 \vee B_2 \Rightarrow \Delta, A \to B_1 \vee B_2}$$

$$(S_2^{\vee}) \; \frac{\Delta | A \to B_2 \Rightarrow \Delta, A \to B_2}{\Delta | A \to B_1 \vee B_2 \Rightarrow \Delta, A \to B_1 \vee B_2}$$

$$(S_{\vee}) \; \frac{\Delta | A \to B_1 \Rightarrow \Delta \quad \Delta | A \to B_2 \Rightarrow \Delta}{\Delta | A \to B_1 \vee B_2 \Rightarrow \Delta}$$

其中, 左边的规则是将断言放入 Θ 的; 右边的规则是不放入的.

$A \not\to B$ 的推导规则如下.

$$(-^{\wedge}S)\quad \frac{\begin{array}{l}\Delta|A_1 \not\to B \Rightarrow \Delta, A_1 \not\to B\\ \Delta, A_1 \not\to B|A_2 \not\to B \Rightarrow \Delta, A_1 \not\to B, A_2 \not\to B\end{array}}{\Delta|A_1 \wedge A_2 \not\to B \Rightarrow \Delta, A_1 \wedge A_2 \not\to B}$$

$$(-_{\wedge}S_1)\quad \frac{\Delta|A_1 \not\to B \Rightarrow \Delta}{\Delta|A_1 \wedge A_2 \not\to B \Rightarrow \Delta}$$

$$(-_{\wedge}S_2)\quad \frac{\Delta, A_1 \not\to B|A_2 \not\to B \Rightarrow \Delta, A_1 \not\to B}{\Delta|A_1 \wedge A_2 \not\to B \Rightarrow \Delta}$$

$$(-^{\vee}S_1)\quad \frac{\Delta|A_1 \not\to B \Rightarrow \Delta, A_1 \not\to B}{\Delta|A_1 \vee A_2 \not\to B \Rightarrow \Delta, A_1 \vee A_2 \not\to B}$$

$$(-_{\vee}S)\quad \frac{\begin{array}{l}\Delta|A_1 \not\to B \Rightarrow \Delta\\ \Delta|A_2 \not\to B \Rightarrow \Delta\end{array}}{\Delta|A_1 \vee A_2 \not\to B \Rightarrow \Delta}$$

$$(-^{\vee}S_2)\quad \frac{\begin{array}{l}\Delta|A_1 \not\to B \Rightarrow \Delta\\ \Delta|A_2 \not\to B \Rightarrow \Delta, A_2 \not\to B\end{array}}{\Delta|A_1 \vee A_2 \not\to B \Rightarrow \Delta, A_1 \vee A_2 \not\to B}$$

以及

$$(-S_1^{\wedge})\quad \frac{\Delta|A \not\to B_1 \Rightarrow \Delta, A \not\to B_1}{\Delta|A \not\to B_1 \wedge B_2 \Rightarrow \Delta, A \not\to B_1 \wedge B_2}$$

$$(-S_2^{\wedge})\quad \frac{\Delta|A \not\to B_2 \Rightarrow \Delta, A \not\to B_2}{\Delta|A \not\to B_1 \wedge B_2 \Rightarrow \Delta, A \not\to B_1 \wedge B_2}$$

$$(-S_{\wedge})\quad \frac{\Delta|A \not\to B_1 \Rightarrow \Delta \quad \Delta|A \not\to B_2 \Rightarrow \Delta}{\Delta|A \not\to B_1 \wedge B_2 \Rightarrow \Delta}$$

$$(-S^{\vee})\quad \frac{\begin{array}{l}\Delta|A \not\to B_1 \Rightarrow \Delta, A \not\to B_1\\ \Delta, A \not\to B_1|A \not\to B_2 \Rightarrow \Delta\end{array}}{\Delta|A \not\to B_1 \vee B_2 \Rightarrow \Delta, A \not\to B_1 \vee B_2}$$

$$(-S_{\vee})_1\quad \frac{\Delta|A \not\to B_1 \Rightarrow \Delta}{\Delta|A \not\to B_1 \vee B_2 \Rightarrow \Delta}$$

$$(-S_{\vee})_2\quad \frac{\begin{array}{l}\Delta|A \not\to B_1 \Rightarrow \Delta, A \not\to B_1\\ \Delta, A \not\to B_1|A \not\to B_2 \Rightarrow \Delta, A \not\to B_1\end{array}}{\Delta|A \not\to B_1 \vee B_2 \Rightarrow \Delta}$$

定义 11.2.1 $\Delta|A \to B \Rightarrow \Delta, A' \to B'$ 是 $\mathbf{S}^{\to}$-可证的, 记作 $\vdash_{\mathbf{S}^{\to}} \Delta|A \to B \Rightarrow$

$\Delta, A' \rightarrow B'$, 如果存在一个断言序列 $S_1, \cdots, S_m$, 使得:

$$S_1 = \Delta | A \rightarrow B \Rightarrow \Delta | A_1' \rightarrow B_1'$$

$$\cdots\cdots$$

$$S_m = \Delta | A_m' \rightarrow B_m \Rightarrow \Delta, A' \rightarrow B'$$

且对每一个 $i < m, S_{i+1}$ 是一条公理或是由之前的断言通过 $\mathbf{S}^{\rightarrow}$ 中的一条推导规则得到的.

11.2.2 $\mathbf{S}^{\rightarrow}$ 的可靠性和完备性定理

定理 11.2.1 (完备性定理 1)   对于任意的协调理论 Δ 和一个断言 $A \rightarrow B$, 如果 $\Delta \cup \{A \rightarrow B\}$ 是协调的, 则 $\Delta | A \rightarrow B \Rightarrow \Delta, A \rightarrow B$ 在 $\mathbf{S}^{\rightarrow}$ 中是可证的, 即

$$\models_{\mathbf{S}^{\rightarrow}} \Delta | A \rightarrow B \Rightarrow \Delta, A \rightarrow B \text{ 蕴含 } \vdash_{\mathbf{S}^{\rightarrow}} \Delta | A \rightarrow B \Rightarrow \Delta, A \rightarrow B$$

如果 $\Delta \cup \{A \rightarrow B\}$ 是不协调的, 那么 $\Delta | A \rightarrow B \Rightarrow \Delta$ 在 $\mathbf{S}^{\rightarrow}$ 中是可证的, 即

$$\models_{\mathbf{S}^{\rightarrow}} \Delta | A \rightarrow B \Rightarrow \Delta \text{ 蕴含 } \vdash_{\mathbf{S}^{\rightarrow}} \Delta | A \rightarrow B \Rightarrow \Delta$$

证明   我们对概念 A 和 B 的结构作归纳来证明定理.

假设 $\Delta \cup \{A \rightarrow B\}$ 是协调的.

如果 $A \rightarrow B = l_1 \rightarrow l_2$, 则 $\Delta \nvdash l_1 \nrightarrow l_2$, 并且根据 $(S^{\mathbf{A}})$, $\Delta | A \rightarrow B \Rightarrow \Delta, A \rightarrow B$ 是可证的;

如果 $A = A_1 \wedge A_2$, 则要么 $\Delta \cup \{A_1 \rightarrow B\}$, 要么 $\Delta \cup \{A_2 \rightarrow B\}$ 是协调的, 由归纳假设, 要么

$$\vdash_{\mathbf{S}^{\rightarrow}} \Delta | A_1 \rightarrow B \Rightarrow \Delta, A_1 \rightarrow B$$

要么

$$\vdash_{\mathbf{S}^{\rightarrow}} \Delta | A_2 \rightarrow B \Rightarrow \Delta, A_2 \rightarrow B$$

并且根据 $(\wedge S_1)$ 或 $(\wedge S_2)$, $\Delta | A_1 \wedge A_2 \rightarrow B \Rightarrow \Delta, A_1 \wedge A_2 \rightarrow B$ 是可证的;

如果 $A = A_1 \vee A_2$, 则 $\Delta \cup \{A_1 \rightarrow B\}$ 和 $\Delta \cup \{A_1 \rightarrow B, A_2 \rightarrow B\}$ 是协调的, 由归纳假设, 有

$$\vdash_{\mathbf{S}^{\rightarrow}} \Delta | A_1 \rightarrow B \Rightarrow \Delta, A_1 \rightarrow B$$
$$\vdash_{\mathbf{S}^{\rightarrow}} \Delta, A_1 \rightarrow B | A_2 \rightarrow B \Rightarrow \Delta, A_1 \rightarrow B, A_2 \rightarrow B$$

并且根据 $(^{\vee}S)$, $\Delta | A_1 \vee A_2 \rightarrow B \Rightarrow \Delta, A_1 \vee A_2 \rightarrow B$ 是可证的;

如果 $B = B_1 \wedge B_2$, 则 $\Delta \cup \{A \rightarrow B_1\}$ 和 $\Delta \cup \{A \rightarrow B_1, A \rightarrow B_2\}$ 是协调的, 由归纳假设, 有

$$\vdash_{\mathbf{S}^{\rightarrow}} \Delta | A \rightarrow B_1 \Rightarrow \Delta, A \rightarrow B_1$$
$$\vdash_{\mathbf{S}^{\rightarrow}} \Delta, A \rightarrow B_1 | A \rightarrow B_2 \Rightarrow \Delta, A \rightarrow B_1, A \rightarrow B_2$$

并且根据 $(S^\wedge), \Delta|A \to B_1 \wedge B_2 \Rightarrow \Delta, A \to B_1 \wedge B_2$ 是可证的;

如果 $B = B_1 \vee B_2$, 则要么 $\Delta \cup \{A \to B_1\}$, 要么 $\Delta \cup \{A \to B_2\}$ 是协调的, 由归纳假设, 要么

$$\vdash_{\mathbf{S}\to} \Delta|A \to B_1 \Rightarrow \Delta, A \to B_1$$

要么

$$\vdash_{\mathbf{S}\to} \Delta|A \to B_2 \Rightarrow \Delta, A \to B_2$$

并且根据 $(S_1^\vee)$ 或 $(S_2^\vee), \Delta|A \to B_1 \vee B_2 \Rightarrow \Delta, A \to B_1 \vee B_2$ 可证的.

假设 $\Delta \cup \{A \to B\}$ 是不协调的.

如果 $A \to B = l_1 \to l_2$, 则 $\Delta \vdash l_1 \not\to l_2$, 并且根据 $(S_\mathbf{A}), \Delta|A \to B \Rightarrow \Delta$ 是可证的;

如果 $A = A_1 \wedge A_2$, 则 $\Delta \cup \{A_1 \to B\}$, 并且 $\Delta \cup \{A_2 \to B\}$ 是不协调的, 由归纳假设, 有

$$\vdash_{\mathbf{S}\to} \Delta|A_1 \to B \Rightarrow \Delta$$
$$\vdash_{\mathbf{S}\to} \Delta|A_2 \to B \Rightarrow \Delta$$

根据 $(\wedge S), \Delta|A_1 \wedge A_2 \to B \Rightarrow \Delta$ 是可证的;

如果 $A = A_1 \vee A_2$, 则要么 $\Delta \cup \{A_1 \to B\}$, 要么 $\Delta \cup \{A_1 \to B, A_2 \to B\}$ 是不协调的, 由归纳假设, 要么

$$\vdash_{\mathbf{S}\to} \Delta|A_1 \to B \Rightarrow \Delta$$

要么

$$\vdash_{\mathbf{S}\to} \Delta, A_1 \to B|A_2 \to B \Rightarrow \Delta, A_1 \to B$$

并且根据 $(-\vee S_1)$ 或 $(-\vee S_2), \Delta|A_1 \vee A_2 \to B \Rightarrow \Delta$ 是可证的;

如果 $B = B_1 \wedge B_2$, 则要么 $\Delta \cup \{A \to B_1\}$, 要么 $\Delta \cup \{A \to B_1, A \to B_2\}$ 是不协调的, 由归纳假设, 要么

$$\vdash_{\mathbf{S}\to} \Delta|A \to B_1 \Rightarrow \Delta$$

要么

$$\vdash_{\mathbf{S}\to} \Delta, A \to B_1|A \to B_2 \Rightarrow \Delta, A \to B_1$$

根据 $(S_\wedge)_1$ 或 $(S_\wedge)_2, \Delta|A \to B_1 \wedge B_2 \Rightarrow \Delta$ 是可证的;

如果 $B = B_1 \vee B_2$, 则 $\Delta \cup \{A \to B_1\}$, 并且 $\Delta \cup \{A \to B_2\}$ 是不协调的, 由归纳假设, 有

$$\vdash_{\mathbf{S}\to} \Delta|A_1 \to B \Rightarrow \Delta$$
$$\vdash_{\mathbf{S}\to} \Delta|A_2 \to B \Rightarrow \Delta$$

并且根据 $(S_\vee), \Delta|A \to B_1 \vee B_2 \Rightarrow \Delta$ 是可证的. □

类似地, 有如下定理.

定理 11.2.2 (完备性定理 2) 对于任意的协调理论 Δ 和一个断言 $A \not\rightarrow B$, 如果 $\Delta \cup \{A \not\rightarrow B\}$ 是协调的, 那么 $\Delta | A \not\rightarrow B \Rightarrow \Delta, A \not\rightarrow B$ 在 $\mathbf{S}^{\rightarrow}$ 中是可证的, 即

$$\models_{\mathbf{S}^{\rightarrow}} \Delta | A \not\rightarrow B \Rightarrow \Delta, A \not\rightarrow B \text{ 蕴含 } \vdash_{\mathbf{S}^{\rightarrow}} \Delta | A \not\rightarrow B \Rightarrow \Delta, A \not\rightarrow B$$

如果 $\Delta \cup \{A \not\rightarrow B\}$ 是不协调的, 那么 $\Delta | A \not\rightarrow B \Rightarrow \Delta$ 在 $\mathbf{S}^{\rightarrow}$ 中是可证的, 即

$$\models_{\mathbf{S}^{\rightarrow}} \Delta | A \not\rightarrow B \Rightarrow \Delta \text{ 蕴含 } \vdash_{\mathbf{S}^{\rightarrow}} \Delta | A \not\rightarrow B \Rightarrow \Delta \qquad \square$$

定理 11.2.3 (可靠性定理 1) 对于任意的协调理论 Δ 和一个断言 $A \rightarrow B$, 如果 $\Delta | A \rightarrow B \Rightarrow \Delta, A \rightarrow B$ 在 $\mathbf{S}^{\rightarrow}$ 中是可证的, 那么 $\Delta \cup \{A \rightarrow B\}$ 是协调的, 即

$$\vdash_{\mathbf{S}^{\rightarrow}} \Delta | A \rightarrow B \Rightarrow \Delta, A \rightarrow B \text{ 蕴含 } \models_{\mathbf{S}^{\rightarrow}} \Delta | A \rightarrow B \Rightarrow \Delta, A \rightarrow B$$

如果 $\Delta | A \rightarrow B \Rightarrow \Delta$ 在 $\mathbf{S}^{\rightarrow}$ 中是可证的, 那么 $\Delta \cup \{A \rightarrow B\}$ 是不协调的, 即

$$\vdash_{\mathbf{S}^{\rightarrow}} \Delta | A \rightarrow B \Rightarrow \Delta \text{ 蕴含 } \models_{\mathbf{S}^{\rightarrow}} \Delta | A \rightarrow B \Rightarrow \Delta$$

证明 我们对概念 A 和 B 的结构作归纳来证明定理.

假设 $\vdash_{\mathbf{S}^{\rightarrow}} \Delta | A \rightarrow B \Rightarrow \Delta, A \rightarrow B$.

如果 $A \rightarrow B = B_1 \rightarrow B_2$, 则如果 $\Delta | B_1 \rightarrow B_2 \Rightarrow \Delta, B_1 \rightarrow B_2$, 则 $\Delta \not\vdash B_1 \not\rightarrow B_2$, 并且 $\Delta \cup \{B_1 \rightarrow B_2\}$ 是协调的;

如果 $A = A_1 \wedge A_2$, 则要么

$$\vdash_{\mathbf{S}^{\rightarrow}} \Delta | A_1 \rightarrow B \Rightarrow \Delta, A_1 \rightarrow B$$

要么

$$\vdash_{\mathbf{S}^{\rightarrow}} \Delta | A_2 \rightarrow B \Rightarrow \Delta, A_2 \rightarrow B$$

并且由归纳假设, $\Delta \cup \{A_1 \rightarrow B\}$ 和 $\Delta \cup \{A_2 \rightarrow B\}$ 是协调的, 因此 $\Delta \cup \{A_1 \wedge A_2 \rightarrow B\}$ 也是协调的;

如果 $A = A_1 \vee A_2$, 则

$$\vdash_{\mathbf{S}^{\rightarrow}} \Delta | A_1 \rightarrow B \Rightarrow \Delta, A_1 \rightarrow B$$
$$\vdash_{\mathbf{S}^{\rightarrow}} \Delta, A_1 \rightarrow B | A_2 \rightarrow B \Rightarrow \Delta, A_1 \rightarrow B, A_2 \rightarrow B$$

并且由归纳假设, $\Delta \cup \{A_1 \rightarrow B\}$ 和 $\Delta \cup \{A_1 \rightarrow B, A_2 \rightarrow B\}$ 是协调的, 因此 $\Delta \cup \{A_1 \vee A_2 \rightarrow B\}$ 也是协调的.

如果 $B = B_1 \wedge B_2$, 则

$$\vdash_{\mathbf{S}^{\rightarrow}} \Delta | A \rightarrow B_1 \Rightarrow \Delta, A \rightarrow B_1$$
$$\vdash_{\mathbf{S}^{\rightarrow}} \Delta, A \rightarrow B_1 | A \rightarrow B_2 \Rightarrow \Delta, A \rightarrow B_1, A \rightarrow B_2$$

并且由归纳假设, $\Delta \cup \{A \to B_1\}$ 和 $\Delta \cup \{A \to B_1, A \to B_2\}$ 是协调的, 因此 $\Delta \cup \{A \to B_1 \wedge B_2\}$ 也是协调的;

如果 $B = B_1 \vee B_2$, 则要么

$$\vdash_{\mathbf{S}\to} \Delta|A \to B_1 \Rightarrow \Delta, A \to B_1$$

要么

$$\vdash_{\mathbf{S}\to} \Delta|A \to B_2 \Rightarrow \Delta, A \to B_2$$

并且由归纳假设, 要么 $\Delta \cup \{A \to B_1\}$, 要么 $\Delta \cup \{A \to B_2\}$ 是协调的, 因此 $\Delta \cup \{A \to B_1 \vee B_2\}$ 也是协调的.

假设 $\vdash_{\mathbf{S}\to} \Delta|A \to B \Rightarrow \Delta$.

如果 $A \to B = B_1 \to B_2$, 则 $\Delta \vdash B_1 \not\to B_2$, 即 $\Delta \cup \{B_1 \to B_2\}$ 是不协调的;

如果 $A = A_1 \wedge A_2$, 则

$$\vdash_{\mathbf{S}\to} \Delta|A_1 \to B \Rightarrow \Delta$$
$$\vdash_{\mathbf{S}\to} \Delta|A_2 \to B \Rightarrow \Delta$$

并且由归纳假设, $\Delta \cup \{A_1 \to B\}$ 和 $\Delta \cup \{A_2 \to B\}$ 是不协调的, 因此 $\Delta \cup \{A_1 \wedge A_2 \to B\}$ 也是不协调的;

如果 $A = A_1 \vee A_2$, 则要么

$$\vdash_{\mathbf{S}\to} \Delta|A_1 \to B \Rightarrow \Delta$$

要么

$$\vdash_{\mathbf{S}\to} \Delta, A_1 \to B|A_2 \to B \Rightarrow \Delta, A_1 \to B$$

并且由归纳假设, 要么 $\Delta \cup \{A_1 \to B\}$, 要么 $\Delta \cup \{A_1 \to B, A_2 \to B\}$ 是不协调的, 因而 $\Delta \cup \{A_1 \vee A_2 \to B\}$ 也是不协调的;

如果 $B = B_1 \wedge B_2$, 则要么

$$\vdash_{\mathbf{S}\to} \Delta|A \to B_1 \Rightarrow \Delta$$

要么

$$\vdash_{\mathbf{S}\to} \Delta, A \to B_1|A \to B_2 \Rightarrow \Delta, A \to B_1$$

并且由归纳假设, 要么 $\Delta \cup \{A \to B_1\}$, 要么 $\Delta \cup \{A \to B_1, A \to B_2\}$ 是不协调的, 因此 $\Delta \cup \{A \to B_1 \wedge B_2\}$ 也是不协调的;

如果 $B = B_1 \vee B_2$, 则

$$\vdash_{\mathbf{S}\to} \Delta|A_1 \to B \Rightarrow \Delta$$
$$\vdash_{\mathbf{S}\to} \Delta|A_2 \to B \Rightarrow \Delta$$

并且由归纳假设,$\Delta \cup \{A_1 \to B\}$ 和 $\Delta \cup \{A_2 \to B\}$ 是不协调的, 因此 $\Delta \cup \{A \to B_1 \vee B_2\}$ 是不协调的. $\qquad \square$

类似地, 有如下定理.

定理 11.2.4 (可靠性定理 2) 对于任意的协调理论 Δ 和一个断言 $A \not\to B$, 如果 $\Delta | A \not\to B \Rightarrow \Delta, A \not\to B$ 在 $\mathbf{S}^{\to}$ 中是可证的, 那么 $\Delta \cup \{A \not\to B\}$ 是协调的, 即

$$\vdash_{\mathbf{S}^{\to}} \Delta | A \not\to B \Rightarrow \Delta, A \not\to B \text{ 蕴含 } \models_{\mathbf{S}^{\to}} \Delta | A \not\to B \Rightarrow \Delta, A \not\to B$$

如果 $\Delta | A \not\to B \Rightarrow \Delta$ 在 $\mathbf{S}^{\to}$ 中是可证的, 那么 $\Delta \cup \{A \not\to B\}$ 是不协调的, 即

$$\vdash_{\mathbf{S}^{\to}} \Delta | A \not\to B \Rightarrow \Delta \text{ 蕴含 } \models_{\mathbf{S}^{\to}} \Delta | A \not\to B \Rightarrow \Delta \qquad \square$$

因此, 有如下推论.

推论 11.2.1 不存在断言 $A \to B$ 使得:

$$\vdash_{\mathbf{S}^{\to}} \Delta | A \to B \Rightarrow \Delta$$

并且

$$\vdash_{\mathbf{S}^{\to}} \Delta | A \to B \Rightarrow \Delta, A \to B \qquad \square$$

11.2.3 关于协调性和非协调性

关于协调性和非协调性, 我们有如下可靠和完备的推理系统.

公理

$$(\mathbf{A}) \ \frac{\Delta \nvdash l \not\to l'}{\text{con}(\Delta, l \to l')} \qquad (\mathbf{A}) \ \frac{\Delta \vdash l \not\to l'}{\text{incon}(\Delta, l \to l')}$$

$$(\neg) \ \frac{\Delta \nvdash l \to l'}{\text{con}(\Delta, l \not\to l')} \qquad (\neg) \ \frac{\Delta \vdash l \to l'}{\text{incon}(\Delta, l \not\to l')}$$

$A \to B$ **的推导规则**

$$(\overset{\wedge}{1}) \ \frac{\text{con}(\Delta, A_1 \to B)}{\text{con}(\Delta, A_1 \wedge A_2 \to B)}$$

$$(\wedge) \ \frac{\text{incon}(\Delta, A_1 \to B) \quad \text{incon}(\Delta, A_2 \to B)}{\text{incon}(\Delta, A_1 \wedge A_2 \to B)}$$

$$(\overset{\wedge}{2}) \ \frac{\text{con}(\Delta, A_2 \to B)}{\text{con}(\Delta, A_1 \wedge A_2 \to B)}$$

$$(\vee) \ \frac{\text{con}(\Delta, A_1 \to B) \quad \text{con}(\Delta \cup \{A_1 \to B\}, A_2 \to B)}{\text{con}(\Delta, A_1 \vee A_2 \to B)}$$

$$(\overset{1}{\vee}) \ \frac{\text{incon}(\Delta, A_1 \to B)}{\text{incon}(\Delta, A_1 \vee A_2 \to B)}$$

$$(\overset{2}{\vee}) \ \frac{\text{incon}(\Delta \cup \{A_1 \to B\}, A_2 \to B)}{\text{incon}(\Delta, A_1 \vee A_2 \to B)}$$

以及

$$(^\wedge)\ \frac{\mathrm{con}(\Delta, A \to B_1)}{\mathrm{con}(\Delta \cup \{A \to B_1\}, A \to B_2)}{\mathrm{con}(\Delta, A \to B_1 \wedge B_2)}$$

$$(^1_\wedge)\ \frac{\mathrm{incon}(\Delta, A \to B_1)}{\mathrm{incon}(\Delta, A \to B_1 \wedge B_2)}$$

$$(^2_\wedge)\ \frac{\mathrm{incon}(\Delta \cup \{A \to B_1\}, A \to B_2)}{\mathrm{incon}(\Delta, A \to B_1 \wedge B_2)}$$

$$(^\vee_1)\ \frac{\mathrm{con}(\Delta, A \to B_1)}{\mathrm{con}(\Delta, A \to B_1 \vee B_2)}$$

$$(^\vee_2)\ \frac{\mathrm{con}(\Delta, A \to B_2)}{\mathrm{con}(\Delta, A \to B_1 \vee B_2)}$$

$$(\vee)\ \frac{\mathrm{incon}(\Delta, A \to B_1)}{\frac{\mathrm{incon}(\Delta, A \to B_2)}{\mathrm{incon}(\Delta, A \to B_1 \vee B_2)}}$$

$A \not\to B$ 的推导规则

$$(-^\wedge)\ \frac{\mathrm{con}(\Delta, A_1 \not\to B)}{\mathrm{con}(\Delta \cup \{A_1 \not\to B\}, A_2 \not\to B)}{\mathrm{con}(\Delta, A_1 \wedge A_2 \not\to B)}$$

$$(-^1_\wedge)\ \frac{\mathrm{incon}(\Delta, A_1 \not\to B)}{\mathrm{incon}(\Delta, A_1 \wedge A_2 \not\to B)}$$

$$(-^2_\wedge)\ \frac{\mathrm{incon}(\Delta \cup \{A_1 \not\to B\}, A_2 \not\to B)}{\mathrm{incon}(\Delta, A_1 \wedge A_2 \not\to B}$$

$$(-^\vee_1)\ \frac{\mathrm{con}(\Delta, A_1 \not\to B)}{\mathrm{con}(\Delta, A_1 \vee A_2 \not\to B)}$$

$$(-^\vee_2)\ \frac{\mathrm{con}(\Delta, A_1 \not\to B)}{\frac{\mathrm{con}(\Delta, A_2 \not\to B)}{\mathrm{con}(\Delta, A_1 \vee A_2 \not\to B)}}$$

$$(-\vee)\ \frac{\mathrm{incon}(\Delta, A_1 \not\to B)}{\frac{\mathrm{incon}(\Delta, A_2 \not\to B)}{\mathrm{incon}(\Delta, A_1 \vee A_2 \not\to B)}}$$

以及

$$(-^\wedge_1)\ \frac{\mathrm{con}(\Delta, A \not\to B_1)}{\mathrm{con}(\Delta, A \not\to B_1 \wedge B_2)}$$

$$(-^\wedge_2)\ \frac{\mathrm{incon}(\Delta, A \not\to B_1)}{\frac{\mathrm{con}(\Delta, A \not\to B_2)}{\mathrm{con}(\Delta, A \not\to B_1 \wedge B_2)}}$$

$$(-_\wedge)\ \frac{\mathrm{incon}(\Delta, A \not\to B_1)}{\frac{\mathrm{incon}(\Delta, A \not\to B_2)}{\mathrm{incon}(\Delta, A \not\to B_1 \wedge B_2)}}$$

$$(-^\vee)\ \frac{\mathrm{con}(\Delta, A \not\to B_1)}{\mathrm{con}(\Delta \cup \{A \not\to B_1\}, A \not\to B_2)}{\mathrm{con}(\Delta, A \not\to B_1 \vee B_2)}$$

$$(-^1_\vee)\ \frac{\mathrm{incon}(\Delta, A \not\to B_1)}{\mathrm{incon}(\Delta, A \not\to B_1 \vee B_2)}$$

$$(-^2_\vee)\ \frac{\mathrm{con}(\Delta, A \not\to B_1)}{\frac{\mathrm{incon}(\Delta \cup \{A \not\to B_1\}, A \not\to B_2)}{\mathrm{incon}(\Delta, A \not\to B_1 \vee B_2)}}$$

11.3　R-演算 $\mathbf{T}^\to$ 和 $\preceq$-极小改变

定义 11.3.1　给定两个理论 Δ 和 Γ, 一个理论 Θ 是 Γ 关于 Δ 的一个 $\preceq$-极小改变, 记作 $\models_{\mathbf{T}} \Delta|\Gamma \Rightarrow \Delta, \Theta$, 如果 Θ 是极小的, 使得:

(i) $\Theta \cup \Delta$ 是协调的;

(ii) $\Theta \preceq B$, 即对于每一个断言 $A * B \in \Theta$, 存在一个断言 $A' * B' \in \Gamma$ 使得 $A \preceq A'$ 和 $B \preceq B'$ 其中, $* \in \{\rightarrow . \nrightarrow\}$;

(iii) 对于任意理论 Ξ 满足 $\Theta \prec \Xi \preceq \Gamma, \Xi \cup \Delta$ 是不协调的.

在本节, 我们给出一个 Gentzen- 型的 R-演算 $\mathbf{T}^{\rightarrow}$, 使得对于任意断言理论 Δ, Γ 和理论 $\Theta, \Delta|\Gamma \Rightarrow \Delta, \Theta$ 是 $\mathbf{T}^{\rightarrow}$-可证的, 当且仅当 Θ 是 Γ 关于 Δ 的一个 $\leqslant$-极小改变.

11.3.1   关于单个断言 $A \rightarrow B$ 的 R-演算 $\mathbf{T}^{\rightarrow}$

单个断言 $A \rightarrow B$ 的 R-演算 $\mathbf{T}^{\rightarrow}$ 由如下公理和推导规则组成.

公理

$$(T^{\mathbf{A}}) \frac{\Delta \nvdash A \nrightarrow B}{\Delta|A \rightarrow B \Rightarrow \Delta, A \rightarrow B} \qquad (T_{\mathbf{A}}) \frac{\Delta \vdash l \nrightarrow l'}{\Delta|l \rightarrow l' \Rightarrow \Delta}$$

$$(T^{\neg}) \frac{\Delta \nvdash A \rightarrow B}{\Delta|A \nrightarrow B \Rightarrow \Delta, A \nrightarrow B} \qquad (T_{\neg}) \frac{\Delta \vdash l \rightarrow l'}{\Delta|l \nrightarrow l' \Rightarrow \Delta}$$

$A \rightarrow B$ 的推导规则

$$(^{\wedge}T_1) \frac{\Delta|A_1 \rightarrow B \Rightarrow \Delta, E_1 \rightarrow B}{\Delta|A_1 \wedge A_2 \rightarrow B \Rightarrow \Delta, E_1 \wedge A_2 \rightarrow B}$$

$$(^{\wedge}T_2) \frac{\Delta|A_2 \rightarrow B \Rightarrow \Delta, E_2 \rightarrow B}{\Delta|A_1 \wedge A_2 \rightarrow B \Rightarrow \Delta, A_1 \wedge E_2 \rightarrow B}$$

$$(_{\wedge}T) \frac{\begin{array}{c}\Delta|A_1 \rightarrow B \Rightarrow \Delta \\ \Delta|A_2 \rightarrow B \Rightarrow \Delta\end{array}}{\Delta|A_1 \wedge A_2 \rightarrow B \Rightarrow \Delta}$$

$$(^{\vee}T) \frac{\Delta|A_1 \rightarrow B \Rightarrow \Delta, E_1 \rightarrow B}{\Delta|A_1 \vee A_2 \rightarrow B \Rightarrow \Delta, E_1 \rightarrow B|A_2 \rightarrow B}$$

以及

$$(T^{\wedge}) \frac{\Delta|A \rightarrow B_1 \Rightarrow \Delta, A \rightarrow F_1|}{\Delta|A \rightarrow B_1 \wedge B_2 \Rightarrow \Delta, A \rightarrow F_1|A \rightarrow B_2}$$

$$(T_1^{\vee}) \frac{\Delta|A \rightarrow B_1 \Rightarrow \Delta, A \rightarrow F_1}{\Delta|A \rightarrow B_1 \vee B_2 \Rightarrow \Delta, A \rightarrow F_1 \vee B_2}$$

$$(T_2^{\vee}) \frac{\Delta|A \rightarrow B_2 \Rightarrow \Delta, A \rightarrow F_2}{\Delta|A \rightarrow B_1 \vee B_2 \Rightarrow \Delta, A \rightarrow B_1 \vee F_2}$$

$$(T_{\vee}) \frac{\Delta|A \rightarrow B_1 \Rightarrow \Delta \quad \Delta|A \rightarrow B_2 \Rightarrow \Delta}{\Delta|A \rightarrow B_1 \vee B_2 \Rightarrow \Delta}$$

$A \not\to B$ 的推导规则

$$(-^\wedge T) \quad \frac{\Delta|A_1 \not\to B \Rightarrow \Delta, E_1 \not\to B}{\Delta|A_1 \wedge A_2 \not\to B \Rightarrow \Delta, E_1 \to B|A_2 \not\to B}$$

$$(-^\vee T_1) \quad \frac{\Delta|A_1 \not\to B \Rightarrow \Delta, E_1 \not\to B}{\Delta|A_1 \vee A_2 \not\to B \Rightarrow \Delta, E_1 \vee A_2 \not\to B}$$

$$(-^\vee T_2) \quad \frac{\begin{array}{c}\Delta|A_1 \not\to B \Rightarrow \Delta \\ \Delta|A_2 \not\to B \Rightarrow \Delta, E_2 \not\to B\end{array}}{\Delta|A_1 \vee A_2 \not\to B \Rightarrow \Delta, A_1 \vee E_2 \not\to B}$$

$$(-_\vee T) \quad \frac{\Delta|A_1 \not\to B \Rightarrow \Delta \quad \Delta|A_2 \not\to B \Rightarrow \Delta}{\Delta|A_1 \vee A_2 \not\to B \Rightarrow \Delta}$$

以及

$$(-T_1^\wedge) \quad \frac{\Delta|A \not\to B_1 \Rightarrow \Delta, A \not\to F_1}{\Delta|A \not\to B_1 \wedge B_2 \Rightarrow \Delta, A \not\to F_1 \wedge B_2}$$

$$(-T_2^\wedge) \quad \frac{\Delta|A \not\to B_1 \Rightarrow \Delta \quad \Delta|A \not\to B_2 \Rightarrow \Delta, A \not\to F_2}{\Delta|A \not\to B_1 \wedge B_2 \Rightarrow \Delta, A \not\to B_1 \wedge F_2}$$

$$(-T_\wedge) \quad \frac{\Delta|A \not\to B_1 \Rightarrow \Delta \quad \Delta|A \not\to B_2 \Rightarrow \Delta}{\Delta|A \not\to B_1 \wedge B_2 \Rightarrow \Delta}$$

$$(-T^\vee) \quad \frac{\Delta|A \not\to B_1 \Rightarrow \Delta, A \not\to F_1}{\Delta|A \not\to B_1 \vee B_2 \Rightarrow \Delta, A \not\to F_1|A \to B_2}$$

定义 11.3.2　$\Delta|A \to B \Rightarrow \Delta, A' \to B'$ 是 $\mathbf{T}^\to$-可证的, 记作 $\vdash_{\mathbf{T}^\to} \Delta|A \to B \Rightarrow \Delta, A' \to B'$, 如果存在一个断言序列 $S_1, \cdots, S_m$, 使得:

$$S_1 = \Delta|A \to B \Rightarrow \Delta|A_1 \to B_1$$
$$\cdots\cdots$$
$$S_m = \Delta|A_m \to B_m \Rightarrow \Delta, A' \to B'$$

并且对于每一个 $i < m, S_{i+1}$ 是一条公理或是由之前断言通过 $\mathbf{T}^\to$ 中的一条推导规则得到的.

11.3.2　$\mathbf{T}^\to$ 的可靠性和完备性定理

定理 11.3.1　对于任意协调理论 Δ 和断言 $A \to B$, 存在一个断言 $A' \to B'$ 使得 $A' \to A$ 和 $B' \preceq B$, 以及 $\Delta|A \to B \Rightarrow \Delta, A' \to B'$ 是可证的.

证明　我们对概念 A 和 B 的结构作归纳来证明定理.

情况 $A \to B = l \to l'$. 如果 $\Delta \vdash l \not\to l'$, 则令 $A' \to B' = \lambda$; 如果 $\Delta \not\vdash l \not\to l'$, 则令 $A' \to B' = l \to l'$. 根据 $(T^\mathbf{A})$ 和 $(T_\mathbf{A})$, $\Delta|A \to B \Rightarrow \Delta, A' \to B'$ 是可证的.

情况 $A = A_1 \wedge A_2$. 由归纳假设, 存在断言 $E_1 \preceq A_1$ 和 $E_2 \preceq A_2$, 使得:

$$\vdash_{\mathbf{T}^\to} \Delta|A_1 \to B \Rightarrow \Delta, E_1 \to B$$
$$\vdash_{\mathbf{T}^\to} \Delta|A_2 \to B \Rightarrow \Delta, E_2 \to B$$

如果 $E_1 \neq \lambda$, 则根据 $(T_1^\vee)$, 有

$$\vdash_{\mathbf{T}^{\rightarrow}} \Delta | A_1 \wedge A_2 \rightarrow B \Rightarrow \Delta, E_1 \vee A_2 \rightarrow B$$

如果 $E_1 = \lambda$ 和 $E_2 \neq \lambda$, 则根据 $(T_2^\vee)$, 有

$$\vdash_{\mathbf{T}^{\rightarrow}} \Delta | A_1 \wedge A_2 \rightarrow B \Rightarrow \Delta, A_1 \vee E_2 \rightarrow B$$

并且如果 $B_1 = B_2 = \lambda$, 则根据 $(T_3^\vee)$, 有

$$\vdash_{\mathbf{T}^{\rightarrow}} \Delta | A_1 \wedge A_2 \rightarrow B \Rightarrow \Delta$$

设

$$A' \rightarrow B' = \begin{cases} E_1 \vee A_2 \rightarrow B, & E_1 \neq \lambda \\ A_1 \vee E_2 \rightarrow B, & E_1 = \lambda \neq E_2 \\ \lambda, & \text{其他} \end{cases}$$

并且 $\vdash_{\mathbf{T}^{\rightarrow}} \Delta | A_1 \wedge A_2 \rightarrow B \Rightarrow \Delta, A' \rightarrow B'$.

情况 $A = A_1 \vee A_2$. 由归纳假设, 存在断言 $E_1 \preceq A_1, E_2 \preceq A_2$, 使得:

$$\vdash_{\mathbf{T}^{\rightarrow}} \Delta | A_1 \rightarrow B \Rightarrow \Delta, E_1 \rightarrow B$$
$$\vdash_{\mathbf{T}^{\rightarrow}} \Delta, E_1 \rightarrow B | A_2 \rightarrow B \Rightarrow \Delta, E_1 \rightarrow B, E_2 \rightarrow B$$

设 $A' \rightarrow B' = E_1 \vee E_2 \rightarrow B$, 并且 $\vdash_{\mathbf{T}^{\rightarrow}} \Delta | A_1 \vee A_2 \rightarrow B \Rightarrow \Delta, E_1 \vee E_2 \rightarrow B$.

情况 $B = B_1 \wedge B_2$. 由归纳假设, 存在断言 $F_1 \preceq B_1, F_2 \preceq B_2$, 使得:

$$\vdash_{\mathbf{T}^{\rightarrow}} \Delta | A \rightarrow B_1 \Rightarrow \Delta, A \rightarrow F_1$$
$$\vdash_{\mathbf{T}^{\rightarrow}} \Delta, A \rightarrow F_1 | A \rightarrow B_2 \Rightarrow \Delta, A \rightarrow F_1, A \rightarrow F_2$$

设 $A' \rightarrow B' = A \rightarrow F_1 \wedge F_2$, 并且 $\vdash_{\mathbf{T}^{\rightarrow}} \Delta | A \rightarrow B_1 \wedge B_2 \Rightarrow \Delta, A \rightarrow F_1 \wedge F_2$.

情况 $B = B_1 \vee B_2$. 由归纳假设, 存在断言 $F_1 \preceq B_1$ 和 $F_2 \preceq B_2$, 使得:

$$\vdash_{\mathbf{T}^{\rightarrow}} \Delta | A \rightarrow B_1 \Rightarrow \Delta, A \rightarrow F_1$$
$$\vdash_{\mathbf{T}^{\rightarrow}} \Delta | A \rightarrow B_2 \Rightarrow \Delta, A \rightarrow F_2$$

如果 $F_1 \neq \lambda$, 则根据 $(T_1^\vee)$, 有

$$\vdash_{\mathbf{T}^{\rightarrow}} \Delta | A \rightarrow B_1 \vee B_2 \Rightarrow \Delta, A \rightarrow F_1 \vee B_2$$

如果 $F_1 = \lambda$ 和 $F_2 \neq \lambda$, 则根据 $(T_2^\vee)$, 有

$$\vdash_{\mathbf{T}^{\rightarrow}} \Delta | A \rightarrow B_1 \vee B_2 \Rightarrow \Delta, A \rightarrow B_1 \vee F_2$$

如果 $F_1 = F_2 = \lambda$, 则根据 $(T_3^\vee)$, 有

$$\vdash_{\mathbf{T}\to} \Delta | A \to B_1 \vee B_2 \Rightarrow \Delta$$

设

$$A' \to B' = \begin{cases} A \to F_1 \vee B_2, & F_1 \neq \lambda \\ A \to B_1 \vee F_2, & F_1 = \lambda \neq F_2 \\ \lambda, & \text{其他} \end{cases}$$

以及 $\vdash_{\mathbf{T}\to} \Delta | A \to B_1 \vee B_2 \Rightarrow \Delta, A' \to B'$. □

引理 11.3.1 如果 Θ 是 B 关于 Δ 的一个 $\preceq$-极小改变, 并且 Θ' 是 $A_{n+1} \to B_{n+1}$ 关于 $\Delta \cup \Theta$ 的一个 $\preceq$-极小改变, 则 Θ' 是 $B \cup \{A_{n+1} \to B_{n+1}\}$ 关于 Δ 的一个 $\preceq$-极小改变. □

证明 假设 Θ 是 B 关于 Δ 的一个 $\preceq$-极小改变, 并且 Θ' 是 $A_{n+1} \to B_{n+1}$ 关于 $\Delta \cup \Theta$ 的一个 $\preceq$-极小改变, 则根据定义, Θ' 是 $B \cup \{A_{n+1} \to B_{n+1}\}$ 关于 Δ 的一个 $\preceq$-极小改变. □

引理 11.3.2 如果 $A \to F_1$ 是 $A \to B_1$ 关于 Δ 的一个 $\preceq$-极小改变, 并且 $A \to F_2$ 是 $A \to B_2$ 关于 $\Delta \cup \{A \to F_1\}$ 的一个 $\preceq$-极小改变, 则 $A \to F_1 \wedge F_2$ 是 $A \to B_1 \wedge B_2$ 关于 Δ 的一个 $\preceq$-极小改变.

证明 假设 $A \to F_1$ 是 $A \to B_1$ 关于 Δ 的一个 $\preceq$-极小改变, 并且 $A \to F_2$ 是 $A \to B_2$ 关于 $\Delta \cup \{A \to F_1\}$ 的一个 $\preceq$-极小改变, 则 $F_1 \wedge F_2 \preceq B_1 \wedge B_2$ 和 $\Delta \cup \{A \to F_1 \wedge F_2\}$ 是协调的.

对于任意 G 满足 $F_1 \wedge F_2 \prec G \preceq B_1 \wedge B_2$, 存在 G_1 和 G_2 使得 $G = G_1 \wedge G_2$, $F_1 \preceq G_1 \preceq B_1, F_2 \preceq G_2 \preceq B_2$. 如果 $F_1 \prec G_1$, 那么 $\Delta \cup \{A \to G_1\}$ 是不协调的, 因此 $\Delta \cup \{A \to G_1 \wedge G_2\}$ 也是不协调的; 如果 $F_2 \prec G_2$, 那么 $\Delta \cup \{A \to F_2\}$ 是不协调的, 因此 $\Delta \cup \{A \to F_1 \wedge F_2\}$ 也是不协调的. □

引理 11.3.3 如果 $A \to F_1, A \to F_2$ 分别是 $A \to B_1$ 和 $A \to B_2$ 关于 Δ 的 $\preceq$-极小改变, 则 $A \to F'$ 是 $A \to B_1 \vee B_2$ 关于 Δ 的一个 $\preceq$-极小改变, 其中

$$F' = \begin{cases} F_1 \vee B_2, & F_1 \neq \lambda \\ B_1 \vee F_2, & F_1 = \lambda \text{ 且 } F_2 \neq \lambda \\ \lambda, & F_1 = F_2 = \lambda \end{cases}$$

证明 显然有 $F' \preceq B_1 \vee B_2$, 并且 $\Delta \cup \{A \to F'\}$ 是协调的.
对于任意 G 满足 $F' \prec G \preceq B_1 \vee B_2$, 存在 G_1, G_2, 使得:

$$G = G_1 \vee G_2$$
$$F_1' \preceq G_1 \preceq B_1$$
$$F_2' \preceq G_2 \preceq B_2$$

并且要么 $F_1' \prec G_1$, 要么 $F_2' \prec G_2$, 其中 F_1' 是 F_1 或 B_1, 以及 F_2' 是 F_2 或 B_2.

如果 $F_1' \prec G_1$, 则 $F_1' = F_1, F_2' = F_2$, 由归纳假设, $\Delta \cup \{A \rightarrow G_1\}$ 是不协调的, 因此 $\Delta \cup \{A \rightarrow G_1 \vee B_2\}$ 也是不协调的; 如果 $F_2' \prec G_2$, 则 $F_2' = F_2, F_1' = B_1$, 由归纳假设, $\Delta \cup \{A \rightarrow G_2\}$ 是不协调的, 因此 $\Delta \cup \{A \rightarrow B_1 \vee G_2\}$ 也是不协调的. $\quad\square$

引理 11.3.4 如果 $E_1 \rightarrow B$ 是 $A_1 \rightarrow B$ 关于 Δ 的一个 $\preceq$-极小改变, 并且 $E_2 \rightarrow B$ 是 $A \rightarrow B_2$ 关于 $\Delta \cup \{E_1 \rightarrow B\}$ 的一个 $\preceq$-极小改变, 则 $E_1 \vee E_2 \rightarrow B$ 是 $A_1 \vee A_2 \rightarrow B$ 关于 Δ 的一个 $\preceq$-极小改变. $\quad\square$

引理 11.3.5 如果 $E_1 \rightarrow B, E_2 \rightarrow B$ 分别是 $A_1 \rightarrow B$ 和 $A_2 \rightarrow B$ 关于 Δ 的 $\preceq$-极小改变, 则 $A \rightarrow E'$ 是 $A_1 \wedge A_2 \rightarrow B$ 关于 Δ 的一个 $\preceq$-极小改变, 其中

$$
E' = \begin{cases}
E_1 \vee A_2, & E_1 \neq \lambda \\
A_1 \vee E_2, & E_1 = \lambda \text{ 且 } E_2 \neq \lambda \\
\lambda, & E_1 = E_2 = \lambda
\end{cases}
$$
$\quad\square$

定理 11.3.2 对于任意断言集合 Δ, 断言 $A \rightarrow B, A' \rightarrow B'$, 如果 $\Delta | A \rightarrow B \Rightarrow \Delta, A' \rightarrow B'$ 是可证的, 则 $A' \rightarrow B'$ 是 $A \rightarrow B$ 关于 Δ 的一个 $\preceq$-极小改变, 即

$$
\vdash_{\mathbf{T}^{\rightarrow}} \Delta | A \rightarrow B \Rightarrow \Delta, A' \rightarrow B' \text{ 蕴含 } \models_{\mathbf{T}^{\rightarrow}} \Delta | A \rightarrow B \Rightarrow \Delta, A' \rightarrow B'
$$

证明 我们对 A 和 B 的结构作归纳来证明定理. 假设 $\vdash_{\mathbf{T}^{\rightarrow}} \Delta | A \rightarrow B \Rightarrow \Delta, A' \rightarrow B'$.

情况 $A \rightarrow B = l \rightarrow l'$. 要么 $\Delta | l \rightarrow l' \Rightarrow \Delta, l \rightarrow l'$, 要么 $\Delta | l \rightarrow l' \Rightarrow \Delta$ 是可证的, 即要么 $A' \rightarrow B' = l \rightarrow l'$, 要么 $A' \rightarrow B' = \lambda$, 而它是 $A \rightarrow B$ 关于 Δ 的一个 $\preceq$-极小改变.

情况 $A = A_1 \wedge A_2$.

如果

$$
\vdash_{\mathbf{T}^{\rightarrow}} \Delta | A_1 \rightarrow B \Rightarrow \Delta, E_1 \rightarrow B,
$$

则 $E_1 \wedge A_2 \rightarrow B$ 是 $A_1 \wedge A_2 \rightarrow B$ 关于 Δ 的一个 $\preceq$-极小改变;

如果

$$
\vdash_{\mathbf{T}^{\rightarrow}} \Delta | A_1 \rightarrow B \Rightarrow \Delta
$$
$$
\vdash_{\mathbf{T}^{\rightarrow}} \Delta | A_2 \rightarrow B \Rightarrow \Delta, E_2 \rightarrow B
$$

则 $A_1 \wedge E_2 \rightarrow B$ 是 $A_1 \wedge A_2 \rightarrow B$ 关于 Δ 的一个 $\preceq$-极小改变;

如果

$$
\vdash_{\mathbf{T}^{\rightarrow}} \Delta | A_1 \rightarrow B \Rightarrow \Delta
$$
$$
\vdash_{\mathbf{T}^{\rightarrow}} \Delta | A_2 \rightarrow B \Rightarrow \Delta
$$

则 λ 是 $A_1 \wedge A_2 \rightarrow B$ 关于 Δ 的一个 $\preceq$-极小改变.

情况 $A = A_1 \vee A_2$. 存在概念 $E_1 \to A_1, E_2 \to A_2$, 使得:

$$\vdash_{\mathbf{T}\to} \Delta|A_1 \to B \Rightarrow \Delta, E_1 \to B$$
$$\vdash_{\mathbf{T}\to} \Delta, E_1 \to B|A_2 \to B \Rightarrow \Delta, E_1 \to B, E_2 \to B$$

由归纳假设, $E_1 \to B$ 是 $A_1 \to B$ 关于 Δ 的一个 $\preceq$-极小改变, 并且 $E_2 \to B$ 是 $A_2 \to B$ 关于 $\Delta \cup \{E_1 \to B\}$ 的一个 $\preceq$-极小改变, 因此 $E_1 \vee E_2 \to B$ 是 $A_1 \vee A_2 \to B$ 关于 Δ 的一个 $\preceq$-极小改变.

情况 $B = B_1 \wedge B_2$. 存在概念 $F_1 \to B_1, F_2 \to B_2$, 使得:

$$\vdash_{\mathbf{T}\to} \Delta|A \to B_1 \Rightarrow \Delta, A \to F_1$$
$$\vdash_{\mathbf{T}\to} \Delta, A \to F_1|A \to B_2 \Rightarrow \Delta, A \to F_1, A \to F_2$$

由归纳假设, $A \to F_1$ 是 $A \to B_1$ 关于 Δ 的一个 $\preceq$-极小改变, 并且 $A \to F_2$ 是 $A \to B_2$ 关于 $\Delta \cup \{A \to F_1\}$ 的一个 $\preceq$-极小改变, 因此 $A \to F_1 \wedge F_2$ 是 $A \to B_1 \wedge B_2$ 关于 Δ 的一个 $\preceq$-极小改变.

情况 $B = B_1 \vee B_2$.

如果

$$\vdash_{\mathbf{T}\to} \Delta|A \to B_1 \Rightarrow \Delta, A \to F_1$$

则 $A \to F_1 \vee B_2$ 是 $A \to B_1 \vee B_2$ 关于 Δ 的一个 $\preceq$-极小改变;

如果

$$\vdash_{\mathbf{T}\to} \Delta|A \to B_1 \Rightarrow \Delta$$
$$\vdash_{\mathbf{T}\to} \Delta|A \to B_2 \Rightarrow \Delta, A \to F_2$$

则 $A \to B_1 \vee F_2$ 是 $A \to A_1 \vee A_2$ 关于 Δ 的一个 $\preceq$-极小改变;

如果

$$\vdash_{\mathbf{T}\to} \Delta|A \to B_1 \Rightarrow \Delta$$
$$\vdash_{\mathbf{T}\to} \Delta|A \to B_2 \Rightarrow \Delta$$

则 λ 是 $A \to B_1 \vee B_2$ 关于 Δ 的一个 $\preceq$-极小改变. $\square$

定理 11.3.3 对于任意理论 Δ 和断言 $A \to B, A' \to B'$, 如果 $A' \to B'$ 是 $A \to B$ 关于 Δ 的一个 $\preceq$-极小改变, 则 $\Delta|A \to B \Rightarrow \Delta, A' \to B'$ 是 $\mathbf{T}\to$-可证的, 即

$$\models_{\mathbf{T}\to} \Delta|A \to B \Rightarrow, \Delta, A' \to B' \text{ 蕴含 } \vdash_{\mathbf{T}\to} \Delta|A \to B \Rightarrow, \Delta, A' \to B'$$

证明 设 $A' \to B'$ 是 $A \to B$ 关于 Δ 的一个 $\preceq$-极小改变.

情况 $A \to B = l \to l'$. $A' \to B' = \lambda$(如果 $\Delta, l \to l'$ 是不协调的) 或 $A' \to B' = l \to l'$(如果 $\Delta, l \to l'$ 是协调的), 并且 $\Delta|A \to B \Rightarrow \Delta, A' \to B'$ 是可证的.

情况$A = A_1 \wedge A_2$. 则存在 E_1 和 E_2 使得 $E_1 \rightarrow B$ 和 $E_2 \rightarrow B$ 分别是 $A_1 \rightarrow B$ 和 $A_2 \rightarrow B$ 关于 Δ 的 $\preceq$-极小改变. 定义

$$A' \rightarrow B' = \begin{cases} E_1 \wedge A_2 \rightarrow B, & E_1 \neq \lambda \\ A_1 \wedge E_2 \rightarrow B, & E_1 = \lambda \text{ 且 } E_2 \neq \lambda \\ \lambda, & E_1 = E_2 = \lambda \end{cases}$$

则 $A' \rightarrow B'$ 是 $A_1 \wedge A_2 \rightarrow B$ 关于 Δ 的一个 $\preceq$-极小改变. 由归纳假设, 要么 $\Delta|A_1 \rightarrow B \Rightarrow \Delta, E_1 \rightarrow B$, 要么 $\Delta|A_2 \rightarrow B \Rightarrow \Delta, E_2 \rightarrow B$, 要么 $\Delta|A_1 \rightarrow B \Rightarrow \Delta$ 和 $\Delta|A_2 \rightarrow B \Rightarrow \Delta$ 是可证的, 因此 $\Delta|A_1 \wedge A_2 \rightarrow B \Rightarrow \Delta, A' \rightarrow B'$ 也是可证的. 其中如果 $E_1 \neq \lambda$, 则 $\Delta|A_1 \wedge A_2 \rightarrow B \Rightarrow \Delta, E_1 \wedge A_2 \rightarrow B$ 是可证的; 如果 $E_1 = \lambda$, $E_2 \neq \lambda$, 则 $\Delta|A_1 \vee A_2 \rightarrow B \Rightarrow \Delta, A_1 \vee E_2 \rightarrow B$ 是可证的; 如果 $E_1 = \lambda, E_2 = \lambda$, 则 $\Delta|A_1 \wedge A_2 \rightarrow B \Rightarrow \Delta$ 是可证的.

情况$A = A_1 \vee A_2$. 存在 E_1 和 E_2 使得 $E = E_1 \vee E_2$, 以及 $E_1 \rightarrow B$ 和 $E_2 \rightarrow B$ 分别是 $A_1 \rightarrow B$ 和 $A_2 \rightarrow B$ 关于 Δ 和 $\Delta \cup \{E_1 \rightarrow B\}$ 的 $\preceq$-极小改变. 因此, $E_1 \vee E_2 \rightarrow B$ 是 $A_1 \vee A_2$ 关于 Δ 的一个 $\preceq$-极小改变. 由归纳假设, 有

$$\vdash_{\mathbf{T}^{\rightarrow}} \Delta|A_1 \rightarrow B \Rightarrow \Delta, E_1 \rightarrow B$$
$$\vdash_{\mathbf{T}^{\rightarrow}} \Delta, E_1 \rightarrow B|A_2 \rightarrow B \Rightarrow \Delta, E_1 \rightarrow B, E_2 \rightarrow B$$

并且有 $\Delta|A_1 \vee A_2 \rightarrow B \Rightarrow \Delta, E_1 \vee E_2 \rightarrow B$.

情况$B = B_1 \wedge B_2$. 存在 $F_1 \preceq B_1, F_2 \preceq B_2$ 使得 $F = F_1 \vee F_2$, 并且 $A \rightarrow F_1$ 和 $A \rightarrow F_2$ 分别是 $A \rightarrow B_1$ 和 $A \rightarrow B_2$ 关于 Δ 和 $\Delta \cup \{A \rightarrow F_1\}$ 的 $\preceq$-极小改变. 因此, $F_1 \wedge F_2 \rightarrow B$ 是 $A \rightarrow B_1 \wedge B_2$ 关于 Δ 的一个 $\preceq$-极小改变. 由归纳假设, 有

$$\vdash_{\mathbf{T}^{\rightarrow}} \Delta|A \rightarrow B_1 \Rightarrow \Delta, A \rightarrow F_1$$
$$\vdash_{\mathbf{T}^{\rightarrow}} \Delta, A \rightarrow F_1|A \rightarrow B_2 \Rightarrow \Delta, A \rightarrow F_1, A \rightarrow F_2$$

并且有 $\Delta|A \rightarrow B_1 \wedge B_2 \Rightarrow \Delta, A \rightarrow F_1 \wedge F_2$.

情况$B = B_1 \vee B_2$. 存在 $F_1 \rightarrow B_1$ 和 $F_2 \rightarrow B_2$ 使得 $A \rightarrow F_1$ 和 $A \rightarrow F_2$ 分别是 $A \rightarrow B_1$ 和 $A \rightarrow B_2$ 关于 Δ 的 $\preceq$-极小改变. 定义

$$A' \rightarrow B' = \begin{cases} A \rightarrow F_1 \vee B_2, & F_1 \neq \lambda \\ A \rightarrow B_1 \vee F_2, & F_1 = \lambda \text{ 且 } F_2 \neq \lambda \\ \lambda, & F_1 = F_2 = \lambda \end{cases}$$

则 $A' \rightarrow B'$ 是 $A \rightarrow B_1 \vee B_2$ 关于 Δ 的一个 $\preceq$-极小改变. 由归纳假设, 要么 $\Delta|A \rightarrow B_1 \Rightarrow \Delta, A \rightarrow F_1$, 要么 $\Delta|A \rightarrow B_2 \Rightarrow \Delta, A \rightarrow F_2$, 要么 $\Delta|A \rightarrow B_1 \Rightarrow \Delta$ 和 $\Delta|A \rightarrow B_2 \Rightarrow \Delta$ 是可证的, 因此 $\Delta|A_1 \vee A_2 \rightarrow B \Rightarrow \Delta, A' \rightarrow B'$. 其中如果

$F_1 \neq \lambda$, 则 $\Delta|A \to B_1 \vee B_2 \Rightarrow \Delta, A \to F_1 \vee B_2$ 是可证的; 如果 $F_1 = \lambda$ 和 $F_2 \neq \lambda$, 则 $\Delta|A \to B_1 \vee B_2 \Rightarrow \Delta, A \to B_1 \vee F_2$ 是可证的; 如果 $F_1 = \lambda$ 和 $F_2 = \lambda$, 则 $\Delta|A \to B_1 \vee B_2 \Rightarrow \Delta$ 是可证的.　　　　　　□

类似地, 有如下定理.

定理 11.3.4　对于任意断言集合 Δ 和断言 $A \not\to B, A' \not\to B'$, 如果 $\Delta|A \not\to B \Rightarrow \Delta, A' \not\to B'$ 是可证的, 则 $A' \not\to B'$ 是 $A \not\to B$ 关于 Δ 的一个 $\preceq$-极小改变, 即

$$\vdash_{\mathbf{T}^\to} \Delta|A \not\to B \Rightarrow \Delta, A' \not\to B' \text{ 蕴含 } \models_{\mathbf{T}^\to} \Delta|A \not\to B \Rightarrow \Delta, A' \not\to B' \qquad \Box$$

定理 11.3.5　对于任意理论 Δ 和断言 $A \not\to B, A' \not\to B'$, 如果 $A' \not\to B'$ 是 $A \not\to B$ 关于 Δ 的一个 $\preceq$-极小改变, 则 $\Delta|A \not\to B \Rightarrow \Delta, A' \not\to B'$ 是 $\mathbf{T}^\to$-可证的, 即

$$\models_{\mathbf{T}^\to} \Delta|A \not\to B \Rightarrow, \Delta, A' \not\to B' \text{ 蕴含 } \vdash_{\mathbf{T}^\to} \Delta|A \not\to B \Rightarrow, \Delta, A' \not\to B' \qquad \Box$$

一般地, 有如下定理.

定理 11.3.6 (可靠性定理)　对于任意理论 Θ, Δ 和任意有限断言集合 Γ, 如果 $\Delta|\Gamma \Rightarrow \Delta, \Theta$ 是 $\mathbf{T}^\to$-可证的, 则 Θ 是 Γ 关于 Δ 的一个 $\preceq$-极小改变, 即

$$\vdash_{\mathbf{T}^\to} \Delta|\Gamma \Rightarrow \Delta, \Theta \text{ 蕴含 } \models_{\mathbf{T}^\to} \Delta|\Gamma \Rightarrow \Delta, \Theta \qquad \Box$$

定理 11.3.7 (完备性定理)　对于任意理论 Θ, Δ 和任意有限断言集合 Γ, 如果 Θ 是 Γ 关于 Δ 的一个 $\preceq$-极小改变, 则 $\Delta|\Gamma \Rightarrow \Delta, \Theta$ 是 $\mathbf{T}^\to$-可证的, 即

$$\models_{\mathbf{T}^\to} \Delta|\Gamma \Rightarrow \Delta, \Theta \text{ 蕴含 } \vdash_{\mathbf{T}^\to} \Delta|\Gamma \Rightarrow \Delta, \Theta \qquad \Box$$

11.4　R-演算 $\mathbf{U}^\to$ 和 $\vdash_\preceq$-极小改变

定义 11.4.1　给定断言理论 Δ, Γ 和 Θ, Θ 是 Γ 关于 Δ 的一个 $\vdash_\preceq$-极小改变, 记作 $\models_{\mathbf{U}^\to} \Delta|\Gamma \Rightarrow \Delta, \Theta$, 如果

(i) $\Theta \cup \Delta$ 是协调的;

(ii) $\Theta \preceq \Gamma$;

(ii) 对于任意理论 Ξ 满足 $\Gamma \succeq \Xi \succ \Theta$, 要么 $\Delta, \Xi \vdash \Theta$ 且 $\Delta, \Theta \vdash \Xi$, 要么 $\Xi \cup \Delta$ 是不协调的.

同样, 我们假设 A 为析取范式的公式, 而 B 为合取范式的公式, 即

$$A = (l_{11} \wedge \cdots \wedge l_{1n_1}) \vee \cdots \vee (l_{m1} \wedge \cdots \wedge l_{mn_m})$$

$$B = (l_{11} \vee \cdots \vee l_{1n_1}) \wedge \cdots \wedge (l_{m1} \vee \cdots \vee l_{mn_m})$$

的公式.

11.4.1 单个断言 $A * B$ 的 R-演算 $\mathbf{U}^{\rightarrow}$

单个断言 $A * B$ 的 R-演算 $\mathbf{U}^{\rightarrow}$ 由如下公理和推导规则组成.

公理

$$(U^{\mathbf{A}}) \frac{\Delta \not\vdash l \not\rightarrow l'}{\Delta | l \rightarrow l' \Rightarrow \Delta, l \rightarrow l'} \qquad (U_{\mathbf{A}}) \frac{\Delta \vdash l \not\rightarrow l'}{\Delta | l \rightarrow l' \Rightarrow \Delta}$$

$$(U^{\neg}) \frac{\Delta \not\vdash l \rightarrow l'}{\Delta | l \not\rightarrow l' \Rightarrow \Delta, l \not\rightarrow l'} \qquad (U_{\neg}) \frac{\Delta \vdash l \rightarrow l'}{\Delta | l \not\rightarrow l' \Rightarrow \Delta}$$

$A \rightarrow B$ **的推导规则**

$$(^{\wedge}U) \frac{\Delta | A_1 \rightarrow B \Rightarrow \Delta, E_1 \rightarrow B \quad \Delta | A_2 \rightarrow B \Rightarrow \Delta, E_2 \rightarrow B}{\Delta | A_1 \wedge A_2 \rightarrow B \Rightarrow \Delta, E_1 \wedge E_2 \rightarrow B}$$

$$(^{\vee}U) \frac{\Delta | A_1 \rightarrow B \Rightarrow \Delta, E_1 \rightarrow B}{\Delta | A_1 \vee A_2 \rightarrow B \Rightarrow \Delta, E_1 \rightarrow B | A_2 \rightarrow B}$$

$$(U^{\wedge}) \frac{\Delta | A \rightarrow B_1 \Rightarrow \Delta, A \rightarrow F_1}{\Delta | A \rightarrow B_1 \wedge B_2 \Rightarrow \Delta, A \rightarrow F_1 | A \rightarrow B_2}$$

$$(U^{\vee}) \frac{\Delta | A \rightarrow B_1 \Rightarrow \Delta, A \rightarrow F_1 \quad \Delta | A \rightarrow B_2 \Rightarrow \Delta, A \rightarrow F_2}{\Delta | A \rightarrow B_1 \vee B_2 \Rightarrow \Delta, A \rightarrow F_1 \vee F_2}$$

$A \not\rightarrow B$ **的推导规则**

$$(-^{\wedge}U) \frac{\Delta | A_1 \not\rightarrow B \Rightarrow \Delta, E_1 \not\rightarrow B}{\Delta | A_1 \wedge A_2 \not\rightarrow B \Rightarrow \Delta, E_1 \rightarrow B | A_2 \not\rightarrow B}$$

$$(-^{\vee}U) \frac{\Delta | A_1 \not\rightarrow B \Rightarrow \Delta, E_1 \not\rightarrow B \quad \Delta | A_2 \not\rightarrow B \Rightarrow \Delta, E_2 \not\rightarrow B}{\Delta | A_1 \vee A_2 \not\rightarrow B \Rightarrow \Delta, E_1 \vee E_2 \not\rightarrow B}$$

$$(-U^{\wedge}) \frac{\Delta | A \not\rightarrow B_1 \Rightarrow \Delta, A \not\rightarrow F_1 \quad \Delta | A \not\rightarrow B_2 \Rightarrow \Delta, A \not\rightarrow F_2}{\Delta | A \not\rightarrow B_1 \wedge B_2 \Rightarrow \Delta, A \not\rightarrow F_1 \wedge F_2}$$

$$(-U^{\vee}) \frac{\Delta | A \not\rightarrow B_1 \Rightarrow \Delta, A \not\rightarrow F_1}{\Delta | A \not\rightarrow B_1 \vee B_2 \Rightarrow \Delta, A \not\rightarrow F_1 | A \rightarrow B_2}$$

定义 11.4.2 $\Delta | A \rightarrow B \Rightarrow \Delta, A' \rightarrow B'$ 是 $\mathbf{U}^{\rightarrow}$-可证的, 记作 $\vdash_{\mathbf{U}^{\rightarrow}} \Delta | A \rightarrow B \Rightarrow \Delta, A' \rightarrow B'$, 如果存在一个断言序列 $S_1, \cdots, S_m$, 使得:

$$S_1 = \Delta | A \rightarrow B \Rightarrow \Delta | A'_1 \rightarrow B'_1$$
$$\cdots\cdots$$
$$S_m = \Delta | A_m \rightarrow B_m \Rightarrow \Delta, A' \rightarrow B'$$

并且对于每一个 $i < m, S_{i+1}$ 是一条公理或是由之前断言通过 $\mathbf{U}^{\rightarrow}$ 中的一条推导规则得到的.

11.4.2 $\mathbf{U}^{\rightarrow}$ 的可靠性和完备性定理

定理 11.4.1 对于任意协调断言集合 Δ 和断言 $A \rightarrow B$, 其中 A, B 是合取范式, 存在一个断言 $A' \rightarrow B'$, 使得:

(i) $\Delta|A \to B \Rightarrow \Delta, A' \to B'$ 是 $\mathbf{U}^{\to}$-可证的;

(ii) $A' \preceq A, B' \preceq B'$;

(iii) $\Delta \cup \{A' \to B'\}$ 是协调的, 并且对于任意 $A'' \to B''$ 满足 $A' \to B' \prec A'' \to B'' \preceq A \to B$, 要么 $\Delta, A' \to B' \vdash A'' \to B''$ 且 $\Delta, A'' \to B'' \vdash A' \to B'$, 要么 $\Delta \cup \{A'' \to B''\}$ 是不协调的.

证明   我们对 A 和 B 的结构作归纳来证明定理.

情况$A \to B = l \to l'$. 由假设, 如果 $\Delta, l \to l'$ 是协调的, 则 $\vdash_{\mathbf{U}^{\to}} \Delta|l \to l' \Rightarrow \Delta, l \to l'$, 并且令 $A' \to B' = l \to l'$; 如果 $\Delta, l \to l'$ 是不协调的, 则 $\Delta \vdash l \not\to l'$, 并且根据 $(U_{\mathbf{A}}), \vdash_{\mathbf{U}^{\to}} \Delta|l \to l' \Rightarrow \Delta$, 令 $A' \to B' = \lambda$. $A' \to B'$ 满足 (ii) 和 (iii).

情况$A = A_1 \wedge A_2$. 由归纳假设, 存在 E_1 和 E_2, 使得:

$$\vdash_{\mathbf{U}^{\to}} \Delta|A_1 \to B \Rightarrow \Delta, E_1 \to B$$
$$\vdash_{\mathbf{U}^{\to}} \Delta|A_2 \to B \Rightarrow \Delta, E_2 \to B$$

根据 $(U^{\wedge}), \vdash_{\mathbf{U}^{\to}} \Delta|A_1 \wedge A_2 \to B \Rightarrow \Delta, E_1 \wedge E_2 \to B$. 为了证明 $E_1 \wedge E_2 \to B$ 满足 (iii), 对于任意 G 满足 $E_1 \wedge E_2 \prec G \preceq A_1 \wedge A_2$, 存在概念 G_1 和 G_2 使得 $E_1 \preceq G_1 \preceq A_1, E_2 \preceq G_2 \preceq A_2$, 要么

$$\Delta, E_1 \to B \vdash G_1 \to B; \Delta, G_1 \to B \vdash E_1 \to B$$
$$\Delta, E_2 \to B \vdash G_2 \to B; \Delta, G_2 \to B \vdash E_2 \to B$$

要么 $\Delta \cup \{G_1 \to B\}$ 是不协调的, 并且 $\Delta \cup \{G_2 \to B\}$ 是不协调的. 因为 E_1 和 E_2 不是空串, 所以 $\Delta \cup \{G_1 \to B\}$ 或 $\Delta \cup \{G_2 \to B\}$ 是不协调的. 因此, 要么 $\Delta, E_1 \wedge E_2 \to B \vdash G_1 \wedge G_2 \to B$, 要么 $\Delta, G_1 \wedge G_2 \to B \vdash E_1 \wedge E_2 \to B$.

情况$A = A_1 \vee A_2$, 其中 A_1, A_2 为文字的集合. 由归纳假设, 存在文字集合 $E_1 \subseteq A_1, E_2 \subseteq A_2$, 使得:

$$\vdash_{\mathbf{U}^{\to}} \Delta|A_1 \to B \Rightarrow \Delta, E_1 \to B$$
$$\vdash_{\mathbf{U}^{\to}} \Delta, E_1 \to B|A_2 \to B \Rightarrow \Delta, E_1 \to B, E_2 \to B$$

根据 $(U^{\vee}), \vdash_{\mathbf{U}^{\to}} \Delta|A_1 \vee A_2 \to B \Rightarrow \Delta, E_1 \vee E_2 \to B$, 并且令 $A' \to B' = E_1 \vee E_2 \to B$. $A' \to B'$ 满足 (iii), 因为对于任意 $A'' \to B''$ 满足 $A' \to B' \prec A'' \to B'' \preceq A_1 \vee A_2 \to B$, 存在概念 G_1 和 G_2, 使得:

$$A'' \to B'' = G_1 \vee G_2 \to B$$
$$E_1 \vee E_2 \to B \preceq G_1 \vee G_2 \to B$$

由归纳假设, 要么

$$\Delta, E_1 \to B \vdash G_1 \to B; \Delta, G_1 \to B \vdash E_1 \to B$$
$$\Delta, E_2 \to B \vdash G_2 \to B; \Delta, G_2 \to B \vdash E_2 \to B$$

要么 $\Delta \cup \{G_1 \to B\}$ 或 $\Delta \cup \{G_2 \to B\}$ 是不协调的. 因此, 有

$$\Delta, E_1 \vee E_2 \to B \vdash G_1 \vee G_2 \to B;$$
$$\Delta, G_1 \vee G_2 \to B \vdash E_1 \vee E_2 \to B,$$

或者 $\Delta \cup \{G_1 \vee G_2 \to B\}$ 是不协调的.

情况$B = B_1 \wedge B_2$. 由归纳假设, 存在 F_1 和 F_2, 使得:

$$\vdash_{\mathbf{U}^\rightarrow} \Delta | A \to B_1 \Rightarrow \Delta, A \to F_1$$
$$\vdash_{\mathbf{U}^\rightarrow} \Delta, A \to F_1 | A \to B_2 \Rightarrow \Delta, A \to F_1, A \to F_2$$

根据 $(U^\wedge)$, $\vdash_{\mathbf{U}^\rightarrow} \Delta | A \to B_1 \wedge B_2 \Rightarrow \Delta, A \to F_1 \wedge F_2$, 并且令 $A' \to B' = A \to F_1 \wedge F_2$. $A' \to B'$ 满足 (iii), 因为对于任意 $A'' \to B''$ 满足 $A' \to B' \prec A'' \to B'' \preceq A \to B_1 \wedge B_2$, 存在公式 G_1 和 G_2, 使得:

$$A'' \to B'' = A \to G_1 \wedge G_2$$
$$A \to F_1 \wedge F_2 \preceq A \to G_1 \wedge G_2$$

由归纳假设, 要么

$$\Delta, A \to F_1 \vdash A \to G_1; \Delta, A \to G_1 \vdash A \to F_1$$
$$\Delta, A \to F_2 \vdash A \to G_2; \Delta, A \to G_2 \vdash A \to F_2$$

要么 $\Delta \cup \{A \to G_1\}$ 或 $\Delta \cup \{A \to G_2\}$ 是不协调的. 因此, 有

$$\Delta, A \to F_1 \wedge F_2 \vdash A \to G_1 \wedge G_2$$
$$\Delta, A \to G_1 \wedge G_2 \vdash A \to F_1 \wedge F_2$$

或者 $\Delta \cup \{A \to G_1 \wedge G_2\}$ 是不协调的.

情况$B = B_1 \vee B_2$, 其中 B_1 和 B_2 为文字的集合. 由归纳假设, 存在文字集合 $F_1 \subseteq B_1, F_2 \subseteq B_2$, 使得:

$$\vdash_{\mathbf{U}^\rightarrow} \Delta | A \to B_1 \Rightarrow \Delta, A \to F_1$$

$$\vdash_{\mathbf{U}^\rightarrow} \Delta | A \to B_2 \Rightarrow \Delta, A \to F_2$$

根据 $(U^\vee)$, $\vdash_{\mathbf{U}^\rightarrow} \Delta | A \to B_1 \vee B_2 \Rightarrow \Delta, A \to F_1 \vee F_2$. 为了证明 $A \to F_1 \vee F_2$ 满足 (3), 对于任意 G 满足 $F_1 \vee F_2 \prec G \preceq B_1 \vee B_2$, 存在公式 G_1, G_2 使得 $F_1 \preceq G_1 \preceq B_1, F_2 \preceq G_2 \preceq B_2$, 并且要么

$$\Delta, A \to F_1 \vdash A \to G_1; \Delta, A \to G_1 \vdash A \to F_1$$

$$\Delta, A \to F_2 \vdash A \to G_2; \Delta, A \to G_2 \vdash A \to F_2$$

要么 $\Delta \cup \{A \to G_1\}$ 是不协调的, 并且 $\Delta \cup \{A \to G_2\}$ 也是不协调的. 因此, 要么

$$\Delta, A \to F_1 \vee F_2 \vdash A \to G_1 \vee G_2$$

$$\Delta, A \to G_1 \vee G_2 \vdash A \to F_1 \vee F_2$$

要么 $\Delta \cup \{A \to G_1 \vee G_2\}$ 是不协调的.　　　　　　　　　　　　　　$\square$

定理 11.4.2　假设 $\Delta | A \to B \Rightarrow \Delta, A' \to B'$ 是 $\mathbf{U}^{\to}$-可证的. 如果 $A \to B$ 与 Δ 是协调的, 则 $\Delta, A \to B \vdash A' \to B'$, 并且 $\Delta, A' \to B' \vdash A \to B$.

证明　假设 $\Delta | A \to B \Rightarrow \Delta, A' \to B'$ 是 $\mathbf{U}^{\to}$-可证的. 我们对 A 和 B 的结构作归纳来证明定理.

情况 $A \to B = l \to l'$. 根据 $(U^{\mathbf{A}})$, $A' \to B' = l \to l'$, 并且

$$\Delta, l \to l' \vdash l \to l'.$$

情况 $A = A_1 \wedge A_2$. 由归纳假设, 存在概念 E_1 和 E_2, 使得:

$$\vdash_{\mathbf{U}^{\to}} \Delta | A_1 \to B \Rightarrow \Delta, E_1 \to B$$

$$\vdash_{\mathbf{U}^{\to}} \Delta | A_2 \to B \Rightarrow \Delta, E_2 \to B$$

以及 $A' \to B' = E_1 \wedge E_2 \to B$. 因为 $A_1 \wedge A_2 \to B$ 与 Δ 是协调的, 当且仅当要么 $A_1 \to B$, 要么 $A_2 \to B$ 分别与 Δ 是协调的, 所以有

$$\Delta, A_1 \to B \vdash E_1 \to B; \Delta, E_1 \to B \vdash A_1 \to B$$

$$\Delta, A_2 \to B \vdash E_2 \to B; \Delta, E_2 \to B \vdash A_2 \to B$$

因此

$$\Delta, A_1 \wedge A_2 \to B \vdash E_1 \wedge E_2 \to B$$

$$\Delta, E_1 \wedge E_2 \to B \vdash A_1 \wedge A_2 \to B$$

情况 $A = A_1 \vee A_2$, 其中 A_1 和 A_2 是文字的集合. 由归纳假设, 存在文字集合 $E_1 \subseteq A_1$ 和 $E_2 \subseteq A_2$, 使得:

$$\vdash_{\mathbf{U}^{\to}} \Delta | A_1 \to B \Rightarrow \Delta, E_1 \to B$$
$$\vdash_{\mathbf{U}^{\to}} \Delta, E_1 \to B | A_2 \to B \Rightarrow \Delta, E_1 \to B E_2 \to B,$$

并且 $A' \to B' = E_1 \vee E_2 \to B$. 因为 $A_1 \vee A_2 \to B$ 与 Δ 是协调的, 当且仅当 $A_1 \to B$ 和 $A_2 \to B$ 分别与 Δ 和 $\Delta \cup \{E_1 \to B\}$ 是协调的, 所以有

$$\Delta, A_1 \to B \vdash E_1 \to B; \Delta, E_1 \to B \vdash A_1 \to B$$

$$\Delta, A_2 \to B \vdash E_2 \to B; \Delta, E_2 \to B \vdash A_2 \to B$$

因此

$$\Delta, A_1 \vee A_2 \to B \vdash E_1 \vee E_2 \to B$$

$$\Delta, E_1 \vee E_2 \to B \vdash A_1 \vee A_2 \to B$$

$B = B_1 \wedge B_2$ 和 $B = B_1 \vee B_2$ 的情况类似. □

定理 11.4.3 假设 $\Delta|A \to B \Rightarrow \Delta, A' \to B'$ 是 $\mathbf{U}^\to$-可证的, 则 $A' \to B'$ 是 $A \to B$ 关于 Δ 的一个 $\vdash_\preceq$-极小改变.

证明 根据定义以及定理 11.4.2 可以得证. □

类似地, 有如下定理.

定理 11.4.4 如果 $A' \not\to B'$ 是 $A \not\to B$ 关于 Δ 的一个 $\vdash_\preceq$-极小改变, 则 $\Delta|A \not\to B \Rightarrow \Delta, A' \not\to B'$ 是 $\mathbf{U}^\to$-可证的.

定理 11.4.5 假设 $\Delta|A \not\to B \Rightarrow \Delta, A' \not\to B'$ 是 $\mathbf{U}^\to$-可证的, 则 $A' \not\to B'$ 是 $A \not\to B$ 关于 Δ 的一个 $\vdash_\preceq$-极小改变.

一般地, 有如下定理.

定理 11.4.6 $\mathbf{U}^\to$ 关于 $\vdash_\preceq$-极小改变是可靠的和完备的, 即对于任意理论 Θ, Δ 以及任意有限断言集合 Γ, $\Delta|\Gamma \Rightarrow \Delta, \Theta$ 是 $\mathbf{U}^\to$-可证的, 当且仅当 Θ 是 Γ 关于 Δ 的一个 $\vdash_\preceq$-极小改变, 即 $\vdash_{\mathbf{U}^\to} \Delta|\Gamma \Rightarrow \Delta, \Theta$ 当且仅当 $\models_{\mathbf{U}^\to} \Delta|\Gamma \Rightarrow \Delta, \Theta$.

参 考 文 献

[1] Bolc L, Borowik P. Many-Valued Logics (2 Automated Reasoning and Practical Applications) [M]. Berlin: Springer, 2003.

[2] Li W, Sui Y. A sound and complete R-calculi with respect to contraction and minimal change [J]. Frontiers of Computer Science, 2014, 8:184-191.

[3] Li W, Sui Y. Sound and complete R-Calculi with respect to pseudo-revision and pre-revision [J]. International Journal of Intelligence Sciece, 2003, 3:110-117.

[4] Li W, Sui Y. Sun M. The sound and complete R-calculus for revising propositional Theories[J]. Science China: Information Sciences, 2015, 58: 92101:1-92101:12.

第十二章　R-演算应用之三: 语义继承网络

在第四章, 我们给出了描述逻辑的 R-演算 $\mathbf{S}^{\mathrm{DL}}, \mathbf{T}^{\mathrm{DL}}, \mathbf{U}^{\mathrm{DL}}$, 其中 $\mathbf{S}^{\mathrm{DL}}, \mathbf{T}^{\mathrm{DL}}, \mathbf{U}^{\mathrm{DL}}$ 分别关于 $\subseteq$-极小改变, $\preceq$-极小改变, $\vdash_{\preceq}$-极小改变是可靠的和完备的. 我们假设一个理论不包含 $C \sqsubseteq D$ 这样的断言.

对于任意概念 C_1, C_2, D_1, D_2, 根据如下等价关系和包含关系:

$$C_1 \sqcap C_2 \sqsubseteq D \Leftarrow C_1 \sqsubseteq D \vee C_2 \sqsubseteq D$$

$$C_1 \sqcup C_2 \sqsubseteq D \equiv C_1 \sqsubseteq D \wedge C_2 \sqsubseteq D$$

$$C \sqsubseteq D_1 \sqcap D_2 \equiv C \sqsubseteq D_1 \wedge C \sqsubseteq D_2$$

$$C \sqsubseteq D_1 \sqcup D_2 \Leftarrow C \sqsubseteq D_1 \vee C \sqsubseteq D_2$$

以及

$$C_1 \sqcap C_2 \not\sqsubseteq D \Rightarrow C_1 \not\sqsubseteq D \wedge C_2 \not\sqsubseteq D$$

$$C_1 \sqcup C_2 \not\sqsubseteq D \equiv C_1 \not\sqsubseteq D \vee C_2 \not\sqsubseteq D$$

$$C \not\sqsubseteq D_1 \sqcap D_2 \equiv C \not\sqsubseteq D_1 \vee C \not\sqsubseteq D_2$$

$$C \not\sqsubseteq D_1 \sqcup D_2 \Rightarrow C \not\sqsubseteq D_1 \wedge C \not\sqsubseteq D_2$$

我们将给出语义继承网络的 R-演算 [1]$\mathbf{S}^{\mathrm{SN}}, \mathbf{T}^{\mathrm{SN}}, \mathbf{U}^{\mathrm{SN}}$.

语义继承网络在如下方面与逻辑程序相似.

(1) 文字相当于断言 $C \sqsubseteq D$;

(2) 子句 $l_1, \cdots, l_m \leftarrow l'_1, \cdots, l'_n$ 相当于断言 $C_{11} \sqsubseteq D_{12}, \cdots, C_{1n} \sqsubseteq D_{1n} \Rightarrow C_{21} \sqsubseteq D_{21}, \cdots, C_{2m} \sqsubseteq D_{2m}$. 其中, $l_1, \cdots, l_m, l'_1, \cdots, l'_n$ 是文字; $C_{12}, D_{12}, \cdots, C_{1n}, D_{1n}, C_{21}, D_{21}, C_{2m}, D_{2m}$ 是概念.

本节给出语义继承网络的推导系统 $\mathbf{G}_5$, 并在此基础上建立语义继承网络的 R-演算 [2,3].

12.1　语义继承网络

12.1.1　基本定义

语义继承网络 [4,5] 的逻辑语言包括如下符号.

(1) 原子概念符号: $A_0, A_1, \cdots$;

(2) 概念构造子: $\neg, \sqcup, \sqcap$;

(3) 子概念关系及其否定: $\sqsubseteq, \not\sqsubseteq$;

(4) 辅助符号: (,).

概念定义为

$$C ::= A | \neg A | C_1 \sqcap C_2 | C_1 \sqcup C_2$$

断言定义为

$$\delta ::= C \sqsubseteq D | C \not\sqsubseteq D$$

其中, C, D 是概念.

设 U 是一个论域, 并且 I 是一个解释使得对于每一个概念符号 $A, I(A) \subseteq U$.

概念 C 在 I 下解释为

$$C^I = \begin{cases} I(A), & C = A \\ U - I(A), & C = \neg A \\ C_1^I \cap C_2^I, & C = C_1 \sqcap C_2 \\ C_1^I \cup C_2^I, & C = C_1 \sqcup C_2. \end{cases}$$

一个断言 δ 在 I 下是满足的, 记作 $I \models \delta$, 如果对任何元素 $a \in U$, 有

$$\begin{cases} I(C \sqsubseteq D)(a) = 1, & \delta = C \sqsubseteq D \\ I(C \not\sqsubseteq D)(a) = 1, & \delta = C \not\sqsubseteq D \end{cases}$$

其中

$$I(C \sqsubseteq D)(a) = 1, \quad a \in C^I \text{ 蕴含 } a \in D^I$$
$$I(C \not\sqsubseteq D)(a) = 1, \quad a \in C^I \text{ 并且 } a \notin D^I$$

给定两个断言集合 Γ, Δ, 定义 $\Gamma \Rightarrow \Delta$ 为一个矢列式, 并且 I 满足 $\Gamma \Rightarrow \Delta$, 记作 $I \models_{\mathbf{G}_5} \Gamma \Rightarrow \Delta$, 如果对每一个元素 $a \in U$, 都有 (i) 蕴含 (ii).

(i) 对于每一个 $C \sqsubseteq D \in \Gamma, a \in C^I$ 蕴含 $a \in D^I$, 并且对于每一个 $C \not\sqsubseteq D \in \Gamma, a \in C^I$ 不蕴含 $a \in D^I$;

(ii) 对于某一个 $C \sqsubseteq D \in \Delta, a \in C^I$ 蕴含 $a \in D^I$, 或者对于某一个 $C \sqsubseteq D \in \Delta, a \in C^I$ 不蕴含 $a \in D^I$.

其中, $a \in C^I$ 不蕴含 $a \in D^I$, 如果 $a \in C^I$ 且 $a \notin D^I$.

一个矢列式 $\Gamma \Rightarrow \Delta$ 是永真的, 记作 $\models_{\mathbf{G}_5} \Gamma \Rightarrow \Delta$, 如果对于任意解释 $I, I \models_{\mathbf{G}_5} \Gamma \Rightarrow \Delta$.

一个断言 $B_1 \sqsubseteq B_2$ 称作是一个文字断言, 如果 $B_1, B_2 ::= A | \neg A$.

命题 12.1.1 对于任意概念 C_1, C_2, D_1, D_2, 有

$$C_1 \sqcap C_2 \sqsubseteq D \Leftarrow C_1 \sqsubseteq D \vee C_2 \sqsubseteq D$$

$$C_1 \sqcup C_2 \sqsubseteq D \equiv C_1 \sqsubseteq D \wedge C_2 \sqsubseteq D$$

$$C \sqsubseteq D_1 \sqcap D_2 \equiv C \sqsubseteq D_1 \wedge C \sqsubseteq D_2$$

$$C \sqsubseteq D_1 \sqcup D_2 \Leftarrow C \sqsubseteq D_1 \vee C \sqsubseteq D_2$$

以及

$$C_1 \sqcap C_2 \not\sqsubseteq D \Rightarrow C_1 \not\sqsubseteq D \wedge C_2 \not\sqsubseteq D$$

$$C_1 \sqcup C_2 \not\sqsubseteq D \equiv C_1 \not\sqsubseteq D \vee C_2 \not\sqsubseteq D$$

$$C \not\sqsubseteq D_1 \sqcap D_2 \equiv C \not\sqsubseteq D_1 \vee C \not\sqsubseteq D_2$$

$$C \not\sqsubseteq D_1 \sqcup D_2 \Rightarrow C \not\sqsubseteq D_1 \wedge C \not\sqsubseteq D_2$$

证明　这些结论对应于一阶逻辑中的如下关系.

$$\forall x(A_1(x) \wedge A_2(x)) \equiv \forall x A_1(x) \wedge \forall x A_2(x)$$

$$\forall x(A_1(x) \vee A_2(x)) \Leftarrow \forall x A_1(x) \vee \forall x A_2(x)$$

$$\exists x(A_1(x) \wedge A_2(x)) \Rightarrow \exists x A_1(x) \wedge \exists x A_2(x)$$

$$\exists x(A_1(x) \vee A_2(x)) \equiv \exists x A_1(x) \vee \exists x A_2(x)$$

其中, A, B 是一阶逻辑的公式, 即

$$\forall x(A_1(x) \wedge A_2(x) \to B(x)) \equiv \forall x(A_1(x) \to B(x)) \wedge \forall x(A_2(x) \to B(x))$$

$$\forall x(A_1(x) \vee A_2(x) \to B(x)) \Leftarrow \forall x(A_1(x) \to B(x)) \vee \forall x(A_2(x) \to B(x))$$

$$\exists x(A_1(x) \wedge A_2(x) \to B(x)) \Rightarrow \exists x(A_1(x) \to B(x)) \wedge \exists x(A_2(x) \to B(x))$$

$$\exists x(A_1(x) \vee A_2(x) \to B(x)) \equiv \exists x(A_1(x) \to B(x)) \vee \exists x(A_2(x) \to B(x)) \qquad \Box$$

命题 12.1.2 设 Δ, Γ 是文字断言的集合, 使得:

$$\Gamma = \{B_{11} \sqsubseteq B_{12}, \cdots, B_{n1} \sqsubseteq B_{n2}; B'_{11} \not\sqsubseteq B'_{12}, \cdots, B'_{n'1} \not\sqsubseteq B'_{n'2}\}$$

$$\Delta = \{B''_{11} \sqsubseteq B''_{12}, \cdots, B''_{m1} \sqsubseteq B''_{m2}; B'''_{11} \not\sqsubseteq B'''_{12}, \cdots, B'''_{m'1} \not\sqsubseteq B'''_{m'2}\}$$

则 $\models_{\mathbf{G}_5} \Gamma \Rightarrow \Delta$ 当且仅当对于任意的 $f: \{1, \cdots, n\} \to \{1, 2\}$ 和 $g: \{1, \cdots, m'\} \to \{1, 2\}$, 要么

(i) $\mathbf{E}B(B, \neg B \in \sigma_f(\Gamma))$;

要么

(ii) $\mathbf{E}B(B, \neg B \in \tau_g(\Delta))$;

要么

(iii) $\sigma_f(\Gamma) \cap \tau_g(\Delta) \neq \varnothing$.

其中

$$\sigma_f(\Gamma) = \{\neg^{f(1)}B_{1f(1)}, \cdots, \neg^{f(n)}B_{nf(n)}; B'_{11}, \neg B'_{12}, \cdots, B'_{n'1}, \neg B'_{n'2}\}$$

$$\tau_f(\Delta) = \{B''_{11}, \neg B''_{12}, \cdots, B''_{m1}, \neg B''_{m2}; \neg^{g(1)}B'''_{1g(1)}, \cdots, \neg^{g(m')}B'''_{m'g(m')}\}$$

证明   因为 $\Gamma \Rightarrow \Delta$.

当且仅当

$$B_{11} \sqsubseteq B_{12}, \cdots, B_{n1} \sqsubseteq B_{n2}; B'_{11} \not\sqsubseteq B'_{12}, \cdots, B'_{n'1} \not\sqsubseteq B'_{n'2}$$

$$\Rightarrow B''_{11} \sqsubseteq B''_{12}, \cdots, B''_{m1} \sqsubseteq B''_{m2}; B'''_{11} \not\sqsubseteq B'''_{12}, \cdots, B'''_{m'1} \not\sqsubseteq B'''_{m'2}$$

当且仅当

$$\neg B_{11} \sqcup B_{12}, \cdots, \neg B_{n1} \sqcup B_{n2}; B'_{11} \sqcap \neg B'_{12}, \cdots, B'_{n'1} \sqcap \neg B'_{n'2}$$

$$\Rightarrow \neg B''_{11} \sqcup B''_{12}, \cdots, \neg B''_{m1} \sqcup B''_{m2}; B'''_{11} \sqcap \neg B'''_{12}, \cdots, B'''_{m'1} \sqcap \neg B'''_{m'2}$$

当且仅当

$$\neg B_{11} \sqcup B_{12}, \cdots, \neg B_{n1} \sqcup B_{n2}; B'_{11}, \neg B'_{12}, \cdots, B'_{n'1}, \neg B'_{n'2}$$

$$\Rightarrow \neg B''_{11}, B''_{12}, \cdots, \neg B''_{m1}, B''_{m2}; B'''_{11} \sqcap \neg B'''_{12}, \cdots, B'''_{m'1} \sqcap \neg B'''_{m'2}$$

假设 (i), (ii), (iii) 不成立, 我们定义一个解释 I 使得对于任意元素 $a \in U$, 有

$$I \models_{\mathbf{G}_5} \Gamma(a) \& I \not\models_{\mathbf{G}_5} \Delta(a)$$

定义一个解释 I 使得对于每一个 $i \leqslant n, j \leqslant m$, 以及任意元素 $a \in U$, 有

$$I(\neg^{f(i)}B_{if(i)})(a) = 1, \quad a \in (\neg^{f(i)}B_{if(i)})^I$$

$$I(B'_{i1})(a) = 1, \qquad a \in (B'_{i1})^I$$

$$I(\neg B'_{i2})(a) = 1, \qquad a \in (\neg B'_{i2})^I$$

$$I(B''_{j1})(a) = 0, \qquad a \notin (B''_{j1})^I$$

$$I(\neg B''_{j2})(a) = 0, \qquad a \notin (\neg B''_{j2})^I$$

$$I((\neg^{g(j)}B'''_{jg(j)})(a) = 0, \quad a \notin (\neg^{g(j)}B'''_{jg(j)})^I$$

即

$$I(\neg^{f(i)}B_{if(i)})(a) = 1, \quad a \in (\neg^{f(i)}B_{if(i)})^I$$

$$I(B'_{i1})(a) = 1, \qquad a \in (B'_{i1})^I$$

$$I(B'_{i2})(a) = 0, \qquad a \notin (B'_{i2})^I$$

$$I(B''_{j1})(a) = 0, \qquad\qquad a \notin (B''_{j1})^I$$

$$I(B''_{j2})(a) = 1, \qquad\qquad a \in (B''_{j2})^I$$

$$I((\neg^{g(j)} B'''_{jg(j)})(a) = 0, \quad a \notin (\neg^{g(j)} B'''_{jg(j)})^I$$

根据假设, I 是良定的, 并且 $I \models_{\mathbf{G}_5} \Gamma(a)$ 以及 $I \not\models_{\mathbf{G}_5} \Delta(a)$. $\qquad\qquad\Box$

12.1.2　语义继承网络的推导系统 $\mathbf{G}_5$

Gentzen 推导系统 $\mathbf{G}_5$ 由如下公理和推导规则组成.

公理

$$(\mathbf{A}^{\sqsubseteq}) \quad \frac{\bigwedge\limits_{\substack{f:\{1,\cdots,n\}\to\{1,2\} \\ g:\{1,\cdots,m'\}\to\{1,2\}}} \begin{array}{l} \mathbf{E}B(B, \neg B \in \sigma_f(\Gamma)) \\ \vee\ \mathbf{E}B(B, \neg B \in \tau_g(\Delta)) \\ \vee\ \sigma_f(\Gamma) \cap \tau_g(\Delta) \neq \emptyset \end{array}}{\Gamma \Rightarrow \Delta}$$

其中, Δ, Γ 是文字断言的集合.

如果

$$\Gamma = \{B_{11} \sqsubseteq B_{12}, \cdots, B_{n1} \sqsubseteq B_{n2}; B'_{11} \not\sqsubseteq B'_{12}, \cdots, B'_{n'1} \not\sqsubseteq B'_{n'2}\}$$

$$\Delta = \{B''_{11} \sqsubseteq B''_{12}, \cdots, B''_{m1} \sqsubseteq B''_{m2}; B'''_{11} \not\sqsubseteq B'''_{12}, \cdots, B'''_{m'1} \not\sqsubseteq B'''_{m'2}\}$$

则

$$\sigma_f(\Gamma) = \{\neg^{f(1)} B_{1f(1)}, \cdots, \neg^{f(n)} B_{nf(n)}; B'_{11}, \neg B'_{12}, \cdots, B'_{n'1}, \neg B'_{n'2}\}$$

$$\tau_g(\Delta) = \{B''_{11}, \neg B''_{12}, \cdots, B''_{m1}, \neg B''_{m2}; \neg^{g(1)} B'''_{1g(1)}, \cdots, \neg^{g(m')} B'''_{m'g(m')}\}$$

其中, $\neg^1 = \lambda$ 且 $\neg^2 = \neg$.

推导规则

$$(+\sqcap^{LL}) \quad \frac{\begin{array}{l}\Gamma, C_1 \sqsubseteq D \Rightarrow \Delta \\ \Gamma, C_2 \sqsubseteq D \Rightarrow \Delta\end{array}}{\Gamma, C_1 \sqcap C_2 \sqsubseteq D \Rightarrow \Delta} \qquad (+\sqcap_1^{RL}) \quad \frac{\Gamma \Rightarrow C_1 \sqsubseteq D, \Delta}{\Gamma \Rightarrow C_1 \sqcap C_2 \sqsubseteq D, \Delta}$$

$$(+\sqcap_2^{RL}) \quad \frac{\Gamma \Rightarrow C_2 \sqsubseteq D, \Delta}{\Gamma \Rightarrow C_1 \sqcap C_2 \sqsubseteq D, \Delta}$$

$$(+\sqcap_1^{LR}) \quad \frac{\Gamma, C \sqsubseteq D_1 \Rightarrow \Delta}{\Gamma, C \sqsubseteq D_1 \sqcap D_2, \Delta} \qquad (+\sqcap^{RR}) \quad \frac{\begin{array}{l}\Gamma \Rightarrow C \sqsubseteq D_1, \Delta \\ \Gamma \Rightarrow C \sqsubseteq D_2, \Delta\end{array}}{\Gamma \Rightarrow C \sqsubseteq D_1 \sqcap D_2, \Delta}$$

$$(+\sqcap_2^{LR}) \quad \frac{\Gamma, C \sqsubseteq D_2 \Rightarrow \Delta}{\Gamma, C \sqsubseteq D_1 \sqcap D_2 \Rightarrow \Delta}$$

和

$$(-\sqcap_1^{LL}) \frac{\Gamma, C_1 \not\sqsubseteq D \Rightarrow \Delta}{\Gamma, C_1 \sqcap C_2 \not\sqsubseteq D \Rightarrow \Delta} \qquad (-\sqcap^{RL}) \frac{\begin{array}{c} \Gamma \Rightarrow C_1 \not\sqsubseteq D, \Delta \\ \Gamma \Rightarrow C_2 \not\sqsubseteq D, \Delta \end{array}}{\Gamma \Rightarrow C_1 \sqcap C_2 \not\sqsubseteq D, \Delta}$$

$$(-\sqcap_2^{LL}) \frac{\Gamma, C_2 \not\sqsubseteq D \Rightarrow \Delta}{\Gamma, C_1 \sqcap C_2 \not\sqsubseteq D \Rightarrow \Delta}$$

$$(-\sqcap^{LR}) \frac{\begin{array}{c} \Gamma, C \not\sqsubseteq D_1 \Rightarrow \Delta \\ \Gamma, C \not\sqsubseteq D_2 \Rightarrow \Delta \end{array}}{\Gamma, C \not\sqsubseteq D_1 \sqcap D_2 \Rightarrow \Delta} \qquad (-\sqcap_1^{RR}) \frac{\Gamma \Rightarrow C \not\sqsubseteq D_1, \Delta}{\Gamma \Rightarrow C \not\sqsubseteq D_1 \sqcap D_2, \Delta}$$

$$(-\sqcap_2^{RR}) \frac{\Gamma \Rightarrow C \not\sqsubseteq D_2, \Delta}{\Gamma \Rightarrow C \not\sqsubseteq D_1 \sqcap D_2, \Delta}$$

和

$$(+\sqcup_1^{LL}) \frac{\Gamma, C_1 \sqsubseteq D \Rightarrow \Delta}{\Gamma, C_1 \sqcup C_2 \sqsubseteq D \Rightarrow \Delta} \qquad (+\sqcup^{RL}) \frac{\begin{array}{c} \Gamma \Rightarrow C_1 \sqsubseteq D, \Delta \\ \Gamma \Rightarrow C_2 \sqsubseteq D, \Delta \end{array}}{\Gamma \Rightarrow C_1 \sqcup C_2 \sqsubseteq D, \Delta}$$

$$(+\sqcup_2^{LL}) \frac{\Gamma, C_2 \sqsubseteq D \Rightarrow \Delta}{\Gamma, C_1 \sqcup C_2 \sqsubseteq D \Rightarrow \Delta}$$

$$(+\sqcup^{LR}) \frac{\begin{array}{c} \Gamma, C \sqsubseteq D_1 \Rightarrow \Delta \\ \Gamma, C \sqsubseteq D_2 \Rightarrow \Delta \end{array}}{\Gamma, C \sqsubseteq D_1 \sqcup D_2 \Rightarrow \Delta} \qquad (+\sqcup_1^{RR}) \frac{\Gamma \Rightarrow C \sqsubseteq D_1, \Delta}{\Gamma \Rightarrow C \sqsubseteq D_1 \sqcup D_2, \Delta}$$

$$(+\sqcup_2^{RR}) \frac{\Gamma \Rightarrow C \sqsubseteq D_2, \Delta}{\Gamma \Rightarrow C \sqsubseteq D_1 \sqcup D_2, \Delta}$$

以及

$$(-\sqcup^{LL}) \frac{\begin{array}{c} \Gamma, C_1 \not\sqsubseteq D \Rightarrow \Delta \\ \Gamma, C_2 \not\sqsubseteq D \Rightarrow \Delta \end{array}}{\Gamma, C_1 \sqcup C_2 \not\sqsubseteq D \Rightarrow \Delta} \qquad (-\sqcup_1^{RL}) \frac{\Gamma \Rightarrow C_1 \not\sqsubseteq D, \Delta}{\Gamma \Rightarrow C_1 \sqcup C_2 \not\sqsubseteq D, \Delta}$$

$$(-\sqcup_2^{RL}) \frac{\Gamma \Rightarrow C_2 \not\sqsubseteq D, \Delta}{\Gamma \Rightarrow C_1 \sqcup C_2 \not\sqsubseteq D, \Delta}$$

$$(-\sqcup_1^{LR}) \frac{\Gamma, C \not\sqsubseteq D_1 \Rightarrow \Delta}{\Gamma, C \not\sqsubseteq D_1 \sqcup D_2 \Rightarrow \Delta} \qquad (-\sqcup^{RR}) \frac{\begin{array}{c} \Gamma \Rightarrow C \not\sqsubseteq D_1, \Delta \\ \Gamma \Rightarrow C \not\sqsubseteq D_2, \Delta \end{array}}{\Gamma \Rightarrow C \not\sqsubseteq D_1 \sqcup D_2, \Delta}$$

$$(-\sqcup_2^{LR}) \frac{\Gamma, C \not\sqsubseteq D_2 \Rightarrow \Delta}{\Gamma, C \not\sqsubseteq D_1 \sqcup D_2 \Rightarrow \Delta}$$

定义 12.1.1 一个矢列式 $\Gamma \Rightarrow \Delta$ 是 $\mathbf{G}_5$-可证的, 记作 $\vdash_{\mathbf{G}_5} \Gamma \Rightarrow \Delta$, 如果存在一个矢列式序列 $\Gamma_1 \Rightarrow \Delta_1, \cdots, \Gamma_n \Rightarrow \Delta_n$ 使得 $\Gamma_n \Rightarrow \Delta_n = \Gamma \Rightarrow \Delta$, 并且对于每一个 $1 \leqslant i \leqslant n, \Gamma_i \Rightarrow \Delta_i$ 是一条公理或是由之前矢列式通过一条 $\mathbf{G}_5$ 的推导规则得到的.

12.1.3　可靠性和完备性定理

定理 12.1.1 (可靠性定理)　对于任意的矢列式 $\Gamma \Rightarrow \Delta$, 有

$$\vdash_{\mathbf{G}_5} \Gamma \Rightarrow \Delta \text{ 蕴含 } \models_{\mathbf{G}_5} \Gamma \Rightarrow \Delta$$

证明　我们证明每一条公理都是有效的, 并且每一条推导规则都可以保持这种有效性.

为了验证公理的有效性, 假设 Γ 和 Δ 满足公理 $(\mathbf{A}^{\sqsubseteq})$ 中的条件, 根据命题 11.1.2, 对于任意的解释 I, $I \models \Gamma \Rightarrow \Delta$.

为了验证规则 $(+\sqcap^{LL})$ 的保真性, 假设对于任意解释 I 和元素 $a \in U$, 都有

$$I(\Gamma, C_1 \sqsubseteq D)(a) = 1 \text{ 蕴含 } I(\Delta)(a) = 1$$

$$I(\Gamma, C_2 \sqsubseteq D)(a) = 1 \text{ 蕴含 } I(\Delta)(a) = 1$$

对于任意的解释 I 和元素 $a \in U$, 假设 $I(\Gamma, C_1 \sqcap C_2 \sqsubseteq D)(a) = 1$, 则 $I(C_1 \sqcap C_2)(a) = 1$ 蕴含 $I(D)(a) = 1$. 如果 $I(C_1)(a) = 0$ 或 $I(C_2)(a) = 0$, 那么 $I(C_1 \sqsubseteq D)(a) = 1$ 或 $I(C_2 \sqsubseteq D)(a) = 1$, 根据假设, 有 $I(\Delta)(a) = 1$; 如果 $I(C_1)(a) = 1$ 且 $I(C_2)(a) = 1$, 那么 $I(D)(a) = 1$, 即 $I(C_1 \sqsubseteq D)(a) = 1, I(C_2 \sqsubseteq D)(a) = 1$, 根据假设, 有 $I(\Delta)(a) = 1$.

为了验证规则 $(+\sqcap_1^{RL})$ 的保真性, 假设对于任意解释 I 和元素 $a \in U$, 都有

$$I(\Gamma)(a) = 1 \text{ 蕴含 } I(C_1 \sqsubseteq D, \Delta)(a) = 1$$

对于任意的解释 I 和元素 $a \in U$, 假设 $I(\Gamma)(a) = 1$. 如果 $I(\Delta)(a) = 1$, 那么 $I(C_1 \sqcap C_2 \sqsubseteq D, \Delta)(a) = 1$; 否则, 由假设, $I(C_1 \sqsubseteq D)(a) = 1$, 如果 $I(C_1 \sqcap C_2)(a) = 0$, 那么 $I(C_1 \sqcap C_2 \sqsubseteq D)(a) = 1$, 因此 $I(C_1 \sqcap C_2 \sqsubseteq D, \Delta)(a) = 1$; 如果 $I(C_1 \sqcap C_2)(a) = 1$, 则 $I(C_1)(a) = 1$, 由假设可以得到 $I(D)(a) = 1$, 即 $I(C_1 \sqcap C_2 \sqsubseteq D)(a) = 1$, 因此 $I(C_1 \sqcap C_2 \sqsubseteq D, \Delta)(a) = 1$.

为了验证规则 $(+\sqcap_1^{LR})$ 的保真性, 假设对于任意的解释 I 和元素 $a \in U$, 都有

$$I(\Gamma, C \sqsubseteq D_1)(a) = 1 \text{ 蕴含 } I(\Delta)(a) = 1$$

对于任意的解释 I 和元素 $a \in U$, 假设 $I(\Gamma, C \sqsubseteq D_1 \sqcap D_2)(a) = 1$, 则 $I(C \sqsubseteq D_1 \sqcap D_2)(a) = 1$. 如果 $I(C)(a) = 0$, 那么 $I(C \sqsubseteq D_1)(a) = 1$, 由假设可以得到 $I(\Delta)(a) = 1$; 如果 $I(C)(a) = 1$, 那么 $I(D_1 \sqcap D_2)(a) = 1$, 则 $I(D_1)(a) = 1$, 由假设可以得到 $I(\Delta)(a) = 1$.

为了验证规则 $(+\sqcap^{RR})$ 的保真性, 假设对于任意解释 I 和元素 $a \in U$, 都有

$$I(\Gamma)(a) = 1 \text{ 蕴含 } I(C \sqsubseteq D_1, \Delta)(a) = 1$$

$$I(\Gamma)(a) = 1 \text{ 蕴含 } I(C \sqsubseteq D_2, \Delta)(a) = 1$$

对于任意的解释 I 和元素 $a \in U$, 假设 $I(\Gamma)(a) = 1$, 则 $I(C \sqsubseteq D_1, \Delta)(a) = 1$, 并且 $I(C \sqsubseteq D_2, \Delta)(a) = 1$. 如果 $I(\Delta)(a) = 1$, 那么 $I(C \sqsubseteq D_1 \sqcap D_2, \Delta)(a) = 1$; 如果 $I(\Delta)(a) = 0$, 则 $I(C \sqsubseteq D_1)(a) = 1$, 并且 $I(C \sqsubseteq D_2)(a) = 1$. 如果 $I(C)(a) = 0$, 那么 $I(C \sqsubseteq D_1 \sqcap D_2)(a) = 1$, 则 $I(C \sqsubseteq D_1 \sqcap D_2, \Delta)(a) = 1$; 否则, $I(D_1)(a) = 1$, 并且 $I(D_2)(a) = 1$, 即 $I(D_1 \sqcap D_2)(a) = 1$, 那么 $I(C \sqsubseteq D_1 \sqcap D_2)(a) = 1$, 因此有 $I(C \sqsubseteq D_1 \sqcap D_2, \Delta)(a) = 1$.

其他情况类似.

为了验证规则 $(-\sqcap_1^{LL})$ 的保真性, 假设对于任意的解释 I 和元素 $a \in U$, 都有

$$I(\Gamma, C_1 \not\sqsubseteq D)(a) = 1 \text{ 蕴含 } I(\Delta)(a) = 1$$

对于任意的解释 I 和元素 $a \in U$, 假设 $I(\Gamma, C_1 \sqcap C_2 \not\sqsubseteq D)(a) = 1$, 则 $I(C_1 \sqcap C_2)(a) = 1$, 并且 $I(D)(a) = 0$. 显然有 $I(C_1)(a) = 1$, 并且 $I(D)(a) = 0$, 即 $I(C_1 \not\sqsubseteq D)(a) = 1$, 由归纳假设可以得到 $I(\Delta) = 1$.

为了验证规则 $(-\sqcap^{RL})$ 的保真性, 假设对于任意的解释 I 和元素 $a \in U$, 都有

$$I(\Gamma)(a) = 1 \text{ 蕴含 } I(C_1 \not\sqsubseteq D, \Delta)(a) = 1$$

$$I(\Gamma)(a) = 1 \text{ 蕴含 } I(C_2 \not\sqsubseteq D, \Delta)(a) = 1$$

对于任意的解释 I 和元素 $a \in U$, 假设 $I(\Gamma)(a) = 1$, 如果 $I(\Delta)(a) = 1$, 那么 $I(C_1 \sqcap C_2 \not\sqsubseteq D, \Delta)(a) = 1$; 否则, $I(C_1 \not\sqsubseteq D)(a) = 1, I(C_2 \not\sqsubseteq D)(a) = 1$, 即 $I(C_1)(a) = I(C_2)(a) = 1$, 并且 $I(D)(a) = 0$, 即 $I(C_1 \sqcap C_2 \not\sqsubseteq D)(a) = 1$, 因此 $I(C_1 \sqcap C_2 \not\sqsubseteq D, \Delta)(a) = 1$.

为了验证规则 $(-\sqcap^{LR})$ 的保真性, 假设对于任意的解释 I 和元素 $a \in U$, 都有

$$I(\Gamma, C \not\sqsubseteq D_1)(a) = 1 \text{ 蕴含 } I(\Delta)(a) = 1$$

$$I(\Gamma, C \not\sqsubseteq D_2)(a) = 1 \text{ 蕴含 } I(\Delta)(a) = 1$$

对于任意的解释 I 和元素 $a \in U$, 假设 $I(\Gamma, C \not\sqsubseteq D_1 \sqcap D_2)(a) = 1$, 那么 $I(C \not\sqsubseteq D_1 \sqcap D_2)(a) = 1$, 即 $I(C)(a) = 1$, 并且 $I(D_1 \sqcap D_2)(a) = 0$, 因此 $I(C)(a) = 1$, 并且 $I(D_1)(a) = 0$ 或 $I(D_2)(a) = 0$, 可以得到 $I(C \not\sqsubseteq D_1)(a) = 1$ 或 $I(C \not\sqsubseteq D_2)(a) = 1$, 由归纳假设可以得到 $I(\Delta)(a) = 1$.

为了验证规则 $(-\sqcap_1^{RR})$ 的保真性, 假设对于任意的解释 I 和元素 $a \in U$, 都有

$$I(\Gamma)(a) = 1 \text{ 蕴含 } I(C \not\sqsubseteq D_1, \Delta)(a) = 1$$

对于任意的解释 I 和元素 $a \in U$, 假设 $I(\Gamma)(a) = 1$, 由归纳假设可以得到 $I(C \not\sqsubseteq D_1, \Delta)(a) = 1$. 如果 $I(\Delta)(a) = 1$, 那么 $I(C \not\sqsubseteq D_1 \sqcap D_2, \Delta)(a) = 1$; 否则, $I(C \not\sqsubseteq D_1)(a) = 1$, 即 $I(C)(a) = 1$, 并且 $I(D_1)(a) = 0$, 因此可以得到 $I(C)(a) = 1$ 且 $I(D_1 \sqcap D_2)(a) = 0$, 即 $I(C \not\sqsubseteq D_1 \sqcap D_2)(a) = 1$, 进一步得到 $I(C \not\sqsubseteq D_1 \sqcap D_2, \Delta)(a) = 1$.

其他情况类似.　　　　　　　　　　　　　　　　　　　　　　　　　□

定理 12.1.2 (完备性定理)　　对于任意的矢列式 $\Gamma \Rightarrow \Delta$, 有

$$\models_{\mathbf{G}_5} \Gamma \Rightarrow \Delta \text{ 蕴含 } \vdash_{\mathbf{G}_5} \Gamma \Rightarrow \Delta$$

证明　给定一个矢列式 $\Gamma \Rightarrow \Delta$, 我们按照如下的方式构造一棵树 T.

(1) 树 T 的根节点是矢列式 $\Gamma \Rightarrow \Delta$;

(2) 如果一个节点 $\Gamma' \Rightarrow \Delta'$ 中的 Γ', Δ' 是文字断言的集合, 则该节点是一个叶子节点;

(3) 如果树 T 的节点 $\Gamma' \Rightarrow \Delta'$ 不是一个叶子节点, 则 $\Gamma' \Rightarrow \Delta'$ 有如下直接后继节点, 即

$$\begin{cases} \begin{bmatrix} \Gamma_1, C_1 \sqsubseteq D \Rightarrow \Delta_1 \\ \Gamma_1, C_2 \sqsubseteq D \Rightarrow \Delta_1 \end{bmatrix}, & \Gamma' \Rightarrow \Delta' = \Gamma_1, C_1 \sqcap C_2 \sqsubseteq D \Rightarrow \Delta_1 \\[2mm] \begin{Bmatrix} \Gamma_1 \Rightarrow C_1 \sqsubseteq D, \Delta_1 \\ \Gamma_1 \Rightarrow, C_2 \sqsubseteq D, \Delta_1 \end{Bmatrix}, & \Gamma' \Rightarrow \Delta' = \Gamma_1 \Rightarrow C_1 \sqcap C_2 \sqsubseteq D, \Delta_1 \\[2mm] \begin{Bmatrix} \Gamma_1, C \sqsubseteq D_1 \Rightarrow \Delta_1 \\ \Gamma_1, C \sqsubseteq D_2 \Rightarrow \Delta_1 \end{Bmatrix}, & \Gamma' \Rightarrow \Delta' = \Gamma_1, C \sqsubseteq D_1 \sqcap D_2 \Rightarrow \Delta_1 \\[2mm] \begin{bmatrix} \Gamma_1 \Rightarrow C \sqsubseteq D_1, \Delta_1 \\ \Gamma_1 \Rightarrow C \sqsubseteq D_2, \Delta_1 \end{bmatrix}, & \Gamma' \Rightarrow \Delta' = \Gamma_1 \Rightarrow C \sqsubseteq D_1 \sqcap D_2, \Delta_1 \end{cases}$$

和

$$\begin{cases} \begin{Bmatrix} \Gamma_1, C_1 \not\sqsubseteq D \Rightarrow \Delta_1 \\ \Gamma_1, C_2 \not\sqsubseteq D \Rightarrow \Delta_1 \end{Bmatrix}, & \Gamma' \Rightarrow \Delta' = \Gamma_1, C_1 \sqcap C_2 \not\sqsubseteq D \Rightarrow \Delta_1 \\[2mm] \begin{bmatrix} \Gamma_1 \Rightarrow C_1 \not\sqsubseteq D, \Delta_1 \\ \Gamma_1 \Rightarrow C_2 \not\sqsubseteq D, \Delta_1 \end{bmatrix}, & \Gamma' \Rightarrow \Delta' = \Gamma_1 \Rightarrow C_1 \sqcap C_2 \not\sqsubseteq D, \Delta_1 \\[2mm] \begin{bmatrix} \Gamma_1, C \not\sqsubseteq D_1 \Rightarrow \Delta_1 \\ \Gamma_1, C \not\sqsubseteq D_2 \Rightarrow \Delta_1 \end{bmatrix}, & \Gamma' \Rightarrow \Delta' = \Gamma_1, C \not\sqsubseteq D_1 \sqcap D_2 \Rightarrow \Delta_1 \\[2mm] \begin{Bmatrix} \Gamma_1 \Rightarrow C \not\sqsubseteq D_1, \Delta_1 \\ \Gamma_1 \Rightarrow C \not\sqsubseteq D_2, \Delta_1 \end{Bmatrix}, & \Gamma' \Rightarrow \Delta' = \Gamma_1 \Rightarrow C \not\sqsubseteq D_1 \sqcap D_2, \Delta_1 \end{cases}$$

和

$$
\begin{cases}
\begin{cases}
\Gamma_1, C_1 \sqsubseteq D \Rightarrow \Delta_1 \\
\Gamma_1, C_2 \sqsubseteq D \Rightarrow \Delta_1
\end{cases}, & \Gamma' \Rightarrow \Delta' = \Gamma_1, C_1 \sqcup C_2 \sqsubseteq D \Rightarrow \Delta_1 \\[2mm]
\begin{cases}
\Gamma_1 \Rightarrow C_1 \sqsubseteq D, \Delta \\
\Gamma_1 \Rightarrow C_2 \sqsubseteq D, \Delta_1
\end{cases}, & \Gamma' \Rightarrow \Delta' = \Gamma_1 \Rightarrow C_1 \sqcup C_2 \sqsubseteq D, \Delta_1 \\[2mm]
\begin{cases}
\Gamma_1, C \sqsubseteq D_1 \Rightarrow \Delta \\
\Gamma_1, C \sqsubseteq D_2 \Rightarrow \Delta_1
\end{cases}, & \Gamma' \Rightarrow \Delta' = \Gamma_1, C \sqsubseteq D_1 \sqcup D_2 \Rightarrow \Delta_1 \\[2mm]
\begin{cases}
\Gamma_1 \Rightarrow C \sqsubseteq D_1, \Delta_1 \\
\Gamma_1 \Rightarrow C \sqsubseteq D_2, \Delta_1
\end{cases}, & \Gamma' \Rightarrow \Delta' = \Gamma_1 \Rightarrow C \sqsubseteq D_1 \sqcup D_2, \Delta_1
\end{cases}
$$

以及

$$
\begin{cases}
\begin{cases}
\Gamma_1, C_1 \not\sqsubseteq D \Rightarrow \Delta_1 \\
\Gamma_1, C_2 \not\sqsubseteq D \Rightarrow \Delta_1
\end{cases}, & \Gamma' \Rightarrow \Delta' = \Gamma_1, C_1 \sqcup C_2 \not\sqsubseteq D \Rightarrow \Delta_1 \\[2mm]
\begin{cases}
\Gamma_1 \Rightarrow C_1 \not\sqsubseteq D, \Delta_1 \\
\Gamma_1 \Rightarrow C_2 \not\sqsubseteq D, \Delta_1
\end{cases}, & \Gamma' \Rightarrow \Delta' = \Gamma_1 \Rightarrow C_1 \sqcup C_2 \not\sqsubseteq D, \Delta_1 \\[2mm]
\begin{cases}
\Gamma_1, C \not\sqsubseteq D_1 \Rightarrow \Delta \\
\Gamma_1, C \not\sqsubseteq D_2 \Rightarrow \Delta_1
\end{cases}, & \Gamma' \Rightarrow \Delta' = \Gamma_1, C \not\sqsubseteq D_1 \sqcup D_2 \Rightarrow \Delta_1 \\[2mm]
\begin{cases}
\Gamma_1 \Rightarrow C \not\sqsubseteq D_1, \Delta_1 \\
\Gamma_1 \Rightarrow C \not\sqsubseteq D_2, \Delta_1
\end{cases}, & \Gamma' \Rightarrow \Delta' = \Gamma_1 \Rightarrow C \not\sqsubseteq D_1 \sqcup D_2, \Delta_1
\end{cases}
$$

引理 12.1.1 如果存在一个树枝 $\alpha \subseteq T$ 使得 α 的叶子节点不是 $\mathbf{G}_5$ 中的一条公理, 则存在一个解释 I 使得对于每一个 $\Gamma' \Rightarrow \Delta' \in \alpha, I \not\models \Gamma' \Rightarrow \Delta'$.

证明 设 $\Gamma' \Rightarrow \Delta'$ 是 α 的叶子节点. 根据命题 11.1.2, 存在一个解释 I 使得 $I \models \Gamma'$, 并且 $I \not\models \Delta'$.

固定任意 $\gamma \in \alpha$, 并且假设 $I \not\models \gamma$.

情况 $(+\sqcap^{LL})$. 如果 γ 是由 $\beta \in \alpha$ 通过 $(\sqcap^{LL})$ 产生的, 则存在概念 $C_1^1, C_2^1, \cdots, C_1^m$, $C_2^m, D^1, \cdots, D^m$ 和 $\beta \in \{\beta_1, \cdots, \beta_n\}$ 使得 $\beta \in \alpha$, 并且

$$
\gamma = \Gamma'', C_{f(1)}^1 \sqsubseteq D^1, \cdots, C_{f(m)}^m \sqsubseteq D^m \Rightarrow \Delta'
$$
$$
\beta = \Gamma'', C_1^1 \sqcap C_2^1 \sqsubseteq D^1, \cdots, C_1^m \sqcap C_2^m \sqsubseteq D^m \Rightarrow \Delta'
$$

其中, $f : \{1, \cdots, m\} \in \{1, 2\}$ 是一个函数.

由归纳假设, 有

$$
I \models \Gamma''(a), (C_1^1 \sqcap C_2^1 \sqsubseteq D^1)(a), \cdots, (C_1^m \sqcap C_2^m \sqsubseteq D^m)(a)
$$

则

$$
I \models \Gamma''(a), (C_{f(1)}^1 \sqsubseteq D^1)(a), \cdots, (C_{f(m)}^m \sqsubseteq D^m)(a)
$$

并且由归纳假设, $I \not\models \Delta'(a)$.

情况$(+\sqcap^{RL})$. 如果 γ 是由 $\beta \in \alpha$ 通过 $(\sqcap^R)$ 产生的, 则存在概念 $C^1, \cdots, C^m, D_1^1,$ $D_2^1, \cdots, D_1^m, D_2^m$, 使得:

$$\gamma = \Gamma'' \Rightarrow C^1 \sqsubseteq D_1^1, C^1 \sqsubseteq D_2^1, \cdots, C^m \sqsubseteq D_1^m, C^m \sqsubseteq D_2^m, \Delta''$$
$$\beta = \Gamma'' \Rightarrow C^1 \sqsubseteq D_1^1 \sqcap D_2^1, \cdots, C^m \sqsubseteq D_1^m \sqcap D_2^m, \Delta''$$

由归纳假设, $I \models \Gamma''(a)$, 以及

$$I \not\models (C^1 \sqsubseteq D_1^1)(a), (C^1 \sqsubseteq D_2^1)(a), \cdots, (C^m \sqsubseteq D_1^m)(a), (C^m \sqsubseteq D_2^m)(a), \Delta''(a)$$

因此

$$I \not\models (C^1 \sqsubseteq D_1^1 \sqcap D_2^1)(a), \cdots, (C^m \sqsubseteq D_1^m \sqcap D_2^m)(a), \Delta''(a)$$

情况$(-\sqcap^{LL})$. 如果 γ 是由 $\beta \in \alpha$ 通过 $(\sqcap^{LL})$ 产生的, 则存在概念 $C_1^1, C_2^1, \cdots, C_1^m,$ $C_2^m, D^1, \cdots, D^m$ 和 $\beta \in \{\beta_1, \cdots, \beta_n\}$ 使得 $\beta \in \alpha$, 以及

$$\gamma = \Gamma'', C_{f(1)}^1 \not\sqsubseteq D^1, \cdots, C_{f(m)} \not\sqsubseteq D^m \Rightarrow \Delta''$$
$$\beta = \Gamma'', C_1^1 \sqcap C_2^1 \not\sqsubseteq D^1, \cdots, C_m^1 \sqcap C_m^2 \not\sqsubseteq D^m \Rightarrow \Delta''$$

其中, $f : \{1, \cdots, m\} \in \{1, 2\}$ 是一个函数.

由归纳假设, 有

$$I \models \Gamma''(a), (C_1^1 \sqcap C_2^1 \not\sqsubseteq D^1)(a), \cdots, (C_m^1 \sqcap C_m^2 \not\sqsubseteq D^m)(a)$$

则 $I \models \Gamma''(a), (C_{f(1)}^1 \not\sqsubseteq D^1)(a), \cdots, (C_{f(m)} \not\sqsubseteq D^m)(a)$, 并且由归纳假设, $I \not\models \Delta''(a)$.

情况$(-\sqcap^{RL})$. 如果 γ 是由 $\beta \in \alpha$ 通过 $(\sqcap^R)$ 产生的, 则存在概念 $C^1, \cdots, C^m, D_1^1,$ $D_2^1, \cdots, D_1^m, D_2^m$, 使得:

$$\gamma = \Gamma'' \Rightarrow C^1 \not\sqsubseteq D_1^1, C^1 \not\sqsubseteq D_2^1, \cdots, C^m \not\sqsubseteq D_1^m, C^m \not\sqsubseteq D_2^m, \Delta''$$
$$\beta = \Gamma'' \Rightarrow C^1 \not\sqsubseteq D_1^1 \sqcap D_2^1, \cdots, C^m \not\sqsubseteq D_1^m \sqcap D_2^m, \Delta''$$

由归纳假设, $I \models \Gamma''(a)$, 以及

$$I \not\models (C^1 \not\sqsubseteq D_1^1)(a), (C^1 \not\sqsubseteq D_2^1)(a), \cdots, (C^m \not\sqsubseteq D_1^m)(a), (C^m \not\sqsubseteq D_2^m)(a), \Delta''(a)$$

因此

$$I \not\models (C^1 \not\sqsubseteq D_1^1 \sqcap D_2^1)(a), \cdots, (C^m \not\sqsubseteq D_1^m \sqcap D_2^m)(a), \Delta''(a) \qquad \square$$

引理 12.1.2　如果对于每一个树枝 $\alpha \subseteq T$, α 的叶子节点都是 $\mathbf{G}_5$ 中的一条公理, 则树是 $\Gamma \Rightarrow \Delta$ 的一个证明.

证明　根据树的构造得到证明.　　　　　　　　　　　　　　　　　　　　　　　　$\square$

12.2 R-演算 $\mathbf{S}^{\mathrm{SN}}$ 和 $\sqsubseteq$-极小改变

给定理论 Γ 和 Δ,Θ 是 Γ 关于 Δ 的一个 $\sqsubseteq$-极小改变, 记作 $\models_{\mathbf{S}^{\mathrm{SN}}} \Delta|\Gamma \Rightarrow \Delta,\Theta$, 如果 Θ 是极小的使得 $\Theta \sqsubseteq \Gamma$ 是与 Δ 协调的, 并且对于任意断言 $\theta \in \Gamma-\Theta, \Theta \cup \Delta \cup \{\theta\}$ 是不协调的.

在本节, 我们给出一个 Gentzen-型 R-演算 $\mathbf{S}^{\mathrm{SN}}$, 使得对于任意理论 Γ,Δ 和 $\Theta, \Delta|\Gamma \Rightarrow \Delta,\Theta$ 是 $\mathbf{S}^{\mathrm{SN}}$-可证的当且仅当 Θ 是 Γ 关于 Δ 的一个 $\sqsubseteq$-极小改变.

12.2.1 关于单个断言 $C \sqsubseteq D$ 的 R-演算 $\mathbf{S}^{\mathrm{SN}}$

单个断言 $C \sqsubseteq D$ 的 R-演算 $\mathbf{S}^{\mathrm{SN}}$ 由如下公理和推导规则组成.

公理

$$(S^{\mathbf{A}}) \ \frac{\Delta \nvdash B \not\sqsubseteq B'}{\Delta|B \sqsubseteq B' \Rightarrow \Delta, B \sqsubseteq B'} \qquad (S_{\mathbf{A}}) \ \frac{\Delta \vdash B \not\sqsubseteq B'}{\Delta|B \sqsubseteq B' \Rightarrow \Delta}$$

$$(S^{\neg}) \ \frac{\Delta \nvdash B \sqsubseteq B'}{\Delta|B \not\sqsubseteq B' \Rightarrow \Delta, B \not\sqsubseteq B'} \qquad (S_{\neg}) \ \frac{\Delta \vdash B \sqsubseteq B'}{\Delta|B \not\sqsubseteq B' \Rightarrow \Delta}$$

$C \sqsubseteq D$ 的推导规则

$$({}^{\sqcap}S_1) \ \frac{\Delta|C_1 \sqsubseteq D \Rightarrow \Delta, C_1 \sqsubseteq D}{\Delta|C_1 \sqcap C_2 \sqsubseteq D \Rightarrow \Delta, C_1 \sqcap C_2 \sqsubseteq D}$$
$$\Delta|C_1 \sqsubseteq D \Rightarrow \Delta$$

$$({}^{\sqcap}S_2) \ \frac{\Delta|C_2 \sqsubseteq D \Rightarrow \Delta, C_2 \sqsubseteq D}{\Delta|C_1 \sqcap C_2 \sqsubseteq D \Rightarrow \Delta, C_1 \sqcap C_2 \sqsubseteq D}$$
$$\Delta|C_1 \sqsubseteq D \Rightarrow \Delta$$

$$({}_{\sqcap}S) \ \frac{\Delta|C_2 \sqsubseteq D \Rightarrow \Delta}{\Delta|C_1 \sqcap C_2 \sqsubseteq D \Rightarrow \Delta}$$
$$\Delta|C_1 \sqsubseteq D \Rightarrow \Delta, C_1 \sqsubseteq D$$

$$({}^{\sqcup}S) \ \frac{\Delta, C_1 \sqsubseteq D|C_2 \sqsubseteq D \Rightarrow \Delta, C_1 \sqsubseteq D, C_2 \sqsubseteq D}{\Delta|C_1 \sqcup C_2 \sqsubseteq D \Rightarrow \Delta, C_1 \sqcup C_2 \sqsubseteq D}$$

$$({}_{\sqcup}S_1) \ \frac{\Delta|C_1 \sqsubseteq D \Rightarrow \Delta}{\Delta|C_1 \sqcup C_2 \sqsubseteq D \Rightarrow \Delta}$$

$$({}_{\sqcup}S_2) \ \frac{\Delta, C_1 \sqsubseteq D|C_2 \sqsubseteq D \Rightarrow \Delta, C_1 \sqsubseteq D}{\Delta|C_1 \sqcup C_2 \sqsubseteq D \Rightarrow \Delta}$$

以及

$$\Delta | C \sqsubseteq D_1 \Rightarrow \Delta, C \sqsubseteq D_1$$

$$(S^{\sqcap}) \quad \frac{\Delta, C \sqsubseteq D_1 | C \sqsubseteq D_2 \Rightarrow \Delta, C \sqsubseteq D_1, C \sqsubseteq D_2}{\Delta | C \sqsubseteq D_1 \sqcap D_2 \Rightarrow \Delta, C \sqsubseteq D_1 \sqcap D_2}$$

$$(S_{\sqcap}^1) \quad \frac{\Delta | C \sqsubseteq D_1 \Rightarrow \Delta}{\Delta | C \sqsubseteq D_1 \sqcap D_2 \Rightarrow \Delta}$$

$$(S_{\sqcap}^2) \quad \frac{\Delta, C \sqsubseteq D_1 | C \sqsubseteq D_2 \Rightarrow \Delta, C \sqsubseteq D_1}{\Delta | C \sqsubseteq D_1 \sqcap D_2 \Rightarrow \Delta}$$

$$(S_1^{\sqcup}) \quad \frac{\Delta | C \sqsubseteq D_1 \Rightarrow \Delta, C \sqsubseteq D_1}{\Delta | C \sqsubseteq D_1 \sqcup D_2 \Rightarrow \Delta, C \sqsubseteq D_1 \sqcup D_2}$$

$$(S_2^{\sqcup}) \quad \frac{\Delta | C \sqsubseteq D_2 \Rightarrow \Delta, C \sqsubseteq D_2}{\Delta | C \sqsubseteq D_1 \sqcup D_2 \Rightarrow \Delta, C \sqsubseteq D_1 \sqcup D_2}$$

$$(S_{\sqcup}) \quad \frac{\Delta | C \sqsubseteq D_1 \Rightarrow \Delta \quad \Delta | C \sqsubseteq D_2 \Rightarrow \Delta}{\Delta | C \sqsubseteq D_1 \sqcup D_2 \Rightarrow \Delta}$$

其中, 左边的规则是将断言放入 Θ 的; 右边的规则是不放入的.

$C \not\sqsubseteq D$ 的推导规则

$$\Delta | C_1 \not\sqsubseteq D \Rightarrow \Delta, C_1 \not\sqsubseteq D$$

$$(-^{\sqcap}S) \quad \frac{\Delta, C_1 \not\sqsubseteq D | C_2 \not\sqsubseteq D \Rightarrow \Delta, C_1 \not\sqsubseteq D, C_2 \not\sqsubseteq D}{\Delta | C_1 \sqcap C_2 \not\sqsubseteq D \Rightarrow \Delta, C_1 \sqcap C_2 \not\sqsubseteq D}$$

$$(-_{\sqcap}S_1) \quad \frac{\Delta | C_1 \not\sqsubseteq D \Rightarrow \Delta}{\Delta | C_1 \sqcap C_2 \not\sqsubseteq D \Rightarrow \Delta}$$

$$(-_{\sqcap}S_2) \quad \frac{\Delta, C_1 \not\sqsubseteq D | C_2 \not\sqsubseteq D \Rightarrow \Delta, C_1 \not\sqsubseteq D}{\Delta | C_1 \sqcap C_2 \not\sqsubseteq D \Rightarrow \Delta}$$

$$(-^{\sqcup}S_1) \quad \frac{\Delta | C_1 \not\sqsubseteq D \Rightarrow \Delta, C_1 \not\sqsubseteq D}{\Delta | C_1 \sqcup C_2 \not\sqsubseteq D \Rightarrow \Delta, C_1 \sqcup C_2 \not\sqsubseteq D}$$

$$\Delta | C_1 \not\sqsubseteq D \Rightarrow \Delta$$

$$(-_{\sqcup}S) \quad \frac{\Delta | C_2 \not\sqsubseteq D \Rightarrow \Delta}{\Delta | C_1 \sqcup C_2 \not\sqsubseteq D \Rightarrow \Delta}$$

$$\Delta | C_1 \not\sqsubseteq D \Rightarrow \Delta$$

$$(-^{\sqcup}S_2) \quad \frac{\Delta | C_2 \not\sqsubseteq D \Rightarrow \Delta, C_2 \not\sqsubseteq D}{\Delta | C_1 \sqcup C_2 \not\sqsubseteq D \Rightarrow \Delta, C_1 \sqcup C_2 \not\sqsubseteq D}$$

以及

$$(-S_1^{\sqcap})\quad \frac{\Delta|C \not\sqsubseteq D_1 \Rightarrow \Delta, C \not\sqsubseteq D_1}{\Delta|C \not\sqsubseteq D_1 \sqcap D_2 \Rightarrow \Delta, C \not\sqsubseteq D_1 \sqcap D_2}$$

$$(-S_2^{\sqcap})\quad \frac{\Delta|C \not\sqsubseteq D_1 \Rightarrow \Delta}{\Delta|C \not\sqsubseteq D_2 \Rightarrow \Delta, C \not\sqsubseteq D_2}$$
$$\frac{}{\Delta|C \not\sqsubseteq D_1 \sqcap D_2 \Rightarrow \Delta, C \not\sqsubseteq D_1 \sqcap D_2}$$

$$(-S_\sqcap)\quad \frac{\Delta|C \not\sqsubseteq D_1 \Rightarrow \Delta \quad \Delta|C \not\sqsubseteq D_2 \Rightarrow \Delta}{\Delta|C \not\sqsubseteq D_1 \sqcap D_2 \Rightarrow \Delta}$$

$$(-S^{\sqcup})\quad \frac{\Delta|C \not\sqsubseteq D_1 \Rightarrow \Delta, C \not\sqsubseteq D_1}{\Delta, C \not\sqsubseteq D_1|C \not\sqsubseteq D_2 \Rightarrow \Delta}$$
$$\frac{}{\Delta|C \not\sqsubseteq D_1 \sqcup D_2 \Rightarrow \Delta, C \not\sqsubseteq D_1 \sqcup D_2}$$

$$(-S_\sqcup)_1\quad \frac{\Delta|C \not\sqsubseteq D_1 \Rightarrow \Delta}{\Delta|C \not\sqsubseteq D_1 \sqcup D_2 \Rightarrow \Delta}$$

$$(-S_\sqcup)_2\quad \frac{\Delta|C \not\sqsubseteq D_1 \Rightarrow \Delta, C \not\sqsubseteq D_1}{\Delta, C \not\sqsubseteq D_1|C \not\sqsubseteq D_2 \Rightarrow \Delta, C \not\sqsubseteq D_1}$$
$$\frac{}{\Delta|C \not\sqsubseteq D_1 \sqcup D_2 \Rightarrow \Delta}$$

定义 12.2.1 $\Delta|C \sqsubseteq D \Rightarrow \Delta, C' \sqsubseteq D'$ 是 $\mathbf{S}^{\mathrm{SN}}$-可证的, 记作 $\vdash_{\mathbf{S}^{\mathrm{SN}}} \Delta|C \sqsubseteq D \Rightarrow \Delta, C' \sqsubseteq D'$, 如果存在一个断言序列 $S_1, \cdots, S_m$, 使得:

$$S_1 = \Delta|C \sqsubseteq D \Rightarrow \Delta|C_2 \sqsubseteq D_2$$
$$\cdots\cdots$$
$$S_m = \Delta|C_m \sqsubseteq D_m \Rightarrow \Delta, C' \sqsubseteq D'$$

且对每一个 $i < m, S_{i+1}$ 是一条公理或是由之前的断言通过 $\mathbf{S}^{\mathrm{SN}}$ 中的一条推导规则得到的.

12.2.2 $\mathbf{S}^{\mathrm{SN}}$ 的可靠性和完备性定理

定理 12.2.1(完备性定理 1) 对于任意的协调理论 Δ 和断言 $C \sqsubseteq D$, 如果 $\Delta \cup \{C \sqsubseteq D\}$ 是协调的, 那么 $\Delta|C \sqsubseteq D \Rightarrow \Delta, C \sqsubseteq D$ 在 $\mathbf{S}^{\mathrm{SN}}$ 中是可证的, 即

$$\models_{\mathbf{S}^{\mathrm{SN}}} \Delta|C \sqsubseteq D \Rightarrow \Delta, C \sqsubseteq D \text{ 蕴含 } \vdash_{\mathbf{S}^{\mathrm{SN}}} \Delta|C \sqsubseteq D \Rightarrow \Delta, C \sqsubseteq D$$

如果 $\Delta \cup \{C \sqsubseteq D\}$ 是不协调的, 那么 $\Delta|C \sqsubseteq D \Rightarrow \Delta$ 在 $\mathbf{S}^{\mathrm{SN}}$ 中是可证的, 即

$$\models_{\mathbf{S}^{\mathrm{SN}}} \Delta|C \sqsubseteq D \Rightarrow \Delta \text{ 蕴含 } \vdash_{\mathbf{S}^{\mathrm{SN}}} \Delta|C \sqsubseteq D \Rightarrow \Delta$$

证明 我们对概念 C 和 D 的结构作归纳来证明定理.

假设 $\Delta \cup \{C \sqsubseteq D\}$ 是协调的.

如果 $C \sqsubseteq D = B_1 \sqsubseteq B_2$, 则 $\Delta \not\vdash B_1 \not\sqsubseteq B_2$, 并且根据 $(S^{\mathbf{A}})$, $\Delta | C \sqsubseteq D \Rightarrow \Delta, C \sqsubseteq D$ 是可证的;

如果 $C = C_1 \sqcap C_2$, 则要么 $\Delta \cup \{C_1 \sqsubseteq D\}$, 要么 $\Delta \cup \{C_2 \sqsubseteq D\}$ 是协调的, 由归纳假设, 要么

$$\vdash_{\mathbf{S}^{\text{SN}}} \Delta | C_1 \sqsubseteq D \Rightarrow \Delta, C_1 \sqsubseteq D$$

要么

$$\vdash_{\mathbf{S}^{\text{SN}}} \Delta | C_2 \sqsubseteq D \Rightarrow \Delta, C_2 \sqsubseteq D$$

并且根据 $(\sqcap S_1)$ 或 $(\sqcap S_2)$, $\Delta | C_1 \sqcap C_2 \sqsubseteq D \Rightarrow \Delta, C_1 \sqcap C_2 \sqsubseteq D$ 是可证的;

如果 $C = C_1 \sqcup C_2$, 则 $\Delta \cup \{C_1 \sqsubseteq D\}$ 和 $\Delta \cup \{C_1 \sqsubseteq D, C_2 \sqsubseteq D\}$ 是协调的, 由归纳假设, 有

$$\vdash_{\mathbf{S}^{\text{SN}}} \Delta | C_1 \sqsubseteq D \Rightarrow \Delta, C_1 \sqsubseteq D$$
$$\vdash_{\mathbf{S}^{\text{SN}}} \Delta, C_1 \sqsubseteq D | C_2 \sqsubseteq D \Rightarrow \Delta, C_1 \sqsubseteq D, C_2 \sqsubseteq D$$

并且根据 $(\sqcup S)$, $\Delta | C_1 \sqcup C_2 \sqsubseteq D \Rightarrow \Delta, C_1 \sqcup C_2 \sqsubseteq D$ 是可证的;

如果 $D = D_1 \sqcap D_2$, 则 $\Delta \cup \{C \sqsubseteq D_1\}$ 和 $\Delta \cup \{C \sqsubseteq D_1, C \sqsubseteq D_2\}$ 是协调的, 由归纳假设, 有

$$\vdash_{\mathbf{S}^{\text{SN}}} \Delta | C \sqsubseteq D_1 \Rightarrow \Delta, C \sqsubseteq D_1$$
$$\vdash_{\mathbf{S}^{\text{SN}}} \Delta, C \sqsubseteq D_1 | C \sqsubseteq D_2 \Rightarrow \Delta, C \sqsubseteq D_1, C \sqsubseteq D_2$$

并且根据 $(S^{\sqcap})$, $\Delta | C \sqsubseteq D_1 \sqcap D_2 \Rightarrow \Delta, C \sqsubseteq D_1 \sqcap D_2$ 是可证的;

如果 $D = D_1 \sqcup D_2$, 则要么 $\Delta \cup \{C \sqsubseteq D_1\}$, 要么 $\Delta \cup \{C \sqsubseteq D_2\}$ 是协调的, 由归纳假设, 要么

$$\vdash_{\mathbf{S}^{\text{SN}}} \Delta | C \sqsubseteq D_1 \Rightarrow \Delta, C \sqsubseteq D_1$$

要么

$$\vdash_{\mathbf{S}^{\text{SN}}} \Delta | C \sqsubseteq D_2 \Rightarrow \Delta, C \sqsubseteq D_2$$

并且根据 $(S_1^{\sqcup})$ 或 $(S_2^{\sqcup})$, $\Delta | C \sqsubseteq D_1 \sqcup D_2 \Rightarrow \Delta, C \sqsubseteq D_1 \sqcup D_2$ 可证的.

假设 $\Delta \cup \{C \sqsubseteq D\}$ 是不协调的.

如果 $C \sqsubseteq D = B_1 \sqsubseteq B_2$, 则 $\Delta \vdash B_1 \not\sqsubseteq B_2$, 并且根据 $(S_{\mathbf{A}})$, $\Delta | C \sqsubseteq D \Rightarrow \Delta$ 是可证的;

如果 $C = C_1 \sqcap C_2$, 则 $\Delta \cup \{C_1 \sqsubseteq D\}$ 并且 $\Delta \cup \{C_2 \sqsubseteq D\}$ 是不协调的, 由归纳假设, 有

$$\vdash_{\mathbf{S}^{\text{SN}}} \Delta | C_1 \sqsubseteq D \Rightarrow \Delta$$
$$\vdash_{\mathbf{S}^{\text{SN}}} \Delta | C_2 \sqsubseteq D \Rightarrow \Delta$$

根据 $(\sqcap S), \Delta|C_1 \sqcap C_2 \sqsubseteq D \Rightarrow \Delta$ 是可证的;

如果 $C = C_1 \sqcup C_2$, 则要么 $\Delta \cup \{C_1 \sqsubseteq D\}$, 要么 $\Delta \cup \{C_1 \sqsubseteq D, C_2 \sqsubseteq D\}$ 是不协调的, 由归纳假设, 要么

$$\vdash_{\mathbf{S}^{\mathrm{SN}}} \Delta|C_1 \sqsubseteq D \Rightarrow \Delta$$

要么

$$\vdash_{\mathbf{S}^{\mathrm{SN}}} \Delta, C_1 \sqsubseteq D|C_2 \sqsubseteq D \Rightarrow \Delta, C_1 \sqsubseteq D$$

并且根据 $(-_\sqcup S_1)$ 或 $(-_\sqcup S_2), \Delta|C_1 \sqcup C_2 \sqsubseteq D \Rightarrow \Delta$ 是可证的;

如果 $D = D_1 \sqcap D_2$, 则要么 $\Delta \cup \{C \sqsubseteq D_1\}$, 要么 $\Delta \cup \{C \sqsubseteq D_1, C \sqsubseteq D_2\}$ 是不协调的, 由归纳假设, 要么

$$\vdash_{\mathbf{S}^{\mathrm{SN}}} \Delta|C \sqsubseteq D_1 \Rightarrow \Delta$$

要么

$$\vdash_{\mathbf{S}^{\mathrm{SN}}} \Delta, C \sqsubseteq D_1|C \sqsubseteq D_2 \Rightarrow \Delta, C \sqsubseteq D_1$$

根据 $(S\sqcap)_1$ 或 $(S\sqcap)_2, \Delta|C \sqsubseteq D_1 \sqcap D_2 \Rightarrow \Delta$ 是可证的;

如果 $D = D_1 \sqcup D_2$, 则 $\Delta \cup \{C \sqsubseteq D_1\}$ 并且 $\Delta \cup \{C \sqsubseteq D_2\}$ 是不协调的, 由归纳假设, 有

$$\vdash_{\mathbf{S}^{\mathrm{SN}}} \Delta|C_1 \sqsubseteq D \Rightarrow \Delta$$
$$\vdash_{\mathbf{S}^{\mathrm{SN}}} \Delta|C_2 \sqsubseteq D \Rightarrow \Delta$$

并且根据 $(S\sqcup), \Delta|C \sqsubseteq D_1 \sqcup D_2 \Rightarrow \Delta$ 是可证的.   □

类似地, 有如下定理.

定理 12.2.2(完备性定理 2)   对于任意的协调理论 Δ 和断言 $C \not\sqsubseteq D$, 如果 $\Delta \cup \{C \not\sqsubseteq D\}$ 是协调的, 那么 $\Delta|C \not\sqsubseteq D \Rightarrow \Delta, C \not\sqsubseteq D$ 在 $\mathbf{S}^{\mathrm{SN}}$ 中是可证的, 即

$$\models_{\mathbf{S}^{\mathrm{SN}}} \Delta|C \not\sqsubseteq D \Rightarrow \Delta, C \not\sqsubseteq D \text{ 蕴含 } \vdash_{\mathbf{S}^{\mathrm{SN}}} \Delta|C \not\sqsubseteq D \Rightarrow \Delta, C \not\sqsubseteq D$$

如果 $\Delta \cup \{C \not\sqsubseteq D\}$ 是不协调的, 那么 $\Delta|C \not\sqsubseteq D \Rightarrow \Delta$ 在 $\mathbf{S}^{\mathrm{SN}}$ 中是可证的, 即

$$\models_{\mathbf{S}^{\mathrm{SN}}} \Delta|C \not\sqsubseteq D \Rightarrow \Delta \text{ 蕴含 } \vdash_{\mathbf{S}^{\mathrm{SN}}} \Delta|C \not\sqsubseteq D \Rightarrow \Delta$$ □

定理 12.2.3(可靠性定理 1)   对于任意的协调理论 Δ 和断言 $C \sqsubseteq D$, 如果 $\Delta|C \sqsubseteq D \Rightarrow \Delta, C \sqsubseteq D$ 在 $\mathbf{S}^{\mathrm{SN}}$ 中是可证的, 那么 $\Delta \cup \{C \sqsubseteq D\}$ 是协调的, 即

$$\vdash_{\mathbf{S}^{\mathrm{SN}}} \Delta|C \sqsubseteq D \Rightarrow \Delta, C \sqsubseteq D \text{ 蕴含 } \models_{\mathbf{S}^{\mathrm{SN}}} \Delta|C \sqsubseteq D \Rightarrow \Delta, C \sqsubseteq D$$

如果 $\Delta|C \sqsubseteq D \Rightarrow \Delta$ 在 $\mathbf{S}^{\mathrm{SN}}$ 中是可证的, 那么 $\Delta \cup \{C \sqsubseteq D\}$ 是不协调的, 即

$$\vdash_{\mathbf{S}^{\mathrm{SN}}} \Delta|C \sqsubseteq D \Rightarrow \Delta \text{ 蕴含 } \models_{\mathbf{S}^{\mathrm{SN}}} \Delta|C \sqsubseteq D \Rightarrow \Delta$$

证明　我们对概念 C 和 D 的结构作归纳来证明定理.

假设 $\vdash_{\mathbf{S}^{\mathrm{SN}}} \Delta | C \sqsubseteq D \Rightarrow \Delta, C \sqsubseteq D$.

如果 $C \sqsubseteq D = B_1 \sqsubseteq B_2$, 则如果 $\Delta | B_1 \sqsubseteq B_2 \Rightarrow \Delta, B_1 \sqsubseteq B_2$, 那么 $\Delta \not\vdash B_1 \not\sqsubseteq B_2$, 并且 $\Delta \cup \{B_1 \sqsubseteq B_2\}$ 是协调的;

如果 $C = C_1 \sqcap C_2$, 则要么

$$\vdash_{\mathbf{S}^{\mathrm{SN}}} \Delta | C_1 \sqsubseteq D \Rightarrow \Delta, C_1 \sqsubseteq D$$

要么

$$\vdash_{\mathbf{S}^{\mathrm{SN}}} \Delta | C_2 \sqsubseteq D \Rightarrow \Delta, C_2 \sqsubseteq D$$

并且由归纳假设, $\Delta \cup \{C_1 \sqsubseteq D\}$ 和 $\Delta \cup \{C_2 \sqsubseteq D\}$ 是协调的, 因此 $\Delta \cup \{C_1 \sqcap C_2 \sqsubseteq D\}$ 也是协调的;

如果 $C = C_1 \sqcup C_2$, 则

$$\vdash_{\mathbf{S}^{\mathrm{SN}}} \Delta | C_1 \sqsubseteq D \Rightarrow \Delta, C_1 \sqsubseteq D$$
$$\vdash_{\mathbf{S}^{\mathrm{SN}}} \Delta, C_1 \sqsubseteq D | C_2 \sqsubseteq D \Rightarrow \Delta, C_1 \sqsubseteq D, C_2 \sqsubseteq D$$

并且由归纳假设, $\Delta \cup \{C_1 \sqsubseteq D\}$ 和 $\Delta \cup \{C_1 \sqsubseteq D, C_2 \sqsubseteq D\}$ 是协调的, 因此 $\Delta \cup \{C_1 \sqcup C_2 \sqsubseteq D\}$ 也是协调的.

如果 $D = D_1 \sqcap D_2$, 则

$$\vdash_{\mathbf{S}^{\mathrm{SN}}} \Delta | C \sqsubseteq D_1 \Rightarrow \Delta, C \sqsubseteq D_1$$
$$\vdash_{\mathbf{S}^{\mathrm{SN}}} \Delta, C \sqsubseteq D_1 | C \sqsubseteq D_2 \Rightarrow \Delta, C \sqsubseteq D_1, C \sqsubseteq D_2$$

并且由归纳假设, $\Delta \cup \{C \sqsubseteq D_1\}$ 和 $\Delta \cup \{C \sqsubseteq D_1, C \sqsubseteq D_2\}$ 是协调的, 因此 $\Delta \cup \{C \sqsubseteq D_1 \sqcap D_2\}$ 也是协调的;

如果 $D = D_1 \sqcup D_2$, 则要么

$$\vdash_{\mathbf{S}^{\mathrm{SN}}} \Delta | C \sqsubseteq D_1 \Rightarrow \Delta, C \sqsubseteq D_1$$

要么

$$\vdash_{\mathbf{S}^{\mathrm{SN}}} \Delta | C \sqsubseteq D_2 \Rightarrow \Delta, C \sqsubseteq D_2$$

并且由归纳假设, 要么 $\Delta \cup \{C \sqsubseteq D_1\}$, 要么 $\Delta \cup \{C \sqsubseteq D_2\}$ 是协调的, 因此 $\Delta \cup \{C \sqsubseteq D_1 \sqcup D_2\}$ 也是协调的.

假设 $\vdash_{\mathbf{S}^{\mathrm{SN}}} \Delta | C \sqsubseteq D \Rightarrow \Delta$.

如果 $C \sqsubseteq D = B_1 \sqsubseteq B_2$, 则 $\Delta \vdash B_1 \not\sqsubseteq B_2$, 即 $\Delta \cup \{B_1 \sqsubseteq B_2\}$ 是不协调的;

如果 $C = C_1 \sqcap C_2$, 则

$$\vdash_{\mathbf{S}^{\mathrm{SN}}} \Delta | C_1 \sqsubseteq D \Rightarrow \Delta$$
$$\vdash_{\mathbf{S}^{\mathrm{SN}}} \Delta | C_2 \sqsubseteq D \Rightarrow \Delta$$

并且由归纳假设, $\Delta \cup \{C_1 \sqsubseteq D\}$ 和 $\Delta \cup \{C_2 \sqsubseteq D\}$ 是不协调的, 因此 $\Delta \cup \{C_1 \sqcap C_2 \sqsubseteq D\}$ 也是不协调的;

如果 $C = C_1 \sqcup C_2$, 则要么

$$\vdash_{\mathbf{S}^{SN}} \Delta | C_1 \sqsubseteq D \Rightarrow \Delta$$

要么

$$\vdash_{\mathbf{S}^{SN}} \Delta, C_1 \sqsubseteq D | C_2 \sqsubseteq D \Rightarrow \Delta, C_1 \sqsubseteq D$$

并且由归纳假设, 要么 $\Delta \cup \{C_1 \sqsubseteq D\}$, 要么 $\Delta \cup \{C_1 \sqsubseteq D, C_2 \sqsubseteq D\}$ 是不协调的, 因此 $\Delta \cup \{C_1 \sqcup C_2 \sqsubseteq D\}$ 也是不协调的;

如果 $D = D_1 \sqcap D_2$, 则要么

$$\vdash_{\mathbf{S}^{SN}} \Delta | C \sqsubseteq D_1 \Rightarrow \Delta$$

要么

$$\vdash_{\mathbf{S}^{SN}} \Delta, C \sqsubseteq D_1 | C \sqsubseteq D_2 \Rightarrow \Delta, C \sqsubseteq D_1$$

并且由归纳假设, 要么 $\Delta \cup \{C \sqsubseteq D_1\}$, 要么 $\Delta \cup \{C \sqsubseteq D_1, C \sqsubseteq D_2\}$ 是不协调的, 因此 $\Delta \cup \{C \sqsubseteq D_1 \sqcap D_2\}$ 也是不协调的;

如果 $D = D_1 \sqcup D_2$, 则

$$\vdash_{\mathbf{S}^{SN}} \Delta | C_1 \sqsubseteq D \Rightarrow \Delta$$
$$\vdash_{\mathbf{S}^{SN}} \Delta | C_2 \sqsubseteq D \Rightarrow \Delta$$

并且由归纳假设, $\Delta \cup \{C_1 \sqsubseteq D\}$ 和 $\Delta \cup \{C_2 \sqsubseteq D\}$ 是不协调的, 因此 $\Delta \cup \{C \sqsubseteq D_1 \sqcup D_2\}$ 是不协调的. $\qquad\square$

类似地, 有如下定理.

定理 12.2.4 (可靠性定理 2) 对于任意的协调理论 Δ 和断言 $C \not\sqsubseteq D$, 如果 $\Delta | C \not\sqsubseteq D \Rightarrow \Delta, C \not\sqsubseteq D$ 在 $\mathbf{S}^{SN}$ 中是可证的, 那么 $\Delta \cup \{C \not\sqsubseteq D\}$ 是协调的, 即

$$\vdash_{\mathbf{S}^{SN}} \Delta | C \not\sqsubseteq D \Rightarrow \Delta, C \not\sqsubseteq D \text{ 蕴含 } \models_{\mathbf{S}^{SN}} \Delta | C \not\sqsubseteq D \Rightarrow \Delta, C \not\sqsubseteq D$$

如果 $\Delta | C \not\sqsubseteq D \Rightarrow \Delta$ 在 $\mathbf{S}^{SN}$ 中是可证的, 那么 $\Delta \cup \{C \not\sqsubseteq D\}$ 是不协调的, 即

$$\vdash_{\mathbf{S}^{SN}} \Delta | C \not\sqsubseteq D \Rightarrow \Delta \text{ 蕴含 } \models_{\mathbf{S}^{SN}} \Delta | C \not\sqsubseteq D \Rightarrow \Delta \qquad\square$$

因此, 有如下推论.

推论 12.2.1 不存在断言 $C \sqsubseteq D$ 使得 $\vdash_{\mathbf{S}^{SN}} \Delta | C \sqsubseteq D \Rightarrow \Delta$, 并且 $\vdash_{\mathbf{S}^{SN}} \Delta | C \sqsubseteq D \Rightarrow \Delta, C \sqsubseteq D$. $\qquad\square$

12.2.3　例子

在 R-演算 $\mathbf{S}^{\text{SN}}$ 中, 我们有如下推导.

例 12.2.1　设

$$\Gamma = \{\text{鱼} \sqsubseteq \neg\text{哺乳动物}, \text{哺乳动物} \sqsubseteq \neg\text{鱼}, \text{鲸鱼} \sqsubseteq \text{鱼}\}$$
$$\Delta = \{\text{鲸鱼} \sqsubseteq \text{哺乳动物}\}$$

则

$$\text{鲸鱼} \sqsubseteq \text{哺乳动物}|\text{鱼} \sqsubseteq \neg\text{哺乳动物}, \text{哺乳动物} \sqsubseteq \neg\text{鱼}, \text{鲸鱼} \sqsubseteq \text{鱼}$$
$$\Rightarrow \text{鲸鱼} \sqsubseteq \text{哺乳动物}, \text{鱼} \sqsubseteq \neg\text{哺乳动物}, \text{哺乳动物} \sqsubseteq \neg\text{鱼}|\text{鲸鱼} \sqsubseteq \text{鱼}$$
$$\Rightarrow \text{鲸鱼} \sqsubseteq \text{哺乳动物}, \text{鱼} \sqsubseteq \neg\text{哺乳动物}, \text{哺乳动物} \sqsubseteq \neg\text{鱼}$$

并且

$$\text{鲸鱼} \sqsubseteq \text{哺乳动物}|\text{鲸鱼} \sqsubseteq \text{鱼}, \text{鱼} \sqsubseteq \neg\text{哺乳动物}, \text{哺乳动物} \sqsubseteq \neg\text{鱼}$$
$$\Rightarrow \text{鲸鱼} \sqsubseteq \text{哺乳动物}, \text{鲸鱼} \sqsubseteq \text{鱼}|\text{鱼} \sqsubseteq \neg\text{哺乳动物}, \text{哺乳动物} \sqsubseteq \neg\text{鱼}$$
$$\Rightarrow \text{鲸鱼} \sqsubseteq \text{哺乳动物}, \text{鲸鱼} \sqsubseteq \text{鱼}$$

我们假设 **鲸鱼 $\sqsubseteq$ 鱼** 和 **鲸鱼 $\sqsubseteq \neg$ 鱼** 是矛盾的.

我们通过将概念 C 分为三类来进一步扩展语义继承网络.

(1) 个体概念 a, 其外延只包含一个元素 a;

(2) 概念 C;

(3) 属性概念 φ, 其外延是所有满足该属性的个体的集合.

相应地, 我们也将包含关系 $\sqsubseteq$ 分为三类.

(1) 存在于个体概念与概念之间的事例化关系 $a \in C$;

(2) 存在于概念之间的包含关系 $C \sqsubseteq D$;

(3) 存在于概念与属性之间的满足关系 $C \mapsto \varphi$, 其中 $C \mapsto \varphi$ 表示 C 的外延是 φ 的外延的一个子集.

例 12.2.2　设 $\Gamma = \{\text{鸟} \mapsto \text{会飞}, \text{企鹅} \sqsubseteq \text{鸟}\}$, 并且 $\Delta = \{\text{企鹅} \mapsto \neg\text{会飞}\}$.

$$\text{企鹅} \mapsto \neg\text{会飞}|\text{鸟} \mapsto \text{会飞}, \text{企鹅} \sqsubseteq \text{鸟}$$
$$\Rightarrow \text{企鹅} \mapsto \neg\text{会飞}, \text{鸟} \mapsto \text{会飞}|\text{企鹅} \sqsubseteq \text{鸟}$$
$$\Rightarrow \text{企鹅} \mapsto \neg\text{会飞}, \text{鸟} \mapsto \text{会飞}$$

并且

$$\text{企鹅} \mapsto \neg\text{会飞}|\text{企鹅} \sqsubseteq \text{鸟}, \text{鸟} \mapsto \text{会飞}$$
$$\Rightarrow \text{企鹅} \mapsto \neg\text{会飞}, \text{企鹅} \sqsubseteq \text{鸟}|\text{鸟} \mapsto \text{会飞}$$
$$\Rightarrow \text{企鹅} \mapsto \neg\text{会飞}, \text{企鹅} \sqsubseteq \text{鸟}$$

注意: 事实上有

$$\text{企鹅} \mapsto \neg \text{会飞}, \text{企鹅} \sqsubseteq \text{鸟}, \text{鸟} \mapsto_d \text{会飞}$$

即鸟缺省会飞.

例 12.2.3　设 $\Gamma = \{\text{天鹅} \mapsto \text{白的}, \text{白的} \rightsquigarrow \neg\text{黑的}, \text{黑的} \rightsquigarrow \neg\text{白的}\}$, 并且 $\Delta = \{\text{天鹅}(\text{tweenty}), \text{黑的}(\text{tweety})\}$, 其中 $\rightsquigarrow$ 是性质之间的包含关系.

$$\text{天鹅}(\text{tweenty}), \text{黑的}(\text{tweety}) | \text{天鹅} \mapsto \text{白的}, \text{白的} \rightsquigarrow \neg\text{黑的}, \text{黑的} \rightsquigarrow \neg\text{白的}$$
$$\Rightarrow \text{天鹅}(\text{tweenty}), \text{黑的}(\text{tweety}), \text{白的} \rightsquigarrow \neg\text{黑的}, \text{黑的} \rightsquigarrow \neg\text{白的}$$

事实上, 我们有

$$\Delta, \text{天鹅} \mapsto_d \text{白的}, \text{白的} \rightsquigarrow \neg\text{黑的}, \text{黑的} \rightsquigarrow \neg\text{白的}$$

或者

$$\Delta, \text{天鹅} \mapsto \text{白的} \sqcup \text{黑的}, \text{白的} \rightsquigarrow \neg\text{黑的}, \text{黑的} \rightsquigarrow \neg\text{白的}$$

12.2.4　关于协调性和非协调性

关于协调性和非协调性, 我们有如下可靠和完备的推理系统.

公理

$$(\mathbf{A}) \quad \frac{\Delta \nvdash B \not\sqsubseteq B'}{\mathrm{con}(\Delta, B \sqsubseteq B')} \qquad (\mathbf{A}) \quad \frac{\Delta \vdash B \not\sqsubseteq B'}{\mathrm{incon}(\Delta, B \sqsubseteq B')}$$

$$(\neg) \quad \frac{\Delta \nvdash B \sqsubseteq B'}{\mathrm{con}(\Delta, B \not\sqsubseteq B')} \qquad (\neg) \quad \frac{\Delta \vdash B \sqsubseteq B'}{\mathrm{incon}(\Delta, B \not\sqsubseteq B')}$$

$C \sqsubseteq D$ 的推导规则

$$(\sqcap_1) \quad \frac{\mathrm{con}(\Delta, C_1 \sqsubseteq D)}{\mathrm{con}(\Delta, C_1 \sqcap C_2 \sqsubseteq D)}$$

$$(\sqcap_2) \quad \frac{\mathrm{con}(\Delta, C_2 \sqsubseteq D)}{\mathrm{con}(\Delta, C_1 \sqcap C_2 \sqsubseteq D)} \qquad (\sqcap) \quad \frac{\mathrm{incon}(\Delta, C_1 \sqsubseteq D) \atop \mathrm{incon}(\Delta, C_2 \sqsubseteq D)}{\mathrm{incon}(\Delta, C_1 \sqcap C_2 \sqsubseteq D)}$$

$$(\sqcup) \quad \frac{\mathrm{con}(\Delta, C_1 \sqsubseteq D) \atop \mathrm{con}(\Delta \cup \{C_1 \sqsubseteq D\}, C_2 \sqsubseteq D)}{\mathrm{con}(\Delta, C_1 \sqcup C_2 \sqsubseteq D)} \qquad (\sqcup^1) \quad \frac{\mathrm{incon}(\Delta, C_1 \sqsubseteq D)}{\mathrm{incon}(\Delta, C_1 \sqcup C_2 \sqsubseteq D)}$$

$$(\sqcup^2) \quad \frac{\mathrm{incon}(\Delta \cup \{C_1 \sqsubseteq D\}, C_2 \sqsubseteq D)}{\mathrm{incon}(\Delta, C_1 \sqcup C_2 \sqsubseteq D)}$$

以及

$$(\sqcap)\ \dfrac{\mathrm{con}(\Delta, C \sqsubseteq D_1)}{\dfrac{\mathrm{con}(\Delta \cup \{C \sqsubseteq D_1\}, C \sqsubseteq D_2)}{\mathrm{con}(\Delta, C \sqsubseteq D_1 \sqcap D_2)}}$$

$$\left(^1_\sqcap\right)\ \dfrac{\mathrm{incon}(\Delta, C \sqsubseteq D_1)}{\mathrm{incon}(\Delta, C \sqsubseteq D_1 \sqcap D_2)}$$

$$\left(^2_\sqcap\right)\ \dfrac{\mathrm{incon}(\Delta \cup \{C \sqsubseteq D_1\}, C \sqsubseteq D_2)}{\mathrm{incon}(\Delta, C \sqsubseteq D_1 \sqcap D_2)}$$

$$\left(^\sqcup_1\right)\ \dfrac{\mathrm{con}(\Delta, C \sqsubseteq D_1)}{\mathrm{con}(\Delta, C \sqsubseteq D_1 \sqcup D_2)}$$

$$\left(^\sqcup_2\right)\ \dfrac{\mathrm{con}(\Delta, C \sqsubseteq D_2)}{\mathrm{con}(\Delta, C \sqsubseteq D_1 \sqcup D_2)}$$

$$(\sqcup)\ \dfrac{\mathrm{incon}(\Delta, C \sqsubseteq D_1)}{\dfrac{\mathrm{incon}(\Delta, C \sqsubseteq D_2)}{\mathrm{incon}(\Delta, C \sqsubseteq D_1 \sqcup D_2)}}$$

$C \not\sqsubseteq D$ 的推导规则

$$(-^\sqcap)\ \dfrac{\mathrm{con}(\Delta, C_1 \not\sqsubseteq D)}{\dfrac{\mathrm{con}(\Delta \cup \{C_1 \not\sqsubseteq D\}, C_2 \not\sqsubseteq D)}{\mathrm{con}(\Delta, C_1 \sqcap C_2 \not\sqsubseteq D)}}$$

$$\left(-^1_\sqcap\right)\ \dfrac{\mathrm{incon}(\Delta, C_1 \not\sqsubseteq D)}{\mathrm{incon}(\Delta, C_1 \sqcap C_2 \not\sqsubseteq D)}$$

$$\left(-^2_\sqcap\right)\ \dfrac{\mathrm{incon}(\Delta \cup \{C_1 \not\sqsubseteq D\}, C_2 \not\sqsubseteq D)}{\mathrm{incon}(\Delta, C_1 \sqcap C_2 \not\sqsubseteq D}$$

$$\left(-^\sqcup_1\right)\ \dfrac{\mathrm{con}(\Delta, C_1 \not\sqsubseteq D)}{\mathrm{con}(\Delta, C_1 \sqcup C_2 \not\sqsubseteq D)}$$

$$\left(-^\sqcup_2\right)\ \dfrac{\mathrm{con}(\Delta, C_2 \not\sqsubseteq D)}{\mathrm{con}(\Delta, C_1 \sqcup C_2 \not\sqsubseteq D)}$$

$$(-^\sqcup)\ \dfrac{\mathrm{incon}(\Delta, C_1 \not\sqsubseteq D)}{\dfrac{\mathrm{incon}(\Delta, C_2 \not\sqsubseteq D)}{\mathrm{incon}(\Delta, C_1 \sqcup C_2 \not\sqsubseteq D)}}$$

以及

$$\left(-^\sqcap_1\right)\ \dfrac{\mathrm{con}(\Delta, C \not\sqsubseteq D_1)}{\mathrm{con}(\Delta, C \not\sqsubseteq D_1 \sqcap D_2)}$$

$$\left(-^\sqcap_2\right)\ \dfrac{\mathrm{con}(\Delta, C \not\sqsubseteq D_2)}{\mathrm{con}(\Delta, C \not\sqsubseteq D_1 \sqcap D_2)}$$

$$(-^\sqcap)\ \dfrac{\mathrm{incon}(\Delta, C \not\sqsubseteq D_1)}{\dfrac{\mathrm{incon}(\Delta, C \not\sqsubseteq D_2)}{\mathrm{incon}(\Delta, C \not\sqsubseteq D_1 \sqcap D_2)}}$$

$$(-^\sqcup)\ \dfrac{\mathrm{con}(\Delta, C \not\sqsubseteq D_1)}{\dfrac{\mathrm{con}(\Delta \cup \{C \not\sqsubseteq D_1\}, C \not\sqsubseteq D_2)}{\mathrm{con}(\Delta, C \not\sqsubseteq D_1 \sqcup D_2)}}$$

$$\left(-^1_\sqcup\right)\ \dfrac{\mathrm{incon}(\Delta, C \not\sqsubseteq D_1)}{\mathrm{incon}(\Delta, C \not\sqsubseteq D_1 \sqcup D_2)}$$

$$\left(-^2_\sqcup\right)\ \dfrac{\mathrm{con}(\Delta, C \not\sqsubseteq D_1)}{\dfrac{\mathrm{incon}(\Delta \cup \{C \not\sqsubseteq D_1\}, C \not\sqsubseteq D_2)}{\mathrm{incon}(\Delta, C \not\sqsubseteq D_1 \sqcup D_2)}}$$

12.3　R-演算 $\mathbf{T}^{\mathrm{SN}}$ 和 $\preceq$-极小改变

定义 12.3.1　给定两个理论 Δ 和 Γ, 一个理论 Θ 是 Γ 关于 Δ 的一个 $\preceq$-极小改变, 记作 $\models_\mathbf{T} \Delta|\Gamma \Rightarrow \Delta, \Theta$, 如果 Θ 是极小的, 使得:

(i) $\Theta \cup \Delta$ 是协调的;

(ii) $\Theta \preceq D$, 即对于每一个断言 $C \sqsubseteq D \in \Theta$, 存在一个断言 $C' \sqsubseteq D' \in \Gamma$ 使得 $C \preceq C'$ 和 $D \preceq D'$;

(iii) 对于任意理论 Ξ 满足 $\Theta \prec \Xi \preceq \Gamma$, $\Xi \cup \Delta$ 是不协调的.

在本节, 我们给出一个 Gentzen- 型的 R-演算 $\mathbf{T}^{\mathrm{SN}}$ 使得对于任意断言理论 Δ, Γ 和理论 Θ, $\Delta|\Gamma \Rightarrow \Delta, \Theta$ 是 $\mathbf{T}^{\mathrm{SN}}$-可证的当且仅当 Θ 是 Γ 关于 Δ 的一个 $\sqsubseteq$-极小改变.

12.3.1   关于单个断言 $C \sqsubseteq D$ 的 R-演算 $\mathbf{T}^{\mathrm{SN}}$

单个断言 $C \sqsubseteq D$ 的 R-演算 $\mathbf{T}^{\mathrm{SN}}$ 由如下公理和推导规则组成.

公理

$$(T^{\mathbf{A}}) \frac{\Delta \nvdash C \not\sqsubseteq D}{\Delta|C \sqsubseteq D \Rightarrow \Delta, C \sqsubseteq D} \qquad (T_{\mathbf{A}}) \frac{\Delta \vdash B \not\sqsubseteq B'}{\Delta|B \sqsubseteq B' \Rightarrow \Delta}$$

$$(T^{\neg}) \frac{\Delta \nvdash C \not\sqsubseteq D}{\Delta|C \not\sqsubseteq D \Rightarrow \Delta, C \not\sqsubseteq D} \qquad (T_{\neg}) \frac{\Delta \vdash B \sqsubseteq B'}{\Delta|B \not\sqsubseteq B' \Rightarrow \Delta}$$

$C \sqsubseteq D$ 的推导规则

$$(^{\sqcap}T_1) \frac{\Delta|C_1 \sqsubseteq D \Rightarrow \Delta, E_1 \sqsubseteq D}{\Delta|C_1 \sqcap C_2 \sqsubseteq D \Rightarrow \Delta, E_1 \sqcap C_2 \sqsubseteq D}$$

$$(^{\sqcap}T_2) \frac{\Delta|C_1 \sqsubseteq D \Rightarrow \Delta \qquad \Delta|C_2 \sqsubseteq D \Rightarrow \Delta, E_2 \sqsubseteq D}{\Delta|C_1 \sqcap C_2 \sqsubseteq D \Rightarrow \Delta, C_1 \sqcap E_2 \sqsubseteq D}$$

$$(_{\sqcap}T) \frac{\Delta|C_1 \sqsubseteq D \Rightarrow \Delta \qquad \Delta|C_2 \sqsubseteq D \Rightarrow \Delta}{\Delta|C_1 \sqcap C_2 \sqsubseteq D \Rightarrow \Delta}$$

$$(^{\sqcup}T) \frac{\Delta|C_1 \sqsubseteq D \Rightarrow \Delta, E_1 \sqsubseteq D}{\Delta|C_1 \sqcup C_2 \sqsubseteq D \Rightarrow \Delta, E_1 \sqsubseteq D|C_2 \sqsubseteq D}$$

以及

$$(T^{\sqcap}) \frac{\Delta|C \sqsubseteq D_1 \Rightarrow \Delta, C \sqsubseteq F_1|}{\Delta|C \sqsubseteq D_1 \sqcap D_2 \Rightarrow \Delta, C \sqsubseteq F_1|C \sqsubseteq D_2}$$

$$(T_1^{\sqcup}) \frac{\Delta|C \sqsubseteq D_1 \Rightarrow \Delta, C \sqsubseteq F_1}{\Delta|C \sqsubseteq D_1 \sqcup D_2 \Rightarrow \Delta, C \sqsubseteq F_1 \sqcup D_2}$$

$$(T_2^{\sqcup}) \frac{\Delta|C \sqsubseteq D_2 \Rightarrow \Delta, C \sqsubseteq F_2}{\Delta|C \sqsubseteq D_1 \sqcup D_2 \Rightarrow \Delta, C \sqsubseteq D_1 \sqcup F_2}$$

$$(T_{\sqcup}) \frac{\Delta|C \sqsubseteq D_1 \Rightarrow \Delta \qquad \Delta|C \sqsubseteq D_2 \Rightarrow \Delta}{\Delta|C \sqsubseteq D_1 \sqcup D_2 \Rightarrow \Delta}$$

$C \not\sqsubseteq D$ 的推导规则

$$(-^\sqcap T) \quad \frac{\Delta|C_1 \not\sqsubseteq D \Rightarrow \Delta, E_1 \not\sqsubseteq D}{\Delta|C_1 \sqcap C_2 \not\sqsubseteq D \Rightarrow \Delta, E_1 \sqsubseteq D|C_2 \not\sqsubseteq D}$$

$$(-^\sqcup T_1) \quad \frac{\Delta|C_1 \not\sqsubseteq D \Rightarrow \Delta, E_1 \not\sqsubseteq D}{\Delta|C_1 \sqcup C_2 \not\sqsubseteq D \Rightarrow \Delta, E_1 \sqcup C_2 \not\sqsubseteq D}$$

$$(-^\sqcup T_2) \quad \frac{\begin{array}{c}\Delta|C_1 \not\sqsubseteq D \Rightarrow \Delta \\ \Delta|C_2 \not\sqsubseteq D \Rightarrow \Delta, E_2 \not\sqsubseteq D\end{array}}{\Delta|C_1 \sqcup C_2 \not\sqsubseteq D \Rightarrow \Delta, C_1 \sqcup E_2 \not\sqsubseteq D}$$

$$(-_\sqcup T) \quad \frac{\Delta|C_1 \not\sqsubseteq D \Rightarrow \Delta \quad \Delta|C_2 \not\sqsubseteq D \Rightarrow \Delta}{\Delta|C_1 \sqcup C_2 \not\sqsubseteq D \Rightarrow \Delta}$$

以及

$$(-T_1^\sqcap) \quad \frac{\Delta|C \not\sqsubseteq D_1 \Rightarrow \Delta, C \not\sqsubseteq F_1}{\Delta|C \not\sqsubseteq D_1 \sqcap D_2 \Rightarrow \Delta, C \not\sqsubseteq F_1 \sqcap D_2}$$

$$(-T_2^\sqcap) \quad \frac{\Delta|C \not\sqsubseteq D_1 \Rightarrow \Delta \quad \Delta|C \not\sqsubseteq D_2 \Rightarrow \Delta, C \not\sqsubseteq F_2}{\Delta|C \not\sqsubseteq D_1 \sqcap D_2 \Rightarrow \Delta, C \not\sqsubseteq D_1 \sqcap F_2}$$

$$(-T_\sqcap) \quad \frac{\Delta|C \not\sqsubseteq D_1 \Rightarrow \Delta \quad \Delta|C \not\sqsubseteq D_2 \Rightarrow \Delta}{\Delta|C \not\sqsubseteq D_1 \sqcap D_2 \Rightarrow \Delta}$$

$$(-T^\sqcup) \quad \frac{\Delta|C \not\sqsubseteq D_1 \Rightarrow \Delta, C \not\sqsubseteq F_1}{\Delta|C \not\sqsubseteq D_1 \sqcup D_2 \Rightarrow \Delta, C \not\sqsubseteq F_1|C \not\sqsubseteq D_2}$$

定义 12.3.2 $\Delta|C \sqsubseteq D \Rightarrow \Delta, C' \sqsubseteq D'$ 是 $\mathbf{T}^{\mathrm{SN}}$-可证的, 记作 $\vdash_{\mathbf{T}^{\mathrm{SN}}} \Delta|C \sqsubseteq D \Rightarrow \Delta, C' \sqsubseteq D'$, 如果存在一个断言序列 $S_1, \cdots, S_m$, 使得:

$$S_1 = \Delta|C \sqsubseteq D \Rightarrow \Delta|C' \sqsubseteq D'$$
$$\cdots\cdots$$
$$S_m = \Delta|C_m \sqsubseteq D_m \Rightarrow \Delta, C' \sqsubseteq D'$$

并且对于每一个 $i < m, S_{i+1}$ 是一条公理或是由之前断言通过 $\mathbf{T}^{\mathrm{SN}}$ 中的一条推导规则得到的.

12.3.2　$\mathbf{T}^{\mathrm{SN}}$ 的可靠性和完备性定理

定理 12.3.1 对于任意协调理论 Δ 和断言 $C \sqsubseteq D$, 存在一个断言 $C' \sqsubseteq D'$ 使得 $C' \sqsubseteq C$ 和 $D' \preceq D$, 以及 $\Delta|C \sqsubseteq D \Rightarrow \Delta, C' \sqsubseteq D'$ 是可证的.

证明 我们对概念 C 和 D 的结构作归纳来证明定理.

情况 $C \sqsubseteq D = B \sqsubseteq B'$. 如果 $\Delta \vdash B \not\sqsubseteq B'$, 则令 $C' \sqsubseteq D' = \lambda$; 如果 $\Delta \nvdash B \not\sqsubseteq B'$, 则令 $C' \sqsubseteq D' = B \sqsubseteq B'$. 根据 $(T^{\mathbf{A}})$ 和 $(T_{\mathbf{A}})$, $\Delta|C \sqsubseteq D \Rightarrow \Delta, C' \sqsubseteq D'$ 是可证的.

情况 $C = C_1 \sqcap C_2$. 由归纳假设, 存在断言 $E_1 \preceq C_1$ 和 $E_2 \preceq C_2$, 使得:

$$\vdash_{\mathbf{T}^{\mathrm{SN}}} \Delta|C_1 \sqsubseteq D \Rightarrow \Delta, E_1 \sqsubseteq D$$
$$\vdash_{\mathbf{T}^{\mathrm{SN}}} \Delta|C_2 \sqsubseteq D \Rightarrow \Delta, E_2 \sqsubseteq D$$

如果 $E_1 \neq \lambda$, 则根据 $(T_1^{\sqcup})$, 有

$$\vdash_{\mathbf{T}^{\mathrm{SN}}} \Delta | C_1 \sqcap C_2 \sqsubseteq D \Rightarrow \Delta, E_1 \sqcup C_2 \sqsubseteq D$$

如果 $E_1 = \lambda$ 和 $E_2 \neq \lambda$, 则根据 $(T_2^{\sqcup})$, 有

$$\vdash_{\mathbf{T}^{\mathrm{SN}}} \Delta | C_1 \sqcap C_2 \sqsubseteq D \Rightarrow \Delta, C_1 \sqcup E_2 \sqsubseteq D$$

如果 $B_1 = B_2 = \lambda$, 则根据 $(T_3^{\sqcup})$, 有

$$\vdash_{\mathbf{T}^{\mathrm{SN}}} \Delta | C_1 \sqcap C_2 \sqsubseteq D \Rightarrow \Delta$$

设

$$C' \sqsubseteq D' = \begin{cases} E_1 \sqcup C_2 \sqsubseteq D, & E_1 \neq \lambda \\ C_1 \sqcup E_2 \sqsubseteq D, & E_1 = \lambda \neq E_2 \\ \lambda, & \text{其他} \end{cases}$$

并且 $\vdash_{\mathbf{T}^{\mathrm{SN}}} \Delta | C_1 \sqcap C_2 \sqsubseteq D \Rightarrow \Delta, C' \sqsubseteq D'$.

情况 $C = C_1 \sqcup C_2$. 由归纳假设, 存在断言 $E_1 \preceq C_1, E_2 \preceq C_2$, 使得:

$$\vdash_{\mathbf{T}^{\mathrm{SN}}} \Delta | C_1 \sqsubseteq D \Rightarrow \Delta, E_1 \sqsubseteq D$$
$$\vdash_{\mathbf{T}^{\mathrm{SN}}} \Delta, E_1 \sqsubseteq D | C_2 \sqsubseteq D \Rightarrow \Delta, E_1 \sqsubseteq D, E_2 \sqsubseteq D$$

设 $C' \sqsubseteq D' = E_1 \sqcup E_2 \sqsubseteq D$, 并且 $\vdash_{\mathbf{T}^{\mathrm{SN}}} \Delta | C_1 \sqcup C_2 \sqsubseteq D \Rightarrow \Delta, E_1 \sqcup E_2 \sqsubseteq D$.

情况 $D = D_1 \sqcap D_2$. 由归纳假设, 存在断言 $F_1 \preceq D_1, F_2 \preceq D_2$, 使得:

$$\vdash_{\mathbf{T}^{\mathrm{SN}}} \Delta | C \sqsubseteq D_1 \Rightarrow \Delta, C \sqsubseteq F_1$$
$$\vdash_{\mathbf{T}^{\mathrm{SN}}} \Delta, C \sqsubseteq F_1 | C \sqsubseteq D_2 \Rightarrow \Delta, C \sqsubseteq F_1, C \sqsubseteq F_2$$

设 $C' \sqsubseteq D' = C \sqsubseteq F_1 \sqcap F_2$, 并且 $\vdash_{\mathbf{T}^{\mathrm{SN}}} \Delta | C \sqsubseteq D_1 \sqcap D_2 \Rightarrow \Delta, C \sqsubseteq F_1 \sqcap F_2$.

情况 $D = D_1 \sqcup D_2$. 由归纳假设, 存在断言 $F_1 \preceq D_1$ 和 $F_2 \preceq D_2$, 使得:

$$\vdash_{\mathbf{T}^{\mathrm{SN}}} \Delta | C \sqsubseteq D_1 \Rightarrow \Delta, C \sqsubseteq F_1$$
$$\vdash_{\mathbf{T}^{\mathrm{SN}}} \Delta | C \sqsubseteq D_2 \Rightarrow \Delta, C \sqsubseteq F_2$$

如果 $F_1 \neq \lambda$, 则根据 $(T_1^{\sqcup})$, 有

$$\vdash_{\mathbf{T}^{\mathrm{SN}}} \Delta | C \sqsubseteq D_1 \sqcup D_2 \Rightarrow \Delta, C \sqsubseteq F_1 \sqcup D_2$$

如果 $F_1 = \lambda$ 和 $F_2 \neq \lambda$, 则根据 $(T_2^{\sqcup})$, 有

$$\vdash_{\mathbf{T}^{\mathrm{SN}}} \Delta | C \sqsubseteq D_1 \sqcup D_2 \Rightarrow \Delta, C \sqsubseteq D_1 \sqcup F_2$$

如果 $F_1 = F_2 = \lambda$, 则根据 $(T_3^{\sqcup})$, 有

$$\vdash_{\mathbf{TSN}} \Delta | C \sqsubseteq D_1 \sqcup D_2 \Rightarrow \Delta$$

设

$$C' \sqsubseteq D' = \begin{cases} C \sqsubseteq F_1 \sqcup D_2, & F_1 \neq \lambda \\ C \sqsubseteq D_1 \sqcup F_2, & F_1 = \lambda \neq F_2 \\ \lambda, & \text{其他} \end{cases}$$

以及 $\vdash_{\mathbf{TSN}} \Delta | C \sqsubseteq D_1 \sqcup D_2 \Rightarrow \Delta, C' \sqsubseteq D'$. □

引理 12.3.1 如果 Θ 是 D 关于 Δ 的一个 $\preceq$-极小改变, 并且 Θ' 是 $C_{n+1} \sqsubseteq D_{n+1}$ 关于 $\Delta \cup \Theta$ 的一个 $\preceq$-极小改变, 则 Θ' 是 $D \cup \{C_{n+1} \sqsubseteq D_{n+1}\}$ 关于 Δ 的一个 $\preceq$-极小改变. □

证明 假设 Θ 是 D 关于 Δ 的一个 $\preceq$-极小改变, 并且 Θ' 是 $C_{n+1} \sqsubseteq D_{n+1}$ 关于 $\Delta \cup \Theta$ 的一个 $\preceq$-极小改变, 则 Θ' 是 $D \cup \{C_{n+1} \sqsubseteq D_{n+1}\}$ 关于 Δ 的一个 $\preceq$-极小改变. □

引理 12.3.2 如果 $C \sqsubseteq F_1$ 是 $C \sqsubseteq D_1$ 关于 Δ 的一个 $\preceq$-极小改变, 并且 $C \sqsubseteq F_2$ 是 $C \sqsubseteq D_2$ 关于 $\Delta \cup \{C \sqsubseteq F_1\}$ 的一个 $\preceq$-极小改变, 则 $C \sqsubseteq F_1 \sqcap F_2$ 是 $C \sqsubseteq D_1 \sqcap D_2$ 关于 Δ 的一个 $\preceq$-极小改变.

证明 假设 $C \sqsubseteq F_1$ 是 $C \sqsubseteq D_1$ 关于 Δ 的一个 $\preceq$-极小改变, 并且 $C \sqsubseteq F_2$ 是 $C \sqsubseteq D_2$ 关于 $\Delta \cup \{C \sqsubseteq F_1\}$ 的一个 $\preceq$-极小改变, 则 $F_1 \sqcap F_2 \preceq D_1 \sqcap D_2$ 和 $\Delta \cup \{C \sqsubseteq F_1 \sqcap F_2\}$ 是协调的.

对于任意 G 满足 $F_1 \sqcap F_2 \prec G \preceq D_1 \sqcap D_2$, 存在 G_1 和 G_2 使得 $G = G_1 \sqcap G_2$, 以及 $F_1 \preceq G_1 \preceq D_1, F_2 \preceq G_2 \preceq D_2$. 如果 $F_1 \prec G_1$, 那么 $\Delta \cup \{C \sqsubseteq G_1\}$ 是不协调的, 因此 $\Delta \cup \{C \sqsubseteq G_1 \sqcap G_2\}$ 也是不协调的; 如果 $F_2 \prec G_2$, 则 $\Delta \cup \{C \sqsubseteq F_2\}$ 是不协调的, 因此 $\Delta \cup \{C \sqsubseteq F_1 \sqcap F_2\}$ 也是不协调的. □

引理 12.3.3 如果 $C \sqsubseteq F_1, C \sqsubseteq F_2$ 分别是 $C \sqsubseteq D_1$ 和 $C \sqsubseteq D_2$ 关于 Δ 的 $\preceq$-极小改变, 则 $C \sqsubseteq F'$ 是 $C \sqsubseteq D_1 \sqcup D_2$ 关于 Δ 的一个 $\preceq$-极小改变, 其中

$$F' = \begin{cases} F_1 \sqcup D_2, & F_1 \neq \lambda \\ D_1 \sqcup F_2, & F_1 = \lambda \text{ 且 } F_2 \neq \lambda \\ \lambda, & F_1 = F_2 = \lambda \end{cases}$$

证明 显然有 $F' \preceq D_1 \sqcup D_2$, 并且 $\Delta \cup \{C \sqsubseteq F'\}$ 是协调的.
对于任意 G 满足 $F' \prec G \preceq D_1 \sqcup D_2$, 存在 G_1 和 G_2, 使得:

$$G = G_1 \sqcup G_2$$
$$F_1' \preceq G_1 \preceq D_1$$
$$F_2' \preceq G_2 \preceq D_2$$

并且要么 $F_1' \prec G_1$, 要么 $F_2' \prec G_2$, 其中 F_1' 是 F_1 或 D_1, 以及 F_2' 是 F_2 或 D_2.

如果 $F_1' \prec G_1$, 则 $F_1' = F_1, F_2' = F_2$, 由归纳假设, $\Delta \cup \{C \sqsubseteq G_1\}$ 是不协调的, 因此 $\Delta \cup \{C \sqsubseteq G_1 \sqcup D_2\}$ 也是不协调的; 如果 $F_2' \prec G_2$, 则 $F_2' = F_2, F_1' = D_1$, 由归纳假设, $\Delta \cup \{C \sqsubseteq G_2\}$ 是不协调的, 因此 $\Delta \cup \{C \sqsubseteq D_1 \sqcup G_2\}$ 也是不协调的. □

引理 12.3.4 如果 $E_1 \sqsubseteq D$ 是 $C_1 \sqsubseteq D$ 关于 Δ 的一个 $\preceq$-极小改变, 并且 $E_2 \sqsubseteq D$ 是 $C \sqsubseteq D_2$ 关于 $\Delta \cup \{E_1 \sqsubseteq D\}$ 的一个 $\preceq$-极小改变, 则 $E_1 \sqcup E_2 \sqsubseteq D$ 是 $C_1 \sqcup C_2 \sqsubseteq D$ 关于 Δ 的一个 $\preceq$-极小改变. □

引理 12.3.5 如果 $E_1 \sqsubseteq D, E_2 \sqsubseteq D$ 分别是 $C_1 \sqsubseteq D$ 和 $C_2 \sqsubseteq D$ 关于 Δ 的 $\preceq$-极小改变, 则 $C \sqsubseteq E'$ 是 $C_1 \sqcap C_2 \sqsubseteq D$ 关于 Δ 的一个 $\preceq$-极小改变, 其中

$$E' = \begin{cases} E_1 \sqcup C_2, & E_1 \neq \lambda \\ C_1 \sqcup E_2, & E_1 = \lambda \text{ 且 } E_2 \neq \lambda \\ \lambda, & E_1 = E_2 = \lambda \end{cases}$$

□

定理 12.3.2 对于任意断言集合 Δ, 断言 $C \sqsubseteq D, C' \sqsubseteq D'$, 如果 $\Delta | C \sqsubseteq D \Rightarrow \Delta, C' \sqsubseteq D'$ 是可证的, 则 $C' \sqsubseteq D'$ 是 $C \sqsubseteq D$ 关于 Δ 的一个 $\preceq$-极小改变, 即

$$\vdash_{\mathbf{T}^{\text{SN}}} \Delta | C \sqsubseteq D \Rightarrow \Delta, C' \sqsubseteq D' \text{ 蕴含 } \models_{\mathbf{T}^{\text{SN}}} \Delta | C \sqsubseteq D \Rightarrow \Delta, C' \sqsubseteq D'.$$

证明 我们对 C 和 D 的结构作归纳来证明定理.

假设 $\vdash_{\mathbf{T}^{\text{SN}}} \Delta | C \sqsubseteq D \Rightarrow \Delta, C' \sqsubseteq D'$.

情况 $C \sqsubseteq D = B \sqsubseteq B'$. 要么 $\Delta | B \sqsubseteq B' \Rightarrow \Delta, B \sqsubseteq B'$, 要么 $\Delta | B \sqsubseteq B' \Rightarrow \Delta$ 是可证的, 即要么 $C' \sqsubseteq D' = B \sqsubseteq B'$, 要么 $C' \sqsubseteq D' = \lambda$, 而它是 $C \sqsubseteq D$ 关于 Δ 的一个 $\preceq$-极小改变.

情况 $C = C_1 \sqcap C_2$. 如果 $\vdash_{\mathbf{T}^{\text{SN}}} \Delta | C_1 \sqsubseteq D \Rightarrow \Delta, E_1 \sqsubseteq D$, 则 $E_1 \sqcap C_2 \sqsubseteq D$ 是 $C_1 \sqcap C_2 \sqsubseteq D$ 关于 Δ 的一个 $\preceq$-极小改变;

如果

$$\vdash_{\mathbf{T}^{\text{SN}}} \Delta | C_1 \sqsubseteq D \Rightarrow \Delta$$
$$\vdash_{\mathbf{T}^{\text{SN}}} \Delta | C_2 \sqsubseteq D \Rightarrow \Delta, E_2 \sqsubseteq D$$

则 $C_1 \sqcap E_2 \sqsubseteq D$ 是 $C_1 \sqcap C_2 \sqsubseteq D$ 关于 Δ 的一个 $\preceq$-极小改变;

如果

$$\vdash_{\mathbf{T}^{\text{SN}}} \Delta | C_1 \sqsubseteq D \Rightarrow \Delta$$
$$\vdash_{\mathbf{T}^{\text{SN}}} \Delta | C_2 \sqsubseteq D \Rightarrow \Delta$$

则 λ 是 $C_1 \sqcap C_2 \sqsubseteq D$ 关于 Δ 的一个 $\preceq$-极小改变.

情况 $C = C_1 \sqcup C_2$. 存在概念 $E_1 \sqsubseteq C_1, E_2 \sqsubseteq C_2$, 使得:

$$\vdash_{\mathbf{T}^{\text{SN}}} \Delta | C_1 \sqsubseteq D \Rightarrow \Delta, E_1 \sqsubseteq D$$
$$\vdash_{\mathbf{T}^{\text{SN}}} \Delta, E_1 \sqsubseteq D | C_2 \sqsubseteq D \Rightarrow \Delta, E_1 \sqsubseteq D, E_2 \sqsubseteq D$$

由归纳假设, $E_1 \sqsubseteq D$ 是 $C_1 \sqsubseteq D$ 关于 Δ 的一个 $\preceq$-极小改变, 并且 $E_2 \sqsubseteq D$ 是 $C_2 \sqsubseteq D$ 关于 $\Delta \cup \{E_1 \sqsubseteq D\}$ 的一个 $\preceq$-极小改变, 因此 $E_1 \sqcup E_2 \sqsubseteq D$ 是 $C_1 \sqcup C_2 \sqsubseteq D$ 关于 Δ 的一个 $\preceq$-极小改变.

情况$D = D_1 \sqcap D_2$. 存在概念 $F_1 \sqsubseteq D_1, F_2 \sqsubseteq D_2$, 使得:

$$\vdash_{\mathbf{T}^{\text{SN}}} \Delta | C \sqsubseteq D_1 \Rightarrow \Delta, C \sqsubseteq F_1$$
$$\vdash_{\mathbf{T}^{\text{SN}}} \Delta, C \sqsubseteq F_1 | C \sqsubseteq D_2 \Rightarrow \Delta, C \sqsubseteq F_1, C \sqsubseteq F_2$$

由归纳假设, $C \sqsubseteq F_1$ 是 $C \sqsubseteq D_1$ 关于 Δ 的一个 $\preceq$-极小改变, 并且 $C \sqsubseteq F_2$ 是 $C \sqsubseteq D_2$ 关于 $\Delta \cup \{C \sqsubseteq F_1\}$ 的一个 $\preceq$-极小改变, 因此 $C \sqsubseteq F_1 \sqcap F_2$ 是 $C \sqsubseteq D_1 \sqcap D_2$ 关于 Δ 的一个 $\preceq$-极小改变.

情况$D = D_1 \sqcup D_2$. 如果 $\vdash_{\mathbf{T}^{\text{SN}}} \Delta | C \sqsubseteq D_1 \Rightarrow \Delta, C \sqsubseteq F_1$, 则 $C \sqsubseteq F_1 \sqcup D_2$ 是 $C \sqsubseteq D_1 \sqcup D_2$ 关于 Δ 的一个 $\preceq$-极小改变;

如果

$$\vdash_{\mathbf{T}^{\text{SN}}} \Delta | C \sqsubseteq D_1 \Rightarrow \Delta$$
$$\vdash_{\mathbf{T}^{\text{SN}}} \Delta | C \sqsubseteq D_2 \Rightarrow \Delta, C \sqsubseteq F_2$$

则 $C \sqsubseteq D_1 \sqcup F_2$ 是 $C \sqsubseteq C_1 \sqcup C_2$ 关于 Δ 的一个 $\preceq$-极小改变;

如果

$$\vdash_{\mathbf{T}^{\text{SN}}} \Delta | C \sqsubseteq D_1 \Rightarrow \Delta$$
$$\vdash_{\mathbf{T}^{\text{SN}}} \Delta | C \sqsubseteq D_2 \Rightarrow \Delta$$

则 λ 是 $C \sqsubseteq D_1 \sqcup D_2$ 关于 Δ 的一个 $\preceq$-极小改变.　　　　□

定理 12.3.3 对于任意理论 Δ 和断言 $C \sqsubseteq D, C' \sqsubseteq D'$, 如果 $C' \sqsubseteq D'$ 是 $C \sqsubseteq D$ 关于 Δ 的一个 $\preceq$-极小改变, 则 $\Delta | C \sqsubseteq D \Rightarrow \Delta, C' \sqsubseteq D'$ 是 $\mathbf{T}^{\text{SN}}$-可证的, 即

$$\models_{\mathbf{T}^{\text{SN}}} \Delta | C \sqsubseteq D \Rightarrow, \Delta, C' \sqsubseteq D' \text{ 蕴含 } \vdash_{\mathbf{T}^{\text{SN}}} \Delta | C \sqsubseteq D \Rightarrow, \Delta, C' \sqsubseteq D'$$

证明 设 $C' \sqsubseteq D'$ 是 $C \sqsubseteq D$ 关于 Δ 的一个 $\preceq$-极小改变.

情况$C \sqsubseteq D = B \sqsubseteq B'$. $C' \sqsubseteq D' = \lambda$(如果 $\Delta, B \sqsubseteq B'$ 是不协调的) 或 $C' \sqsubseteq D' = B \sqsubseteq B'$(如果 $\Delta, B \sqsubseteq B'$ 是协调的), 并且 $\Delta | C \sqsubseteq D \Rightarrow \Delta, C' \sqsubseteq D'$ 是可证的.

情况$C = C_1 \sqcap C_2$. 存在 E_1 和 E_2 使得 $E_1 \sqsubseteq D$ 和 $E_2 \sqsubseteq D$ 分别是 $C_1 \sqsubseteq D$ 和 $C_2 \sqsubseteq D$ 关于 Δ 的 $\preceq$-极小改变. 定义

$$C' \sqsubseteq D' = \begin{cases} E_1 \sqcap C_2 \sqsubseteq D, & E_1 \neq \lambda \\ C_1 \sqcap E_2 \sqsubseteq D, & E_1 = \lambda \text{ 且 } E_2 \neq \lambda \\ \lambda, & E_1 = E_2 = \lambda \end{cases}$$

则 $C' \sqsubseteq D'$ 是 $C_1 \sqcap C_2 \sqsubseteq D$ 关于 Δ 的一个 $\preceq$-极小改变. 由归纳假设, 要么 $\Delta | C_1 \sqsubseteq D \Rightarrow \Delta, E_1 \sqsubseteq D$, 要么 $\Delta | C_2 \sqsubseteq D \Rightarrow \Delta, E_2 \sqsubseteq D$, 要么 $\Delta | C_1 \sqsubseteq D \Rightarrow \Delta$ 和 $\Delta | C_2 \sqsubseteq$

$D \Rightarrow \Delta$ 是可证的, 因此 $\Delta | C_1 \sqcap C_2 \sqsubseteq D \Rightarrow \Delta, C' \sqsubseteq D'$ 也是可证的, 其中如果 $E_1 \neq \lambda$, 则 $\Delta | C_1 \sqcap C_2 \sqsubseteq D \Rightarrow \Delta, E_1 \sqcap C_2 \sqsubseteq D$ 是可证的; 如果 $E_1 = \lambda$, 并且 $E_2 \neq \lambda$, 则 $\Delta | C_1 \sqcup C_2 \sqsubseteq D \Rightarrow \Delta, C_1 \sqcup E_2 \sqsubseteq D$ 是可证的; 如果 $E_1 = \lambda$, 并且 $E_2 = \lambda$, 则 $\Delta | C_1 \sqcap C_2 \sqsubseteq D \Rightarrow \Delta$ 是可证的.

情况 $C = C_1 \sqcup C_2$. 存在 E_1 和 E_2 使得 $E = E_1 \sqcup E_2$, 以及 $E_1 \sqsubseteq D$ 和 $E_2 \sqsubseteq D$ 分别是 $C_1 \sqsubseteq D$ 和 $C_2 \sqsubseteq D$ 关于 Δ 和 $\Delta \cup \{E_1 \sqsubseteq D\}$ 的 $\preceq$-极小改变. 因此, $E_1 \sqcup E_2 \sqsubseteq D$ 是 $C_1 \sqcup C_2$ 关于 Δ 的一个 $\preceq$-极小改变. 由归纳假设, 有

$$\vdash_{\mathbf{T}^{\mathrm{SN}}} \Delta | C_1 \sqsubseteq D \Rightarrow \Delta, E_1 \sqsubseteq D$$
$$\vdash_{\mathbf{T}^{\mathrm{SN}}} \Delta, E_1 \sqsubseteq D | C_2 \sqsubseteq D \Rightarrow \Delta, E_1 \sqsubseteq D, E_2 \sqsubseteq D$$

并且有 $\Delta | C_1 \sqcup C_2 \sqsubseteq D \Rightarrow \Delta, E_1 \sqcup E_2 \sqsubseteq D$.

情况 $D = D_1 \sqcap D_2$. 存在 $F_1 \preceq D_1, F_2 \preceq D_2$ 使得 $F = F_1 \sqcup F_2$, 并且 $C \sqsubseteq F_1$ 和 $C \sqsubseteq F_2$ 分别是 $C \sqsubseteq D_1$ 和 $C \sqsubseteq D_2$ 关于 Δ 和 $\Delta \cup \{C \sqsubseteq F_1\}$ 的 $\preceq$-极小改变. 因此, $F_1 \sqcap F_2 \sqsubseteq D$ 是 $C \sqsubseteq D_1 \sqcap D_2$ 关于 Δ 的一个 $\preceq$-极小改变. 由归纳假设, 有

$$\vdash_{\mathbf{T}^{\mathrm{SN}}} \Delta | C \sqsubseteq D_1 \Rightarrow \Delta, C \sqsubseteq F_1$$
$$\vdash_{\mathbf{T}^{\mathrm{SN}}} \Delta, C \sqsubseteq F_1 | C \sqsubseteq D_2 \Rightarrow \Delta, C \sqsubseteq F_1, C \sqsubseteq F_2$$

并且有 $\Delta | C \sqsubseteq D_1 \sqcap D_2 \Rightarrow \Delta, C \sqsubseteq F_1 \sqcap F_2$.

情况 $D = D_1 \sqcup D_2$. 存在 $F_1 \sqsubseteq D_1$ 和 $F_2 \sqsubseteq D_2$ 使得 $C \sqsubseteq F_1$ 和 $C \sqsubseteq F_2$ 分别是 $C \sqsubseteq D_1$ 和 $C \sqsubseteq D_2$ 关于 Δ 的 $\preceq$-极小改变. 定义

$$C' \sqsubseteq D' = \begin{cases} C \sqsubseteq F_1 \sqcup D_2, & F_1 \neq \lambda \\ C \sqsubseteq D_1 \sqcup F_2, & F_1 = \lambda \text{ 且 } F_2 \neq \lambda \\ \lambda, & F_1 = F_2 = \lambda \end{cases}$$

则 $C' \sqsubseteq D'$ 是 $C \sqsubseteq D_1 \sqcup D_2$ 关于 Δ 的一个 $\preceq$-极小改变. 由归纳假设, 要么 $\Delta | C \sqsubseteq D_1 \Rightarrow \Delta, C \sqsubseteq F_1$, 要么 $\Delta | C \sqsubseteq D_2 \Rightarrow \Delta, C \sqsubseteq F_2$, 要么 $\Delta | C \sqsubseteq D_1 \Rightarrow \Delta$ 和 $\Delta | C \sqsubseteq D_2 \Rightarrow \Delta$ 是可证的, 因此 $\Delta | C_1 \sqcup C_2 \sqsubseteq D \Rightarrow \Delta, C' \sqsubseteq D'$, 其中如果 $F_1 \neq \lambda$, 则 $\Delta | C \sqsubseteq D_1 \sqcup D_2 \Rightarrow \Delta, C \sqsubseteq F_1 \sqcup D_2$ 是可证的; 如果 $F_1 = \lambda$ 和 $F_2 \neq \lambda$, 则 $\Delta | C \sqsubseteq D_1 \sqcup D_2 \Rightarrow \Delta, C \sqsubseteq D_1 \sqcup F_2$ 是可证的; 如果 $F_1 = \lambda$ 和 $F_2 = \lambda$, 则 $\Delta | C \sqsubseteq D_1 \sqcup D_2 \Rightarrow \Delta$ 是可证的. □

类似地, 有如下定理.

定理 12.3.4 对于任意断言集合 Δ 和断言 $C \not\sqsubseteq D, C' \not\sqsubseteq D'$, 如果 $\Delta | C \not\sqsubseteq D \Rightarrow \Delta, C' \not\sqsubseteq D'$ 是可证的, 则 $C' \not\sqsubseteq D'$ 是 $C \not\sqsubseteq D$ 关于 Δ 的一个 $\preceq$-极小改变, 即

$$\vdash_{\mathbf{T}^{\mathrm{SN}}} \Delta | C \not\sqsubseteq D \Rightarrow \Delta, C' \not\sqsubseteq D' \text{ 蕴含 } \models_{\mathbf{T}^{\mathrm{SN}}} \Delta | C \not\sqsubseteq D \Rightarrow \Delta, C' \not\sqsubseteq D' \qquad □$$

定理 12.3.5　对于任意理论 Δ 和断言 $C \not\sqsubseteq D, C' \not\sqsubseteq D'$, 如果 $C' \not\sqsubseteq D'$ 是 $C \not\sqsubseteq D$ 关于 Δ 的一个 $\preceq$-极小改变, 则 $\Delta | C \not\sqsubseteq D \Rightarrow \Delta, C' \not\sqsubseteq D'$ 是 $\mathbf{T}^{\mathrm{SN}}$- 可证的, 即

$$\models_{\mathbf{T}^{\mathrm{SN}}} \Delta | C \not\sqsubseteq D \Rightarrow, \Delta, C' \not\sqsubseteq D' \text{ 蕴含 } \vdash_{\mathbf{T}^{\mathrm{SN}}} \Delta | C \not\sqsubseteq D \Rightarrow, \Delta, C' \not\sqsubseteq D' \qquad \square$$

一般地, 有如下定理.

定理 12.3.6(可靠性定理)　对于任意理论 Θ, Δ 和任意有限断言集合 Γ, 如果 $\Delta | \Gamma \Rightarrow \Delta, \Theta$ 是 $\mathbf{T}^{\mathrm{SN}}$-可证的, 则 Θ 是 Γ 关于 Δ 的一个 $\preceq$-极小改变, 即

$$\vdash_{\mathbf{T}^{\mathrm{SN}}} \Delta | \Gamma \Rightarrow \Delta, \Theta \text{ 蕴含 } \models_{\mathbf{T}^{\mathrm{SN}}} \Delta | \Gamma \Rightarrow \Delta, \Theta \qquad \square$$

定理 12.3.7(完备性定理)　对于任意理论 Θ, Δ 和任意有限断言集合 Γ, 如果 Θ 是 Γ 关于 Δ 的一个 $\preceq$-极小改变, 则 $\Delta | \Gamma \Rightarrow \Delta, \Theta$ 是 $\mathbf{T}^{\mathrm{SN}}$-可证的, 即

$$\models_{\mathbf{T}^{\mathrm{SN}}} \Delta | \Gamma \Rightarrow \Delta, \Theta \text{ 蕴含 } \vdash_{\mathbf{T}^{\mathrm{SN}}} \Delta | \Gamma \Rightarrow \Delta, \Theta \qquad \square$$

12.4　R-演算 $\mathbf{U}^{\mathrm{SN}}$ 和 $\vdash_{\preceq}$-极小改变

定义 12.4.1　给定一个断言理论 (Δ, D) 和一个理论 Θ, Θ 是 D 关于 Δ 的一个$\vdash_{\preceq}$-极小改变, 记作 $\models_{\mathbf{U}^{\mathrm{SN}}} \Delta | D \Rightarrow \Delta, \Theta$, 如果

(i) $\Theta \cup \Delta$ 是协调的;

(ii) $\Theta \preceq \Gamma$;

(ii) 对于任意理论 Ξ 满足 $\Gamma \succeq \Xi \succ \Theta$, 要么 $\Delta, \Xi \vdash \Theta$ 且 $\Delta, \Theta \vdash \Xi$, 要么 $\Xi \cup \Delta$ 是不协调的.

假设 C 为析取范式的概念,D 为合取范式的概念, 即

$$C = (B_{11} \sqcap \cdots \sqcap B_{1n_1}) \sqcup \cdots \sqcup (B_{m1} \sqcap \cdots \sqcap B_{mn_m})$$

$$D = (B_{11} \sqcup \cdots \sqcup B_{1n_1}) \sqcap \cdots \sqcap (B_{m1} \sqcup \cdots \sqcup B_{mn_m})$$

12.4.1　单个断言 $C \sqsubseteq D$ 的 R-演算 $\mathbf{U}^{\mathrm{SN}}$

单个断言 $C \sqsubseteq D$ 的 R-演算 $\mathbf{U}^{\mathrm{SN}}$ 由如下公理和推导规则组成.

公理

$$(U^{\mathbf{A}}) \frac{\Delta \not\vdash B \not\sqsubseteq B'}{\Delta | B \sqsubseteq B' \Rightarrow \Delta, B \sqsubseteq B'} \qquad (U_{\mathbf{A}}) \frac{\Delta \vdash B \not\sqsubseteq B'}{\Delta | B \sqsubseteq B' \Rightarrow \Delta}$$

$$(U^{\neg}) \frac{\Delta \not\vdash B \sqsubseteq B'}{\Delta | B \not\sqsubseteq B' \Rightarrow \Delta, B \not\sqsubseteq B'} \qquad (U_{\neg}) \frac{\Delta \vdash B \sqsubseteq B'}{\Delta | B \not\sqsubseteq B' \Rightarrow \Delta}$$

$C \sqsubseteq D$ 的推导规则

$(\sqcap U)$
$$\dfrac{\Delta|C_1 \sqsubseteq D \Rightarrow \Delta, E_1 \sqsubseteq D \quad \Delta|C_2 \sqsubseteq D \Rightarrow \Delta, E_2 \sqsubseteq D}{\Delta|C_1 \sqcap C_2 \sqsubseteq D \Rightarrow \Delta, E_1 \sqcap E_2 \sqsubseteq D}$$

$(\sqcup U)$
$$\dfrac{\Delta|C_1 \sqsubseteq D \Rightarrow \Delta, E_1 \sqsubseteq D}{\Delta|C_1 \sqcup C_2 \sqsubseteq D \Rightarrow \Delta, E_1 \sqsubseteq D|C_2 \sqsubseteq D}$$

$(U\sqcap)$
$$\dfrac{\Delta|C \sqsubseteq D_1 \Rightarrow \Delta, C \sqsubseteq F_1}{\Delta|C \sqsubseteq D_1 \sqcap D_2 \Rightarrow \Delta, C \sqsubseteq F_1|C \sqsubseteq D_2}$$

$(U\sqcup)$
$$\dfrac{\Delta|C \sqsubseteq D_1 \Rightarrow \Delta, C \sqsubseteq F_1 \quad \Delta|C \sqsubseteq D_2 \Rightarrow \Delta, C \sqsubseteq F_2}{\Delta|C \sqsubseteq D_1 \sqcup D_2 \Rightarrow \Delta, C \sqsubseteq F_1 \sqcup F_2}$$

$C \not\sqsubseteq D$ 的推导规则

$(-\sqcap U)$
$$\dfrac{\Delta|C_1 \not\sqsubseteq D \Rightarrow \Delta, E_1 \not\sqsubseteq D}{\Delta|C_1 \sqcap C_2 \not\sqsubseteq D \Rightarrow \Delta, E_1 \sqsubseteq D|C_2 \not\sqsubseteq D}$$

$(-\sqcup U)$
$$\dfrac{\Delta|C_1 \not\sqsubseteq D \Rightarrow \Delta, E_1 \not\sqsubseteq D \quad \Delta|C_2 \not\sqsubseteq D \Rightarrow \Delta, E_2 \not\sqsubseteq D}{\Delta|C_1 \sqcup C_2 \not\sqsubseteq D \Rightarrow \Delta, E_1 \sqcup E_2 \not\sqsubseteq D}$$

$(-U\sqcap)$
$$\dfrac{\Delta|C \not\sqsubseteq D_1 \Rightarrow \Delta, C \not\sqsubseteq F_1 \quad \Delta|C \not\sqsubseteq D_2 \Rightarrow \Delta, C \not\sqsubseteq F_2}{\Delta|C \not\sqsubseteq D_1 \sqcap D_2 \Rightarrow \Delta, C \not\sqsubseteq F_1 \sqcap F_2}$$

$(-U\sqcup)$
$$\dfrac{\Delta|C \not\sqsubseteq D_1 \Rightarrow \Delta, C \not\sqsubseteq F_1}{\Delta|C \not\sqsubseteq D_1 \sqcup D_2 \Rightarrow \Delta, C \not\sqsubseteq F_1|C \sqsubseteq D_2}$$

如果 B 是协调的, 则 $\lambda \sqcup B \equiv B \sqcup \lambda \equiv B, \lambda \sqcap B \equiv B \sqcap \lambda \equiv B, \Delta, \lambda \equiv \Delta$; 如果 B 是不协调的, 则 $\lambda \sqcup B \equiv B \sqcup \lambda \equiv \lambda, \lambda \sqcap B \equiv B \sqcap \lambda \equiv \lambda$.

定义 12.4.2 $\Delta|C \sqsubseteq D \Rightarrow \Delta, C' \sqsubseteq D'$ 是 $\mathbf{U}^{SN}$-可证的, 记作 $\vdash_{\mathbf{U}^{SN}} \Delta|C \sqsubseteq D \Rightarrow \Delta, C' \sqsubseteq D'$, 如果存在一个断言序列 $S_1, \cdots, S_m$, 使得:

$$S_1 = \Delta|C \sqsubseteq D \Rightarrow \Delta|C'_1 \sqsubseteq D'_1$$
$$\cdots \cdots$$
$$S_m = \Delta|C_m \sqsubseteq D_m \Rightarrow \Delta, C' \sqsubseteq D'$$

并且对于每一个 $i < m, S_{i+1}$ 是一条公理或是由之前断言通过 $\mathbf{U}^{SN}$ 中的一条推导规则得到的.

12.4.2 $\mathbf{U}^{SN}$ 的可靠性和完备性定理

定理 12.4.1 对于任意协调断言集合 Δ 和断言 $C \sqsubseteq D$, 其中 C, D 是合取范式, 存在一个断言 $C' \sqsubseteq D'$ 使得:

(i) $\Delta|C \sqsubseteq D \Rightarrow \Delta, C' \sqsubseteq D'$ 是 $\mathbf{U}^{SN}$-可证的;

(ii) $C' \preceq C, D' \preceq D$;

(iii) $\Delta \cup \{C' \sqsubseteq D'\}$ 是协调的, 并且对于任意 $C'' \sqsubseteq D''$ 满足 $C' \sqsubseteq D' \prec C'' \sqsubseteq D'' \preceq C \sqsubseteq D$, 要么 $\Delta, C' \sqsubseteq D' \vdash C'' \sqsubseteq D''$, 并且 $\Delta, C'' \sqsubseteq D'' \vdash C' \sqsubseteq D'$, 要么 $\Delta \cup \{C'' \sqsubseteq D''\}$ 是不协调的.

证明 我们对 C 和 D 的结构作归纳来证明定理.

情况 $C \sqsubseteq D = B \sqsubseteq B'$. 由假设, 如果 $\Delta, B \sqsubseteq B'$ 是协调的, 则 $\vdash_{\mathbf{U}^{SN}} \Delta|B \sqsubseteq B' \Rightarrow \Delta, B \sqsubseteq B'$, 并且令 $C' \sqsubseteq D' = B \sqsubseteq B'$; 如果 $\Delta, B \sqsubseteq B'$ 是不协调的, 则 $\Delta \vdash B \not\sqsubseteq B'$, 根据 $(U_{\mathbf{A}})$, $\vdash_{\mathbf{U}^{SN}} \Delta|B \sqsubseteq B' \Rightarrow \Delta$, 并且令 $C' \sqsubseteq D' = \lambda$. $C' \sqsubseteq D'$ 满足 (ii) 和 (iii).

情况 $C = C_1 \sqcap C_2$. 由归纳假设, 存在 E_1, E_2, 使得:

$$\vdash_{\mathbf{U}^{SN}} \Delta|C_1 \sqsubseteq D \Rightarrow \Delta, E_1 \sqsubseteq D$$
$$\vdash_{\mathbf{U}^{SN}} \Delta|C_2 \sqsubseteq D \Rightarrow \Delta, E_2 \sqsubseteq D$$

根据 $(U^{\sqcap})$, $\vdash_{\mathbf{U}^{SN}} \Delta|C_1 \sqcap C_2 \sqsubseteq D \Rightarrow \Delta, E_1 \sqcap E_2 \sqsubseteq D$. 为了证明 $E_1 \sqcap E_2 \sqsubseteq D$ 满足 (iii), 对于任意 G 满足 $E_1 \sqcap E_2 \prec G \preceq C_1 \sqcap C_2$, 存在概念 G_1, G_2 使得 $E_1 \preceq G_1 \preceq C_1, E_2 \preceq G_2 \preceq C_2$, 并且要么

$$\Delta, E_1 \sqsubseteq D \vdash G_1 \sqsubseteq D, \Delta, G_1 \sqsubseteq D \vdash E_1 \sqsubseteq D,$$
$$\Delta, E_2 \sqsubseteq D \vdash G_2 \sqsubseteq D, \Delta, G_2 \sqsubseteq D \vdash E_2 \sqsubseteq D,$$

要么 $\Delta \cup \{G_1 \sqsubseteq D\}$ 是不协调的, 并且 $\Delta \cup \{G_2 \sqsubseteq D\}$ 是不协调的. 因为 E_1 和 E_2 不是空串, 所以这是不可能的, 即 $\Delta \cup \{G_1 \sqsubseteq D\}$ 或 $\Delta \cup \{G_2 \sqsubseteq D\}$ 是不协调的. 因此, 要么

$$\Delta, E_1 \sqcap E_2 \sqsubseteq D \vdash G_1 \sqcap G_2 \sqsubseteq D$$

要么

$$\Delta, G_1 \sqcap G_2 \sqsubseteq D \vdash E_1 \sqcap E_2 \sqsubseteq D$$

情况 $C = C_1 \sqcup C_2$, 其中 C_1, C_2 为文字概念的集合. 由归纳假设, 存在文字概念集合 $E_1 \subseteq C_1, E_2 \subseteq C_2$, 使得:

$$\vdash_{\mathbf{U}^{SN}} \Delta|C_1 \sqsubseteq D \Rightarrow \Delta, E_1 \sqsubseteq D$$
$$\vdash_{\mathbf{U}^{SN}} \Delta, E_1 \sqsubseteq D|C_2 \sqsubseteq D \Rightarrow \Delta, E_1 \sqsubseteq D, E_2 \sqsubseteq D$$

根据 $(U^{\sqcup})$, $\vdash_{\mathbf{U}^{SN}} \Delta|C_1 \sqcup C_2 \sqsubseteq D \Rightarrow \Delta, E_1 \sqcup E_2 \sqsubseteq D$, 并且令 $C' \sqsubseteq D' = E_1 \sqcup E_2 \sqsubseteq D$. $C' \sqsubseteq D'$ 满足 (iii), 因为对于任意 $C'' \sqsubseteq D''$ 满足 $C' \sqsubseteq D' \prec C'' \sqsubseteq D'' \preceq C_1 \sqcup C_2 \sqsubseteq D$, 存在概念 G_1, G_2, 使得:

$$C'' \sqsubseteq D'' = G_1 \sqcup G_2 \sqsubseteq D$$
$$E_1 \sqcup E_2 \sqsubseteq D \preceq G_1 \sqcup G_2 \sqsubseteq D$$

由归纳假设, 要么

$$\Delta, E_1 \sqsubseteq D \vdash G_1 \sqsubseteq D; \Delta, G_1 \sqsubseteq D \vdash E_1 \sqsubseteq D$$
$$\Delta, E_2 \sqsubseteq D \vdash G_2 \sqsubseteq D; \Delta, G_2 \sqsubseteq D \vdash E_2 \sqsubseteq D$$

要么 $\Delta \cup \{G_1 \sqsubseteq D\}$ 或 $\Delta \cup \{G_2 \sqsubseteq D\}$ 是不协调的. 因此, 有

$$\Delta, E_1 \sqcup E_2 \sqsubseteq D \vdash G_1 \sqcup G_2 \sqsubseteq D$$
$$\Delta, G_1 \sqcup G_2 \sqsubseteq D \vdash E_1 \sqcup E_2 \sqsubseteq D$$

或 $\Delta \cup \{G_1 \sqcup G_2 \sqsubseteq D\}$ 是不协调的.

情况 $D = D_1 \sqcap D_2$. 由归纳假设, 存在 F_1, F_2, 使得:

$$\vdash_{\mathbf{U}^{SN}} \Delta | C \sqsubseteq D_1 \Rightarrow \Delta, C \sqsubseteq F_1$$
$$\vdash_{\mathbf{U}^{SN}} \Delta, C \sqsubseteq F_1 | C \sqsubseteq D_2 \Rightarrow \Delta, C \sqsubseteq F_1, C \sqsubseteq F_2$$

根据 $(U^{\sqcap})$, $\vdash_{\mathbf{U}^{SN}} \Delta | C \sqsubseteq D_1 \sqcap D_2 \Rightarrow \Delta, C \sqsubseteq F_1 \sqcap F_2$, 并且令 $C' \sqsubseteq D' = C \sqsubseteq F_1 \sqcap F_2$. $C' \sqsubseteq D'$ 满足 (iii), 因为对于任意 $C'' \sqsubseteq D''$ 满足 $C' \sqsubseteq D' \prec C'' \sqsubseteq D'' \preceq C \sqsubseteq D_1 \sqcap D_2$, 存在概念 G_1, G_2, 使得:

$$C'' \sqsubseteq D'' = C \sqsubseteq G_1 \sqcap G_2$$
$$C \sqsubseteq F_1 \sqcap F_2 \preceq C \sqsubseteq G_1 \sqcap G_2$$

由归纳假设, 要么 $\Delta, C \sqsubseteq F_1 \vdash C \sqsubseteq G_1, \Delta, C \sqsubseteq G_1 \vdash C \sqsubseteq F_1, \Delta, C \sqsubseteq F_2 \vdash C \sqsubseteq G_2, \Delta, C \sqsubseteq G_2 \vdash C \sqsubseteq F_2$, 要么 $\Delta \cup \{C \sqsubseteq G_1\}$ 或 $\Delta \cup \{C \sqsubseteq G_2\}$ 是不协调的. 因此, 有

$$\Delta, C \sqsubseteq F_1 \sqcap F_2 \vdash C \sqsubseteq G_1 \sqcap G_2$$
$$\Delta, C \sqsubseteq G_1 \sqcap G_2 \vdash C \sqsubseteq F_1 \sqcap F_2$$

或 $\Delta \cup \{C \sqsubseteq G_1 \sqcap G_2\}$ 是不协调的.

情况 $D = D_1 \sqcup D_2$, 其中 D_1, D_2 为文字概念的集合. 由归纳假设, 存在文字概念集合 $F_1 \subseteq D_1, F_2 \subseteq D_2$, 使得:

$$\vdash_{\mathbf{U}^{SN}} \Delta | C \sqsubseteq D_1 \Rightarrow \Delta, C \sqsubseteq F_1$$
$$\vdash_{\mathbf{U}^{SN}} \Delta | C \sqsubseteq D_2 \Rightarrow \Delta, C \sqsubseteq F_2$$

根据 $(U^{\sqcup})$, $\vdash_{\mathbf{U}^{SN}} \Delta | C \sqsubseteq D_1 \sqcup D_2 \Rightarrow \Delta, C \sqsubseteq F_1 \sqcup F_2$. 为了证明 $C \sqsubseteq F_1 \sqcup F_2$ 满足 (iii), 对于任意 G 满足 $F_1 \sqcup F_2 \prec G \preceq D_1 \sqcup D_2$, 存在概念 G_1, G_2 使得 $F_1 \preceq G_1 \preceq D_1, F_2 \preceq G_2 \preceq D_2$, 并且要么

$$\Delta, C \sqsubseteq F_1 \vdash C \sqsubseteq G_1; \Delta, C \sqsubseteq G_1 \vdash C \sqsubseteq F_1$$
$$\Delta, C \sqsubseteq F_2 \vdash C \sqsubseteq G_2; \Delta, C \sqsubseteq G_2 \vdash C \sqsubseteq F_2$$

要么 $\Delta \cup \{C \sqsubseteq G_1\}$ 是不协调的, 并且 $\Delta \cup \{C \sqsubseteq G_2\}$ 也是不协调的. 因此, 要么

$$\Delta, C \sqsubseteq F_1 \sqcup F_2 \vdash C \sqsubseteq G_1 \sqcup G_2$$
$$\Delta, C \sqsubseteq G_1 \sqcup G_2 \vdash C \sqsubseteq F_1 \sqcup F_2$$

要么 $\Delta \cup \{C \sqsubseteq G_1 \sqcup G_2\}$ 是不协调的. $\qquad\qquad\qquad\qquad\qquad \square$

定理 12.4.2 假设 $\Delta|C \sqsubseteq D \Rightarrow \Delta, C' \sqsubseteq D'$ 是 $\mathbf{U}^{\mathrm{SN}}$-可证的. 如果 $C \sqsubseteq D$ 与 Δ 是协调的, 则 $\Delta, C \sqsubseteq D \vdash C' \sqsubseteq D'$, 并且 $\Delta, C' \sqsubseteq D' \vdash C \sqsubseteq D$.

证明 假设 $\Delta|C \sqsubseteq D \Rightarrow \Delta, C' \sqsubseteq D'$ 是 $\mathbf{U}^{\mathrm{SN}}$-可证的.

我们对 C 和 D 的结构作归纳来证明定理.

情况 $C \sqsubseteq D = B \sqsubseteq B'$. 根据 $(U^{\mathbf{A}})$, $C' \sqsubseteq D' = B \sqsubseteq B'$, 并且

$$\Delta, B \sqsubseteq B' \vdash B \sqsubseteq B'$$

情况 $C = C_1 \sqcap C_2$. 由归纳假设, 存在概念 E_1 和 E_2, 使得:

$$\vdash_{\mathbf{U}^{\mathrm{SN}}} \Delta|C_1 \sqsubseteq D \Rightarrow \Delta, E_1 \sqsubseteq D$$
$$\vdash_{\mathbf{U}^{\mathrm{SN}}} \Delta|C_2 \sqsubseteq D \Rightarrow \Delta, E_2 \sqsubseteq D$$

以及 $C' \sqsubseteq D' = E_1 \sqcap E_2 \sqsubseteq D$. 因为 $C_1 \sqcap C_2 \sqsubseteq D$ 与 Δ 是协调的, 当且仅当要么 $C_1 \sqsubseteq D$, 要么 $C_2 \sqsubseteq D$ 分别与 Δ 是协调的, 所以有 $\Delta, C_1 \sqsubseteq D \vdash E_1 \sqsubseteq D, \Delta, E_1 \sqsubseteq D \vdash C_1 \sqsubseteq D, \Delta, C_2 \sqsubseteq D \vdash E_2 \sqsubseteq D, \Delta, E_2 \sqsubseteq D \vdash C_2 \sqsubseteq D$. 因此, 有

$$\Delta, C_1 \sqcap C_2 \sqsubseteq D \vdash E_1 \sqcap E_2 \sqsubseteq D$$
$$\Delta, E_1 \sqcap E_2 \sqsubseteq D \vdash C_1 \sqcap C_2 \sqsubseteq D$$

情况 $C = C_1 \sqcup C_2$, 其中 C_1, C_2 是文字概念的集合. 由归纳假设, 存在文字概念集合 $E_1 \subseteq C_1$ 和 $E_2 \subseteq C_2$, 使得:

$$\vdash_{\mathbf{U}^{\mathrm{SN}}} \Delta|C_1 \sqsubseteq D \Rightarrow \Delta, E_1 \sqsubseteq D$$
$$\vdash_{\mathbf{U}^{\mathrm{SN}}} \Delta, E_1 \sqsubseteq D|C_2 \sqsubseteq D \Rightarrow \Delta, E_1 \sqsubseteq D, E_2 \sqsubseteq D$$

并且 $C' \sqsubseteq D' = E_1 \sqcup E_2 \sqsubseteq D$. 因为 $C_1 \sqcup C_2 \sqsubseteq D$ 与 Δ 是协调的, 当且仅当 $C_1 \sqsubseteq D$ 和 $C_2 \sqsubseteq D$ 分别与 Δ 和 $\Delta \cup \{E_1 \sqsubseteq D\}$ 是协调的, 所以有

$$\Delta, C_1 \sqsubseteq D \vdash E_1 \sqsubseteq D, \Delta, E_1 \sqsubseteq D \vdash C_1 \sqsubseteq D$$
$$\Delta, C_2 \sqsubseteq D \vdash E_2 \sqsubseteq D, \Delta, E_2 \sqsubseteq D \vdash C_2 \sqsubseteq D$$

因此

$$\Delta, C_1 \sqcup C_2 \sqsubseteq D \vdash E_1 \sqcup E_2 \sqsubseteq D$$
$$\Delta, E_1 \sqcup E_2 \sqsubseteq D \vdash C_1 \sqcup C_2 \sqsubseteq D$$

$D = D_1 \sqcap D_2$ 和 $D = D_1 \sqcup D_2$ 的情况类似. □

定理 12.4.3 假设 $\Delta|C \sqsubseteq D \Rightarrow \Delta, C' \sqsubseteq D'$ 是 $\mathbf{U}^{\mathrm{SN}}$-可证的, 则 $C' \sqsubseteq D'$ 是 $C \sqsubseteq D$ 关于 Δ 的一个 $\vdash_{\preceq}$-极小改变.

证明 根据定义以及上一条定理可以得证. □

类似地, 我们有如下定理.

定理 12.4.4 如果 $C' \not\sqsubseteq D'$ 是 $C \not\sqsubseteq D$ 关于 Δ 的一个 $\vdash_{\preceq}$-极小改变, 则 $\Delta | C \not\sqsubseteq D \Rightarrow \Delta, C' \not\sqsubseteq D'$ 是 $\mathbf{U}^{\mathrm{SN}}$-可证的.

定理 12.4.5 假设 $\Delta | C \not\sqsubseteq D \Rightarrow \Delta, C' \not\sqsubseteq D'$ 是 $\mathbf{U}^{\mathrm{SN}}$-可证的, 则 $C' \not\sqsubseteq D'$ 是 $C \not\sqsubseteq D$ 关于 Δ 的一个 $\vdash_{\preceq}$-极小改变.

一般地, 我们有如下定理.

定理 12.4.6 $\mathbf{U}^{\mathrm{SN}}$ 关于 $\vdash_{\preceq}$-极小改变是可靠的和完备的, 即对于任意理论 Θ, Δ 以及任意有限断言集合 Γ, $\Delta | \Gamma \Rightarrow \Delta, \Theta$ 是 $\mathbf{U}^{\mathrm{SN}}$-可证的当且仅当 Θ 是 Γ 关于 Δ 的一个 $\vdash_{\preceq}$-极小改变, 即

$$\vdash_{\mathbf{U}^{\mathrm{SN}}} \Delta | \Gamma \Rightarrow \Delta, \Theta \ \text{当且仅当} \ \models_{\mathbf{U}^{\mathrm{SN}}} \Delta | \Gamma \Rightarrow \Delta, \Theta$$

参 考 文 献

[1] Meyer T, Lee K, Booth R. Knowledge integration for description logics [C]. AAAI, 2005:645-650.

[2] Horrocks I, Sattler U. Ontology reasoning in the SHOQ(D) description logic [C]// Proceedings of the 17th International Joint Conference on Artificial Intelligence, 2001.

[3] Lee K, Meyer T. A classification of ontology modification [C]// Australian Conference on Artificial Intelligence, 2004:248-258.

[4] Plessers P, De Troyer O. Resolving inconsistencies in evolving ontologies [C]// European Semantie Web Conference, 2006:200-214.

[5] Schlobach S, Huang Z, Cornet R, et al. Debugging incoherent terminologies [J]. Journal of Automateal. Reasoning, 2007, 39:317-349.

索　引